U0662208

火电厂

SCR烟气脱硝技术

西安热工研究院 编著

中国电力出版社

CHINA ELECTRIC POWER PRESS

内 容 提 要

选择性催化还原（SCR）是目前火电厂烟气脱硝的主流技术。本书全面介绍了SCR技术及其最新的工程应用，主要内容包括SCR工艺及技术要求、SCR催化剂、还原剂和控制系统等的原理及设计要求，并结合工程实例，对项目施工、性能验收、系统运行等关键环节进行了详细阐述；针对现役机组的SCR脱硝改造，本书给出了改造方案与原则。

本书材料丰富、覆盖面广、信息量大、工程实用性强。特别适合于该领域的工程设计人员、工程技术人员及高等院校、科研单位的相关人员阅读使用，也可供从事火电厂环保工作的技术及管理人员参考。

图书在版编目（CIP）数据

火电厂SCR烟气脱硝技术/西安热工研究院编著. —北京：中国电力出版社，2013.2（2018.11重印）
ISBN 978-7-5123-3955-2

Ⅰ.①火… Ⅱ.①西… Ⅲ.①火电厂—烟气—脱硝 Ⅳ.①X773.017

中国版本图书馆CIP数据核字（2012）第315976号

中国电力出版社出版、发行

（北京市东城区北京站西街19号　100005　http：//www.cepp.sgcc.com.cn）

三河市百盛印装有限公司印刷

各地新华书店经售

*

2013年1月第一版　　2018年11月北京第四次印刷

787毫米×1092毫米　16开本　21.5印张　523千字

印数7001—8000册　　　定价 58.00元

版 权 专 有　侵 权 必 究

本书如有印装质量问题，我社发行部负责退换

《火电厂 SCR 烟气脱硝技术》
编 委 会

主　　任　林伟杰

委　　员　刘　伟　　纪世东　　王月明　　汪德良　　范长信

　　　　　赵宗让　　牛国平　　柴华强　　张　强　　武宝会

　　　　　张　波　　成新兴　　黄兵权　　姚明宇　　刘家钰

　　　　　金理鹏　　卢承政

前　言

我国的能源结构决定了以火电为主的格局在比较长的时间内不会改变，降低污染物排放和提高火电机组的效率是发电行业技术进步的永恒主题。

截至 2010 年底，全国发电装机容量 9.7 亿 kW，其中火电 7.1 亿 kW，占 73.4%；全国发电量 42.3 亿 MW·h，其中火电 34.2 亿 MW·h，占 80.81%。全国已投运烟气脱硫机组超过 5.6 亿 kW，脱硫机组比例从 2005 年的 12% 提高到 86%。

随着国家对环保要求的日益提高，氮氧化物（NO_x）成为火电厂继除尘、脱硫后气态污染物排放控制的重点。截至 2011 年底，通过环保验收的脱硝机组约 1 亿 kW，仅占火电机组容量的 16% 左右，发展空间巨大。选择性催化还原法（Selective Catalytic Reduction，SCR）由于其高脱除率和技术的高成熟度，已经成为国内外火电厂烟气脱硝（氮）的主流技术，得到了广泛应用。

为适应我国大规模 SCR 工程建设的需要，使更多的工程技术人员、管理人员及其他相关人员全面了解 SCR 技术及最新的应用成果，西安热工研究院有限公司组织编写了本书。本书系统介绍了火电厂 SCR 装置在设计、施工、运行中的关键技术，内容包括 SCR 工艺流程及技术要求、催化剂、还原剂、流场模拟与模型试验、控制系统、电气系统、土建设备及 SCR 安装、调试、运行与维护等内容，并针对现役机组安装 SCR 装置的改造及设计原则进行了阐述，同时展示了西安热工研究院有限公司的研究及应用成果。本书内容十分丰富，覆盖面广、信息量大，工程实用性强。

本书由林伟杰任主编，张强任副主编。全书共分 19 章，其中前言、第 1 章、第 2 章、第 3 章、第 4 章、第 5 章、第 10 章、第 11 章、第 15 章、第 16 章，第 17 章第 2、4 节，以及第 18 章第 1、2 节由张强编写；第 6 章由张波编写；第 7 章、第 8 章由武宝会编写；第 9 章由成新兴编写；第 12 章由黄兵权编写；第 13 章、第 14 章由牛国平和金理鹏编写；第 17 章第 1 节由姚明宇编写；第 17 章第 3 节由刘家钰编写；第 18 章第 3、4 节由卢承政编写；第 19 章由牛国平编写。林伟杰对全书进行了统筹并终审，柴华强负责相关组织协调工作。

在编写过程中，得到了有关领导及专家的指导，西安热工研究院有限公司教育培训部等部门给予了大力支持，在此一并致谢。

本书可供国内电力行业的管理和专业技术人员，以及关注火电厂 SCR 烟气脱硝技术的读者阅读使用，对他们了解目前最新的 SCR 技术及工程应用，具有重要的参考价值和工程应用价值。

限于作者水平和编写时间，书中不妥之处在所难免，欢迎读者不吝赐教。

编 委 会

2012 年 12 月

目　　录

第 1 章

火电厂SCR烟气脱硝技术的现状和发展

1.1 我国的能源结构和环境污染现状

1.1.1 我国的能源结构

能源是人类生存和发展的重要物质基础。在过去的十多年里，世界能源生产和消费呈现以下特点：传统的矿物燃料仍将是很长一段时间内世界能源生产和消费的主体，尤其在我国，煤炭约占一次能源的 70%，在未来相当长的时期内，煤炭作为能源主体的地位不会改变；能源开发利用所造成的环境问题日益严重，成为亟待解决的能源技术问题。

世界的能源需求持续上升。世界能源组织在相关能源展望的报告中称，全球能源需求到 2030 年将上涨 50%，2/3 来自于发展中国家。日本能源经济研究所（IEEJ）则预测能源需求的增加主要来源于亚洲国家。

据统计，我国 2011 年全国煤炭产量约为 35 亿 t，其中发电消耗煤炭近 20 亿 t。预计到 2015 年煤炭产量将达到 39 亿 t，到 2020 年煤炭产量将达到 50 亿 t 以上，其中燃煤发电消耗煤炭占一半以上。我国煤炭产量已多年位居世界第一，据国际能源机构（IEA）世界能源展望（WEO）的预测，我国 2020 年的煤炭需求量仍将占能源消耗总量的 60% 以上。

近年来，我国积极调整能源消费结构，使煤炭消费比重缓慢下降，优质清洁能源的消费比重逐步上升。1990～2009 年，我国煤炭消费比重由 76% 降到 70%，20 年下降了 6 个百分点；天然气消费比重增长较快，从 2.1% 上升到 3.8%；接下来是水电、核电和风电，占比从 5.1% 上升到 7.4%。

相对于世界能源消费结构，我国能源的生产和消费有如下特点：煤炭为主要的一次能源（见表 1-1）；人均能源占有率低；能源利用率低。

表 1-1　　　　　　　　　　　　　　　1990～2009 年中国能源结构

年　份	煤炭（%）	石油（%）	天然气（%）	水电、核电和风电（%）
1990	76.2	16.6	2.1	5.1
1991	76.1	17.1	2.0	4.8
1992	75.7	17.5	1.9	4.9
1993	74.7	18.2	1.9	5.2
1994	75.0	17.4	1.9	5.7
1995	74.6	17.5	1.8	6.1
1996	74.7	18.0	1.8	5.5
1997	71.7	20.4	1.7	6.2
1998	69.6	21.5	2.2	6.7
1999	69.1	22.6	2.1	6.2
2000	67.8	23.2	2.4	6.7

年　份	煤炭（%）	石油（%）	天然气（%）	水电、核电和风电（%）
2001	66.7	22.9	2.6	7.9
2002	66.3	23.4	2.6	7.7
2003	68.4	22.2	2.6	6.8
2004	68.4	22.3	2.6	7.1
2005	69.1	21.0	2.8	7.1
2006	69.4	20.4	3.0	7.2
2007	69.5	19.7	3.5	7.3
2008	68.7	18.7	3.8	8.9
2009	69.6	19.2	3.8	7.4

据英国石油（BP）公司 2011 年的世界能源统计报告，我国石油、煤炭、天然气的储采比（已探明的储量与当年的开采量的比）分别为 10 年、44.5 年、29 年。虽然天然气及可再生能源在最近几年发展很快，但煤炭作为可以长期依赖的常规能源，在今后一段时间里，依然将占据我国能源结构中的主导地位。

可以预见，在未来 50 年内，我国能源结构仍将以化石燃料，尤其是煤炭为主，而煤炭的最主要用途就是发电。

1.1.2　火力发电概述

目前，世界上普遍认为，在煤炭的各种利用取向中，用于发电的利用效率是最高的。电力是世界上最重要的二次能源，属于清洁高效的能源转换利用形式。我国电力生产以燃煤发电为主。

电力工业统计数据显示，截至 2011 年底，全国电力总装机容量达到 10.5 亿 kW。其中，火电装机容量 7.6 亿 kW，占装机总量的 72.4%；水电装机容量 2.3 亿 kW；核电装机容量 1191 万 kW；风电装机容量 4700 万 kW；非化石能源发电装机容量占比为 27.5%。预计到 2015 年，火电装机容量将达到 9.33 亿 kW，2020 年达到 11.6 亿 kW，在未来仍将占有最大的比重。

从发达国家的实践来看，电力增长越快，总的能源需求增长越慢；电力占终端能源比例越大，单位产值的能源消耗越低。高效、环保及合理利用煤炭资源是未来我国电力发展的方向。

1.1.3　火力发电的环境问题

我国燃煤发电主要是通过直接燃烧的方式，煤炭燃烧产生了大量的烟尘、硫氧化物（SO_x）、氮氧化物（NO_x）、汞等重金属氧化物，以及大量的二氧化碳气体。

这些污染物排入大气，已经造成了严重的环境问题，是我国经济可持续发展亟待解决的重要问题。在燃煤电站烟尘排放的控制方面，我国近 30 多年来一直大力采用高效率的烟气除尘装置，烟尘排放已经得到有效控制。但是随着环保要求的进一步提高，如对 $2.5\mu m$ 以下的细微颗粒也提出要求，普通的静电除尘器将面临严重挑战。为此，国内近几年新建的燃煤发电机组中有一部分采用了静电除尘器和布袋除尘器相结合的新技术，还开发了一些新的综合高效电除尘（如高频旋转电极、湿式、低低温等方式）技术，进一步提高了捕集细微烟尘的效率，这些新技术有望得到较快普及。

二氧化硫（SO_2）污染已经能够通过湿法脱硫（FGD）等技术得到有效解决。《2011 年中国环境状况公报》显示，2011 年全国废气中二氧化硫排放量为 2217.9 万 t，比 2010 年下降 2.21%，其中火电厂排放的二氧化硫占排放总量的一大部分。近年来，我国加大了对二氧化硫的治理力度，截至 2010 年底，电厂烟气脱硫机组容量达到 5.65 亿 kW，占火电容量的比例为 80%，占煤及煤矸石发电机组的比例为 86%。

氮氧化物是继二氧化硫之后燃煤发电污染物治理的重点。据测算，我国 2011 年氮氧化物的排放量为 2404.3 万 t，比 2010 年上升 5.73%，而我国氮氧化物的环境容量只有 1800 万 t。2011 年，监测的 468 个市（县）中，出现酸雨的市（县）有 227 个，占总数的 48.5%；酸雨频率在 25% 以上的市（县）有 140 个，占总数的 29.9%；酸雨频率在 75% 以上的市（县）有 44 个，占总数的 9.4%。年均降水 pH 值低于 5.6（酸雨）、低于 5.0（较重酸雨）和低于 4.5（重酸雨）的市（县）分别占 31.8%、19.2% 和 6.4%。与 2010 年相比，酸雨、较重酸雨和重酸雨的市（县）比例分别降低 3.8、2.4 个百分点和 2.1 个百分点。截至 2011 年底，全国脱硝设施通过环保验收的燃煤机组约 1 亿 kW，约占煤电装机总容量的 16%。随着新的国家火电厂污染物排放标准的颁布，火电厂烟气脱硝装置在未来的一段时期内将会大幅度增长。

截至 2011 年底，全国脱硝设施通过环保验收的燃煤机组容量约 1 亿 kW，约占火电机组容量的 16%，随着新的国家火电厂污染物排放标准的颁布，火电厂烟气脱硝装置的容量在未来将会大幅度增长。

进入 21 世纪以来，我国的环境形势日益严峻，烟尘、粉尘、二氧化硫、氮氧化物，以及由此而产生的酸雨等对大气环境造成了极大的危害，酸雨面积已超过国土面积的 29%。就大气而言，其主要的污染物就是烟尘、二氧化硫、氮氧化物，而环境污染的最大来源是燃煤排放物，火电厂成为重要的污染排放源。火电厂排放污染严重的现实已制约了电力工业的发展。鉴于此，坚持走一条既要发展电力工业，又要保持环境的可持续发展的道路是十分重要的。

未来 20 年，我国将全面建设小康社会。我国是一个发展中的人口大国，也是人均资源拥有量较低的国家。随着人口规模和经济规模的不断增长，我国的工业化进程对资源的依赖程度越来越高，对生态环境的影响也越来越严重。我国必须转变现行的发展方式，走一条科技含量高、经济效益好、生活富裕、生态良好、人与自然和谐文明发展的道路，只有走最有效利用资源和以保护环境为基础的循环经济之路，才有可能实现可持续发展。

1.1.4　火电厂污染物排放控制政策法规

对于火电厂的污染物排放问题，我国政府给予了高度的重视。

1992 年 8 月 1 日，我国首次发布实施了 GB 13223—1991《燃煤电厂大气污染物排放标准》，规定了二氧化硫的排放浓度由烟囱的有效高度确定，对氮氧化物的排放未作规定。

1992 年，颁布了《关于开展征收工业燃煤二氧化硫排污收费试点工作的通知》，1995 年国家环保总局开始酸雨控制区和二氧化硫污染控制区的划分，1998 年开始对占国土面积 11.4%、占二氧化硫排放量 60% 的重点地区实行控制。

1995 年，修订了《中华人民共和国大气污染法》，规定了在"两控区"不能采用低硫煤的新建项目必须配套建设脱硫装置；对已建企业不用低硫煤的，应当采用控制二氧化硫的排放措施；并规定企业采取先进的脱硫技术。

1996 年，发布了 GB 13223—1996《火电厂大气污染物排放标准》，提出了二氧化硫排放量和排放浓度的双重控制，排放浓度为 1200mg/m³（标准状况下），只在"两控区"内执行；仅对大于或等于 1000t/h 的锅炉提出了氮氧化物的控制要求，排放浓度为 650mg/m³。

1997 年，原国家环保总局发布了《"九五"期间全国主要污染物排放总量控制实施方案》，确定了"九五"期间对包括二氧化硫在内的 12 种污染物的总量控制原则；国家环保总局在贯彻《国务院关于酸雨控制区和二氧化硫污染控制区有关问题的批复》的执行方案中，建议有关部门应将脱硫技术的研究、开发、推广应用工作列入环保工作计划，引进适合我国国情的二氧化硫控制技术，大力发展相关产业，在有关项目和资金安排上，应向"两控区"倾斜。1997 年 8 月，国家科委将脱硫装置列入《国家高新技术产品目录》。1997 年，原国家环保总局将脱硫脱硝列入《国家环境保护科技发展"九五"计划和 2010 年长远规划》。1997 年，国家计委还发布了《中国洁净煤技术"九五"计划和 2010 年发展纲要》，建议对脱硫技术等进行工程试验示范；提出了能源利用和资源节约的"十五"规划重大示范工程，包括洗选脱硫、燃烧中固硫及烟气脱硫等以污染技术治理为主的二氧化硫减排示范；机械工业"十五"规划要求攻克高温脱硫技术，重点发展火电厂烟气脱硫等成套设备。

1998 年，发布了《关于在酸雨控制区和二氧化硫污染控制区开展征收二氧化硫排污费扩大试点的通知》，规定了二氧化硫排污费的征收范围和征收标准。

1999 年，国家发展计划委员会和科技部联合发布了《当前国家优先发展的高新技术产业重点领域指南》，包括烟气脱硫工艺和设备；国经贸技术［1999］749 号文将火电厂脱硫技术、低氮氧化物燃烧器技术及烟气脱硫设备列为《近期行业技术发展重点》。

2000 年 2 月，国家经贸委、国家税务总局将脱硫设备列入《当前国家鼓励发展的环保产业设备（产品）目录》第一批、第二批。同时，国家经贸委印发了《火电厂烟气脱硫关键技术与设备国产化规划要点》，对脱硫工艺的设计及脱硫设备的生产规定了目标。

2002 年，再次修订了《中华人民共和国大气污染法》，对于超过排放标准或总量控制指标的新建、扩建项目必须配套建设脱硫装置，在"两控区"内，已建企业超过排放标准的，必须规定限期治理；要求企业对燃烧过程中产生的氮氧化物也采取措施。同年，国家环保总局、国家经贸委及科技部联合发布了《燃煤二氧化硫污染防治技术政策》。

2003 年，发布了《排污费征收标准管理办法》，规定从 2005 年 7 月 1 日起，二氧化硫排污费按 0.6 元/当量收，从 2004 年 7 月 1 日起，氮氧化物排污费按 0.6 元/当量收取。

2004 年 3 月 7 日，颁布了 GB 13223—2003《火电厂大气污染物排放标准》，通过排放量和排放浓度双重控制，Ⅱ、Ⅲ 时段燃煤二氧化硫排放量为 400mg/m³；Ⅱ 时段燃煤氮氧化物排放量为 650mg/m³，Ⅲ 时段燃煤氮氧化物排放量为 450mg/m³（标准状况下）。一些重要的区域，例如北京市环保局及北京市技术监督局联合颁发了 DB11/139—2002《锅炉污染物综合排放》，提出了更为严格的排放标准。

2010 年 1 月 27 日，国家环保部发布了《火电厂氮氧化物防治技术政策》（环发［2010］10号）。提出以下防治技术路线：①倡导合理使用燃料与污染控制技术相结合、燃烧控制技术和烟气脱硝技术相结合的综合防治措施，以减少燃煤电厂氮氧化物的排放。②燃煤电厂氮氧化物控制技术的选择应因地制宜、因煤制宜、因炉制宜，依据技术上成熟、经济上合理及便于操作来确定。③低氮燃烧技术应作为燃煤电厂氮氧化物控制的首选技术；当采用低氮燃烧技术后，氮氧化物排放浓度不达标或不满足总量控制要求时，应建设烟气脱硝设施。

2011 年 7 月 29 日，国家环保部和国家质量监督检验检疫总局发布了 GB 13223—2011《火电厂大气污染物排放标准》。标准中规定自 2012 年 1 月 1 日起，对于新建火力发电锅炉及燃气

轮机机组执行 $100mg/m^3$ 的氮氧化物限值；自 2014 年 7 月 1 日起，现有的火力发电锅炉和燃气轮机机组执行 $100mg/m^3$ 的氮氧化物限值。重点地区的火力发电锅炉和燃气轮机机组执行 $100mg/m^3$ 的氮氧化物限值；只是对 W 型火焰炉、循环流化床锅炉及 2003 年 12 月 31 日之前建成投产或通过项目环境影响报告审批的锅炉，执行 $200mg/m^3$ 的氮氧化物限值。

综上所述，我国在污染物排放方面未来政策的趋向如下：①"十二五"规划延续"十一五"总量控制的原则，大气排放中的氮氧化物也作为总量控制指标，进行总量硬约束。②参照脱硫电价进行脱硝电价补贴。

1.2　氮氧化物控制技术综述

我国火力发电以燃煤发电为主。燃煤发电过程中产生的众多气态污染物中，氮氧化物危害很大且很难处理。煤燃烧产生的氮氧化物主要包括一氧化氮（NO）、二氧化氮（NO_2）及少量其他氮的氧化物。不过，NO 排到大气中很快就会被氧化成 NO_2。NO 和 NO_2 都是有毒气体，其中 NO_2 的毒性很大，5 倍于 NO。

NO_2 是一种红棕色有毒的恶臭气体。空气中只要有 0.1×10^{-6} 浓度就可闻到，$1 \sim 4 \times 10^{-6}$ 即有恶臭，而 25×10^{-6} 就恶臭难闻了。NO_2 对人类和动植物的危害很大（见表 1 - 2）。更为严重的是，NO_2 在日光作用下会产生新生态氧原子（$NO_2 \xrightarrow{\text{光合作用}} NO+O$），而新生态氧原子在大气中将会引起一系列连锁反应并与未燃尽的碳氢化合物一起形成光化学烟雾，其毒性更强。如 20 世纪 70 年代初，日本东京发生的一起光化学烟雾，使上万人喉头发炎，眼鼻受到刺激甚至昏倒。该次污染事件中产生了各种毒性很强的二次污染物，如臭氧（O_3）、过氧乙酰硝酸酯（PAN）、过氧基硝酸酯（PBN），以及过氧硝基丙酰（PPN）等。

大气被 NO_2 污染后还会使得机器设备和金属建筑物过早损坏，妨碍和破坏植物的生长，降低大气的可见度，阻碍热力设备出力的提高，甚至使设备的效率降低。

因此，为了防止 NO_2 及其引起的光化学烟雾的危害，必须抑制煤炭等燃料燃烧时氮氧化物的生成量。

表 1 - 2　　　　　　　　　　　NO_2 对人类和动植物的影响

NO_2 浓度（$\times 10^{-6}$）	影　　　响
0.5	连续 4h 暴露，肺细胞病理组织发生变化；连续 3～12 个月，在支气管部位有肺气肿感染，抵抗力减弱
～1	闻到臭味
2.5	超过 7h，豆类、西红柿等农作物的叶变白
3.5	超过 2h，动物细菌感染增大
5	闻到强烈恶臭
10～15	眼、鼻、呼吸道受到刺激
25	人只能短时暴露才安全
50	1min 内就会感到呼吸道异常，鼻受刺激
80	3min 内感到胸痛
100～150	0.5～1h 就会因肺水肿而死亡
200 以上	人立即死亡

煤燃烧产生的氮氧化物主要来自两部分：一部分是燃烧时空气带进来的氮，在高温下与氧反应所生成的 NO_x，称为"热力 NO_x"（T-NO_x）；另一部分是燃料中固有的氮化合物经过复杂的化学反应所生成的，称为"燃料 NO_x"（F-NO_x）。这两部分氮氧化物的形成机理是不同的。除此之外，还有一部分是分子氮在火焰前沿的早期阶段，在碳烃化合物的参与影响下，通过中间产物转化成的 NO_x，称为"瞬态型 NO_x"，这部分数量很少，一般不予考虑。

空气中的氮在燃烧室的高温下被氧化成 NO 的机理是相当复杂的，一般认为按下列链式反应进行，即

$$O_2 \longrightarrow 2O \tag{1-1}$$

$$t > 1538℃ \qquad N_2 + O \longrightarrow NO + N \tag{1-2}$$

$$t > 816℃ \qquad O_2 + N \longrightarrow NO + O \tag{1-3}$$

反应（1-1）是在高温炉膛环境下空气中氧分子被离解成自由原子的过程。它是链式反应的开始。所产生的氧原子在高温下（$t > 1538℃$）与空气中的氮反应生成 NO，同时释放出氮原子。释出的氮原子又与空气中氧反应生成 NO。由此可见，反应（1-2）和（1-3）生成的 NO 量仅与空气中的氮、氧浓度有关，而与燃料的组成无关，因此称为"热力 NO_x"（或"空气 NO_x"），其生成量为

$$[NO] = \int_0^{\tau_e} Ae^{-E/RT} \sqrt{[N_2][O_2]}\,dt \tag{1-4}$$

式中：τ_e 为排烟排出前在炉膛停留时间。

从式（1-4）可看出，"热力 NO_x"生产量与反应区的温度、反应区内氮、氧的浓度，以及燃烧气体在反应区的停留时间成正比，其中温度的影响尤为显著。如果温度相当低，自由基的氧原子数量又不够多，则热力 NO_x 的生成就会被抑制。

"燃料 NO_x"的形成则更复杂，目前尚未透彻了解。根据大量试验研究表明，其形成机理可能是：燃料进入炉膛后，由于高温分解释放出 N、NH 或 CN 等各种可能形式的自由基，这些自由基随即被氧化成 NO 或再结合成 N_2，取决于局部地区的氧浓度。一般来说，燃料中氮氧化物含量越高或炉膛中氧浓度越大，则形成"燃料 NO_x"就越多。"燃料 NO_x"即使在温度较低的情况下也能形成。

综上所述，影响燃料燃烧时 NO_x 生成的主要因素有以下几方面：

（1）燃料中氮化合物的含量。氮化合物含量越高，"燃料 NO_x"生成就越多。例如气体燃料中氮化合物含量极少，因此燃烧时生成的 NO_x 几乎都是空气中的氮转化来的；相反，燃烧固体燃料煤，特别是燃烧煤粉时，烟气中的氮氧化物绝大部分（90%）是由燃料中的固有氮化物转化而来的；液体燃料则介于上述两者之间。

（2）火焰温度（或燃烧区的温度）和高温下的燃烧时间（或滞留时间）。温度越高，NO_x 越易生成，特别是"热力 NO_x"。在 2000℃ 以上时 NO 几乎可以在瞬间氧化而成；在 1600～2000℃ 范围内，如果持续时间较长，也易生成 NO_x，若时间较短，则 NO_x 的生成速度就慢些；在 1500℃ 以下时，"热力 NO_x"的生成速度显著减慢，但"燃料 NO_x"的生成速度不变。

（3）燃烧区中氧的浓度。燃烧区中氧浓度增大，则不论"热力 NO_x"还是"燃料 NO_x"，其生成量都增大。此外，当氧量供应适中时，燃烧温度较高，更易生成 NO_x。若空

气供应不足，氧量减少，此时燃烧不完全，燃烧温度下降，这样虽然使 NO_x 生成量减少，但会增多碳黑及 CO 等。如果空气大量过剩，燃烧区中氧量与氮量虽然明显增加，但由于此时燃烧温度下降反而会导致 NO_x 生成减少，同时 NO_x 浓度也被大量过量空气所稀释而下降。

在以上各因素中，火焰温度对 NO_x 生成有很大的影响。温度越高，NO_x 生成越多。此外，NO_x 的生成还与燃烧方式和燃烧装置的形式有很大关系。

由以上分析可知，高温和高的氧浓度是产生热力 NO_x 的根源。因此，减少热力 NO_x 可采取以下措施：

（1）减少燃烧最高温度区域范围。

（2）降低燃烧峰值温度。

（3）降低燃烧的过量空气系数和局部氧气浓度。

燃料 NO_x 是由于燃料中的氮在燃烧过程中成离子析出与含氧物质反应而形成的。燃料中的氮并非全部转化成 NO_x，依据燃料和燃烧方式的不同而存在一个转化率，该转化率一般为 15％～30％。因此，控制燃料 NO_x 的产生可采取以下措施：

（1）减少过量空气系数。

（2）控制燃料与空气的前期混合。

（3）提高入炉的局部燃烧浓度。

（4）利用中间生成物反应降低 NO_x。

根据上述 NO_x 的形成特点，可把 NO_x 的控制措施分成燃烧前、燃烧中和燃烧后处理三类。

（1）燃烧前脱氮主要将燃料转化为低氮燃料，该方法成本高，工程应用较少。

（2）燃烧中脱氮主要指各种降低 NO_x 的燃烧技术，该方法费用较低，脱硝率不高，但仍然能满足当前及今后短期内的环保要求。

（3）燃烧后脱氮主要指烟气脱硝技术，该方法脱除效率高，随着环保要求的日益严格，高效率的烟气脱硝技术将是主要的发展方向。

因此，从工程应用的角度可将控制火电厂 NO_x 排放的措施分为两大类。一类是通过燃烧技术的改进（包括采用先进的低 NO_x 燃烧器）降低 NO_x 排放量；另一类是尾部加装烟气脱硝装置。对于前者，国外低 NO_x 燃烧技术的发展已经历三代。第一代技术不对燃烧系统作大的改动；第二代技术以空气分级燃烧器为特征；第三代技术则是在炉膛内同时实施空气、燃料分级的三级燃烧方式（或燃烧器）。西安热工研究院有限公司（简称西安热工研究院）正在发展第四代低氮燃烧技术，由于该措施投资、运行费用低，采用最为广泛，也是主要工业国家大力完善的措施。尾部加烟气脱硝装置，其优点是可将 NO_x 排放量降至 $100mg/m^3$（标准状况下）以下，但其初投资及运行费用高，在德国、日本、奥地利等工业国得到了应用，我国也正在大规模地推广应用。下面对燃煤电厂常用的几种脱硝技术作一简单的介绍及评述。

1.2.1　低过量空气燃烧

使燃烧过程尽可能地在接近理论空气量的条件下进行，随着烟气中过量氧的减少，可以抑制 NO_x 的生成，是一种简单的降低 NO_x 的方法。一般来说，采用低过量空气燃烧可以降低 NO_x 排放 15％～20％。但是采用该方法有一定的限制条件，如炉内氧的浓度低于 3％时，会造成 CO 的含量急剧增加，从而大大增加化学未完全燃烧热损失。同时，也会引起飞灰含炭量的增加，导致机械未完全燃烧损失的增加，降低燃烧效率。此外，低氧浓度会使炉膛内某些地区成为还原性气氛，从而降低灰熔点引起炉壁结渣和腐蚀。因此，采用低过量空气燃烧来降低 NO_x 排放有一定限制，须慎重选择。

1.2.2 空气分级燃烧

传统的燃烧方式是将所有煤粉和空气都通过燃烧器送入炉膛，一起燃烧。这样煤粉与空气充分混合，燃烧强度大，燃烧温度高，但由此产生的 NO_x 排放量也很高。而空气分级燃烧技术是通过控制空气与煤粉的混合过程，将燃烧所需空气逐级送入燃烧火焰中，以此实现煤粉颗粒在燃烧初期的低氧燃烧，达到降低 NO_x 排放的目的。空气分级燃烧技术可分为垂直分级和水平分级。所谓垂直分级是将一部分燃烧空气从主燃烧器中分离出来，从燃烧器上部送入炉膛，这股燃烧空气称为燃尽风（OFA）。燃尽风系统根据安装位置的不同，又分成紧凑型燃尽风和分隔型燃尽风。燃尽风的量一般占空气总量的 10%～20%，具体根据分级程度的不同而不同。由于燃尽风的存在，主燃烧区的氧量下降，空气量减少，燃料型 NO_x 的生成减少；由于燃烧温度降低，热力型 NO_x 的生成也减少，因此总的 NO_x 排放量降低。水平分级是将二次风的喷射角偏转，与一次风形成大小不同的切圆，推迟二次风与一次风的混合，形成一定程度的空气分级。

由空气分级燃烧技术降低 NO_x 的机理可知其工艺流程，其系统主要包括低 NO_x 燃烧器和燃尽风系统。主燃烧区域的过量空气系数尽可能低，燃料在该区域为缺氧燃烧，产生少量的 NO_x，烟气上行至燃尽区域，与燃尽风混合燃烧，此时由于燃烧温度低，生成 NO_x 相对较少，而未燃尽炭在该区域得以燃尽，其布置方式如图 1-1 所示。

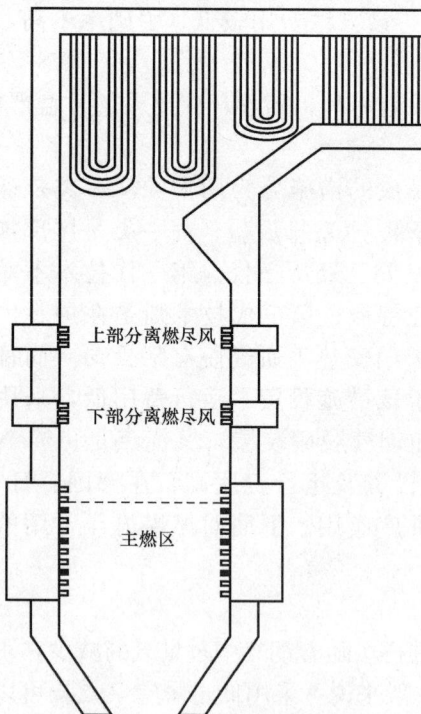

图 1-1 空气分级燃烧

使用空气分级燃烧技术对老机组实施改造较为方便，改动量小，改动费用相对较低；适合于高挥发分的煤种，在燃用挥发分较高的烟煤时，采用低 NO_x 燃烧器加燃尽风系统的改造可使锅炉 NO_x 的排放降低 20%～50%；改造后，飞灰含量有所增加，锅炉效率有所降低。

由于空气分级燃烧降低了主燃烧区的过量空气系数，容易导致水冷壁附近还原性气氛增加，从而引起炉膛内的结渣和腐蚀问题，因此在设计上必须考虑这一点，以减少该方面的影响。不过由于空气分级燃烧降低了炉膛内的燃烧温度水平，对缓解炉膛结渣也有好处。

空气分级燃烧技术在我国应用较为广泛，西安热工研究院曾对国内大型锅炉的运行业绩进行过调查，结果表明，国内 300MW 及其以上机组 80% 应用了空气分级燃烧技术。国外应用更为广泛，其中美国应用空气分级燃烧的低 NO_x 燃烧器改造工程的燃煤锅炉达到 400 多台，应用炉膛空气分级改造工程的燃煤锅炉 120 多台，机组总容量分别达到 130GW 和 50GW。

1.2.3　低 NO_x 燃烧器（LNB）

LNB 的特点是在燃烧器出口实现分级送风并与燃料的合理配比，达到抑制 NO_x 生成的目的。LNB 用于控制燃烧器附近燃料与空气的混合及理论空气量，以阻止燃料氮向 NO_x 的转化和生成热力 NO_x，同时又要保持较高的燃烧效率，主要是通过控制燃烧器喉部燃料和空气的动量及流动方向来实现的。LNB 控制 NO_x 排放原理如图 1-2 所示。

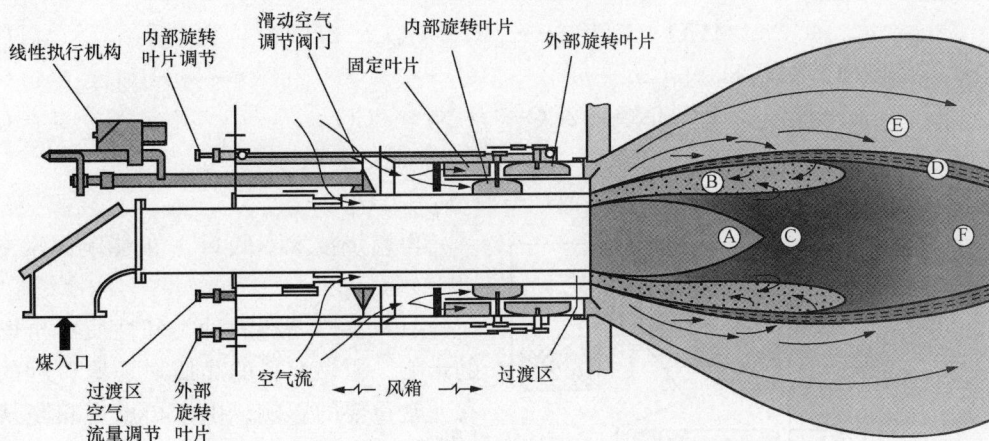

图 1-2　低 NO_x 燃烧器 LNB 控制 NO_x 排放原理
A—贫氧挥发物析出；B—烟气回流区；C—NO_x 还原区；D—等温火焰面；
E—二次风控制混合区；F—燃尽区

LNB 技术在国内外的电厂中应用广泛。图 1-3 所示为阿尔斯通公司的 LNB，图 1-4 所示为三井—巴布科克公司的 LNB。

图 1-3　阿尔斯通公司的 LNB

图 1-4　三井—巴布科克公司的 LNB

1.2.4　再燃烧降低 NO_x 技术

燃料再燃烧技术又称为燃料分级燃烧技术，首先由德国在 20 世纪 80 年代末提出，称为 IFNR（in-furnace NO_x reduction）技术，发展到今天已逐步实现了产业化。其特点是将燃烧分成主燃烧区、再燃烧区和燃尽区三个区域。主燃烧区是氧化性或弱还原性气氛，该区域内主燃料在欠氧或弱还原性环境下燃烧，产生 NO_x。再燃烧区是将二次燃料送入炉内，使其呈还原性气氛（$\alpha<1$），在高温和还原气氛下，生成碳氢原子团，该原子团与一次燃烧区生成的 NO_x 反应，将 NO_x 还原成 N_2，该区域通常也称为还原区域，二次燃料通常称为再燃燃料。在还原区的上方，送入少量空气使再燃燃料燃烧完全，该区域称为燃尽区，该部分二次风称为燃尽风。再燃烧技术降低 NO_x 原理如图 1-5 所示。

以甲烷（CH_4）作为再燃燃料为例，在还原区内，二次燃料分解生成的碳氢化合物基团与 NO_x 发生如下反应：

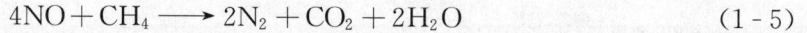

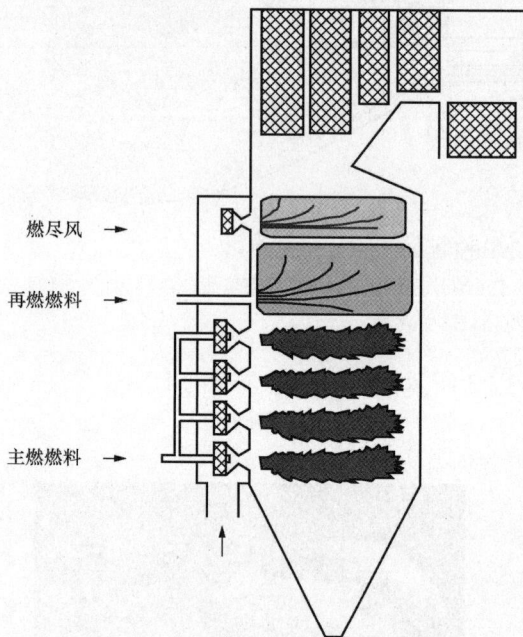

$$4NO + CH_4 \longrightarrow 2N_2 + CO_2 + 2H_2O \tag{1-5}$$

$$2NO + 2C_nH_m + (2n+m/2-1)O_2 \longrightarrow N_2 + 2nCO_2 + mH_2O \tag{1-6}$$

$$2NO + 2CO \longrightarrow N_2 + 2CO_2 \tag{1-7}$$

$$2NO + 2C \longrightarrow N_2 + 2CO \tag{1-8}$$

$$2NO + 2H_2 \longrightarrow N_2 + 2H_2O \tag{1-9}$$

图 1-5 再燃烧技术降低 NO_x 原理

再燃烧技术降低 NO_x 的影响因素主要有以下方面。

（1）再燃燃料的种类和性质对再燃特性的影响。再燃燃料的品质对还原过程的质量有非常重要的影响。由于再燃燃料是从锅炉上部引入的，一般停留时间比较短，所以宜燃用易着火的燃料；此外还要求燃料含 N 量低，以减少 NO_x 再生成量。虽然天然气、油和煤都可以作为二次燃料，但从提高炉内再燃烧还原 NO_x 的效果来说，天然气最好，主要由于天然气中不含燃料氮。二次燃料含有燃料氮将降低还原效率。天然气和油的反应能力强，其生成 XN（NO、HCN、NH_3 等）基团的反应时间极短暂，有利于提高还原过程的速率和 NO 还原反应的进行深度。与天然气比较，油在欠氧燃烧时，易析出炭，难以燃尽。煤也可以作为二次燃料，但煤中的焦炭氮会使 NO 的还原效果降低，因此应尽量使用高挥发分煤种。另外，使用烟气作为二次燃料的输送介质可以保证燃料混合物中氧量较低，以减缓二次燃料煤中氮的氧化反应速率，有利于 NO 分解。同时，还原反应使用超细煤粉，以加快挥发分完全燃烧和产生活性基团的速率，也有利于在该段极其短暂停留时间内维持高燃尽度。再燃燃料的选择受制于资源、技术经济性比较、产业及环保政策等条件。

（2）再燃燃料的份额。再燃燃料太少，达不到理想的降低 NO_x 效果；太多，一方面对燃料燃尽不利，另一方面，也不会进一步降低 NO_x 排放量。因此，再燃燃料的份额一般占锅炉总输入热量的 15%～20%。

（3）还原区的温度和停留时间。再燃燃料在还原区的温度越高，停留时间越长，则还原反应越充分，NO_x 降低效果越显著。因此主燃烧区燃烧一结束就应立即喷入再燃燃料。但再燃燃料的送入位置不能太靠近主燃烧区，否则不仅会降低燃料燃尽率，而且会有较多的过量氧进入还原区，使还原区内过量空气系数增加，对还原不利。对不同的燃煤设备，最佳的停留时间要由试验确定。再燃区内烟气和燃料的停留时间应为 0.4~1.5s，但实际应用中，由于条件限制，不可能给出太长的停留时间，因此需进行合理选择。

（4）主燃区 NO_x 生成水平和燃尽度。主燃区 NO_x 生成量越低越好，尽管当主燃区 NO_x 下降时，再燃区 NO_x 还原为 N_2 的还原率在下降，但总的 NO_x 排放量下降。一次区煤粉燃尽度越高越好，这样可使进入再燃区的残余氧量尽可能低，以抑制 NO_x 的生成。

（5）配风的化学计量比。在一定的条件下（如一定的温度和停留时间），各级燃烧区有一个最佳过量空气系数 α，此时主燃烧区生成 NO_x 的浓度值最低。一般主燃烧区过量空气系数（煤粉炉、液态排渣炉、旋风炉前室）取 1.1，上部燃尽区取 1.15~1.2，还原区取 0.7~0.9。对于不同的燃煤设备，由于具体条件不同，如煤种、再燃燃料、温度和停留时间等，最佳的过量空气系数 α 值要通过试验确定。

（6）再燃燃料与主烟气的混合。再燃燃料在烟气中的混合和扩散直接影响降低 NO_x 的效果。为了保证再燃燃料在还原区内的停留时间，最大程度地降低 NO_x 排放量，就必须使再燃燃料能快速、充分地与从主燃烧区来的主烟气混合。为此在再燃燃料的送入方式上要精心设计，包括送入位置、布置方式、送入速度等。

（7）燃尽风与主烟气的混合。为了保证再燃燃料在还原区内的停留时间，同时保证燃料的燃尽，燃尽风与主烟气的混合也必须快速、充分，为此燃尽风的送入方式同样需要精心设计。

（8）再燃燃料的输送介质。如果用超细煤粉作为再燃燃料，则需要相应的输送介质，可用空气或惰性气体，如烟气。输送管道内的空气过量系数对于 NO_x 的排放值有一定影响，如果氧量高，则再燃燃料中的氮和碳氢原子团的氧化反应会加快，从而阻止对一次 NO_x 的分解并增加二次燃料煤中氮含量向 NO_x 的转换。

1.2.5 选择性非催化还原（SNCR）技术

选择性非催化还原（SNCR）是一种不用催化剂，在 850~1100℃ 范围内还原 NO_x 的方法。该技术常用氨或尿素为还原剂，还原剂迅速热分解并与烟气中的 NO_x 反应，迅速生成 N_2 和 H_2O。主要的化学反应方程式为

$$4NH_3 + 4NO + O_2 \longrightarrow 4N_2 + 6H_2O \quad \text{（氨为还原剂）} \tag{1-10}$$

$$(NH_2)_2CO \longrightarrow 2NH_2 + CO \quad \text{（尿素为还原剂）} \tag{1-11}$$

$$NH_2 + NO \longrightarrow N_2 + H_2O \tag{1-12}$$

$$2NO + 2CO \longrightarrow N_2 + 2CO_2 \tag{1-13}$$

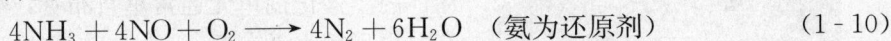

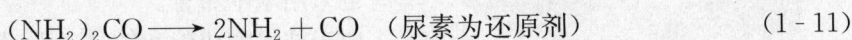

当温度过高，超过反应温度窗时，氨就会被氧化成 NO_x，即

$$4NH_3 + 5O_2 \longrightarrow 4NO + 6H_2O \tag{1-14}$$

选择性非催化还原原理如图 1-6 所示。

SNCR 在国外有较为广泛的应用。该方法以炉膛为反应器，可通过对锅炉的改造加以实现。SNCR 技术的工业应用是从 20 世纪 70 年代日本的一些燃油、燃气电厂开始的，80 年代末欧洲从一些燃煤电厂开始 SNCR 技术的工业应用，美国的从 90 年代开始应用 SNCR 技术，具有较多的应用业绩。我国近年来也有少量的 SNCR 应用业绩，目前世界上燃煤电厂 SNCR 工艺的装机总容量在 15GW 以上。

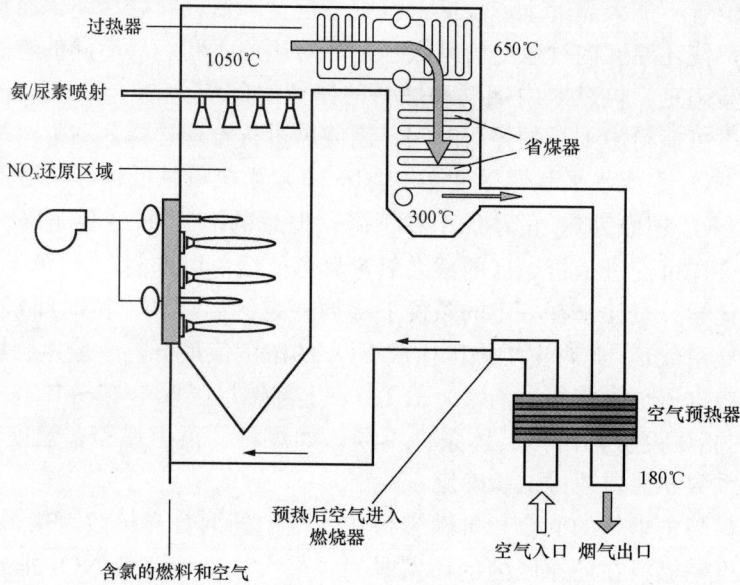

图 1-6　选择性非催化还原（SNCR）原理

1.2.6　选择性催化还原（SCR）技术

选择性催化还原（SCR，Selective Catalytic Reduction）技术在 20 世纪 70 年代后期首先由日本应用在工业锅炉和电厂锅炉上，欧洲从 1985 年开始引进 SCR 技术。美国从 1959 年就开始研究 SCR 技术，并获得了该方面的许多专利，但直到 80 年代后期才发展到工业应用上来。

SCR 技术的原理是通过还原剂（例如 NH_3），在适当的温度，并有催化剂存在的条件下把 NO_x 转化为空气中天然含有的氮气（N_2）和水（H_2O）。原理如图1-7所示。

在 SCR 工艺中，催化剂安放在一个像固体反应器的箱体内。催化剂单元通常垂直布置，烟气由上向下流动，有时也采用水平布置。

由于技术的成熟和较高的脱硝率，SCR 技术已成为国际上电厂烟气脱硝的主流技术。随着国家对环保要求的日益提高，SCR 技术在我国已逐步开始大规模推广应用，目前已建成的 SCR 脱硝装置已有 200 套以上。

图 1-7　SCR 反应原理

1.2.7　脱硝技术的比较与评价

国内外研究控制常规燃煤火电厂大气污染物（二氧化硫、NO_x）的排放技术已有多年。

炉内脱硝法主要有低过量空气燃烧法、空气分级燃烧法、低 NO_x 燃烧器、再燃烧等。其中低过量空气燃烧法虽然成本低廉，但降低 NO_x 排放量较低，一般为 15%～20%，而且使用时会对锅炉产生一些不良影响。例如炉内氧浓度过低，低于 3% 时，会造成 CO 浓度的急剧增加，增加未燃烧的热损失；同时也会引起飞灰含炭量的增加，降低燃烧效率。

空气分级燃烧法通常降低 NO_x20%～30%，成本比低过量空气燃烧法稍高。实施分级燃烧同样存在上述类似问题，即由于在第一燃烧区内空气过量系数 $\alpha < 1$，燃烧是在低于理论空气量的情况下进行的，因此必然会产生大量的不完全燃烧产物，以及大量没有完全燃烧的燃料。该情况可抑制 NO_x 的生成，但产生的不完全燃烧产物越大，导致燃烧效率的降低及引起结渣及腐蚀的可能性也越大。

低 NO_x 燃烧器是使用较多的炉内降低 NO_x 技术。

再燃烧也是一种较低成本的炉内降低 NO_x 技术。根据不同的再燃燃料、操作参数及锅炉条件，脱硝率为 $25\% \sim 65\%$。

总之，炉内低 NO_x 燃烧方法是通过降低燃烧温度、减少过量空气系数、缩短烟气在高温区的停留时间，以及选择低氮燃料来达到控制 NO_x 的目的。这些方法的大部分技术措施均有悖于传统的强化燃烧的概念，在某些方面，根据 NO_x 的生成原则组织燃烧的技术是与组织强化高效燃烧的传统观念相矛盾的，在实施这些技术时，会不同程度地遇到下列问题：①较低温度、较低氧量的燃烧环境势必以牺牲燃烧效率为代价，因此，在不提高煤粉细度的情况下，飞灰可燃物含量会增加。②由于在燃烧器区域欠氧燃烧，炉膛壁面附近的 CO 含量增加，有引起水冷壁管金属腐蚀的潜在可能性。③为了降低燃烧温度，推迟燃烧过程，在某些情况下，可能导致着火稳定性下降和锅炉低负荷燃烧稳定性下降。④采取的大部分燃烧调整措施均可能使沿炉膛高度的温度分布趋于平坦，使炉膛吸热量发生不同程度的偏移，可能会使炉膛出口烟温偏高。⑤脱硝效率相对较低（一般为 $15\% \sim 70\%$）。尽管如此，采用该类方法仍然是目前我国火电厂锅炉降低 NO_x 的主要措施之一。

锅炉尾部烟气脱硝方法可分成干法和湿法两类。干法有选择性催化还原（SCR）、选择性非催化还原（SNCR）、非选择性催化还原（NSCR）、分子筛、活性炭吸附法、等离子体法及联合脱硫脱氮方法等；湿法有分别采用水、酸、碱液吸收法，氧化吸收法和吸收还原法等。由于投资成本及运行操作等方面的原因，火电厂中应用最多的技术是 SCR，其次为 SNCR，其他方法应用较少。

SCR 以其技术成熟，脱硝效率高（能达到 $70\% \sim 90\%$ 或以上），在电厂中得到广泛应用。在德国、日本等环境要求高的国家，电厂锅炉的 NO_x 排放量要求小于 200mg/m^3，在新机组及部分改造老机组中安装 SCR 装置已成为一项不成文的规定。SNCR 在国际上的应用规模仅次于 SCR，主要是由于脱硝效率低及大量的氨逃逸对锅炉尾部设备的影响。

随着国家环保要求的提高，"十二五"期间及以后，我国将有更多的机组锅炉安装 SCR 烟气脱硝装置。

1.3 SCR 技术在国外的发展

20 世纪 90 年代以前，在采用 SCR 技术上，美国远落后于日本及欧盟国家。1990 年，欧盟国家拥有绝大多数的 SCR 装置，日本则是欧盟以外唯一拥有相当数量 SCR 装置的国家。具体分布如图 1-8 所示。

至 2005 年情况发生了巨大的变化，美国成为世界领先者，拥有超过 100GW 的 SCR 装置。2005 年 SCR 装置分布如图 1-9 所示。

2005 年后，SCR 装置在美国与亚洲国家应用更加广泛，具体分布如图 1-10 所示。

预测至 2020 年，亚洲将有近 300GW SCR 装置，其中半数将在中国，具体分布如图 1-11

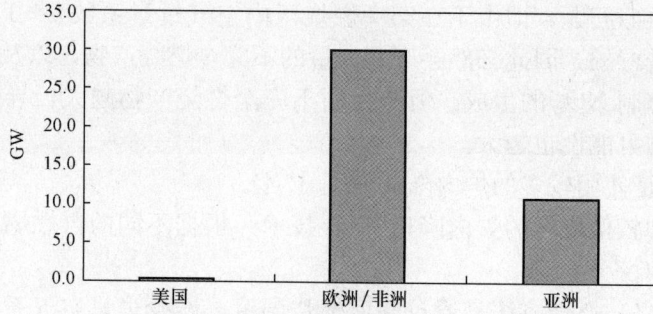

图 1-8　1990 年燃煤电厂 SCR 装置分布

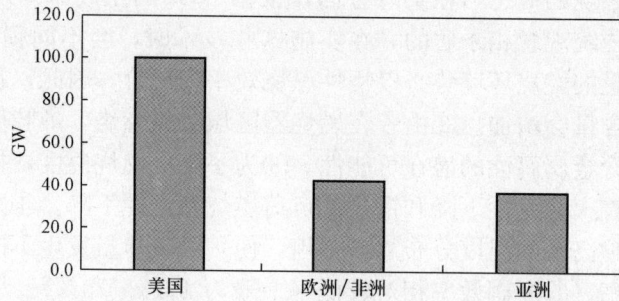

图 1-9　2005 年 SCR 装置分布

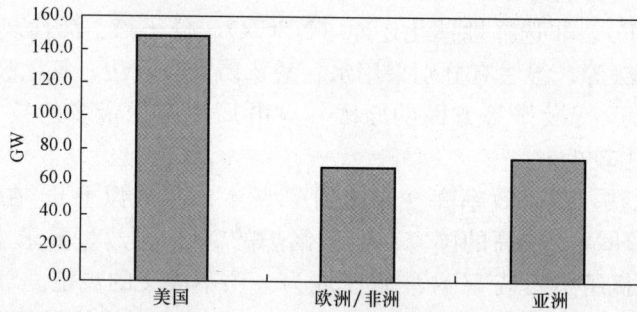

图 1-10　2010 年燃煤电厂 SCR 装置分布

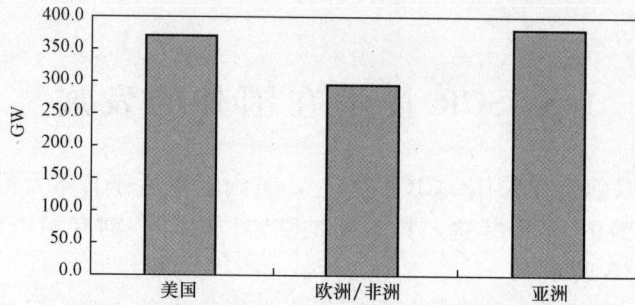

图 1-11　预测 2020 年燃煤电厂 SCR 装置分布

所示。

　　因此，消化、吸收并继续研究、创新 SCR 技术，在我国具有重要的现实意义。

1.4　SCR 技术在我国的使用现状及发展

根据相关统计资料，截至 2011 年底，我国脱硝设施通过环保验收的燃煤机组共 218 台，其中中国华能集团公司 40 台，中国大唐集团公司 31 台，中国华电集团公司 12 台，中国国电集团公司 15 台，中国电力投资集团公司 12 台，其他电力公司及地方企业 108 台。218 台机组中 300MW 容量以上机组 182 台。详细资料见附录。

根据 GB 13223-2—2011《火电厂大气污染物排放标准》，几乎绝大部分的火电机组都将安装 SCR 装置，SCR 技术在实际生产中的应用在"十二五"期间将达到顶峰。

第 2 章

火电厂SCR技术基础

2.1 SCR 反应的基本化学原理

在 SCR 反应过程中，通过加氨（NH_3）可以把 NO_x 转化为空气中天然含有的氮气（N_2）和水（H_2O）。主要的化学反应方程式为

$$4NO + 4NH_3 + O_2 \longrightarrow 4N_2 + 6H_2O \tag{2-1}$$

$$6NO + 4NH_3 \longrightarrow 5N_2 + 6H_2O \tag{2-2}$$

$$6NO_2 + 8NH_3 \longrightarrow 7N_2 + 12H_2O \tag{2-3}$$

$$2NO_2 + 4NH_3 + O_2 \longrightarrow 3N_2 + 6H_2O \tag{2-4}$$

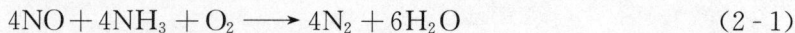

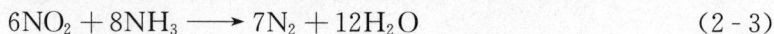

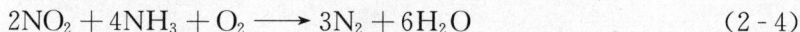

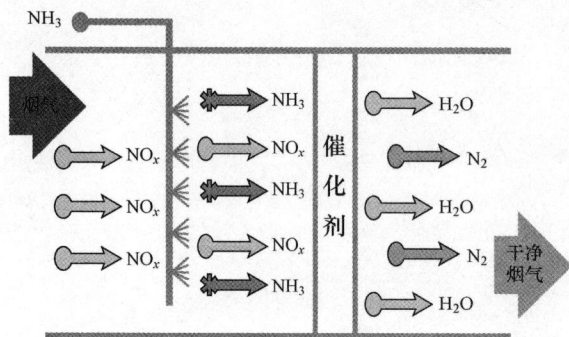

图 2-1 SCR 反应原理

当然，还有一些次要的反应，反应原理如图 2-1 所示，表面反应机理如图 2-2 所示。

目前火电厂脱硝工程中常用的 SCR 催化剂主要成分是 V_2O_5-WO_3/TiO_2 系列，催化剂分子结构如图 2-3 所示。可能的反应过程如下：

（1）NH_3 吸附到催化剂表面，如图 2-4 所示。

（2）NO 吸附到催化剂表面，如图 2-5 所示。

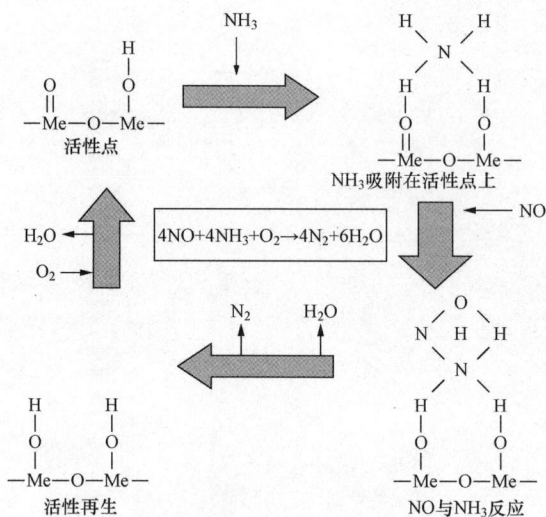

图 2-2 SCR 表面反应机理

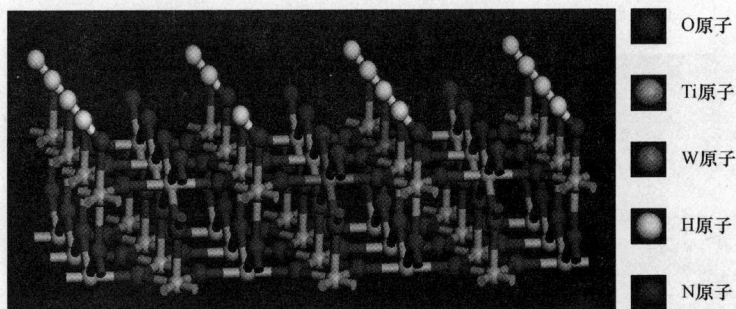

图 2-3 SCR 催化剂分子结构

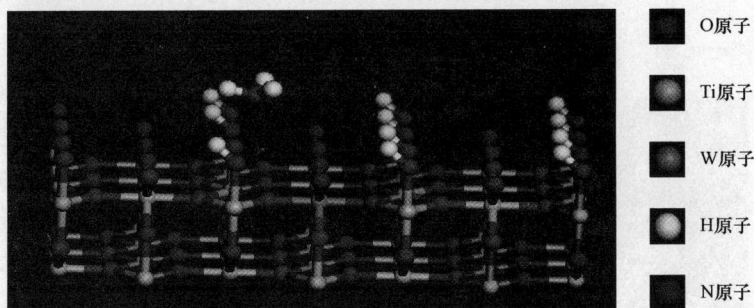

图 2-4 NH_3 吸附到催化剂表面

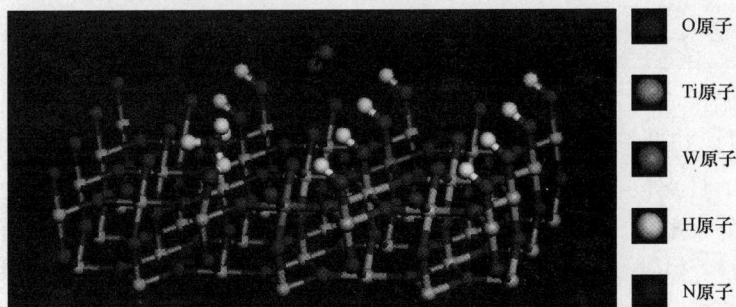

图 2-5 NO 吸附到催化剂表面

（3）NO 上的氧原子与 NH_3 反应，如图 2-6 所示。

图 2-6 NO 上的氧原子与 NH_3 反应

（4）N 原子和 N 原子形成 N₂ 分子，如图 2-7 所示。

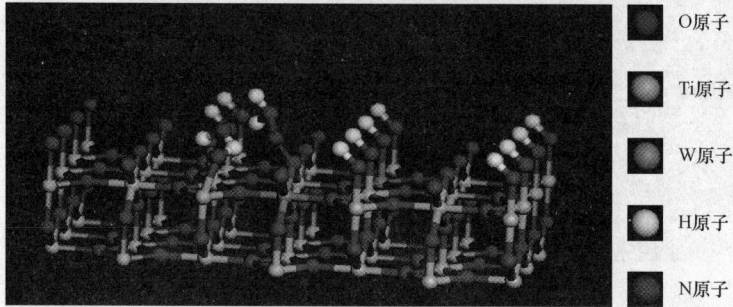

图 2-7　N 原子和 N 原子形成 N_2 分子

（5）N₂ 分子的脱去，如图 2-8 所示。

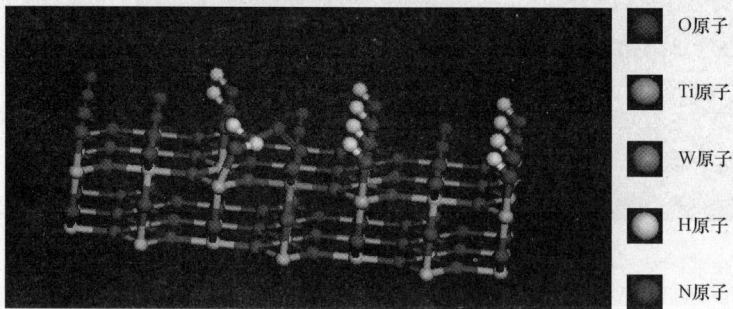

图 2-8　N_2 分子的脱去

尽管烟气脱硝反应的外在表现为很简单的等摩尔一阶反应，然而其内在机理尚未形成学术界统一意见。自 20 世纪 60 年代以来，各种基于钒基及其他氧化物催化剂的 SCR 反应物质、中间产物及活性点位置假说不断涌现。然而遗憾的是，并非所有假设的反应机理都能得到光谱分析的很好实验验证。根据相关研究机构采用分子模拟等手段研究得出的微观机理可以看出，脱硝反应是一个表面反应，NH_3 吸附于 V_2O_5 的 Bronsted 酸位并与 NO 反应。催化反应的速度外在取决于烟气与催化剂接触的表面积，内在取决于催化剂上面微孔面积、尺度分布及由此引起的扩散、吸附速度的大小。

由于烟气中的氮氧化物主要是 NO，反应式（2-1）无疑是发生的主要化学反应，所需的 NH_3/NO_x 比接近化学计量关系。在不添加催化剂的条件下，较理想的上述 NO_x 还原反应温度为 850～1000℃，但是该温度范围"很狭窄"。当温度在 1000～1200℃ 时，NH_3 会氧化成 NO，而且 NO_x 还原速度会很快降下来；当温度低于 850℃ 时，反应速度很慢，此时需要添加催化剂，因此，从技术上就分为 SCR 工艺和 SNCR 工艺。

SCR 反应系统如图 2-9 所示，催化剂单元通常垂直布置，烟气由上向下流动，有时也采用水平布置。

SCR 方法的效率在很大程度上取决于催化剂的反应活性，但是反应温度、烟气在反应器内的停留时间、NH_3/NO 摩尔比、烟气流型等反应条件对其效率也会产生较大影响。完成后的 SCR 系统如图 2-10 所示。

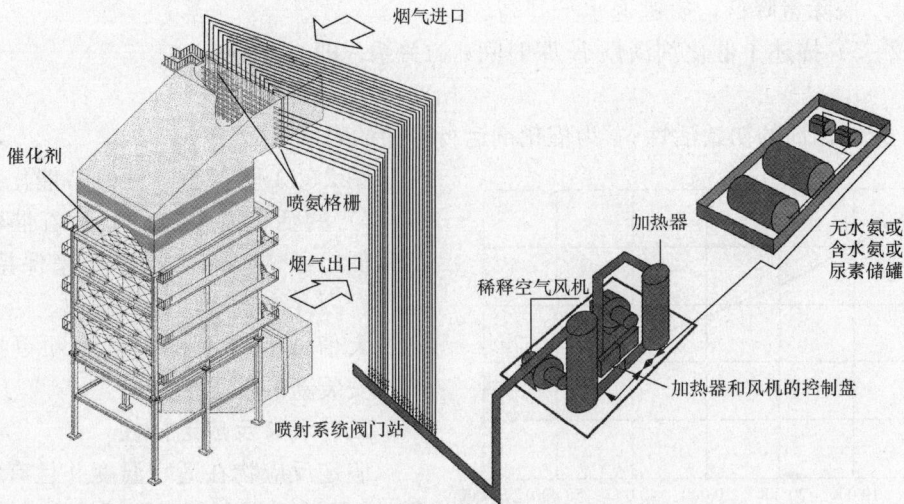

图 2-9　SCR 反应系统

图 2-10　完成后的 SCR 系统

2.2　影响 SCR 过程的主要反应条件

2.2.1　催化剂

催化剂是 SCR 系统中最关键的部分，其类型、结构和表面积都对脱除 NO_x 效果有很大影响。具体应用方面，催化剂应具有良好的特性，包括反应温度范围、烟气流速、烟气特性、催化活性和选择性，以及催化剂的运行寿命。另外，设计还要考虑催化剂的成本，包括处置成本。

一、催化剂活性

催化剂活性是催化剂加速 NO_x 还原反应速率的度量。催化剂活性高，反应速率越快，脱除 NO_x 效率越高。催化剂活性是许多变量的函数，包括催化剂成分和结构、扩散速率、传质速率、烟气温度和烟气成分等。当催化剂活性降低时，NO_x 还原反应速率也降低，这

会导致 NO_x 脱除量降低，氨逃逸水平升高。

式（2-5）描述了催化剂活性 K 跟时间 t 的关系，即

$$K = K_0 e^{(t/\tau)} \tag{2-5}$$

式中：K_0 为催化剂的初始活性；τ 为催化剂运行寿命的时间常数。

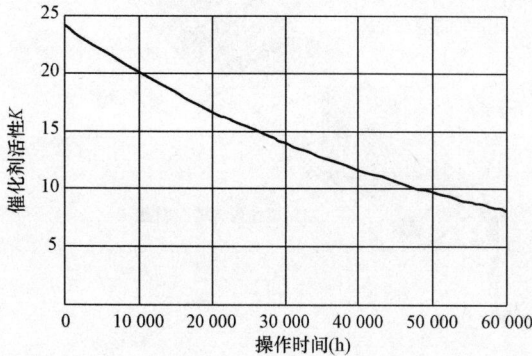

图 2-11 典型的催化剂活性曲线
（$K_0 = 24.12$，$\tau = 55\,000h$）

图 2-11 所示为一种典型催化剂基于式（2-5）的活性降低曲线。随着催化剂活性的降低，通常要注入更多氨来保持 NO_x 脱除率，因此也就增加了氨逃逸。当氨逃逸达到最大值或允许水平时就必须更换旧催化剂，安装新的催化剂。

二、SCR 反应选择性

假定反应物在适宜温度并且有氧的情况下，SCR 希望 NO_x 还原反应胜过不希望发生的反应。然而，副反应仍然会发生，并且催化剂也会加速这些反应。每一种催化剂都有各自不同的化学反应选择特性。通常在 SCR 反应中，催化剂会加速不期望的化合物 SO_3 和 N_2O 的形成。SO_3 是由二氧化硫氧化而成，SO_3 在烟气中与氨反应生成硫酸铵，硫酸铵沉积在催化剂表面或下游的空气预热器等设备上，会造成催化剂的钝化及设备的腐蚀。N_2O 既是臭氧消耗物，也是一种温室气体。

三、催化剂的钝化

在 SCR 系统运行过程中，由于催化剂的烧结、碱金属中毒、砷中毒、钙腐蚀及催化剂堵塞等一个或多个原因，催化剂的活性都会降低。催化剂活性降低的机理会在以后的章节中作深入讨论。

2.2.2　SCR 反应参数及条件

还原反应速率决定了烟气中 NO_x 的脱除量。影响 SCR 系统 NO_x 脱除性能的主要设计和运行因素包括：

（1）反应温度范围。

（2）在适宜温度区间的有效停留时间。

（3）注入的反应物与燃烧烟气中 NO_x 的混合程度。

（4）注入的反应物与未受控制的 NO_x 的摩尔比。

（5）氨逃逸。

一、反应温度

反应温度不仅决定反应物的反应速度，而且决定催化剂的反应活性。一般来说，反应温度越高，反应速度越快，催化剂的活性也越高，这样单位反应所需的反应空间小，反应器体积变小。

NO_x 的还原反应只有在特定温度区间才会有效。SCR 过程使用催化剂降低了 NO_x 还原反应最大化要求的温度区间。在指定温度区间以下，反应动力降低。超出此温度范围，会生成 N_2O 等，并且存在催化剂烧结、钝化。

在 SCR 系统中，最适宜的温度取决于过程中使用的催化剂类型和烟气的成分。对于绝

大多数商业催化剂（金属氧化物），SCR 过程适宜的温度范围可以达到 250～420℃（480～800℉），不同的催化剂厂商有一定的差异。图 2-12 所示为一典型金属氧化物型催化剂 NO$_x$ 脱除率的温度函数曲线。曲线显示 NO$_x$ 脱除率随温度升高到 370～400℃（700～750℉）而升高，并达到最大值。当温度超过 400℃时，反应速率和 NO$_x$ 脱除率开始下降。

当烟气温度接近最佳值时，反应速率上升，更少的催化剂量就能实现相同的 NO$_x$ 脱除率。

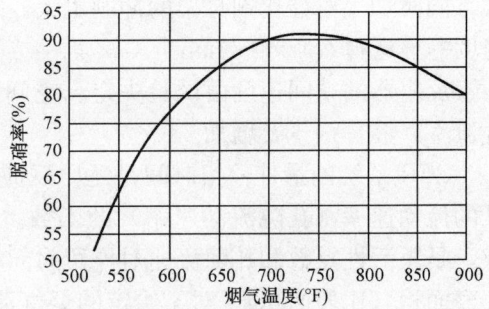

图 2-12　典型的 SCR 系统 NO$_x$ 脱除率与温度的关系

图 2-13 所示为所需催化剂量随温度变化的关系。当烟气温度从 320℃（600℉）上升到最佳值 370～400℃（700～750℉），所需的催化剂量大约减少了 40%。催化剂量的减少使 SCR 系统成本大幅降低。

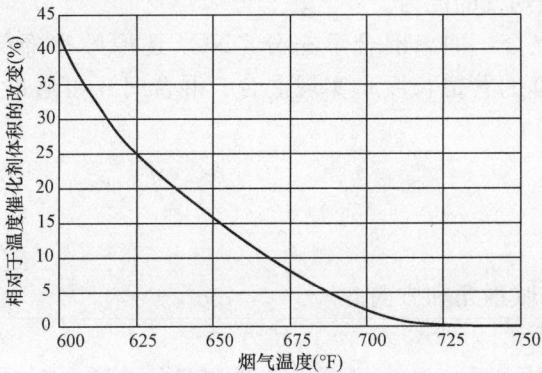

图 2-13　典型的 SCR 系统 NO$_x$ 脱除率与催化剂用量的关系

烟气温度、催化剂量和 NO$_x$ 脱除率之间的关系是催化剂配方和结构的复杂函数。每一种催化剂的物理和化学特性要对于不同的运行条件而实现最优化。对于给定的催化剂配方，甚至不同的催化剂厂家所需的催化剂量和温度区间都可能有所不同。因此催化剂的选择对于 SCR 系统的运行和性能都是至关重要的。

根据 SCR 过程的最佳温度范围，SCR 反应装置一般位于锅炉的省煤器与空气预热器之间，但根据需要也有另外两种位置，将在以后的章节中作详细讨论。

锅炉降负荷运行，烟气流量也降低。此时，因为锅炉换热表面从烟气中吸收了更多的热量，所以省煤器出口烟温降低。典型的 SCR 系统可以承受的温度波动在 ±93℃（±200℉）之间。然而，在锅炉低负荷运行时，温度可能降到适宜温度以下。例如，有一台燃煤锅炉，100% 负荷时省煤器出口烟温为 366℃（690℉），但是 50% 负荷时只有 300℃（570℉）。对于低负荷运行，省煤器旁通烟道能够用来提高烟气温度。省煤器旁通烟道从省煤器中通过旁通管道转移一部分热烟气与省煤器出口温度较低的烟气混合。

二、停留时间和空间速度

停留时间是反应物在反应器中与 NO$_x$ 进行反应的时间。停留时间长，通常 NO$_x$ 脱除率高。温度也影响所需的停留时间，当温度接近还原反应的最佳温度，所需的停留时间减少。停留时间通常表示成空间速度（space velocity）。空间速度是 SCR 的一个关键设计参数，它是烟气（标准温度和压力下的湿烟气）在催化剂容积内的停留时间尺度，即停留时间的倒数。它在某种程度上决定反应物是否完全反应，同时也决定着反应器催化剂骨架的冲刷和烟气的沿程阻力。

空间速度大，烟气在反应器内的停留时间短，则反应有可能不完全，这样氨的逃逸量就

21

大，同时烟气对催化剂骨架的冲刷也大。对于固态排渣炉高灰段布置的 SCR 反应器，空间速度一般选择 $2500\sim3500h^{-1}$。

反应器的空间速度由试验决定。空间速度降低时 NO_x 的脱除率上升，即对于给定的烟气流率，催化剂量要增加。

SCR 系统的最佳停留时间是还原反应可用的活性催化剂点的数量和在这些活性点内烟气的流动速率（孔隙流动速率）的函数。"面积流速"是 SCR 催化剂销售商常用的一个参数，是跟活性点数和孔隙流速对停留时间相关的参数。面积流速定义成空间速度除以催化剂孔表面积（比表面积）。对于给定的烟气流速，增加催化剂比表面积能增加 NO_x 的脱除率。这可以通过增加催化剂的量来实现。

三、混合程度

SCR 工程设计的关键是达到还原剂与 NO_x 的最佳的湍流混合。因此，脱硝反应物必须被雾化并与烟气尽量混合，以确保与被脱除反应物有足够的接触。混合由喷射系统通过向烟气中喷射加压的气态氨完成。喷射系统控制喷入反应物的喷入量、喷射角、速度和方向。一般系统用蒸汽或空气作为载气，用以增加穿透烟气的能力。

烟气和氨在进入 SCR 反应器之前进行混合，如果混合不充分，NO_x 还原效率降低。SCR 设计必须在氨喷入点和反应器入口有足够的管道长度来实现混合。混合时还可通过以下几点进行改善：

（1）在反应器上游安装静态混合器。

（2）提高给予喷射流体的能量。

（3）提高喷射器的数量和/或喷射区域。

（4）修改喷嘴设计来改善反应物的分配、喷射角和方向。

四、实际的化学计量比

根据 SCR 反应化学方程式，对于氨参加的还原反应，理论上化学当量比为 1。反应物和脱除的 NO_x 量之间有 1∶1 线性关系的假设，也许在 85% NO_x 脱除率时都是好的。大于85% 以后，脱除率开始稳定，要得到更多的 NO_x 脱除量，需要比理论值更多的氨量。这归因于 NO_x 中以 NO_2 形式存在的部分，以及反应率的限度。典型的 SCR 系统采用每摩尔 NO_x 1.05mol 氨的化学当量比。因为投资成本和运行成本取决于消耗的反应物的量，实际的化学当量比是由 SCR 设计者决定的一个很重要的设计参数。

五、氨逃逸

氨逃逸是指过量的反应物通过反应器排放到烟气中。这样一来，烟气中的氨会引起很多问题，包括健康影响、烟囱排烟的可见度、飞灰的出售问题和硫酸铵的生成等。因此，工程公司在进行 SCR 设计时都会进行严格限制，一般要求在 3×10^{-6} 以下。

当 SCR 系统运行时，氨逃逸不会持续不变，催化剂活性降低时逃逸量就会增加。设计合理的 SCR 系统要求运行在接近理论化学当量比时，提供足够的催化剂量，以便维持较低的氨逃逸水平，约为 $(2\sim3)\times10^{-6}$。目前已经有可靠的氨逃逸监测仪器，但是相当一部分还达不到商业运用水平。一种量化氨逃逸的方法是测定收集飞灰中的氨浓度，是一种实际可行的方法。

第 3 章

火电厂SCR工艺流程及技术要求

虽然采取燃烧优化与低氮氧化物燃烧技术可在一定程度上减少氮氧化物，但是一般来讲，还不能满足目前国家规定的最新的火电厂污染物排放标准的要求，需要采取燃烧后的 SCR 方法进一步减少氮氧化物，而且由于其技术相对成熟，可达到很高的脱硝率，使得 SCR 技术成为燃煤电厂燃烧后控制氮氧化物的主要选择。

3.1 总 体 布 置

SCR 反应器可以安装在锅炉的不同位置，一般有三种情况：高灰段布置、低灰段布置和尾部烟气段布置，见图 3-1。

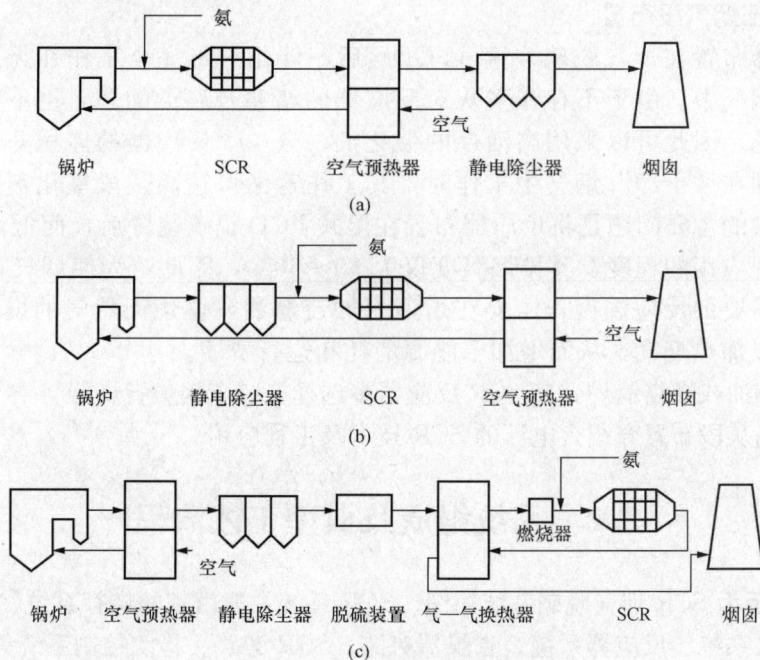

图 3-1 SCR 反应器的布置方式
(a) 高灰段布置；(b) 低灰段布置；(c) 尾部烟气段布置

3.1.1 高灰段布置

SCR 反应器布置在省煤器与空气预热器之间，这里的温度一般为 $300\sim400℃$，正好适合目前商业催化剂的运行温度，但此时烟气中所含有的全部飞灰和二氧化硫均通过催化剂反应器，反应器是在"不干净"的高尘烟气中工作，催化剂的寿命会受下列因素的影响：

(1) 烟气所携带的飞灰中含有 Na、Ca、Si、As 等成分时，会使催化剂"中毒"或受污染，从而降低催化剂的效能。

（2）飞灰对 SCR 反应器的磨损。

（3）飞灰将 SCR 反应器蜂窝状通道堵塞。

（4）如烟气温度升高，会将催化剂烧结，或使之再结晶而失效；如烟气温度降低，NH_3 会与 SO_3 反应生成硫酸铵，从而堵塞 SCR 反应器通道和污染空气预热器。

（5）高活性的催化剂会促使烟气中的 SO_2 氧化成 SO_3。

尽管存在诸多缺点，但经和其他方式的比较并考虑其他因素，高灰段布置仍然是一种经济有效的 SCR 布置方式。目前世界上运行的 SCR 装置高灰段布置占有相当大的比例，我国也是如此。

3.1.2 低灰段布置

反应器布置在静电除尘器之后，这时温度一般为 300～400℃。烟气先经过电除尘器，再进入 SCR 反应器，这样可以防止烟气中的飞灰污染催化剂、磨损或堵塞反应器，但烟气中的 SO_3 始终存在，因此烟气中的 NH_3 和 SO_3 反应生成硫酸铵而发生堵塞的可能性仍然存在。采用该方案的最大问题是，静电除尘器无法在 300～400℃ 的温度下正常运行，因此很少采用。

3.1.3 尾部烟气段布置

SCR 反应器布置在烟气脱硫装置（FGD）后，催化剂将完全工作在无尘、无二氧化硫的"干净"烟气中。由于不存在飞灰对反应器的堵塞及腐蚀问题，也不存在催化剂的污染和中毒问题，因此可以采用高活性的催化剂，减少了反应器的体积并使反应器布置紧凑。当催化剂在"干净"烟气中工作时，其工作寿命可达高灰段催化剂使用寿命的两倍。该布置方式的主要问题是将反应器布置在湿式 FGD 脱硫装置后，而低温 SCR 催化剂还没有达到工程应用的程度，其排烟温度仅为 50～60℃，因此，为使烟气在进入 SCR 反应器前达到所需要的反应温度，需要在烟道内加装燃油或燃烧天然气的燃烧器，或蒸汽加热的换热器以加热烟气，从而增加了能源消耗和运行费用。

对于一般燃油或燃煤锅炉，其 SCR 反应器多选择安装于锅炉省煤器与空气预热器之间。本书重点针对高灰段布置介绍火电厂的 SCR 技术及工程应用。

3.2 系统组成及典型工艺流程

图 3-2 所示为 SCR 烟气脱硝系统简图。SCR 系统一般由氨的储存系统、氨与空气混合系统、氨气喷入系统、反应器系统、省煤器旁路、SCR 旁路、检测控制系统等组成。

自氨制备区来的氨气与稀释风机来的空气在氨/空气混合器内充分混合。稀释风机流量一般按 100% 负荷氨量对空气的混合比为 5% 设计。氨的注入量由 SCR 进出口 NO_x、O_2 监视分析仪测量值、烟气温度测量值、稀释风机流量、烟气流量来控制。

混合气体进入位于烟道内的氨喷射格栅，喷入烟道后，或再通过静态混合器与烟气充分混合，然后进入 SCR 反应器，SCR 反应器操作温度可达 300～400℃。温度测量点位于 SCR 反应器进口，当烟气温度在 300～400℃ 范围以外时，温度信号将自动关闭氨进入氨/空气混合器的快速切断阀。

氨与 NO_x 在反应器内，在催化剂的作用下反应生成 N_2 和 H_2O。N_2 和 H_2O 随烟气进入空气预热器。在 SCR 进口设置 NO_x、O_2、温度监视分析仪，在 SCR 出口设置 NO_x、O_2、

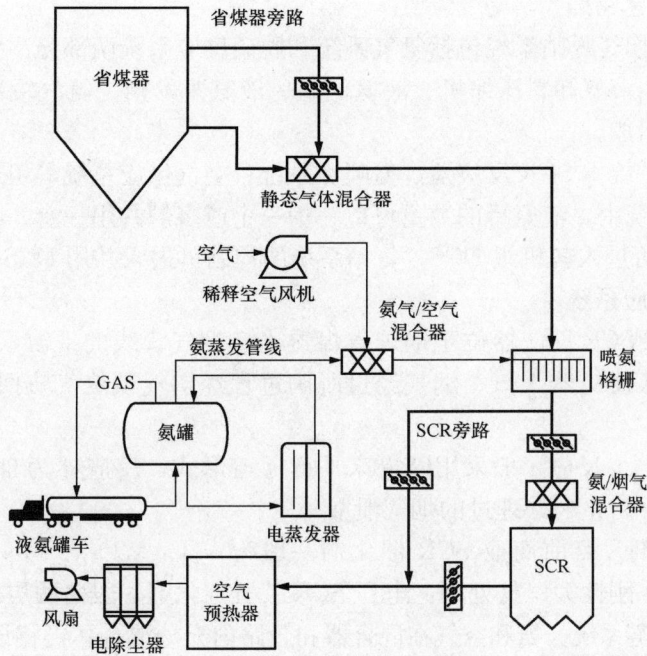

图 3-2　SCR 脱硝系统

NH_3 监视分析仪。NH_3 监视分析仪监视 NH_3 的逃逸浓度小于规定值，超过则报警并自动调节 NH_3 注入量。

在氨气进气装置分管阀后设有氮气预留阀及接口，在停工检修时用于吹扫管内氨气。

SCR 反应器内设置蒸汽（耙式）吹灰器或声波吹灰器，吹扫介质一般为蒸汽，根据 SCR 反应器压差决定吹扫。

在氨存储和制备区，液氨通过卸料软管由槽车内进入液氨储罐。卸车时，储罐内的气体经压缩机加压后进入槽车，槽车内的液体被压入液氨储罐。液氨储罐液位到达高位时自动报警并与进料阀及压缩机电动机连锁，切断进料阀及停止压缩机运行。储罐内的液氨通过出料管至气化器，蒸汽加热后气化为氨气。氨蒸气被送往 SCR 反应器处以供使用。典型的 SCR 工艺流程如图 3-3 所示。

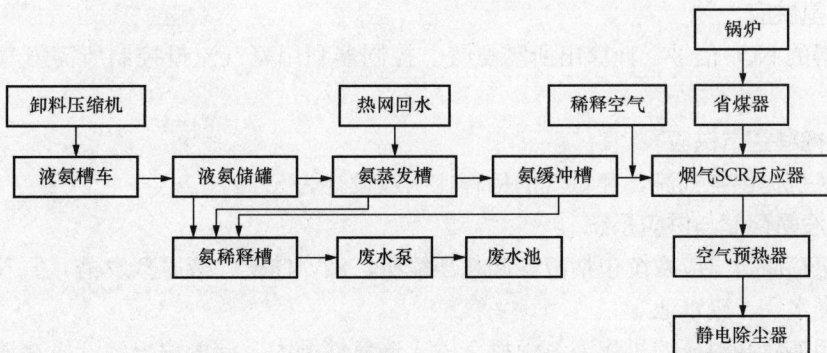

图 3-3　典型的 SCR 系统工艺流程

3.2.1 SCR工艺特点

（1）电厂 SCR 烟气脱硝系统包括氨气系统和脱硝反应系统两部分。

（2）氨气系统由液氨卸料压缩机、液氨储罐、液氨蒸发槽、氨气缓冲槽及氨气稀释槽、废水泵、废水池等组成。

（3）脱硝反应系统由 SCR 反应器、氨喷雾系统、空气供应系统等组成。

（4）在 SCR 系统中，液氨罐的数量可以一炉一个或多炉共用一个。

（5）SCR 控制可进入各机组 DCS，氨站系统的控制可进入共用 DCS 控制系统。

3.2.2 脱硝反应系统

（1）烟气线路。SCR 反应器位于锅炉省煤器出口烟气管线的下游，氨气均匀混合后通过均流混合装置进入反应器入口。烟气经过脱硝过程经空气预热气热回收后，进入静电除尘器。

（2）SCR 反应器。反应一般采用固定床平行通道形式，反应器为自立钢结构。催化剂底部安装气密装置，防止未处理过的烟气泄漏。

（3）SCR 催化剂。目前商业 SCR 催化剂一般为 $V_2O_5\text{-}WO_3/TiO_2$，其特点是高活化、寿命长、压力降小、刚性大、易处理。电厂 SCR 装置催化剂一般由两层或三层组成。

（4）氨/空气喷雾系统。氨和空气在混合器和管路内充分混合，再将该混合物导入氨气分配总管内。氨/空气喷雾系统含供应箱、喷雾管格子和喷嘴等。每一供应箱安装一个节流阀及节流孔板，可使氨/空气混合物在喷雾管格子达到均匀分布。氨/空气混合物喷射配合 NO_x 浓度分布靠雾化喷嘴来调节。近年来，随着技术的发展，新型的喷射装置也得到了使用。

（5）SCR 控制系统。每台机组的脱硝反应系统的控制可以在该机组的 DCS 系统上实现。

3.2.3 控制原理

利用固定的 NH_3/NO 摩尔比来提供所需的氨气流量，进口 NO_x 浓度和烟气流量的乘积产生 NO_x 流量信号，该信号乘以 NH_3/NO 摩尔比就是基本氨气流量信号。摩尔比是通过现场测试，并记录在氨气流量控制系统的程序上。SCR 控制系统根据计算出的氨气流需求信号定位氨气流控制阀，实现对脱硝的自动控制。通过在不同负荷下对氨气流的调整，找到最佳的喷氨量。另外，根据脱硝后的烟气中 NO_x 含量对氨气流量进行修正。

脱硝装置后的烟道中设有测量逃逸氨的计量计，当逃逸氨大于保护值或氨气因为某些连锁失效造成喷雾动作跳闸时，氨气流控制阀关闭。

3.2.4 氨供应

根据获得的 NO_x 信号，计算出所需氨气。控制器利用氨气流量控制所需氨气，使摩尔比维持稳定。

3.2.5 稀释空气供应

由稀释风机提供空气流，和氨气的稀释比一般设计为 5%。

3.2.6 液氨存储与供应系统

（1）液氨存储与供应系统包括液氨卸料压缩机、液氨储槽、液氨蒸发槽、氨气缓冲槽及氨气稀释槽、废水泵、废水池等。

（2）利用液氨卸料压缩机将液氨由槽车输入液氨储槽内，储槽输出的液氨在液氨蒸发槽内蒸发为氨气，经氨气缓冲槽送到脱硝系统。

（3）氨气系统紧急排放的氨气则排入氨气稀释槽内，经水的吸收排入废水池，再经废水泵送到中和装置，达标排放。

（4）液氨存储和供应系统控制可设在机组的 DCS 上，就地同时安装 MCC 手动。

一、卸料压缩机

卸料压缩机一般为往复式压缩机，压缩机抽取液氨储槽中的氨气，经压缩后将槽车中的液氨推挤到液氨槽车中。

二、液氨储槽

可以设计有备用液氨储槽。液氨储量可供机组脱硝反应 7~14 天，储氨储罐上安装有超流阀、止回阀、紧急关闭阀及安全阀。储罐周围安装有工业水喷淋管线和喷嘴，当储槽体温度过高时自动淋水装置启动，对槽体自动淋水减温。

三、液氨蒸发槽

（1）液氨蒸发槽可以为螺旋管式，管内为液氨管外为温水浴，用 60~70℃的热网回水加热到 40℃，再以温水将液氨汽化，并加热至常温。热网水流量受蒸发槽本身水浴温度的控制调节。在氨气出口管线上装有温度检测器，当温度低于 10℃时切断液氨进料，使氨气至缓冲槽维持适当的温度和压力。

（2）蒸发槽也装有安全阀，可防止设备压力异常过高。

四、氨气缓冲槽

从蒸发槽蒸发的氨气流入氨气缓冲槽，通过调压阀减压到一定压力，再通过氨气输送管线到锅炉侧的脱硝系统。

五、氨气稀释槽

氨气稀释槽为一立式水槽，液氨系统排放处所排出的氨气由管线汇集后从稀释槽底部进入，通过分散管将氨气分散入稀释槽中，利用大量的消防水来吸收安全阀排出的氨气。

六、氨气泄漏检测器

液氨存储及供应系统四周设有多只氨气监测器，当监测到大气中氨气浓度过高时，在机组控制室发出警报，以防止氨泄漏异常事故的发生。

七、系统排放

液氨存储及供应系统的氨排放管路为一个封闭系统，将经由氨气稀释槽吸收成氨废水后排到废水池，再由废水泵送到中和装置，达标排放。

八、氨气吹扫

液氨存储及供应系统保持系统的严密性，防止氨气泄漏及氨与空气的混合造成爆炸，系统的卸料压缩机、液氨储罐、氨气温水槽、氨气缓冲槽等都应备有吹扫管线。

在液氨卸料之前吹扫管线对以上设备进行严密性检查，防止氨气泄漏。

3.2.7　液氨存储和供应控制系统

液氨存储和供应控制一般由共用控制系统上的 DCS 实现。所有设备的启停、顺控、连锁保护等都可从 DCS 上实现，并对故障实现报警显示。

3.3　设计原则及主要设备

3.3.1　SCR 反应器本体

反应器是 SCR 装置的核心部件，是提供烟气中的 NO_x 与 NH_3 在催化剂表面上生成 N_2 和

H_2O 的场所。反应器设计影响 SCR 系统的投资成本和运行成本，以及催化剂用量等方面。SCR 反应器有两种形式，一种是完全 SCR 反应器，另一种是安装在管道内的 SCR 反应器。完全 SCR 反应器设计是将催化剂放置在单独的反应器空间内，锅炉烟气用管道从省煤器出口输送到 SCR 反应器，完成脱 NO_x 后，再到空气预热器进口。完全 SCR 反应器允许每层安装大量的催化剂，增加 NO_x 的脱除量和催化剂寿命，也增加了可用于在进入反应器室之前混合反应物的管道长度。然而，单独的反应器需要大量邻近锅炉的空间来安装反应器和管道，增加的管道系统阻力通常需要增加引风机的能力。

管道内 SCR 系统是将反应器安装在电厂现有的管道系统内，而不是单独的反应器内。通常需要扩大管道系统来为催化剂提供足够的空间。管道内反应器系统节省了管道长度、独立的反应器本体和引风机的成本。然而，管道内设计限制了催化剂量和混合长度，因此，该方式通常与其他的 NO_x 控制技术联合使用。管道内系统的催化剂侵蚀通常是较高的。天然气燃气锅炉，催化剂量需求小，常常使用管道内 SCR 系统。当空间限制了完全 SCR 反应器的安装时，燃煤锅炉也有可能应用管道内 SCR 反应器。

目前在燃煤锅炉的 SCR 工程中应用较多的是完全 SCR 反应器，因此，本书主要讨论完全 SCR 反应器及设计。

一、SCR 反应器尺寸的估算

SCR 反应器横截面积是由锅炉烟气流速和表面速度决定的。典型的流经催化剂表面速度值为 5m/s。使用该速度值，催化剂横截面积公式为

$$A_c = \frac{q_f}{5} \tag{3-1}$$

式中：A_c 为催化剂横截面积；q_f 为烟气流速。

因为考虑催化剂模块几何形状及其他零件，SCR 反应器横截面积约比催化剂横截面积大 15%，即

$$A_S = 1.15 A_c \tag{3-2}$$

式中：A_S 为 SCR 反应器横截面积。

SCR 反应器实际尺寸取决于模块在催化剂层中的排列。典型的模块横截面积为 1m×2m。因此，SCR 反应器设计尺寸应为该尺寸的整数倍。根据长度和宽度上模块数量的不同，SCR 反应器横截面可设计成正方形或是长方形。

催化剂层数的初始估算值可以由总催化剂量 V_c、催化剂横截面积和估计催化剂元件高度来确定。典型的催化剂的额定高度 h_l' 约为 1m。催化剂层数 n_l 的最初估算值为

$$n_l = \frac{V_c}{h_l' A_c} \tag{3-3}$$

然后将 n_l 值调整到最接近的整数。另外，一般最少要有两个催化剂层。

催化剂体积计算式为

$$V_c = \frac{-\left\{ q_f \ln\left[1 - \left(\frac{\eta_{NO_x}}{ASR} \right) \right] \right\}}{K_c A_{sp}} \tag{3-4}$$

式中：η_{NO_x} 为 NO_x 的脱除率，$\eta_{NO_x} = \frac{NO_{x_{in}} - NO_{x_{out}}}{NO_{x_{in}}}$，$NO_{x_{in}}$ 为进口 NO_x 浓度，$NO_{x_{out}}$ 为出口 NO_x

浓度；ASR 为实际的化学当量比，$ASR = \dfrac{M_{NH_3}}{M_{NO_x}}$，$M_{NH_3}$ 为喷射的 NH_3 的摩尔数，M_{NO_x} 为 NO_x 控制前的摩尔数（在系统设计中，对于特定的锅炉，要根据温度、烟气停留时间、混合程度、催化剂活性及允许的氨逃逸来确定 ASR 值，典型的 SCR 系统中 ASR 的值大约取 1.05）；K_c 为催化剂活性常数；A_{sp} 为催化剂的比表面积。

催化剂高度根据估算的催化剂层数计算，必须使催化剂层高度 h_l 在工业标准范围内，国外一般要求为 0.76~1.52m。催化剂层高度由式（3-5）计算，即

$$h_l = \frac{V_c}{n_l A_c} + h'$$ (3-5)

式中：h' 为考虑到组装模块时催化剂上下所需要的空间，一般取值为 0.3m 左右。

以上计算得出的催化剂层数不包括将来再安装备用层催化剂的空间。催化剂管理方案推荐使用一个备用催化剂层。包括备用催化剂层的总催化剂层数为

$$n_t = n_l + n_e$$ (3-6)

SCR 反应器的高度，包括初始和将来的备用催化剂层、整流层、吹灰器和催化剂安装空间，但一般不包括入口和出口管道系统和集灰漏斗，由式（3-7）计算，即

$$h_S = n_t(c_1 + h_l) + c_2$$ (3-7)

式中：c_1、c_2 为常数，各工程公司根据经验取值。

二、SCR 反应器本体的设计要求

SCR 反应器本体是指未经脱硝的烟气与 NH_3 混合后通过安装催化剂的区域产生反应的区间。相关部件有配套的法兰、反应器流场优化装置、进气和排空罩、反应器罩上的隔板、整流装置、催化剂层的支撑（包括预留层）、催化剂层的密封装置、催化剂吊装和处理所需的结构及在线分析监测系统等。

SCR 反应器本体的设计除满足相应的工业标准外，SCR 反应器应与周围设备布置相协调，设计成烟气竖直向下流动，入口设气流均布装置，并在入口及出口段应设导流板。对于反应器内部易于磨损的部位应设计必要的防磨措施。

反应器内部各类加强板、支架应设计成不易积灰的形式，同时必须考虑热膨胀的补偿措施。应设置有足够大小和数量的人孔门，保证在设备正常运行、开车及检修时人员能正常工作。配有可拆卸的催化剂测试元件。在喷氨格栅处设置一定数量的取样口测量浓度和烟气流速。

SCR 反应器应能承受足够的压力，能在温度低于 400℃ 的环境下长期工作；当运行温度为 450℃ 时，能够经受不少于 5h 的考验，而不产生任何损坏。

反应器内烟气流速应满足工程设计要求，一般流经 SCR 反应器本体的烟气流速在 5m/s 左右。反应器数量应根据具体情况进行确定，每台锅炉可设置 1~2 台 SCR 反应器。

反应器内应设置相应的吹灰装置，使烟气流动顺畅。反应器应采取保温，使经过反应器的烟气温度变化小于 5℃。反应器设计还应考虑内部催化剂维修及更换所必需的吊装方式及起吊装置。

进行具体工程设计之前，应采用 CFD 辅助设计对 SCR 反应器进行数值模拟计算，并建议进行实体流场模型来优化设计，以保证烟气在进入第一层催化剂时满足下列条件：

（1）速度最大偏差为平均值的 ±15%。

（2）温度最大偏差为平均值±10℃。

（3）烟气入射催化剂最大角度（与垂直方向的夹角）为±10°。

经过优化后使烟气与NH_3混合均匀，流经反应器阻力最小。

关于流场模拟在以后的章节中还有详细介绍。

催化剂类型可采用蜂窝式催化剂、板式催化剂、波纹板式催化剂或其他类型的催化剂。应合理选择催化剂各项参数，确保SCR装置性能。

3.3.2　氨的混合及喷射系统

SCR工程设计的关键之一就是要特别注意烟气的流场，达到烟气中的NO_x和还原剂NH_3的最佳湍流混合。首先是氨气与空气的混合，然后稀释后的氨由喷射装置喷入烟道，通过均流装置达到与烟气的最佳混合。

一、氨与空气的混合及设计要求

氨气稀释一般采用高压离心式送风机，将注入烟道的氨稀释到爆炸极限（其爆炸极限在空气中体积百分比为15%～28%）下限以下，一般控制在5%以内。在设计时应以脱硝所需最大供氨量为基准考虑氨稀释风机及氨/空气混合系统。

稀释风机的性能应保证能适应锅炉在低负荷工况下正常运行，并留有一定裕度。风量裕度一般不低于10%，另加不低于10℃的温度裕度；风压裕度一般不低于20%。

稀释风机和氨/空气混合系统一般应尽量布置在SCR反应器本体氨注入口附近，应避免由于布置在SCR反应器本体支撑钢架上而引起的振动。

为保证氨不外泄，稀释风机出口阀一般应设故障连锁关闭，异常时能发出故障信号。

风机和叶轮的结构设计应便于检修和更换，外壳与易损件应易于拆除，在风机和驱动电动机的上方（如需要）应设有检修起吊设施。

风机噪声应满足工程的要求，如果干扰噪声大于规定值，应进行隔声处理，并提供隔声设施。

电动机的技术条件应符合电气工程有关的技术规定要求。

风机的所有旋转件周围应设有人员安全防护罩。消声器（如果需要）应安装在恰当位置。

稀释风机应配备必要的仪表和控制，主要包括监控轴温的热电偶、振动测量装置、正常/异常跳闸信号装置等。电动机控制信号也包括在设计范围之内。

氨的注入量由SCR反应器进出口NO_x、O_2监视分析仪测量值、烟气温度测量值、稀释风机流量、烟气流量（由燃煤流量换算求得）等来控制。图3-4所示为一种氨与空气混合器。

图3-4　氨/空气混合器

二、氨与烟气的混合与喷射

氨与空气混合后，稀释后的氨利用喷射装置喷到烟气中。目前成熟的技术产品有喷氨格栅（AIG）及导流板，如图3-5所示。

图 3-5　喷氨格栅（AIG）

喷射系统位于 SCR 反应器上游烟道内。一种典型的喷射系统由一个给料总管和数个连接管组成。每一个连接管给一个分配管供料，分配管给数个配有喷嘴的喷管供料。喷射系统原理见图 3-6。连接管有一个简单的流量测量和手动阀，以调整氨/空气混合物在不同连接管中的分配情况。

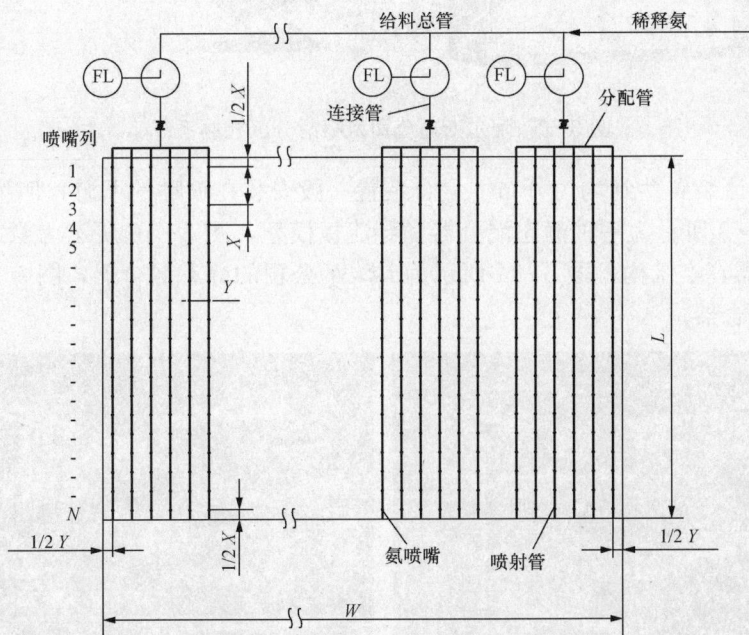

图 3-6　喷氨格栅系统原理（AIG）

氨/空气混合物在不同连接管中的分配及喷嘴的尺寸根据烟道中局部流量和 NO_x 分布而定。喷嘴的最终数据由装置第一次启动后的实际流量和 NO_x 分布情况而定。烟道中每隔一个喷管有一个取样点。基本参数有连接管数量、喷管数量、吸管直径（mm）、连接管管径（mm）、喷管管径（mm）、每个喷管的喷嘴数量、喷嘴斜度、初装喷嘴数量、备用喷嘴数

31

图 3-7　喷氨格栅系统中的管路

量、平均喷射速度（m/s）、调节用备用喷嘴数量、备用喷嘴、平均喷射速度。喷氨格栅系统中的管路见图 3-7。

对于烟气及 NO_x 分布不均匀的锅炉，宜采用分区独立控制喷氨量的方法，如阿尔斯通公司的氨喷射系统，见图 3-8。

喷氨格栅一般由碳钢制成，根据需要每一锅炉设计一套或两套。一般安装在 SCR 入口的垂直烟道内。

稀释的氨由喷氨格栅喷射到烟道中后，一般

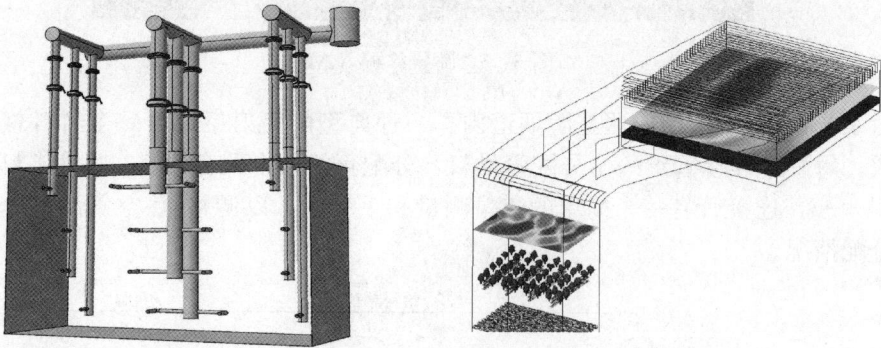

图 3-8　阿尔斯通公司氨喷射分区控制系统

再经过混合与导流装置达到均匀分布。混合装置一般安装在喷嘴的下游，使稀释氨气与烟气完全混合。图 3-9 所示为一种静态混合器和导流板模型，图 3-10 所示为意大利 TKC 公司的氨/烟气混合器真实结构，图 3-11 所示为 B&W 公司的静态混合器，图 3-12 所示为托普索公司的星形混合器。

图 3-9　静态混合器和导流板模型

静态混合器的材料一般为碳钢，根据具体工程每一锅炉设置 1~2 套，安装在喷氨格栅的下游。

传统的喷射格栅氨混合器，一般需要有较长的混合距离，长期运行发现会有喷嘴堵塞现

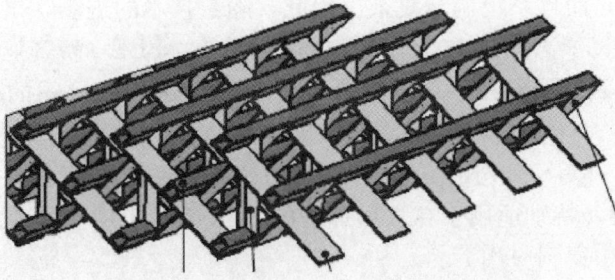

图 3-10　TKC 公司氨/烟气混合器

图 3-11　B&W 公司静态混合器

图 3-12　托普索公司星形混合器

象,造成混合不均匀,而且系统调节复杂。因此,随着技术的进步,出现了许多改进性的产品,如奥地利 ENVIRGY 公司的 SCR 氨喷射/混合系统、FBE(费赛亚巴高科环保公司)公司的 Vortex Mixer(涡流混合器)氨涡流混合技术、巴克-杜尔公司的三角翼混合器等,都已应用于 SCR 工程中。

(1)奥地利 ENVIRGY 公司的氨喷射/混合系统。该系统可使还原剂均匀分布,符合烟气中 NO_x 的分布规律,特别适用于在大型锅炉的 SCR 系统上应用。该技术已获得专利,并已在多个国家的工程中得到应用。

图 3-13 所示为 ENVIRGY 氨/空气喷嘴/混合系统的三维模型。每个氨气喷嘴部分稀释氨气的流速都可通过一个安装在供气管道上的流量调节装置来调节。每个喷嘴的下游(沿烟气方向)都装有一个静态混合叶片,来确保氨气和烟气均匀混和。喷嘴的数量是由规定的覆盖比率决定的,其实质是 NH_3/NO_x 摩尔比。喷氨系统的设计直接影响还原剂和整个烟气的实际混合情况。在有些情况下,可能有必要使用静态混合器,来控制喷氨格栅上游气流(逆流)烟道系统整个横截面上和整个反应器入口的横断面的气温分布及烟气流速。另外,在所有烟气转向处都需要安装导流板,以确保烟气流动方向的正确,这也是保证 SCR 整个系统的压力损失降到最低程度的必要措施。

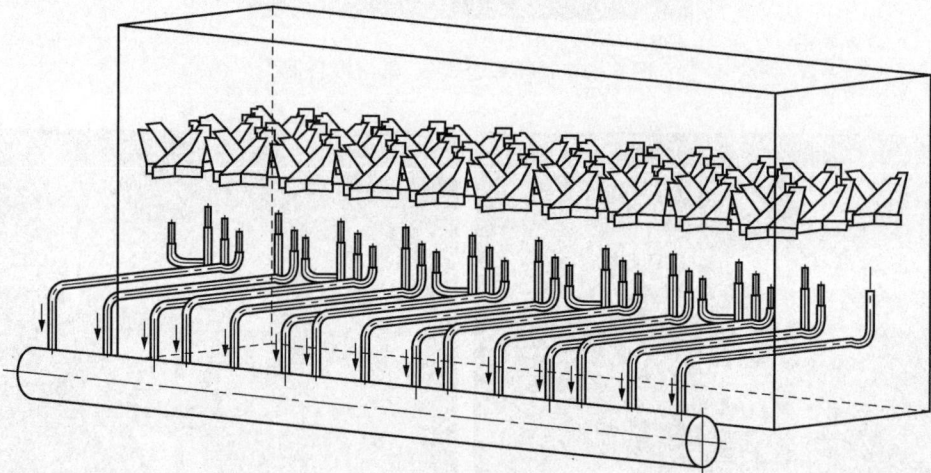

图 3-13 ENVIRGY 公司氨/空气喷嘴/混合系统

在脱硝装置运行过程中,为避免产生过高的氨逃逸率,更好地使氨均匀分布于烟道中,对喷氨格栅位置进行调整也是必要的。一般在最后一层催化剂层后进行氨喷射均匀性测试,要求将脱硝装置出口各点 NO_x 分布的不均匀度控制在 20% 以内。若达不到要求,可通过调节门对喷氨格栅进行优化调整。

ENVIRGY 喷射/混合系统综合考虑了在减少压力降和节省管道空间的前提下,均匀分布和稳定混合的要求。通过把可调节氨喷射量的喷枪按设计要求安装在烟气管道的横截面上,并在氨喷入的地方造成烟气的紊流,可以使反应物充分混合,且引起的压降和所需安装空间都很小。

因此,ENVIRGY 氨喷射/混合系统在空间有限(氨射入的位置和催化剂床之间的距离很短)的条件下也能得到均匀分布的效果,这可使系统的体积更小和显著降低投资成本。

ENVIRGY 喷射/混合系统如图 3 - 14 所示。

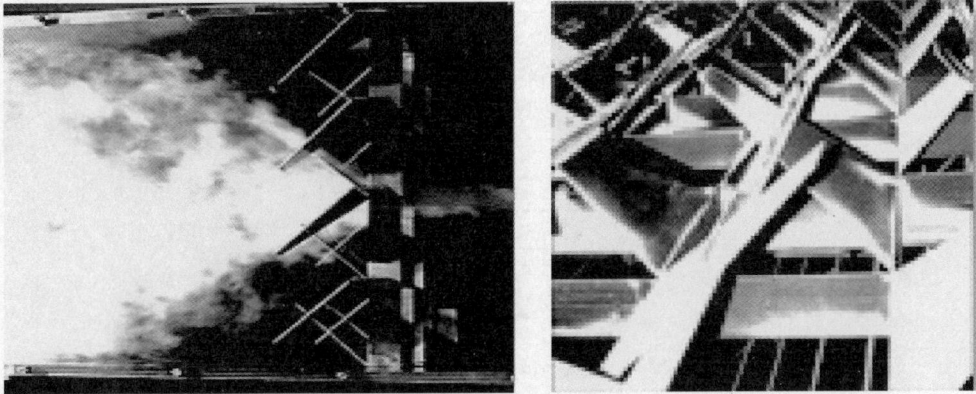

图 3 - 14　ENVIRGY 喷射/混合系统

（2）FBE 公司的 Vortex Mixer（涡流混合器）氨涡流混合技术。FBE 公司拥有自主专利的 Vortex Mixer（涡流混合器）氨涡流混合技术，如图 3 - 15 所示。

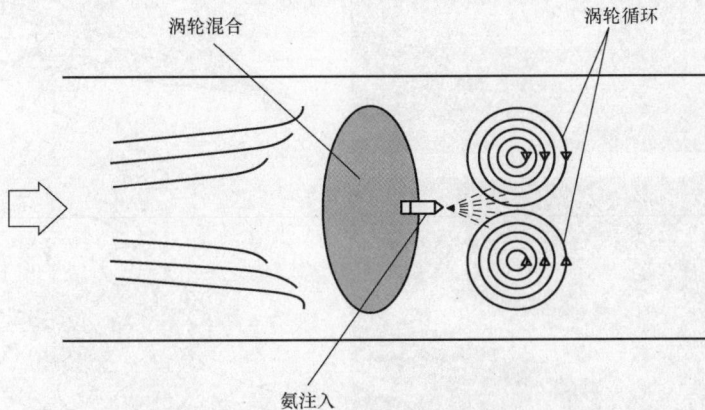

图 3 - 15　Vortex Mixer 混合器

该技术除能优化烟气和氨混合状况外，还拥有以下特点：

1）减少注射孔。

2）降低喷嘴因氨中颗粒而形成堵塞概率。

3）控制简便，调试时间短。

4）低压力损失，节约装置用电。

图 3 - 16 所示为工程技术人员正在现场安装"Vortex Mixer"混合器。

FBE 公司还采用烟气流动模型辅助设计确定了独特的平衡导流板设计，确保脱硝反应器进口烟气均匀分布，如图 3 - 17 所示。

图 3 - 16　现场安装

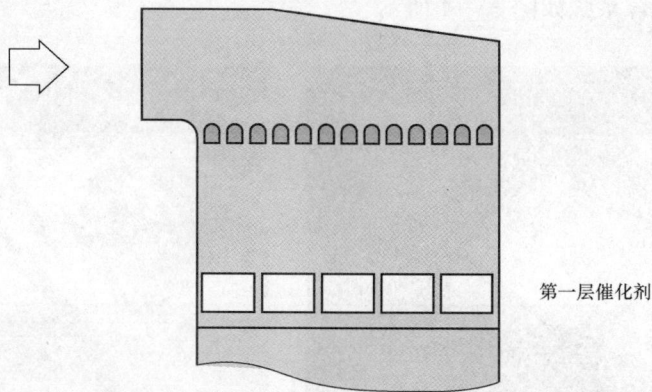

第一层催化剂

图 3 - 17   平衡导流板反应器入口系统

（3）巴克-杜尔公司的三角翼混合器。巴克-杜尔公司三角翼混合器如图 3 - 18 所示。

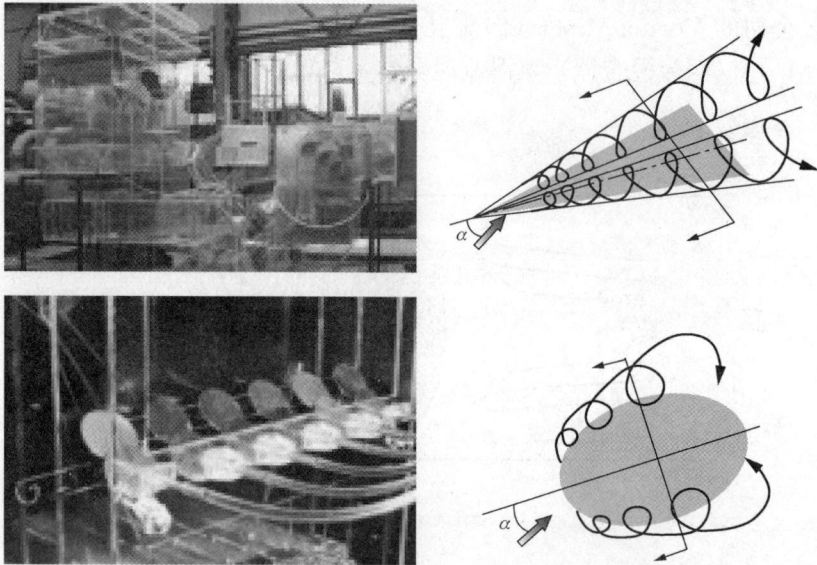

图 3 - 18   巴克-杜尔公司三角翼混合器

三角翼静态混合器的原理是在环形、椭圆形或三角板（板与气流呈一定角度放置）的前缘产生广延恒温态的旋涡。这些旋涡呈双向、圆锥形分布，转向相反，离开板后直径逐渐扩大。旋涡的强力旋转引起了大量的流体成分沿干流方向正常分布，用于在干流方向上混合不同密度、温度和浓度的介质。涡流系统的横切面如图 3 - 19 所示。

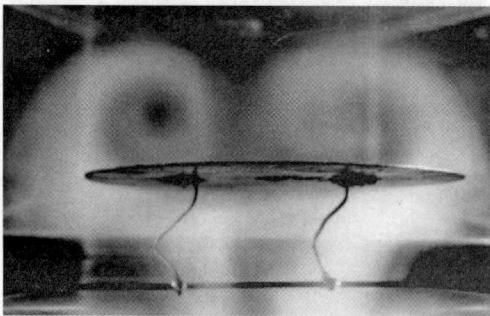

图 3 - 19   涡流系统的横切面

为克服传统喷氨格栅系统的缺点，且在很短的混合距离内达到均匀分布的效果，巴克-杜尔公司发明了一种结合了不敏感喷射和旋涡感应混合器的系统。大部分在 SCR 装置中应用的传统混合器会导致烟气中很高的压力损失，对催化剂的流体阻力有显著的影响。在旧厂改造中现有的引风机容量必须适应该要求，大部分情况下必须更换或增加额外的引风机装置。由旋涡感应混合器发展出来的系统压降很低，且可高效混合烟气。如果气流以一定角度接触三角形、圆形或椭圆形的盘表面，气流在前缘分离、滚动形成一个由两个反向旋涡组成的前缘旋涡系统。感应旋涡在流体中产生强烈横向分量，引起强烈的混合过程。混合器本身是管道上一个固定的障碍物，通常是圆形、椭圆形或三角形板，与流体方向成一定倾斜。装置的上游为湍流，但并不要求在氨喷射点处有均匀的流体速度分布。喷氨由直径更大的喷射管执行，在混合器板的出口侧。该系统需要 2～10 个喷嘴，具体取决于管道的尺寸和几何形状。旋涡覆盖了烟道的所有横断面，因此只要一个最小压降的小装置就能产生强烈的湍流。图 3 - 20 所示为一个在高灰旧厂改造 SCR 机组中直接喷氨水的三角翼混合器，喷氨仅由 5 个喷嘴来执行。

三角翼混合器主要有以下特点：

1）系统引起旋涡不依赖于部分流体的混合比率，所以不必调节来改变锅炉运行条件。

2）感应旋涡在很短的距离内高效混合气流，NO_x 去除率高，为旧厂 SCR 改造的设计工作带来很大灵活性。

3）混合效率高且压降低，在第一层催化剂入口处氨/氮比的分布值小于平均值的 ±3%。

4）喷嘴数量少，直径大，混合距离短，降低了灰尘堵塞和磨损的风险。

5）喷氨允许直接在高灰 SCR 系统中喷没有预先蒸发的氨水，还可以应用纯氨、尿素和蒸发氨水。

6）由于混合质量不依赖于锅炉负荷，缩短了系统启动期间的调整时间。

图 3 - 20　三角翼混合器

三、氨喷射/混合系统的设计原则

按每台 SCR 反应器设置一套氨喷射/混合系统。喷射系统应设置流量调节阀，能根据烟气不同的工况进行调节。喷射系统应具有良好的热膨胀性、抗热变形性和和抗振性。系统应按现场的实际情况合理布置，依据烟道的截面、长度、SCR 反应器本体的结构类型等进行氨/烟气混合系统的设计，使得注入烟道的氨与烟气在进入 SCR 反应器本体之前充分混合，使催化剂均匀发挥效用。

一般，由氨/空气混合系统来的混合气体进入位于烟道内的氨注入格栅，在注入格栅前应设手动调节阀和流量指示器，在系统投运时可根据烟道进、出口检测出的 NO_x 浓度来调节氨的分配量，调节结束后可基本不再调整。氨喷射/混合系统的设计应充分考虑系统处于锅炉高含尘区域的因素，所选用的材料应为耐磨材料或充分采取防磨措施加以保护。氨注入格栅分布管上应设有压缩空气管道，当注入格栅喷头发生堵塞时可进行吹扫。在进氨装置分管阀后应设有氮气预留阀及接口，在停工检修时用于吹扫管内氨气。

总之，应针对具体的工程，充分考虑 SCR 反应器前端烟道的长度与布置、系统的压力损失、混合距离、投资、运行费用及安装灵活性等问题，选择、设计合适的喷氨及混合

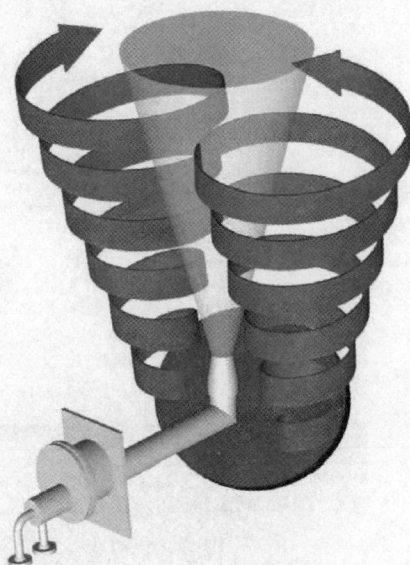

系统。

3.3.3 吹灰系统

SCR 吹灰系统主要有蒸汽吹灰和声波吹灰两种方式。

一、蒸汽吹灰

目前 SCR 普遍使用的吹灰方式是蒸汽吹灰，该方式安全、可靠，如图 3-21 所示。

一般的蒸汽吹灰器，蒸汽压力为 0.8～3.5MPa，蒸汽温度为 300～350℃。

工程中常用的蒸汽吹灰器是耙式蒸汽吹灰器，如图 3-22 所示。该吹灰器可伸缩，吹灰介质为高压蒸汽。

图 3-21 蒸汽吹灰器

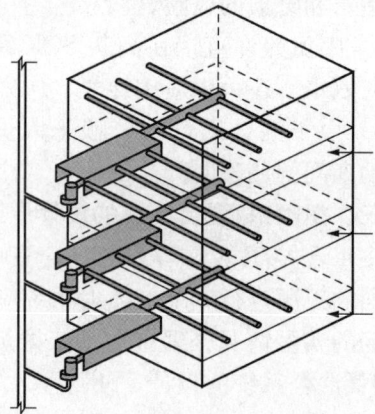

图 3-22 耙式蒸汽吹灰器

二、声波吹灰

声波吹灰器是近年来发展起来的技术，该技术通过发射低频、高能声波，在吹扫过程中产生振动力，清除设备积灰。声波吹灰器具有前期投入小、安装费用低、运行成本低及维护费用低的特点，代表产品有 GE 公司下属的 BHA 公司开发的 PowerWave™ 声波清灰系统等，外形如图 3-23 所示。

（1）声波吹灰器的结构和基本原理。声波吹灰器是一种防止灰尘在工业设备上积灰、板结的低频、高能喇叭。它是利用声波使粉尘颗粒产生共振，从设备表面脱落的原理来清灰的，可应用于 SCR、锅炉、主风机、静电除尘器、管道系统、旋风除尘器、滤袋除尘器、料仓、灰斗等。

声波吹灰器的发声头能产生特定频率的高压声波（75Hz、147dB 以上），破坏粉尘原有的堆积结构。原理是通过使用压缩空气使内部的高强度膜片产生振动，从而形成高能声波。

（2）声波吹灰器的特点。声波吹灰器释放声波，产生共振，使堆积在催化转换器表面的粉尘松脱，这样气流就可将粉尘带走。声波吹灰器所产生的声频远高于设备结构

图 3-23 声波吹灰器的外形

的共振频率，不会损害催化剂，因此可以经常开启，使催化反应器免于堵塞。声波吹灰器具体有以下特点：

1）提高催化剂的效用。

2）降低系统中的压力阻力。

3）减少每年用于维修的人力及材料费用。

4）缩短生产停工期。

5）延长两次检修之间的运行时间。

6）减轻飞灰的过分波动对后续除尘器的影响。

（3）安装选择。声波吹灰器的安装非常简单。大多数声波吹灰器都设计为适合安装在内部现有开口，如检修门、检查端口或拨火孔，在 SCR 系统中上一般采用插入法兰安装（见图 3-24 和图 3-25）。

图 3-24 声波吹灰器在 SCR 反应器外

图 3-25 声波吹灰器在 SCR 反应器内

三、设计原则

对于蒸汽吹灰及声波吹灰两种主要形式相比，蒸汽吹灰能够高效除去积灰，但是吹灰器的采购价格一般比较昂贵，安装过热蒸汽系统的费用也相对较高；声波吹扫也能有效的除去积灰，设备采购和安装费用相对蒸汽吹扫来说比较低，由于是声波吹扫，对电厂原蒸汽供给系统也无影响，且维护方便，费用低。

国外 SCR 系统运行表明，当催化剂表面沉积灰尘量较少时，蒸汽吹灰器和声波吹扫的效果是等同的。当催化剂表面大量沉积灰尘时，根据经验，蒸汽吹灰效率更高，声波吹灰对

于已经积存在金属表面上的灰则几乎没有作用，主要是防止积灰。实际运行中已经证明，声波吹灰对处于吹灰器正前方的较大灰堆较难清除。当锅炉长期减负荷运行（此时灰尘积聚在反应器上游）后进入满负荷运行（此时大量灰被携带向反应器方向）时，大量灰尘会突然沉积在催化剂上，声波吹灰较难吹扫。因此，对于具体的 SCR 工程，应根据实际积灰特征选择具体的吹灰方式。

一般按每台 SCR 反应器设置一套吹灰系统进行设计。要求应根据 SCR 反应器本体内设置的催化剂层数及数量来设置吹灰系统，按每一层催化剂设置一层吹灰器进行设计，吹灰器数量应按照要求的脱硝效率，并考虑留有适当的裕度的要求时所需催化剂的层数和数量来配置。

吹灰器的数量和布置应能将催化剂中的集灰尽可能多地吹扫干净，应尽可能避免因死角而造成催化剂失效导致脱硝效率的下降。

3.3.4　烟气系统

烟气系统是指从锅炉省煤器出口到 SCR 反应器进口，以及从 SCR 反应器出口到空气预热器进口之间的连接烟道。

全套设备至少包括全部烟道、加强筋、减振器、加强件、膨胀节、保温及护板、包裹层、通道、检查门、支吊架、防腐、运行测试的接入点、测点、隔板、法兰、配件、膨胀节、内部检修扶梯、所有必要的支持结构等，必要的检修轨道、挂钩及起吊设备、所有必要的固定设备，检查和维修专用工具。

一、对烟道的技术要求及设计原则

对烟道系统各部件的技术要求及设计原则如下。

（1）烟道。

1）烟道设计应符合相关规范、规程的要求。

2）烟道应根据可能发生的最差运行条件（如温度、压力、流量、湿度等）进行设计。

3）设计的全部烟道，可采用碳钢制作，壁厚不小于 6mm。

4）烟道阻力应不大于设计值，设计时可适当考虑漏风因素。

5）所有烟道应以适当的涂层或相当的材料进行保护以防止腐蚀。

6）烟道外部要充分加固和支撑，以防止颤动和振动，并且设计应满足在各种烟气温度和压力下能提供稳定的运行。

7）烟气系统的设计必须保证灰尘在烟道的沉积不会对运行产生影响，在烟道必要的地方设置清灰装置。另外，对于烟道中粉尘的聚集，应考虑附加的积灰荷重。

8）烟道的设计应尽量减小烟道系统的压降，其布置、形状和内部件等均应进行优化设计。

9）在转弯和变截面收缩等处，应设置导流板。

10）SCR 连接烟道因热膨胀产生的推力和力矩不能传递到锅炉本体及 SCR 反应器本体上，热膨胀应通过带有内部导流板的膨胀节进行调节。

11）对于所有烟道和膨胀节，应按规范的要求进行保温。

（2）烟道支吊架。

1）烟道支吊架的部件应进行强度计算，以证实其设计安全可靠。

2）可变弹簧支吊架应有冷态和热态的行程及负荷指示器。

3）所有螺杆应有可靠的锁紧装置，丝扣的全部长度都应啮合进去，保证不会脱开。

4）应为烟道水平方向运行设置滚动或滑动支架，支架的设计荷载应考虑摩擦阻力，材料和润滑剂应与滑动触点的金属底座相适应。

5）露天布置的烟道支吊架结构强度应考虑风荷载及积灰的作用。

二、对膨胀节的技术要求及设计原则

膨胀节用于补偿烟道热膨胀引起的位移，确保在各种工况条件下均应能吸收设备和管道的轴向和侧向位移，以保护设备和管道免受损害和变形。对膨胀节的技术要求及设计原则如下：

（1）膨胀节应在可能出现的各种温度、压力条件下不会损坏，并保持 100% 的气密性。

（2）膨胀节与烟道可采用螺栓法兰连接或焊接，但是，位于设备的接口处或位于脱硝系统供货界限处的膨胀节应采用法兰螺栓连接方式。

（3）可采用全金属膨胀节或非金属膨胀节。

3.3.5　氨储存和供应系统

下面以纯氨的存储和供应系统为例进行描述技术要求及设计原则。对于某一电厂，可以考虑所有机组锅炉共用氨储存和供应系统。液氨储存、制备、供应系统包括液氨卸料压缩机、储氨罐、液氨蒸发槽、液氨泵、氨气缓冲槽、稀释风机、混合器、氨气稀释槽、废水泵、废水池等（见图 3-26～图 3-30）。该套系统提供氨气供脱硝反应使用。液氨由液氨槽车运送，利用液氨卸料压缩机将液氨由槽车输入储氨罐内，罐车与系统由挠性软管连接。用液氨泵将储槽中的液氨输送到液氨蒸发槽内蒸发为氨气，经氨气缓冲槽来控制一定的压力及其流量，然后与稀释空气在混合器中混合均匀，

图 3-26　氨卸载系统

再送达脱硝系统。氨气系统紧急排放的氨气排入氨气稀释槽中，经水的吸收排入废水池，再经由废水泵送至废水处理厂处理。

液氨的储罐和氨站的设计必须满足国家对该类化学危险品罐区的有关规定。液氨具有一定的腐蚀性，在材料、设备存在一定的应力情况下，可能造成应力腐蚀开裂；液氨容器除按一般压力容器规范和标准设计制造外，要特别注意选用合适的材料。

图 3-27　氨卸料压缩机

图 3-28　储氨罐

图 3-29　氨蒸发器

图 3-30　稀释风机

在设计氨的制备及其供应系统时，应考虑氨的供应量能满足锅炉不同负荷的要求，调节方便、灵活、可靠；储氨罐与其他设备、厂房等要有一定的安全防火防爆距离，并在适当位置设置室外防火栓，设有防雷、防静电接地装置；氨存储、供应系统相关管道、阀门、法兰、仪表、泵等设备选择时，必须满足抗腐蚀要求，采用防爆、防腐型户外电气装置；氨液泄漏处及氨罐区域应装有氨气泄漏检测报警系统；系统的卸料压缩机、储氨罐、氨气蒸发槽、氨气缓冲槽及氨输送管道等都应备有氮气吹扫系统，防止泄漏氨气和空气混合发生爆炸；氨存储和供应系统应配有良好的控制系统。

3.3.6　废水处理系统

脱硝装置应在氨制备区设有排放系统，使液氨储存和供应系统的氨排放管路为一个封闭系统，将经由氨气稀释槽吸收氨的废水排放至废水池，再经由废水泵送到废水处理站。

液氨储存供应系统设置废水处理系统，以备氨泄漏时用大量水稀释排出厂外前进行处理，必须使其达到环保要求。

3.3.7　脱硝装置灰斗

根据具体工程的积灰情况，研究是否需要在 SCR 反应器下部设置灰斗。若脱硝装置需要设置灰斗，则需安装用于输送飞灰的仓泵和管道，将飞灰输送到除灰系统。

3.3.8　关于脱硝系统旁路的设置问题

在烟气脱硝 SCR 系统中，关于是否设置 SCR 反应器旁路和省煤器旁路，分别描述如下。

一、SCR 反应器旁路

SCR 反应器旁路设置的目的包括：①机组在冷启动时不使催化剂受到损害。②机组在长期不脱硝时节约引风机的电耗。③在锅炉低负荷、低烟气温度时将催化剂隔离出来，以防止硫酸铵在空气预控器上的沉积。

对于是否设置 SCR 反应器旁路，从技术的角度，有两种不同的观点：

（1）需要设置旁路。在机组启动时（此时烟气温度还没有到催化剂的反应温度）使用，以避免催化剂受到损害。另一个用途是机组在长期不脱硝时，烟气通过旁路至空气预热器，以便节约引风机的电耗，这种情况在美国出现较多。但在该情况下，为避免反应器冷却后产生凝结水，需要设置反应器的加热系统，因而大大增加了系统的投资。

（2）不需要设置旁路。该观点认为一般机组冷启动的次数较少，因此在催化剂的使用寿命周期内对催化剂的影响也不会太大。而且设置旁路烟道时，由于要增加高温挡板，投资比较高，系统也比较复杂，在长期不用旁路烟道时会造成挡板前积灰严重，开启时容易卡涩。而挡板开启且易造成大量灰进入空气预热器，可能会造成空气预热器堵灰而停用。

建议如果不设置 SCR 反应器旁路，喷氨脱硝的温度不能低于设计的最低温度，如果锅炉烟气温度低于设计值，则应停止喷氨，这样就不会产生硫酸铵，从而也避免了空气预热器的堵塞。

设置旁路的系统比较复杂，系统投资较高。还有一种观点认为，设置旁路时可以在锅炉运行时将脱硝系统隔离检修，但是实际情况下，由于烟气挡板的密封性不可靠，在锅炉运行中检修脱硝系统的可能性很小，在不设置旁路时，可以在锅炉小修时同时检修。

事实上，早期日本的电厂，即 20 世纪 80 年代以后的电厂，由于当时的催化剂不能适应机组启动和停运期间温度梯度的变化，所以系统设置了旁路烟道。欧洲的 SCR 反应器通常不设旁路，但在美国东北部许多电厂都装有旁路，因此其立法要求仅在臭氧季节减少 NO_x 的排放量。

根据 2010 年 2 月 3 日我国环保部发布的 HJ 562—2010《火电厂烟气脱硝工程技术规范——选择性催化还原法》规定，SCR 脱硝系统不得设置反应器旁路。

二、省煤器旁路

省煤器旁路设置的目的是在机组低负荷运行时，保证 SCR 入口烟气温度。原因是温度过低，未反应的微量氨气可能和烟气中的 SO_3 反应生成硫酸铵，硫酸铵会在空气预热器冷端凝结，造成空气预热器的堵塞。因此，如果锅炉在低负荷时的运行温度也高于 SCR 入口温度要求的最低值，就没有必要设置省煤器旁路。在极端恶劣的情况下，脱硝系统可以停止喷氨，就不会产生硫酸铵，从而也避免了空气预热器的堵塞。

另外，从锅炉结构上看，如引出高温烟气旁路，由于烟气引出，将减少省煤器吸热；对于老机组 SCR 改造项目，可能还会有布置方面的问题。

因此，对于脱硝系统旁路的设置应根据具体工程条件进行考虑。

3.3.9　采暖、通风、除尘及空调

主要是指脱硝系统范围内设置的所有建、构筑物因系统运行需要，必须设置采暖、通风、除尘及空调系统的设备、设施，进行完整的采暖、通风、除尘及空调系统设计。

至少包括下列建构筑物及场所（如有）：

（1）稀释风机房。

（2）配电间。

（3）其他机械设备室。

（4）就地控制室。

技术要求及设计原则如下。

一、采暖系统

采暖采用热水或蒸汽采暖（视需要采暖的房间位置附近的热源情况确定）。

二、通风、除尘系统

通风、除尘系统用于保持规定的室内温度，以及建筑物或场所的封闭度，以确保设备可靠运行，控制污染的空气向邻近场所扩散。

对脱硝系统工艺车间有温度、通风、除尘要求的均应设有合理的通风、除尘系统，以排除室内产生的余热、余湿及有害气体。

三、空调系统

空调系统用于保持规定的环境条件，即室内温度、湿度、空气质量及空调房间正压值，以给人提供舒适的工作条件，保护电子装置和数据处理设备免受过高或过低气温的影响。

为了满足工艺对空气参数的要求，保证系统安全可靠运行，空调系统必须保持如下室内设计温、湿度标准。

（1）夏季：温度 $T=(26\pm1)$℃，湿度 $RH=(60\pm10)$％。

（2）冬季：温度 $T=(20\pm1)$℃，湿度 $RH=(60\pm10)$％。

四、烟气控制系统

在配备消防系统的区域，如控制室，电子设备室、电缆间和配电室必须安装自动防火阀，该防火阀须跟消防系统连锁。当火灾发生时，防火阀及通风、空调设备须能自动关闭，以防火灾蔓延。

当火熄灭后，经消防人员确认火种温度已达到自燃点以下，开启排烟气系统，排除室内烟气、废气。防火排烟区的排烟量不得小于 $60m^3/(m^2 \cdot h)$。

3.3.10　消防与火灾报警系统

消防与火灾报警系统主要涉及脱硝系统 SCR 反应器本体区域范围内的水消防系统、气体消防灭火系统、火灾报警和消防控制系统。该系统是从属于主厂房火灾报警和消防控制系统的区域报警控制子系统，应由有相应资质的单位进行设计，并与电厂其他部分的水消防系统、气体消防灭火系统、火灾报警和消防控制系统相一致。消防、火灾报警和消防控制系统的设计要求如下。

一、水消防系统

水消防系统的设计应满足脱硝系统的消防要求，并应执行现行消防规范、规程及地方性法规。可根据区域内各部分设备、设施对消防的不同要求配置必要的移动式灭火器。并确保消防设备、主要材料必须采用经国家消防认证中心检验合格的产品。

二、火灾报警和消防控制系统

火灾报警和消防控制系统的硬件和软件的设计功能必须满足技术要求。设计选用的火灾检测报警及消防控制系统中的电气及电子设备、仪表及装置必须经过权威部门鉴定。火灾报警和消防控制系统应留有与主厂房火灾报警系统的通信接口（包括软、硬件），并提供相应的配合工作。火灾报警及消防控制系统设一套完整的控制系统，通过布置在脱硝系统内的区域盘，实现对脱硝系统的火灾检测、报警及消防控制系统的监控，并通过通信成为一个整体。系统组成部分主要有：

（1）就地区域盘。

（2）探测系统（包括各种模块、探测器、温感电缆、手动和自动两种报警触发装置等）。

（3）火灾事故声光报警装置。

（4）备用直流电源装置。

（5）耐火电缆、电缆管及配件、材料。

（6）火灾紧急照明系统。

（7）水消防与气体消防控制。

（8）与电厂消防水泵组的控制接口。

火灾报警和消防控制系统应满足相关规程、规范要求，通过相关的施工验收规范验收，并经过电厂当地消防部门审查通过。

三、系统功能要求

火灾检测、报警及消防控制系统能对火灾进行探测，探测应能发出声光警报并自动、遥控及就地手动启动灭火系统，并对消防及灭火设施的运行情况进行监视。火灾报警后，应能通过连锁启动有关部位的防烟、排烟风机和排烟阀，并接收其反馈信号；应连锁停止有关部位的风机，关闭防火阀，并接收其反馈信号。火灾确认后，应连锁关闭有关部位的防火门、防火隔栅，并接收其反馈信号；应接通火灾事故照明灯及疏散指示灯，切断有关部位的非消防电源。并应自动接通火灾报警装置，并将全厂广播系统切到火灾事故广播状态。

手动火灾报警按钮在脱硝系统内普遍设置，每个防火分区应至少设置一个手动火灾报警按钮，从一个防火分区的任何位置到最近的一个手动火灾报警按钮的步行距离不应大于 30m。

每一个消火栓均设置手动火灾报警装置，并将报警信号送至报警主机。系统中每个报警触发装置的信号，在就地区域报警控制装置和中央监控装置上应同时有声光显示，并均能报警到位。

区域报警控制装置应能反映该区域各火灾探测回路及各探测器的故障。

火灾探测器的选择应根据工艺系统特点（如高频电磁干扰、粉尘积聚、潮湿等）选择，当设置自动联动装置或启动自动灭火系统时，应采用感烟、感温、线型感温探测器（同类型或不同类型）的组合。对于自动灭火系统，均应设置两路火灾探测系统。当其中任一路报警时，应向就地区域盘及主控制盘发出报警信号；当两路探测器同时报警时，自动连锁启动灭火系统。对环境较差的区域，如电缆隧道、竖井、桥架等处，应采用线型感温探测器。

对于采用气体灭火的区域，每一防护区应安装两种不同类型的探测器，并分成两组安装。当一组探测器探测出火灾或有火灾危险时，要在现场、就地区域盘及主控制盘三处发出声光报警信号，当两组探测器探测出火灾或有火灾危险时，在防护区现场、就地区域盘及主控制盘发出预释放灭火剂报警信号，在延时 30s（15～50s 可调）后发出释放灭火剂灭火的指令。火灾警报信号和灭火剂释放警报信号应有所区别，且两种信号均要有声光信号。

消防通信系统方面，手动报警处应设置对讲电话插孔，就地区域报警盘及其他重要部位设置固定的对讲电话。

应在脱硝系统中设置火灾事故广播系统和火灾紧急照明系统，提供与空调控制系统的连动控制接口。

四、控制要求

区域报警控制盘应能实现对该区域的火灾检测、报警及消防系统的监控，同时区域报警控制盘与中央监控装置通信。当探测器或监视模块发出火灾报警信号后，系统应能自动识别误报信号，而且对误报信号仅作记录，不发出报警；对于真实报警信号，系统应能打开声光报警器提示工作人员，同时也应能自动/手动启动消防泵、喷淋泵，关闭隔离防火阀，自动开启相应区域的专用灭火装置进行自动灭火。

火灾报警区域控制子系统的功能及要求至少应包括以下方面：

（1）火灾报警区域控制子系统应具有与主厂房的火灾报警系统的完善接口。

（2）火灾报警和故障指示系统应有声光报警，而声音报警应能复位，光指示应维持到报警消失或故障排除。如果故障报警在火灾报警之后，故障报警必须被存储直至火灾报警消除后才显示出来。

（3）火灾和故障报警的声音应有区别，因而火灾和故障报警应采用完全不同的方式。

（4）为了检查整个火灾报警系统，包括火灾报警回路和火灾报警装置的功能，应安装测试装置。在测试一个回路时，应防止在外部设备上产生火灾报警信号，测试之后，被测试的回路应自动恢复到正常工作状态。

（5）系统的防火挡板感温电缆的触发应采用单独的信号在火灾报警区域监控装置显示，并进入报警指示系统。

（6）为了记录所有火灾报警、故障指示、控制指令和操作器动作，应安装一个在线打印机，并能记录报警线路、探头或击碎玻璃式按钮的编号、日期等数据。

（7）火灾探测器系统单元和相应的插槽应装有牢固的防腐塑料外壳，并在相对湿度为100％、环境温度50℃及严重的灰尘情况下仍然有效。在面临爆炸危险的厂房中，只能使用防爆型火灾探头。火灾报警探头应有指示灯（如发光二极管）以指示出触发状态，可以连接到一个外部报警指示器上，并能自动复位以便进行下一个报警动作。

五、设备规范与设计原则

（1）在选择火灾探测器时，应根据火灾的特点及探测点的空间环境来选择。探测器应为智能型的。火灾报警系统的使用不能受到风、射线、香烟烟雾、灰尘、振动、高湿度等的影响。火灾报警探头应编号，并在基座上装设指示灯。同时，还应有反极性和过电压保护措施。

（2）区域报警控制装置容量不应小于报警区域的探测区域总数，并应留有一定的裕量。

（3）灯光警报装置和音响警报装置其中一种发生任何故障应不影响另一种装置正常工作。

（4）控制器模件若使用随机存储器（RAM），则应有可充电电池作为数据存储的后备电源。

（5）某一个控制器或模件故障，不影响其他控制器及模件的正常运行。

（6）电源故障应属系统的可恢复性故障，一旦重新受电，控制器及模件应能自动恢复正常工作而无需运行人员的任何干预。

（7）设计方设计选用的火灾自动报警系统应首先执行并满足我国有关的防火规范及国家标准。

3.3.11 脱硝系统范围内的钢结构、平台及扶梯

对于用于脱硝装置的支撑、平台、通道和钢梯，设计时要为热膨胀留有适当的余量。对于老机组改造，SCR 反应器本体及其进出口烟道的支撑如使用电厂现有除尘器支架结构，应对该结构进行整体复核，当应力、变形不满足要求时，应重建或补强。设计原则如下：

（1）支撑、平台、通道和钢梯等钢结构的设计、焊接及防腐应满足相关规程、规范的要求。防腐涂料可采用氯化橡胶、聚氨酯类或其他满足防腐规范要求的防腐材料。

（2）对于平台、钢梯、钢梯平台、走道辅助梯级、紧急出口、靠近设备的走道，最小高度一般不小于 2.10m，钢梯宽度大于或等于 900mm，角度小于或等于 45°。

（3）如果没有另外规定，一般所有平台、钢梯和钢梯平台都要以钢格栅覆盖。钢格栅要水平排列，而且在任何方向看都是统一的形式。每块钢格栅由 4 个螺钉安全牢固地焊在结构上，不允许采用螺钉夹。需要搬移的格栅地板应配备安装把手。所有平台和钢梯的设计荷载

及挠度应满足相关规范的要求，所有格栅边缘和切边用与格栅材料同样尺寸的钢条包围。格栅的高度一般不小于 30mm。所有格栅都要经过热浸镀锌处理，镀锌要求应满足相关规范的规定，如果钢格栅要切割或焊接，则应重新镀锌。所有平台和钢梯平台一般都应有至少高于楼面 120mm 的踢脚板，踢脚板最小厚度为 3mm。

（4）所有平台、钢梯和钢梯平台应在每边都安装栏杆；平台和钢梯的设计和制作应符合现行的国家标准；用于平台栏杆的支杆底脚是平的，用于钢梯的是平整底脚；支杆不能固定在踢脚板上；钢扶手和栏杆应镀锌；所有栏杆扶梯镀锌件全部采用螺纹连接；所有平台上的栏杆高度一般均为 1200mm。

3.3.12　防腐、保温和油漆

防腐、保温、油漆的设计应符合相关规程、规范的要求。防腐、保温、油漆部位的色彩除应符合相关规程、规范的要求外，其余部分的色彩也应与整体电厂色彩相协调。

采用保温是为了降低散热损失，限制设备与管道的表面温度。保温厚度应根据经济性计算确定。当环境温度（指距保温结构外表面 1m 处测得的空气温度）不高于 30℃时，设备及管道保温结构外表面温度不超过 50℃；环境温度高于 30℃时，保温结构外表面温度可比环境温度高 25℃。对于防烫伤保温，保温结构外表面温度不应超过 50℃。

保温设计必须使散热最小并使保温层的寿命达到最大。设计中应考虑各设备除保温外，是否还需要配备隔声措施。对维护时需要拆卸的设备，要求其保温也能拆卸。设计时要考虑保温和包壳 10％左右的裕量，固定件和辅助配件 15％左右的裕量。

烟道一般采用预制保温板保温。保温层应采用相邻保温板水平和垂直搭接的方式，搭接必须紧密，不需要单独的填充带。保温层的外装板应是规定厂家生产的彩钢板，并提供保温层和外装板的支撑。支撑与镀锌铁丝网焊在一起形成网状构造物，以固定保温层。

为了防止腐蚀，对不保温的设备、管道及其附件、支吊架、平台扶梯应进行油漆。机械、电气设备及部件的油漆工作应在制造厂内完成，对于钢构件、底漆层和保护（中间）层应在制造厂内完成。面漆应在现场完成。

3.3.13　SCR 装置的主要设备

SCR 装置设备包括还原剂系统及供应、脱硝设备部分、测量与控制仪器等。主要的设备罗列如下。

一、还原剂系统及供应

还原剂若为液氨，主要设备有卸料压缩机、液氨储罐、液氨蒸发槽、氨气缓冲槽、废水泵、稀释风机、氨与空气混合箱等。

还原剂若为尿素系统，则主要设备有尿素缓冲槽、尿素供应泵、尿素溶液储罐、定量给料泵、尿素水解器、蒸汽减压器、稀释风机、稀释空气加热器等。

还原剂若为氨水系统，则主要设备有氨水卸料泵、氨水储槽、氨水给料泵、氨水蒸发槽、废水泵、稀释风机、稀释空气加热器等。

二、脱硝设备部分

脱硝设备主要包括连接烟道、SCR 反应器、还原剂喷入系统、静态混合器（如有）、催化剂、蒸汽吹灰器或声波吹灰器等。

三、测量与控制仪器

测量与控制部分的仪器与仪表主要有温度测量仪表、流量测量仪表、压力测量仪表、物流测量仪表、电气参数测量仪表、氨泄漏监测器、火灾探测器、气体分析仪器、开关量测量仪表、执行机构、PLC 及 DCS 控制系统、就地盘/本体控制装置、摄像头等。

3.3.14 总体设计原则

SCR 装置的最佳设计是其高效运行的基础。首先电厂应提供准确无误的基础数据，包括电厂平面图、锅炉及烟道布置图、烟气成分（特别是省煤器之后）、燃用煤质分析、电厂工业水及气管路图等；然后，确定脱硝工程要达到的性能指标，主要有脱硝效率、氨的逃逸率、SO_2/SO_3 的氧化率、催化剂寿命、脱硝装置压力损失、脱硝系统可用率、装置寿命等。在此基础上进行合理设计。

一、总体要求

对于 SCR 高灰段工艺烟气脱硝系统，SCR 反应器一般布置在省煤器与空气预热器之间的高含尘区域。运行方式为连续运行，并且要求安全可靠、技术先进、运行经济，能满足环境保护要求。设计应符合最新工业标准及行业规范，并满足国家有关安全、消防、环保、劳动卫生等强制性标准，达到设想的性能指标，并保证正常运行。

烟气脱硝系统设备、装置的设计、制造、安装、调试、试验及检查、试运行、考核、最终交付等应符合相关的法律、规范及标准。采用标准应符合国家标准（GB 系列）及部颁标准、DL 规程规定，以及最新版的 ISO 和 IEC 标准。

二、系统和设备的设计要求

每套完整的 SCR 装置系统至少包括以下部分：

（1）SCR 反应器本体。

（2）锅炉省煤器到 SCR 反应器入口及 SCR 反应器出口到空气预热器入口的连接烟道系统。

（3）氨稀释风机及氨/空气混合系统。

（4）氨/烟气混合均布系统。

（5）SCR 反应器本体吹灰系统。

（6）氨供应系统。

（7）废水处理系统。

（8）压缩空气系统。

（9）给排水系统。

（10）采暖、通风、除尘及空调。

（11）消防及火灾报警。

（12）控制系统。

（13）电气及通信系统。

（14）脱硝系统范围内的钢结构、楼梯和平台。

（15）检修起吊设施。

（16）防腐、保温和油漆。

（17）设计和设备安装。

（18）设备标识、安全标识。

（19）照明。

脱硝装置所有需要的系统和设备的设计至少应满足以下条件：

（1）采用先进、成熟、可靠的技术，造价要经济、合理，便于运行维护。

（2）所有的设备和材料应是新的。

（3）可利用率高。

（4）运行费用少。

（5）观察、监视、维护简单。

（6）运行人员数量最少。

（7）确保人员和设备安全。

（8）节省能源、水和原材料。

（9）脱硝装置在闭合状态，密封装置的泄漏率为 0，不允许烟气泄漏到大气中。

（10）脱硝装置的调试、启/停和运行应不影响主机的正常工作。

（11）脱硝装置应与锅炉的运行模式相协调，脱硝装置的设计必须确保在启动方式上的快速投入率，在负荷有调整时有好的适应特性，在电厂运行条件下能可靠、稳定地连续运行。

（12）脱硝装置有较长的服务寿命，一般为 30 年，大修期为 5 年。

（13）当烟道、SCR 反应器本体装置、省煤器设备为室外装置，需提供必要的防雨措施。

（14）不同的设备和组件可露天布置或分别安装在单独的或组合的建筑物中，但要使流程合理，建筑物相对集中。

脱硝系统内所有设备应正确设计和制造，满足所有工况下的功能，不产生过度的应力、磨损、振动、腐蚀、老化和其他运行问题。设备部件的制造过程应采用高新技术，加工准确，符合产品质量标准要求。对于易磨损、腐蚀、老化，或需要调整、检查、更换的部件应易于得到，并能比较方便地拆卸、更换和修理。

所用的材料、铸件和锻件应符合各自有关的材料规范的要求。在设备制造过程中必须实施严格的质量管理，包括必要的处理、检验和试验。机械部件及其组件或局部组件应有良好的互换性。每个零件内部应消除全部加工垃圾，如金属切屑、填充物等。应从内、外表面消除所有疏松的轧屑、锈皮、油脂等。控制仪表及设备选型应符合工程的要求。

三、催化剂的设计要求

（1）根据电厂基础数据及性能指标要求，合理选择催化剂类型，设置催化剂的层数。

（2）根据锅炉飞灰的特性合理选择孔径大小，并设计防堵灰措施，以确保催化剂不堵灰。同时，催化剂设计应尽可能降低压力损失。

（3）催化剂模块必须设计有效防止烟气短路的密封系统，密封装置的寿命不低于催化剂的寿命。催化剂各层模块一般应规格统一。

（4）催化剂设计应考虑燃料中可能含有的任何微量元素可能导致的催化剂中毒。

（5）在加装新的催化剂之前，催化剂体积应满足性能保证中关于脱硝效率和氨的逃逸率等的要求。

（6）催化剂应采用模块化设计，减少更换催化剂的时间。

（7）催化剂模块应采用钢结构框架，并便于运输、安装、起吊。

（8）催化剂保证能在合适温度范围内长期运行。

（9）催化剂保证寿命达到预先设计值，并可再生利用。

四、性能要求

确保在任意工况条件下，当燃用设计煤种（包括校核煤种）时，脱硝系统脱硝效率不低于设计效率，并考虑留有一定的裕度，氨的逃逸量、SO_2/SO_3 的转化率、压力降及烟气流经过反应器的温度变化都应小于设计值，并有一年质保期。

第 4 章

SCR系统采用的催化剂

催化剂是 SCR 系统的核心，正确地选择和设计是保证 SCR 系统脱硝性能的基础。本章从工程应用的角度，对催化剂的特性作较为详细的介绍。

4.1 SCR 催化剂的分类及特点

4.1.1 SCR 催化剂的分类

催化剂有几种不同的类型，但所有类型催化剂在 SCR 系统中的功能是一样的，都是在 SCR 反应中，促使还原剂选择性地与烟气中的氮氧化物在一定温度下发生化学反应。用于 SCR 系统的商业催化剂主要有贵金属催化剂、金属氧化物催化剂、沸石催化剂及活性碳催化剂四类。

早期的 SCR 催化剂是贵金属催化剂，出现于 20 世纪 70 年代，主要是 Pa、Pt 类的贵金属，负载于 Al_2O_3 等载体之上，制成球状或蜂窝状。该类催化剂具有很强的 NO_x 还原能力，但同时也促进了 NH_3 的氧化。贵金属催化剂不久就被金属氧化物催化剂取代，目前主要用于天然气及低温的 SCR 催化方面。

金属氧化物催化剂主要是氧化钛基 V_2O_5-WO_3（MoO_3）/TiO_2 系列催化剂，其次是氧化铁基催化剂。氧化铁基催化剂以 Fe_2O_3 为基础，添加 Cr_2O_3、Al_2O_3、SiO_2，以及微量的 MgO、TiO、CaO 等组成，活性较氧化钛基催化剂活性低近 40%。

沸石催化剂是一种陶瓷基催化剂，由带碱性离子的水和硅酸铝的一种多孔晶体物质制成丸状或蜂窝状。沸石催化剂具有分子筛的作用，只有那些能穿过沸石微孔进入催化剂孔穴内的分子才有机会参加化学反应过程，具有较好的热稳定性及高温活性。该类催化剂在德国有应用业绩。

活性碳催化剂由早期的 Uhde Bergbau-Forschung GmbH 公司开发。由于该类用于催化剂的活性碳与氧接触时具有较高的可燃性，因此不适合广泛应用。

按使用温度范围，催化剂可分成高温、中温和低温三类。高温工作温度高于 400℃，中温 300～400℃，低温小于 300℃。低温催化剂主要为活性碳/焦催化剂（100～150℃）和贵金属催化剂（180～290℃）；中温催化剂主要是金属氧化物催化剂，包括氧化钛基催化剂（300～400℃）及氧化铁基催化剂（380～430℃）。

目前在火电厂脱硝工程中应用最多的催化剂是氧化钛基 V_2O_5-WO_3（MoO_3）/TiO_2 系列催化剂。因此，从工程应用的角度，本书主要论述氧化钛基催化剂在 SCR 脱硝工程中的应用。

目前市场上主流的氧化钛基催化剂有蜂窝式、板式与波纹式三种，如图 4-1～图 4-3 所示。

图 4-1 蜂窝式 SCR 催化剂

图 4 - 2　板式 SCR 催化剂

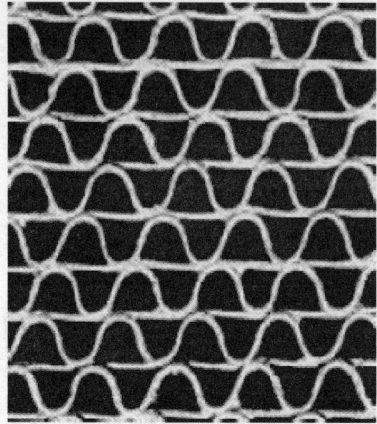

图 4 - 3　波纹式 SCR 催化剂

4.1.2　SCR 催化剂的特点

一、蜂窝式 SCR 催化剂

蜂窝式 SCR 催化剂端面为蜂窝状，蜂窝孔道贯穿单体长度方向，单体为截面边长 150mm×150mm、长度 300～1350mm 的均质陶制长方体。催化剂模块采用标准化设计，一种典型排列是每个模块包装 72 个单体（6×12）。

蜂窝式催化剂元件（陶瓷）通过挤压工具整体成型，由催化活性材料如 V_2O_5、WO_3、TiO_2 等组成。材料经干燥、烧结、切割成满足要求的元件，元件被装配入钢框架内，从而形成一个易于操作的催化剂模块。

目前蜂窝式催化剂在世界 SCR 催化剂市场占 60％以上的份额，主要供应商有美国 Cormetech 公司，欧洲 Argillon 公司、KWH 公司，日本 Sakai、shokubai 公司，韩国 SK 公司等。蜂窝式催化剂具有模块化、相对质量较轻、长度易于控制、比表面积大、回收利用率高等优点。

二、板式 SCR 催化剂

板式 SCR 催化剂元件为最小构成单位，数十片元件组成催化剂单元（催化剂单元截面为 464mm×464mm，高度一般为 500～850mm），再由催化剂单元组成催化剂模块。催化剂模块通常由在长宽高方向上 4×2×2 共 16 个催化剂单元构成。

板式 SCR 催化剂采用金属板作为基材浸渍烧结成型，活性材料与蜂窝状催化剂相似。板式催化剂在世界催化剂市场占 25％左右份额，主要供应商有德国 Argillon 公司和日本 BHK 公司等。板式催化剂烟气的高尘环境适应力强，但比表面积小。

三、波纹式 SCR 催化剂

波纹式 SCR 催化剂由直板与波纹板交替叠加组成，催化剂单元由钢壳包装，截面为 466mm×466mm，高度一般为 300～600mm。典型的催化剂模块由在长宽高方向上 4×2×2 共 16 个催化剂单元构成。

波纹式 SCR 催化剂采用玻璃纤维板或陶瓷板作为基材浸渍烧结成型。主要供应商有丹麦 Haldor Topsoe 公司及日本 Hitachi Zosen 公司等。其优点是比表面积较大，压降较小。

4.1.3　催化剂的成分

不论催化剂是蜂窝状、板式或其他类型，其成分基本都是相似的，由 TiO_2、V_2O_5、

WO_3 或 MoO_3、SiO_2、Al_2O_3、CaO、MgO、BaO、Na_2O、K_2O、P_2O_5 等物质组成。其中 WO_3 或 MoO_3 占 5%～10%，V_2O_5 占 1%～5%，TiO_2 占绝大部分比例。

4.1.4　催化剂基本参数

对于典型的蜂窝式催化剂，定义蜂窝孔宽度（孔径）为 d，外壁厚为 t_o，内壁厚为 t_i，则催化剂的壁厚、节距和孔宽度的关系为

节距(p)＝孔径(d)＋内壁厚度(t_i)

蜂窝式催化剂的节距如图 4-4 所示。

孔数（cell）为一个蜂窝催化剂单元体截面（150mm×150mm）上每边的正方形烟气通道的个数。用于燃煤电厂 SCR 工程中的蜂窝状催化剂节距一般为 6.4～9.2mm，如图 4-5 所示。

板式及其他类型的催化剂也有同样的关系如图 4-6 所示。

图 4-4　典型催化剂单元的几何形状示意图

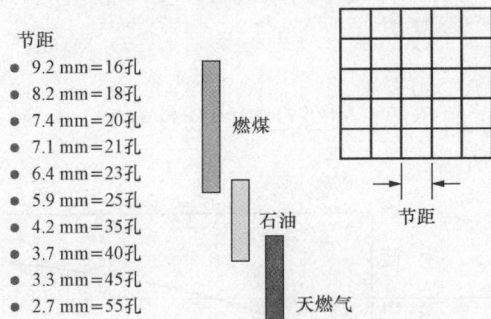

图 4-5　蜂窝状 SCR 催化剂规格

节距
- 9.2 mm＝16孔
- 8.2 mm＝18孔
- 7.4 mm＝20孔
- 7.1 mm＝21孔
- 6.4 mm＝23孔
- 5.9 mm＝25孔
- 4.2 mm＝35孔
- 3.7 mm＝40孔
- 3.3 mm＝45孔
- 2.7 mm＝55孔

燃煤　石油　天燃气

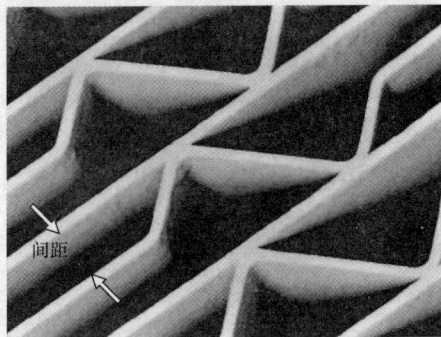

图 4-6　板式催化剂间距

同等条件下，用于燃煤电厂 SCR 工程中的板式催化剂间距一般比蜂窝型催化剂稍小些。

4.2　催 化 剂 设 计

4.2.1　催化剂成分的设计依据

根据具体工程项目中烟气的温度、NO_x 含量、硫的含量、灰分的大小及 Ca、Ma、As 等元素含量等参数的大小，来确定催化剂中的主要成分 V_2O_5、WO_3、TiO_2 等量的多少。

4.2.2　催化剂体积的设计依据

催化剂体积的精确设计，主要依据以下四方面：

(1) 电厂的运行参数，包括烟气流量、烟气温度及成分等。

(2) SCR 装置要求达到的性能指标，包括脱硝率、SO_2/SO_3 的转化率、NH_3 的逃逸率等。

(3) 催化剂的活性。

(4) 烟气流速、NH_3/NO_x 摩尔比和温度分布状况。

通过以上四方面精确计算，设计催化剂体积。

典型的烟气温度与催化剂活性、SO_2/SO_3 的转化率的关系曲线如图 4-7 和图 4-8 所示。

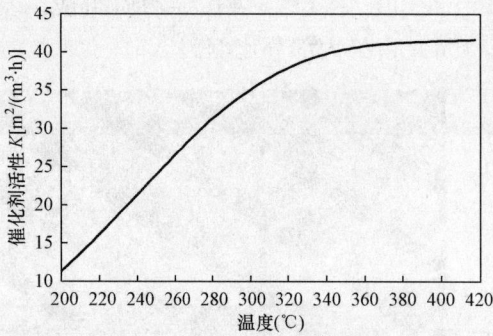

图 4-7　烟气温度与催化剂活性的关系

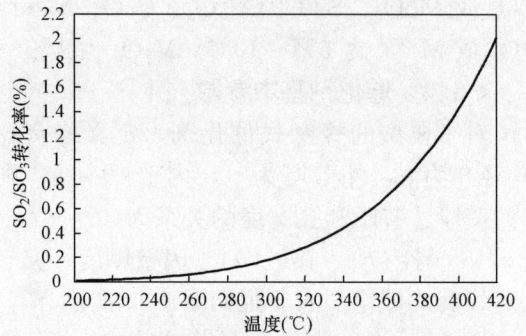

图 4-8　烟气温度与 SO_2/SO_3 转化率的关系

4.2.3　烟气化学组成对催化剂的设计影响

烟气化学组成主要考虑烟气的含水量、氧浓度、SO_x 浓度及灰分等方面。

一、含水率

一般来说，含水率越高，对催化剂活性越不利。一种典型的烟气含水量对催化剂活性的影响如图 4-9 所示。

二、氧浓度

一般来说，烟气中氧浓度增大，有利于 NO_x 的还原，对催化剂的活性有利，一种典型的烟气中氧浓度与催化剂活性的关系如图 4-10 所示。

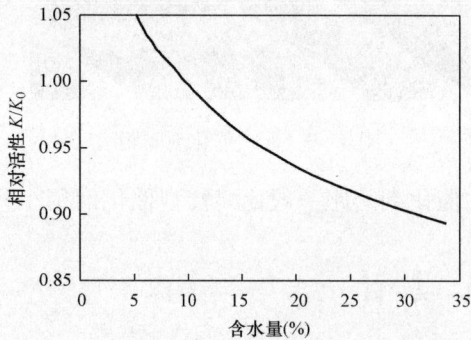

图 4-9　烟气中含水量对催化剂活性的影响

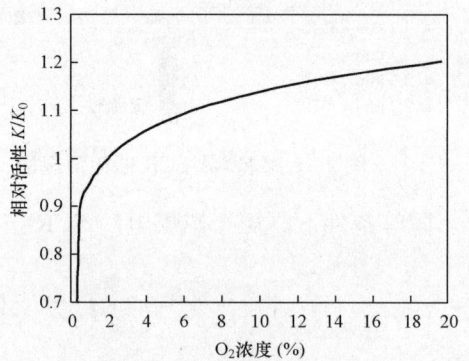

图 4-10　烟气中氧浓度与催化剂活性的关系

三、SO_x 浓度

一般来说，系统操作温度越高，烟气中 SO_3 浓度越大，因此 SO_2/SO_3 性能指标会影响最低允许温度。一种典型的操作温度与烟气中 SO_3 含量的关系如图 4-11 所示。

四、烟尘浓度和组成对催化剂的影响

一般来说，烟气中飞灰浓度、飞灰组成（SiO_2、Al_2O_3、CaO、As 等）、飞灰性质（黏度、腐蚀性等）和尺寸大小等，影响到催化剂的孔径、孔数和壁厚等几何特征及催化剂活性。对于燃煤机组，一种典型的飞灰浓度与催化剂几何尺寸选择的关系，如图 4-12 所示，烟气中 CaO、As 对催化剂活性的影响见图 4-13 和图 4-14。

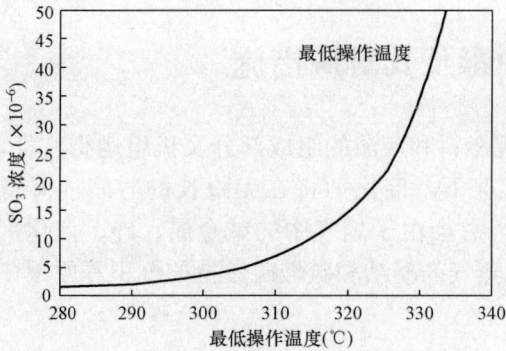

图 4-11　最低操作温度与 SO$_3$ 浓度的关系

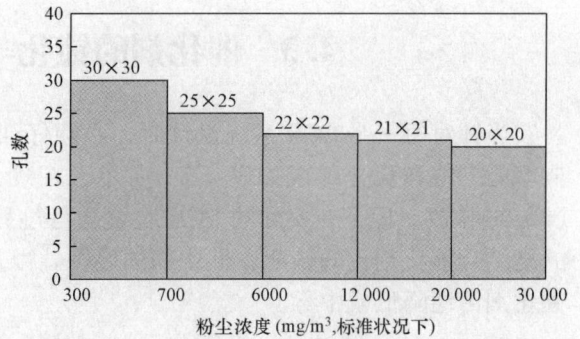

图 4-12　飞灰浓度与催化剂几何尺寸选择的关系

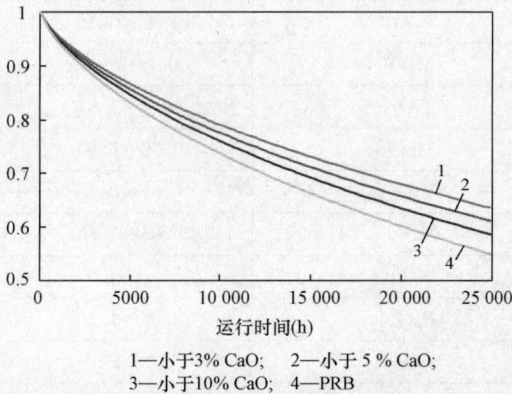

1—小于3% CaO；　2—小于5% CaO；
3—小于10% CaO；　4—PRB

图 4-13　燃煤机组烟气中 CaO 含量
对催化剂活性的影响

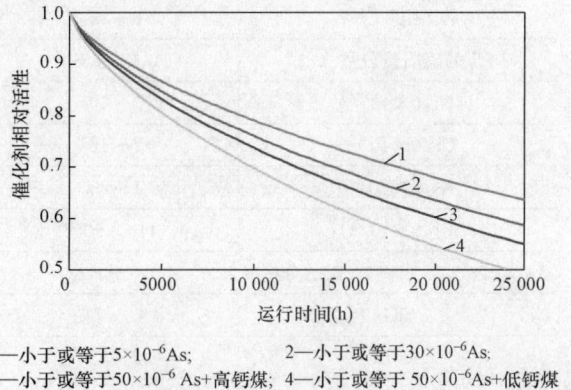

1—小于或等于5×10^{-6}As；　2—小于或等于30×10^{-6}As；
3—小于或等于50×10^{-6}As+高钙煤；　4—小于或等于50×10^{-6}As+低钙煤

图 4-14　燃煤机组烟气中 As 含量
对催化剂活性的影响

4.2.4　催化剂设计的主要流程

在燃煤应用领域，SCR 催化剂设计是一种挑战，因为烟气中含有颗粒物、催化剂致毒物和 SO$_2$ 等成分。根据经验，只有在充分了解了这些因素对系统和催化剂性能产生的影响，并且考虑锅炉类型、SCR 布置方式、所需的性能、燃料和灰渣的成分、灰渣量、SCR 类型、入口工况、催化剂劣化机理和对下游设备的影响等因素之后，才能进行催化剂的设计。设计流程如图 4-15 所示。

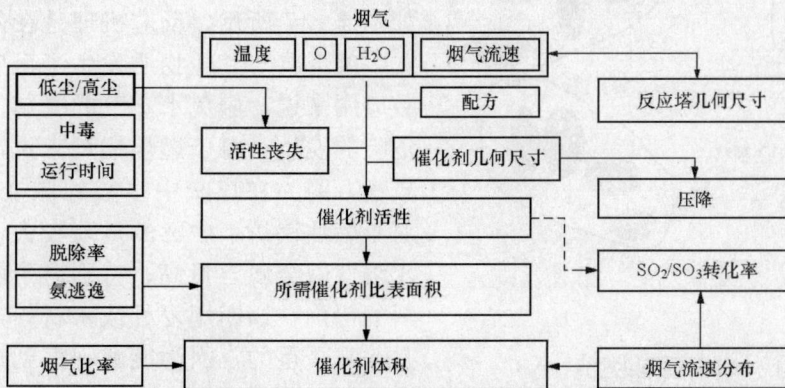

图 4-15　SCR 系统催化剂设计流程

4.3　催化剂的钝化与中毒及其对应措施

当针对每一个 SCR 系统设计时，必须仔细研究燃料和灰渣的组成部分及机组运行特征，典型的燃料和灰分组成如表 4-1 所示。在理想状况下，催化剂将在无限长的时间内降低 NO_x 的排放。但是在实际的 SCR 装置运行过程中，总会由于烟气中的碱金属、砷、催化剂的烧结、催化剂孔的堵塞、催化剂的腐蚀，以及水蒸气的凝结和硫酸硫铵盐的沉积等原因使催化剂活性降低或中毒。

表 4-1　　　　　　　　　　　　　　典型的燃料和灰分组成

项　　目	数　　值	项　　目	数　　值
灰湿度（%）	6～33	CaO	2.4～26.0
吨煤的硫质量分数（%）	0.6～1.6	MgO	0.7～49.0
Ni（$\times 10^{-6}$）	3～40	TiO_2	0.1～1.8
Cr（$\times 10^{-6}$）	7～46	MnO	0.02～0.20
As（$\times 10^{-6}$）	1～25	V_2O_5	0.01～0.10
Cl（$\times 10^{-6}$）	41～1900	Na_2O	0.05～1.60
灰的分析（%）		K_2O	0.1～4.0
SiO_2	41～71	P_2O_6	0.06～1.30
As_2O_3	2～33	SO_3	1.6～16.5
Fe_2O_3	2.5～10.0		

4.3.1　催化剂的烧结

催化剂长时间暴露于 450℃ 以上的高温环境中可引起催化剂活性位置的烧结，导致催化剂颗粒增大，表面积减小，而使催化剂活性降低，如图 4-16 所示。采用钨（W）退火处理，可最大限度地减少催化剂的烧结。

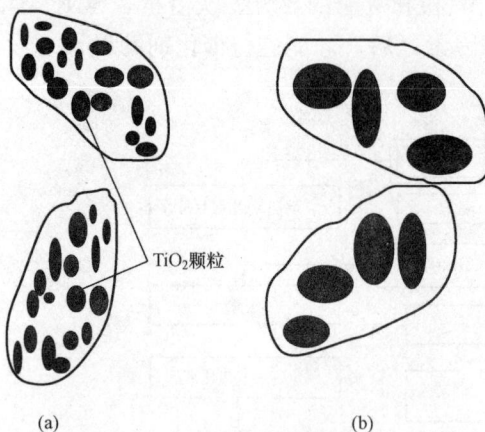

图 4-16　催化剂的烧结
（a）新鲜的催化剂；（b）烧结以后的催化剂

4.3.2　碱金属使催化剂中毒

烟气中含有的 Na、K 等腐蚀性混合物如果直接和催化剂表面接触，会使催化剂活性降低，如图 4-17 所示。反应机理是在催化剂活性位置，碱金属与其他物质发生了反应。对于大多数应用来说，避免水蒸气的凝结，可排除该类危险的发生。对于燃煤锅炉来说，这种危险比较小，因为在煤灰中多数的碱金属是不溶的；对于燃油锅炉，中毒的危险较大，主要是由于水溶性碱金属含量高；特别对于燃用生物质燃料的锅炉，如燃用麦秆或木材等，碱金属中毒是非常严重的，因为能够观察到这些燃料中水溶性 K 含量很高。

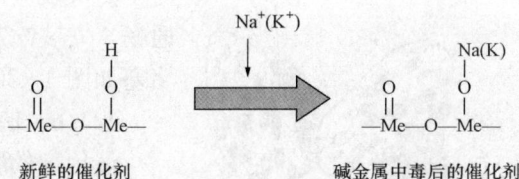

图 4-17　催化剂碱金属中毒

4.3.3　砷中毒

砷（As）中毒主要是由烟气中的气态 As_2O_3 引起的。As_2O_3 扩散进入催化剂表面及堆积在催化剂小孔中，然后在催化剂的活性位置与其他物质发生反应，如图 4-18 所示，引起催化剂活性降低。在干法排渣锅炉中，催化剂砷中毒不严重；在液态排渣锅炉中，由于静电除尘器后的飞灰再循环引起砷中毒，是一个严重的问题。对于其他类型的锅炉，砷中毒主要考虑由于其他因素造成催化剂的钝化。

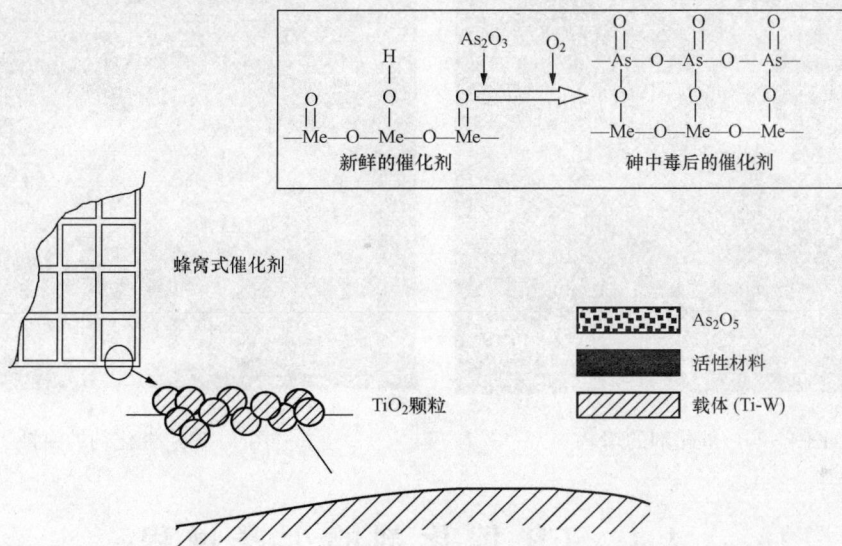

图 4-18　砷在催化剂表面的堆积

一个系统性的应对措施是使用燃料添加剂。如前所述，带 100％飞灰再循环的液态排渣炉是最容易引起砷中毒导致催化剂劣化的工况。为了处理旋风炉及液态排渣炉中的高含量砷化物 As_2O_3，燃料中可以添加石灰石。

4.3.4　碱土金属（Ca）

飞灰中自由的 CaO 和 SO_3 反应后，会吸附在催化剂表面，形成了 $CaSO_4$（如图 4-19 所示），催化剂表面被 $CaSO_4$ 包围，会阻止反应物向催化剂表面扩散及进入催化剂内部。

4.3.5　催化剂的堵塞

催化剂的堵塞主要是由于铵盐及飞灰的小颗粒沉积在催化剂小孔中，阻碍 NO_x、NH_3、O_2 到达催化剂活性表面，引起催化剂钝化。可以通过调节气流分布，选择合理的催化剂间距和单元空间，并使 SCR 反应器进入温度维持在铵盐沉积温度之上，来降低催化剂堵塞。

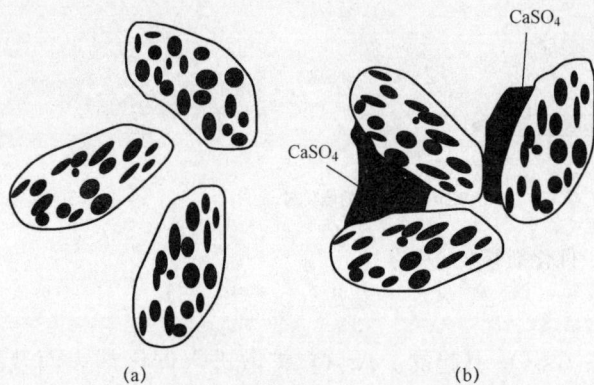

图 4 - 19　CaO 降低催化剂活性机理
（a）新鲜的催化剂；（b）钙中毒后的催化剂

对于高灰段应用，为了确保催化剂通道通畅，安装吹灰器是必要的。催化剂的堵塞如图 4 - 20 所示。

4.3.6　催化剂的腐蚀

催化剂的腐蚀主要是由于飞灰撞击在催化剂表面形成的，如图 4 - 21 所示。腐蚀强度与气流速度、飞灰特性、撞击角度及催化剂本身特性有关。通过采用耐腐蚀催化剂材料，提高边缘硬度，利用 CFD 流动模型优化气流分布，在垂直催化剂床层安装气流调节装置等措施，能够降低腐蚀。

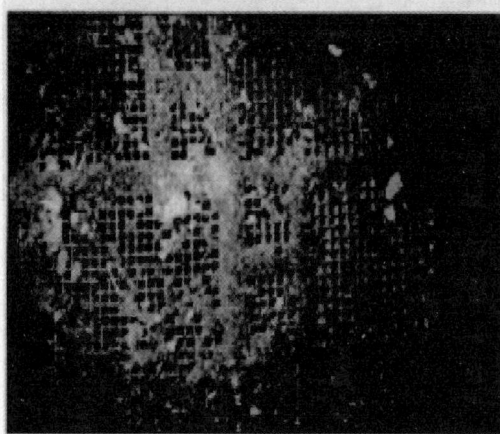

图 4 - 20　催化剂的堵塞

图 4 - 21　催化剂的腐蚀

4.4　SCR 催化剂的生产过程

4.4.1　蜂窝式催化剂的生产过程

SCR 蜂窝式催化剂的生产分为原料供应、捏合、挤压成型、干燥与煅烧、切割、装配及运输等主要的环节，如图 4 - 22 所示。

催化剂设计工程师在对每一个项目具体分析后，为该项目制定专门的设计方案，并安排生产。

一、原料的采购

SCR 催化剂的生产过程首先从采购原料开始。原料可以在全世界范围内进行采购，寻找合格的供应商，确保原料质量符合 ISO 9001 的标准，然后将符合标准的原材料进行称量和分量。原材料如图 4 - 23 所示。

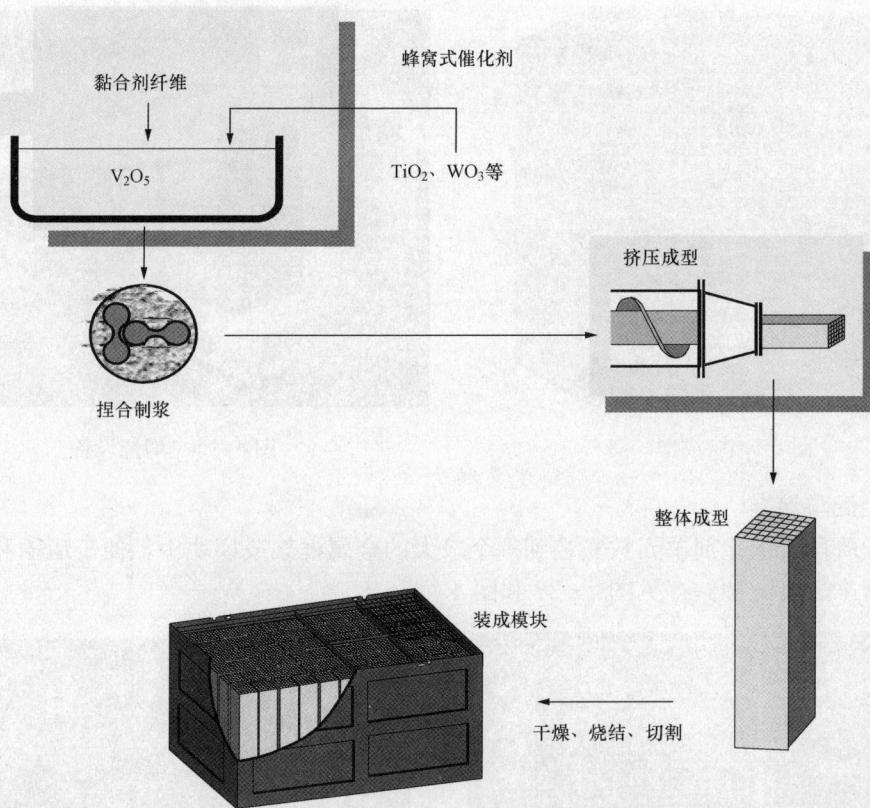

图 4-22　催化剂生产过程

二、捏合

原材料被完全混合至彻底均匀和一致，这种均匀性保证了催化物质被均匀地分散到催化剂中去。

三、挤压成型

通过特殊模具将如黏土特性的均匀混合物挤压成型，如图 4-24 所示。模具规格决定了催化剂的孔径和壁厚。被挤出的催化剂单元是一批潮湿的条状物质，挤出后再被转移到干燥系统中。

图 4-23　原材料

四、干燥与煅烧

潮湿的催化剂单元在一个密闭的湿热空气干燥系统中进行干燥处理，再经过煅烧的热处理过程使催化单元保持一定的催化活性，并使原材料加工成强韧的陶瓷品。煅烧设备如图 4-25 所示。

五、切割

根据各项目的具体要求，催化剂被切割成不同的长度规格，通过修整末端使其外观整齐一致。

图 4-24 成型

图 4-25 煅烧设备

六、装配与储存

在装配阶段，催化剂单元被安装到一个较大的金属框架或模块中，便于运输和安装，并暂时储存起来。装配和储存见图 4-26 和图 4-27。

图 4-26 装配

图 4-27 储存

七、运输

最后生产好的催化剂经过出厂前的再次质量检验，运输到具体的工程项目工地进行安装，见图 4-28。

图 4-28 运输

4.4.2 板式催化剂及波纹式催化剂的生产过程

板式催化剂与蜂窝式催化剂在 SCR 工程中的功能一样，生产过程也相似。蜂窝式催化剂是承载材料与活性成分混合挤压成型，板式催化剂则是活性材料位于承载材料上。

另外，丹麦托普索公司（TOPSOE）的 DNX 型催化剂也是一种波纹状的 SCR 催化剂，在工程中有一定的应用业绩。

TOPSOE 催化剂的生产工艺包括如下主要步骤:

（1）陶瓷载体的生成。

（2）SCR 活性成分的浸渗。

（3）催化剂单元嵌入碳钢外壳。

（4）模块组装。

图 4-29 所示为 TOPSOE SCR 催化剂的生产工艺流程,每个生产步骤都包括了控制中间产品质量的分析和监测。

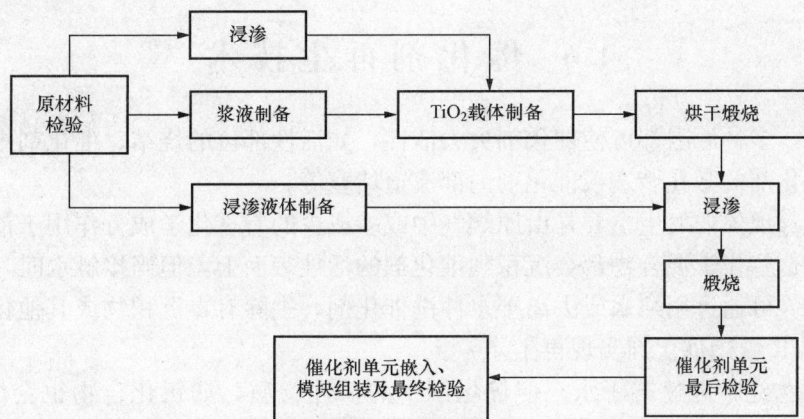

图 4-29　TOPSOE SCR 催化剂的生产工艺流程

4.4.3　用于 SCR 工艺的催化剂应满足的条件

催化剂性能的好坏,是关系到脱硝装置能否达到设计要求的关键因素之一。一般来说,高质量的 SCR 催化剂应满足以下条件:

（1）在较低的温度和较宽的温度范围,具有较高的活性。

（2）较高的选择性,即较低的 SO_2/SO_3 转化率。

（3）具有抗 SO_2、卤素氢化物（HCl、HF）、碱金属（Na_2O、K_2O）、重金属（As）等特性。

（4）在较大的温度波动范围内,具有良好的热稳定性。

（5）机械稳定性好,耐冲刷磨损。

（6）压力损失低。

（7）使用寿命较长。

（8）废物易于回收利用。

（9）成本较低。

4.5　催化剂检修与维护

根据国外运行机组及工程公司的经验,催化剂的维护的主要工作有以下方面:

（1）在可使用吹灰器的地方,停机之前必须立即清洁催化剂。在不能使用吹灰器的地方,如在燃气/蒸馏系统中,采用真空吸尘器清除所有堆积的灰尘、疏松的绝缘材料或铁锈鳞壳。

（2）在反应器低于最低操作温度之前，关闭氨喷射。应通过上游热电偶测量温度，以确保所有催化剂在冷却周期内温度都高于最低温度。

（3）采取措施防止催化剂暴露于锅炉洗涤水、雨水或其他湿气。不得用水清洗催化剂。

（4）停用期间，应检查催化剂，看是否具有腐蚀和堵塞。

年度（或预定的）催化剂评估提供了关于系统潜在性能和催化剂状况的有价值信息。试验结果应确保催化剂正按所期望的情况执行功能。如果出现不寻常的高速减活率，调查可以确定原因和防止过早更换。也可评估催化剂寿命以利于制订有效的催化剂更换计划。

4.6 催化剂再生技术

前文已述，多种原因都可使催化剂失去活性，如活性部位的烧结、催化剂中毒、活性部位的减损、催化剂的微孔堵塞或催化剂内部流道堵塞等。

催化剂中毒现象的发生主要是由原烟气中或多或少的有害化学成分作用于催化剂的活性成分造成的。这些化学混合物都会沉积到催化剂的活性表面上，但当接触水时，这些物质一般会溶于水中。可通过用纯水或去离子水冲洗催化剂，去除有毒沉积物或其他化学物质，使失去活性的SCR脱硝催化剂实现再生。

尽管沉积物经常能速溶于水，但催化剂中的活性物质，如钒化合物也会溶解于水中，所以使用水冲洗也会废弃一部分催化剂。由于冲洗造成催化剂损失了活性物质，就需要将催化剂在钒化合物溶液中浸泡补充活性，以部分恢复原来的活性。因此，再生意味着除了清洗外，还要对催化剂添加催化活性材料，但必须注意不得造成SO_2/SO_3转化率增加过高。

此外，烟气中的粉尘会还会带来另一个难题。较大的飞灰颗粒会聚集在催化剂烟气通道的入口及密封处，如果大颗粒飞灰出现聚集，普通的飞灰最终也可能会堵塞烟气通道，从而导致催化剂的吹灰器吹扫失效。同时，细小的飞灰可能沉积在催化剂孔的内表面，以及全部内部孔的密封系统上，从而导致催化剂失效。

对载满灰的SCR脱硝催化剂，简单冲洗并非最有效的清洗手段。最显而易见的原因是灰颗粒很难从催化剂通道中冲洗出来，在孔隙口的细小颗粒由于固液表面的滞留作用会紧紧贴覆。因此灰尘的去除经常需要如超声波等扰动方式来使颗粒悬浮在壁面和通道中。先进的清洗手段是采用将催化剂完全浸入使用了超声波振荡的液体中的方法来去除积灰。

对催化剂的简单清洗可以在反应器内完成。而完全的清洗则需要将催化剂完全移出反应器，并放置在电厂合适的位置或送至指定的处理场地（如专业催化剂再生公司）才能完成。图4-30所示为一种现场再生车装置。

图4-30 现场再生车装置

　　具体的再生过程，首先，要取样化验催化剂活性降低是物理原因还是化学原因，确定催化剂再生的可行性及方法，制定清洗的时间和再生过程中需要添加的药品。然后，清洗催化剂上的粉尘，根据具体情况可用高压水清洗，并在水中充入空气，使其产生漩涡或气泡对蜂巢内部进行深入清洗。同时在水中添加化学药剂，随气泡能更好地附在孔内。对于失活不严重的情况，可以采用现场再生，即在 SCR 反应器内进行清灰，清除硫酸氢铵和较易清除的物质。这种方法简便易行，费用低，但只能恢复很少的活性。也可把催化剂模块从 SCR 反应塔中拆除，放进专用的振动设备中，清除大部分堵塞物，如硫酸氢铵和其他可溶性物质及爆米花灰。在振动设备中将采用专用的化学清洗剂，产生的废水成分和空气预热器清洗水相似，可以排入电厂废水处理系统。对于深度失去活性的催化剂，可运送到专业的催化剂再生公司进行再生。

　　蜂窝式和板式催化剂都可以进行再生，一般再生时间是 2～3 周，可在电厂进行现场清洗。催化剂再生花费的成本相当高昂，如要进行再生，需要专门的公司来完成。

　　催化剂再生可使催化剂恢复一定的活性，然而经过再生之后，催化剂的寿命会有所降低，同时也需要提供新的催化剂层来满足脱硝效率的要求。

　　欧洲及美国的一些厂家提供专门的催化剂再生处理方案，如丹麦的 KK Kommunekeni 公司等，其处理工艺见图 4-31。

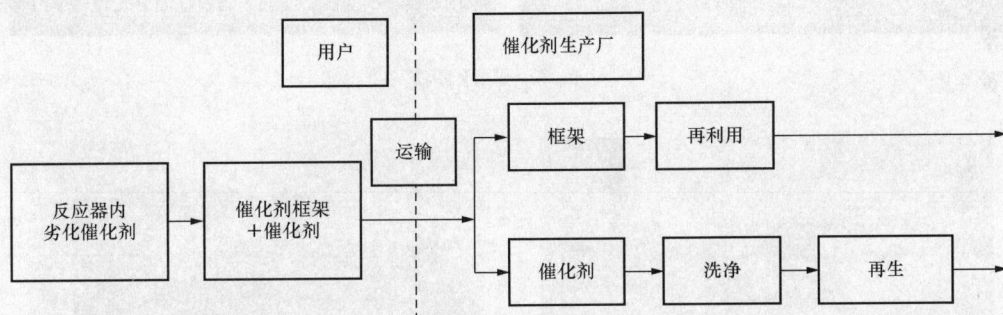

图 4-31　催化剂再生工艺

　　再生前对催化剂模块的测试、机械清洁、振动清洁、高压冲洗、化学处理及干燥过程如图 4-32～图 4-37 所示。清洁前及清洁后的催化剂比较如图 4-38 和图 4-39 所示。

图 4-32　再生前对催化剂模块进行测试

图 4-33　机械清洁

图 4 - 34 模块振动清洁

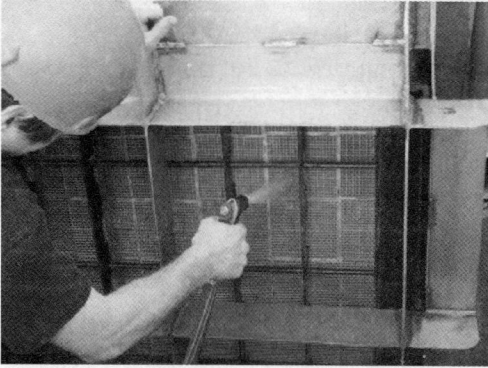

图 4 - 35 高压冲洗

图 4 - 36 化学处理

图 4 - 37 干燥过程

再生前

再生后

图 4 - 38 板式催化剂再生前后比较

图 4-39　蜂窝催化剂再生前后比较

4.7　失效催化剂的处理

由于失活催化剂的再生成本非常昂贵，因此出于经济及其他方面的考虑，对废旧催化剂进行处理或利用也是一项重要的工作。

4.7.1　蜂窝式催化剂处理

在国外，例如美国的一些州，由于失效的催化剂含有危险成分（包括 V_2O_5），催化剂必须在获得许可的危险废物填埋处理厂进行处理。失效的催化剂可以返还给催化剂销售商，由其负责处理。返还和处理手续及费用在销售时或洽谈更换催化剂的合同条款时进行协商。在韩国，一些用户自己负责保管失效催化剂，定期到获得许可的危险废物填埋处理厂进行处理。

废催化剂可能的再利用方法包括用作水泥原料、混凝土或其他筑路材料的混凝料，从中回收金属，再生等。催化剂销售商和用户之间协议的普遍规则是要求销售商承担失效催化剂的所有权和处理责任。

如果允许，在施用 CaO 对金属钒处置后，失效的催化剂可以作为填料物料处置。钒和烟气中许多其他吸附到催化剂表面的物质都是易溶于水的，因此必须对这些物质进行包裹处置。

另一个有效的处置方法是将这些催化剂研磨后与燃煤混合，喂入燃煤电厂锅炉进行燃烧。经热解后的催化剂材料与粉煤灰一起进行处置。经研磨的催化剂材料也可用作水泥或制砖行业。

另外，很多危险固废焚烧厂也可以处理废催化剂。

4.7.2　板式催化剂处理

根据日本经验，主要采用以下两种方法处理板式催化剂。

（1）废催化剂经破碎，密封入混凝土中，由专业固废处理公司在填埋场处理。

（2）催化剂作为钢材回收。由于催化剂材料包含钢材和一些催化剂元素（Ti、Mo、V

65

等），使用过的催化剂由钢厂作为铁屑回收是可能的。

其中第二种方法从经济性和环保角度看更为普及，如图 4 - 40 所示。

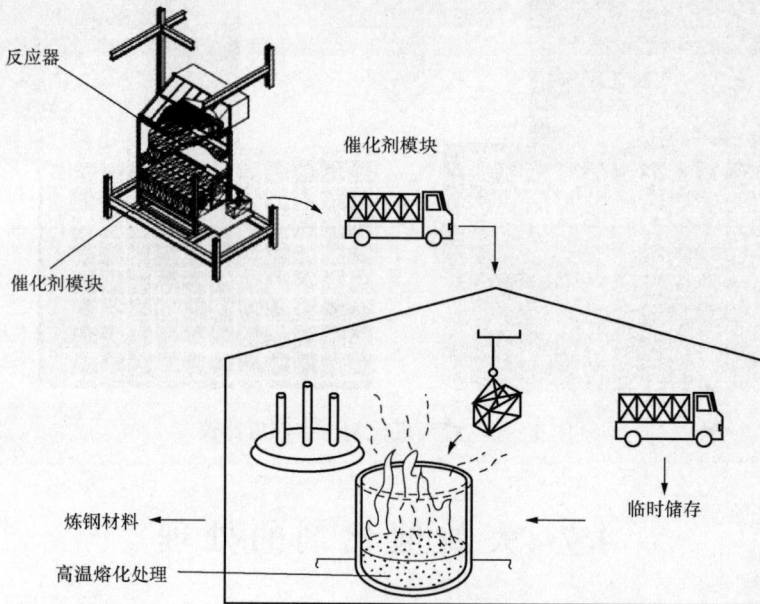

图 4 - 40　板式催化剂处理

4.8　催 化 剂 管 理

经过一段时间使用后，催化剂活性会降低或失去活性。有许多迹象可说明催化剂活性降低，如脱硝效率降低，氨逃逸量增大，SO_2/SO_3 转化率升高，积灰严重等。

测量催化剂活性损失的方法很多。一种常用的方法是根据催化剂的表面积和试验台上的烟气流速，测量 NO_x 的还原速度，计算催化剂的活性常数；再通过比较试验催化剂与新鲜催化剂的活性计算活性损失。

在保证脱硝率及氨逃逸等性能指标要求的条件下，催化剂的最小相对活性（实际活性/初始活性 K/K_0）通常设计为 65%～80%。

SCR 催化剂活性是多层催化剂活性之和。在实际工程中，采用多层及一个备用层催化剂，可以延长催化剂的使用时间。首先增加一个备用层，然后各层逐个更换，可提高催化剂利用率。一种典型的 "3＋1" SCR 催化剂管理方案及管理计划如图 4 - 41 和图 4 - 42 所示。

催化剂管理主要是指用系统化的方法合理运行催化剂，并预测催化剂何时需要加装备用层、替换或再生。这种管理基于对催化剂劣化速率的认识和系统性能要求的理解基础之上。正确有效的催化剂管理应该是一个长期的最佳运行计划，应基于对项目计划的把握，对将来环保法规的准确预测和可行的控制技术。催化剂的管理战略需要评估一系列因素，包括锅炉/SCR 系统的运行、电厂或地区的污染物减排战略、燃料管理、SO_3 的排放水平限制、汞的氧化、投资预算等，通过对这些因素的综合评估和考虑，做出最优化

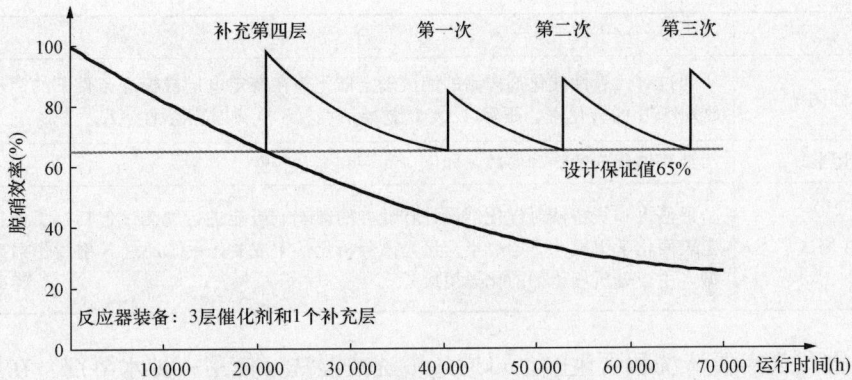

图 4-41　典型的"3+1"SCR 催化剂管理方案

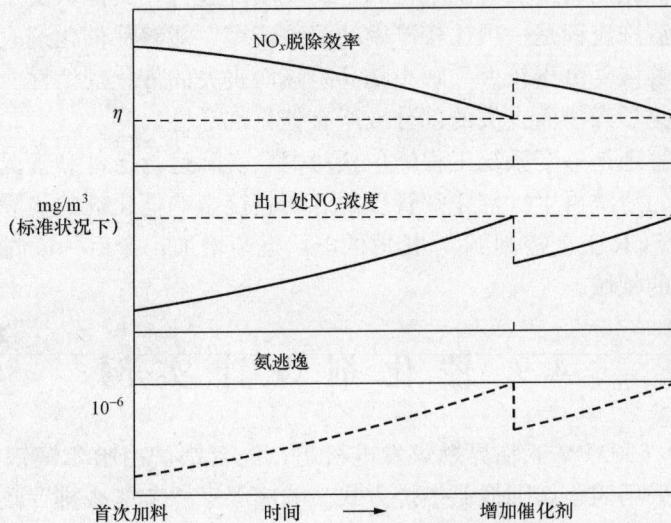

图 4-42　"3+1"SCR 催化剂管理计划

的管理方案。

　　电厂运行因素（如燃料特性和燃烧方式、结渣特性、锅炉运行方式等因素），运行条件（如烟气流量、入口 NO_x 浓度、温度、氧量和水蒸气等的影响），系统因素（如流场分布不均、温度分布偏差、氨氮比不均和催化剂的堵塞等）等任何因素和初始条件发生变化，都会改变催化剂的寿命。

　　SCR 装置投入运行后，电厂运行的实际工况很难与设计值完全吻合，如煤质发生变化，燃烧方式的调整等都会影响到催化剂的活性与使用寿命。为了跟踪检测催化剂的活性，分析实际情况下催化剂劣化的原因和优化催化剂的管理，定期检查和优化催化剂运行，对催化剂进行分析和检测是最为直接和准确的方法。表 4-2 所示为催化剂活性检测的几个主要指标。

表 4-2 催化剂活性的检测

测 试	分 析 目 的
催化剂活性测试	通过对代表性催化剂样品的测试确定催化剂在特定电厂或标准条件下的活性。测试包括 SO_2/SO_3 的转化率、压降（Δp）、初始活性（K_0）和实际活性（K）
物理特性测试	计算催化剂的物理参数，如反应面积和多孔特性
化学特性测试	评估煤和灰特性对催化剂设计和性能的影响，可能进行的测试包括：①通过电镜扫描确定表面化学组成；②通过半定量光谱分析化学组成变化；③通过 X 射线衍射确定催化剂晶型，用于分析催化剂的化学组成

　　检测出催化剂需要清洗和再生时，可通过干洗或湿洗（使用一种水溶剂）在原地、现场和非现场操作。干法清洗方法通常以真空吸尘与空气切割相结合，以去除反应器中的灰分。在气体应用中，这可能包括去除绝缘材料碎屑及/或锈垢。如模块中存在飞灰积累，干法清洗通常非常有效。催化剂的干法清洗可在原地或现场外进行，具体取决于现场的物流供应和停机等因素。湿法清洗流程是一项比较严密的清洗流程，能够从催化剂表面上去除大多数化学品积累，一般能够恢复由于较大和细小物品阻隔而丧失的催化剂活性。此外，湿法清洗流程可用于恢复由于化学毒物而丧失的部分或所有催化剂活性。

　　总之，催化剂管理是一个系统工程，包括对电厂实际运行条件和工况的考虑，催化剂的检测，以及催化剂的清洗再生。催化剂管理的好坏直接影响催化剂的实际使用寿命。可以预见，随着我国采用 SCR 工艺控制 NO_x 排放的电厂逐渐增加，今后一段时间内，催化剂的管理将成为备受关注的领域。

4.9 催化剂设计实例

　　某电厂装备 $2\times600MW$ 亚临界燃煤发电机组，配套锅炉由哈尔滨锅炉厂设计制造，锅炉设计燃用烟煤，采用四角切圆低氮燃烧方式。响应国家"节能减排"政策号召，该电厂计划对现有 2 台锅炉进行 SCR 脱硝改造，工程采取 EP 模式。由西安热工研究院有限公司为 1 号锅炉提供催化剂供货。

4.9.1 机组概况

一、锅炉概述

　　该期工程装设 2 台 600MW 亚临界参数燃煤空冷发电机组，锅炉为哈尔滨锅炉厂设计制造的 HG-2070/17.5-YM9 型锅炉，最大连续蒸发量为 2070t/h，强制循环汽包炉，单炉膛，一次再热，平衡通风，固态排渣，锅炉露天布置，为全钢架悬吊结构。锅炉采用四角切圆布置的低氮燃烧器，并配有等离子点火系统。锅炉的主要性能参数见表 4-3。

表 4-3 锅炉性能参数

锅炉性能参数	BMCR	BRL	75%THA 定压	40%THA 压滑	切高压加热器	校核 BMCR
蒸汽/给水流量（t/h）						
过热器出口	2070.0	2017.1	136.5	727.6	1653.0	2070.0

续表

锅炉性能参数	BMCR	BRL	75%THA 定压	40%THA 压滑	切高压 加热器	校核 BMCR
再热器出口	1768.1	1716.5	1194.2	654.4	1639.2	1768.1
过热器一级减温喷水	0	1.7	75.9	53.3	95.9	0
过热器一级减温喷水	0	0.6	37.9	26.7	47.8	0
再热器减温喷水	0	0	0	0	0	0
蒸汽/给水压力（MPa）						
过热器出口	17.5	17.45	16.97	7.42	17.16	17.5
过热器压损	1.50					
再热器入口	4.041	3.913	2.719	1.462	3.844	4.041
再热器压损	0.18					
汽包工作压力	19.0					
省煤器入口	19.49	19.29	18.01	7.93	18.52	19.49
省煤器压损	0.49					
蒸汽/给水温度（℃）						
过热器出口	541	541	541	541	541	541
再热器入口	334.4	331	302.1	327.2	334.7	334.4
再热器出口	541	541	541	541	541	541
省煤器入口	385	385	395	384	397	386
省煤器出口	305	304	290	259	240	305
空气流量（t/h）						
空气预热器进口一次风	451.2	448.0	365.0	281.6	495.5	503.9
空气预热器进口二次风	1692.7	1651.6	1406.2	710.7	1615.9	1718.1
空气预热器出口一次风	362.7	357.2	275.2	188.2	405.2	414.5
空气预热器出口二次风	1671.3	1630.3	1385.8	693.9	1594.6	1697.2
每台磨煤机密封风	5.4	5.4	5.4	5.4	5.4	5.4
每台磨煤机入口	94.03	93.20	89.46	80.60	91.91	74.16
烟气流量（t/h）						
炉内	2536.3	2469.0	2033.8	1088.8	2386.2	2547.7
空气预热器出口	2646.1	2581	2144	1199	2497.8	2657.9
空气温度（℃）						
送风机入口	20	20	20	20	20	20
空气预热器入口一次风	26	26	26	26	26	26
空气预热器入口二次风	23	23	26.7	42.8	30.6	23
空气预热器出口一次风	319	319	307	271	279	315
空气预热器出口二次风	333	332	316	275	293	332
磨煤机入口	253.9	252.2	243.3	217.8	250	292.8

续表

锅炉性能参数	BMCR	BRL	75%THA 定压	40%THA 压滑	切高压 加热器	校核 BMCR
烟气温度（℃）						
分隔屏过热器入口	1128	1122	1049	915	1098	1129
水平低温过热器出口	448	447	433	372	445	449
省煤器入口	448	447	433	372	445	449
省煤器出口	365	362	341	286	317	365
空气预热器出口（未校正）	125	125	114	102	111	121
空气预热器出口（校正后）	121	121	110	95	108	117
烟气速度（m/s）						
过热器后屏	9.1	8.8	6.9	3.3	8.4	9.1
再热器前屏	9.7	9.4	7.4	3.5	9.0	9.8
末级再热器	11.0	10.7	8.4	4.0	10.2	11.1
末级过热器	11.4	11.1	8.7	4.3	10.6	11.5
立式低温过热器	11.5	11.1	9.3	4.6	10.8	11.6
水平低温过热器	11.0	10.7	9.2	4.5	10.5	11.0
省煤器	9.0	8.7	7.1	3.5	8.3	9.1
压损 BMCR（kPa）						
空气预热器一次风部分	0.54					
空气预热器二次风部分	0.909					
燃烧器一次风侧阻力	0.637					
燃烧器二次风侧阻力	0.996					
烟道压损 BMCR（kPa）						
炉膛出口	0.037					
后屏过热器至省煤器出口	0.562					
转向室	0.062					
省煤器出口至预热器进口	0.042					
空气预热器压损	1.06					
空气预热器出口烟道	0.060					
烟道自生通风	0.342					
总阻力	2.165					
耗煤量	264.7	257.8	187.0	106.2	249.1	269.1
锅炉热损失（%）						
干烟气损失	4.10	4.07	4.09	3.08	3.35	3.92
燃料中水分损失	1.34	1.34	1.33	1.31	1.32	1.63
氢燃烧损失	3.71	3.71	3.68	3.63	3.66	3.65
空气中水分损失	0.08	0.08	0.08	0.06	0.07	0.08

续表

锅炉性能参数	BMCR	BRL	75%THA 定压	40%THA 压滑	切高压 加热器	校核 BMCR
未燃尽碳损失	0.8	0.8	1.0	1.3	0.8	0.8
辐射损失	0.18	0.18	0.25	0.42	0.18	0.17
未计及损失	0.3	0.3	0.3	0.3	0.3	0.3
总热损失	10.51	10.48	10.73	10.10	9.68	10.55
锅炉热效率（高位发热量）	89.49	89.52	89.27	89.90	90.32	89.45
锅炉热效率（低位发热量）	94.07	94.10	93.84	94.50	94.95	94.02
锅炉热负荷 BMCR						
锅炉截面热负荷（W/m^2）			4 903 000			
锅炉容积热负荷（W/m^2）			86 590			
有效辐射面热负荷（W/m^2）			172 000			
燃烧器区域热负荷（W/m^2）			167 600			

二、燃煤特性

（1）煤质资料。煤质特性如表 4-4 所示。

表 4-4　　　　　　　　燃　煤　特　性

序号	项　目	符号	单位	设计煤种	校核煤种	试验煤种
1	全水分	M_t	%	11.4	13.7	10.3
2	空气干燥基水分	M_{ad}	%	2.17	1.95	3.69
3	收到基灰分	A_{ar}	%	18.31	16.31	21.72
4	干燥无灰基挥发分	V_{daf}	%	36.87	35.52	36.05
5	收到基碳	C_{ar}	%	57.15	56.25	55.55
6	收到基氢	H_{ar}	%	3.55	3.45	3.48
7	收到基氧	O_{ar}	%	8.22	8.31	7.50
8	收到基氮	N_{ar}	%	0.64	0.58	0.64
9	收到基全硫	$S_{t,ar}$	%	0.73	1.4	0.81
10	收到基低位发热量	$Q_{net,ar}$	MJ/kg	21.42	21.02	21.08
11	变形温度	DT	℃	1240	1270	
12	软化温度	ST	℃	1280	1330	
13	半球温度	HT	℃	1290	1360	
14	流动温度	FT	℃	1360	1390	
15	哈氏可磨指数	HGI		62	59	
16	二氧化硅	SiO_2	%	51.19	50.98	57.15
17	三氧化二铝	Al_2O_3	%	25.66	25.92	20.00
18	二氧化钛	TiO_2	%	1.08	0.92	1.01
19	三氧化二铁	Fe_2O_3	%	6.36	6.72	5.86

序号	项　目	符号	单位	设计煤种	校核煤种	试验煤种
20	氧化钙	CaO	%	7.84	8.20	9.53
21	氧化镁	MgO	%	1.89	0.98	0.65
22	氧化钾	K_2O	%	1.19	1.03	1.50
23	氧化钠	Na_2O	%	0.36	0.30	0.58
24	三氧化硫	SO_3	%	2.04	2.00	2.82
25	二氧化锰	MnO_2	%	1.89	0.98	0.025
26	煤的冲刷磨损指数	Ke		3.8	4.33	
27	煤中氟	F_{ar}	$\mu g/g$			137
28	煤中氯	Cl_{ar}	%			0.032
29	煤中砷	As_{ar}	%			0.0008
30	煤中镉	Cd_{ar}	$\mu g/g$			<1
31	煤中铬	Cr_{ar}	$\mu g/g$			2
32	煤中铅	Pb_{ar}	$\mu g/g$			2
33	煤中铜	Cu_{ar}	$\mu g/g$			3
34	煤中镍	Ni_{ar}	$\mu g/g$			1
35	煤中锌	Zn_{ar}	$\mu g/g$			4
36	煤中汞	Hg_{ar}	$\mu g/g$			0.19

(2) 飞灰粒度分布。飞灰平均粒径为 $51.35\mu m$，峰值粒度出现在 $18.00\mu m$ 处。粒径小于 $33.01\mu m$ 的颗粒约占 54.6%，小于 $101.1\mu m$ 的约占 82.3%，总体来看飞灰粒度较细。

4.9.2　SCR 设计参数

该工程脱硝改造采用低氮燃烧＋SCR 方案，SCR 脱硝系统入口 NO_x 浓度按照 $300mg/m^3$（标准状态下）设计，并应充分考虑入口烟气参数的分布特性。省烟器出口烟气参数见表 4-5。

表 4-5　　　　　　　　　　省煤器出口烟气参数

项目	参数	单位	数值	备　注
烟气流量	湿烟气流量	m^3/h（标准状态下）	1 874 288	$3.5\%O_2$，锅炉 TRL 工况设计值（设计煤种）
烟气成分	烟气湿度	%	8.88	锅炉 TRL 工况设计值（设计煤种）
	O_2	%	3.19	
	CO_2	%	14.29	
	CO	%	0	
	N_2	%	73.64	
烟气温度		℃	362	锅炉 TRL 工况设计值（设计煤种）
		℃	353	600MW，设计煤种实测值
		℃	299	300MW，试验煤种实测值

续表

项目	参数	单位	数值	备　注
烟气中其他成分	飞灰浓度	g/m³（标准状态下）	33.8	6%O₂、标准状态、干基按照灰分最高 23.76% 计算（1号炉试验煤）
	NOₓ	mg/m³（标准状态下）	300	6%O₂、标准状态、干基 600MW，设计煤种
	SO₂	μL/L	1261	6%O₂、标准状态、干基、校核煤种 1.40%
	SO₃	μL/L	13	6%O₂、标准状态、干基、校核煤种 1.40%、1% 炉内转化率
	F	mg/m³（标准状态下）	17.38	6%O₂、标准状态、干基、试验煤种根据煤种痕量元素含量完全转化成气态估算烟气中浓度

4.9.3　催化剂技术参数及性能要求

一、SCR 工艺设计原则

（1）SCR 高灰段布置，脱硝反应器布置在锅炉省煤器和空气预热器之间；每台锅炉配 2 台 SCR 反应器，烟气从上往下垂直流过反应器。

（2）不设反应器烟气旁路，设置省煤器旁路。

（3）脱硝反应还原剂为尿素。

（4）催化剂采用蜂窝式，按照"2+1"模式布置，每层布置不少于 70 个模块。

（5）反应器安装声波吹灰器和半伸缩耙式蒸汽吹灰器。

（6）脱硝设备年利用小时按 5000h 考虑，投运时间按 7500h 考虑。

（7）脱硝装置设计寿命为 30 年，可用率不小于 98%。

（8）催化剂的单元长度不宜大于 1300mm。

（9）蜂窝式催化剂模块数采用 70 个（10×7）。

（10）蜂窝式催化剂前段硬化长度不小于 20mm。

（11）催化剂化学性能。催化剂（24 000h）反应活性 K_0 应不低于 35m/h；SO₂/SO₃ 转化率（24 000h）应小于 1%；氨逃逸应不高于 $3×10^{-6}$（标准状态，干基，过量空气系数 1.4）。

（12）催化剂抗压强度。催化剂轴向抗压强度不应小于 2.0MPa；径向抗压强度不应小于 0.7MPa。

（13）未硬化催化剂的磨损率不应大于 0.15%/kg，硬化催化剂磨损率不应大于 0.08%/kg。

（14）每个 SCR 反应器具有可抽取测试块的模块数量至少占总模块数的 10%，而且具有可抽取测试块的模块应均匀分布在每层催化剂层。

二、运行要求

（1）运行适应性。为与锅炉的运行模式相协调，催化剂必须能满足机组启动方式上的快速投入与停止，在负荷调整时有良好的适应特性。

1）SCR 装置能在锅炉 40%～100%BMCR 负荷，且烟气温度在 300～420℃ 条件下持续、安全地运行，并确保净烟气中的 NOₓ 含量符合设计要求。

2）SCR 装置应能适应锅炉的负荷变动，包括负荷变化速度和最小负荷。

3）卖方提供的催化剂要求的最低喷氨温度不能高于 295℃，最高停运温度不能低于 420℃，并且能满足在最高烟气温度为 450℃、不少于连续 5h 的冲击，催化剂性能不受损伤的要求。

（2）负荷要求。机组年平均利用约 5000h，要求催化剂年运行不少于 7500h。催化剂应与机组运行方式相匹配，能满足下述锅炉负荷波动，且应处于稳定的运行状态。

1）阶跃负荷变化。负荷小于 50%BMCR 时，为 5%BMCR/min；负荷大于或等于 50%BMCR 时，为 10%BMCR/min。

2）负荷等变率。70%～100%负荷范围内上升速度为 5%BMCR/min，50%～70%负荷范围内上升速度为 3%BMCR/min，小于 50%负荷范围内上升速度为大于或等于 2%BMCR/min。

对于快速启动、冷态启动、温态启动、热态启动，以及极热态启动等状态，卖方应提供各种运行方式变化的说明。

三、性能指标保证

（1）质保期。该项目催化剂质保期为 3 年（24 000 小时）。

（2）脱硝效率。初装 2 层催化剂时，在锅炉正常负荷范围内，SCR 入口 NO_x 浓度为 300mg/m³，性能考核试验时的脱硝效率不低于 72%。在催化剂质量保证期期满之前，脱硝效率不低于 67%，且 NO_x 排放浓度不超过 100mg/m³（标准状态）。

在保证脱硝效率的同时，必须同时保证氨逃逸、SO_2/SO_3 转化率及催化剂阻力等均达到性能保证指标。

（3）氨逃逸。在锅炉正常负荷范围内，脱硝装置出口烟气中的氨的浓度不大于 3×10^{-6}（标准状态，干基，过量空气系数为 1.4）。

（4）SO_2/SO_3 转化率。在锅炉正常负荷范围内（BMCR 工况、设计煤种和校核煤种）和性能保证时间内，SO_2/SO_3 转化率小于 1.0%。

（5）催化剂阻力。在性能考核试验时（在催化剂质量保证期 24 000h 期满之前），单层催化剂阻力不大于 150Pa。化学寿命期内，对于 SCR 反应器内的每一层催化剂，压力损失保证增幅不得超过 20%，且单层催化剂初始阻力不大于 120Pa。

在保证脱硝效率的同时，氨逃逸、SO_2/SO_3 转化率及系统阻力等均必须同时保证达到性能保证指标。

（6）催化剂寿命保证。催化剂的寿命应按不小于 10 年考虑；催化剂化学寿命一般按不小于 3 年（24 000h）考虑；催化剂在化学寿命内应能有效保证系统脱硝效率及各项技术指标。

（7）催化剂可用率。催化剂的可用率在正式移交后的一年中大于 98%。

4.9.4　催化剂设计结果

一、设计基本条件

（1）遵照 4.10.3 部分所述的 SCR 设计参数。

（2）反应器第一层催化剂入口烟气参数均匀性的要求为相对偏差不大于下述值。

1）速度最大偏差为平均值的±15%。

2）温度最大偏差为平均值的±10℃。

3）氨氮摩尔比的最大偏差为平均值的±5%。

4）烟气入射催化剂角度（与垂直方向的夹角）为±10°。

二、催化剂的物理化学特性

催化剂采用蜂窝型，应整体成型，节距不小于 8.2mm，壁厚不小于 1.0mm。

三、催化剂的主要性能

（1）催化剂能在锅炉任何正常的负荷下运行。为减少锅炉运行对催化剂的影响，卖方对锅炉操作程序提出要求。

（2）催化剂能满足烟气温度不高于 420℃ 的情况下长期运行，同时应能承受运行温度 450℃ 不少于连续 5h 的考验，而不产生任何损坏。

（3）在达到技术文件保证的脱硝效率及其他性能保证指标的同时，能有效防止锅炉飞灰在催化剂中发生粘污、堵塞及中毒现象发生，并采取措施保证催化剂在设计声波吹灰（压缩空气压力为 0.7MPa，声功率级为 160dB 以上）和蒸汽吹灰（1.0MPa、350℃）条件下不破碎损坏。

（4）催化剂设计须考虑燃料中含有的任何微量元素可能导致的催化剂中毒和"高硫"和"高飞灰"对 SCR 催化剂活性的影响。

（5）在催化剂化学寿命期内，催化剂体积、尺寸满足性能保证中关于脱硝效率和的逃逸浓度等的要求，原料配方能满足 SO_2/SO_3 转化率的要求。

（6）催化剂化学寿命大于 24 000 运行小时，机械寿命不低于 10 年，并可再生利用，还应有防止碎裂的措施。

（7）对顶层催化剂的上端部采取耐磨措施。

四、催化剂模块设计

（1）催化剂应采用模块化、标准化设计，具有互换性。

（2）催化剂模块必须设计有效防止烟气短路的密封系统（金属密封＋软密封），密封装置的寿命不低于催化剂的机械寿命。

（3）模块应采用碳钢结构框架，要求焊接、密封完好，且便于运输、安装、起吊。

（4）每层催化剂层都应安装可拆卸测试块，每 7 个模块至少应有 1 个测试块，均匀布置。卖方为每层催化剂/每台炉另提供 2 个备用测试块。

五、催化剂的主要技术数据

根据项目特点，针对脱硝效率、运行温度范围、催化剂活性及寿命、催化剂堵灰、NH_3 逃逸及 SO_2/SO_3 转化率等问题，通过进行分析、设计、计算和校核工作，以确保脱硝系统达到性能保证指标，并将对空气预热器的影响降到最小，确保锅炉正常运行。催化剂设计选型结果见表 4-6 和表 4-7。

表 4-6　　　　　　　　　　　催化剂技术数据

催化剂指标		单位	催化剂参数	备注
催化剂几何尺寸及质量	催化剂元件			
	元件尺寸	mm	150×150×760	
	节距	mm	8.2	
	壁厚	mm	1.0	
	外壁厚	mm	1.5	
	元件高度	mm	760	
	元件有效脱硝表面积	m^2	7.19	

续表

催 化 剂 指 标			单位	催化剂参数	备注
催化剂几何尺寸及质量	催化剂元件	元件体积	m³	0.0171	
		催化剂比表面积	m²/m³	414.7	
		元件质量	kg	9.11	
		催化剂体积密度	kg/m³	532	
	催化剂模块	模块尺寸（长×宽×高）	mm×mm×mm	1910×970×980	
		模块内催化剂元件数量	个	72	
		每个模块催化剂表面积	m²	517	
		模块内催化剂体积	m³	1.23	
		每个模块催化剂净质量	kg	655	
		每个模块的总质量	kg	1029	
	催化剂层	每层催化剂模块数	个	70	
		烟气流通催化剂面积	m²	36 239	
		催化剂通道内的烟气流速	m/s	7.05	
	SCR 反应器	催化剂层数	层	2 层初装，1 层备用	
单个 SCR 反应器结构体催化剂总数		催化剂总比表面积	m²	72 478	
		催化剂总体积	m³	172.4	
		催化剂净重量	kg	91 812	
该项目催化剂总数（一台炉）		催化剂总体积	m³	344.8	
		催化剂净质量	kg	183 624	
催化剂化学指标	催化剂主要成分	催化剂中 TiO_2 含量	%	80±5	
		催化剂中 V_2O_5 含量	%	1±0.5	
		催化剂中 WO_3 含量	%	4.5～5	
		催化剂中 MoO_3 含量	%		
	催化剂活性指标	催化剂初装活性 K_0	m/h	42	
		24 000h 活性 K_e	m/h	28	
催化剂物理指标	使用温度	设计使用温度	℃	295～420	
		允许最高使用温度范围	℃	420	
		允许最低使用温度范围	℃	295	
	其他	热容量	J/kg℃	800	
		耐压强度	MPa	2.0/0.7	
		耐磨强度（质量损失方式）	%/kg	≤0.08	
催化剂测试块		元件尺寸（长×宽×高）	mm	150×150×760	
		数量（每层）	个	12（10 用 2 备）	

续表

催化剂指标		单位	催化剂参数	备注
脱硝效率	初装（4400h）（摩尔比<0.74）	%	72	
	16 000h	%	69	
	24 000h（摩尔比<0.69）	%	67	
氨的逃逸率	初装（4400h 内）	μL/L	≤2.5	
	24 000h	μL/L	≤3.0	
SO₂/SO₃转化率	初装（4400h 内）	%	0.7	
	24 000h	%	<1	
单层催化剂烟气阻力	4400h 烟气阻力	Pa	120	
	24 000h 烟气阻力	Pa	<150	
催化剂寿命	催化剂化学寿命	h	≥24 000	
	催化剂机械寿命	h	≥80 000（≥10 年）	

(表格最左侧纵向合并单元格：催化剂参数性能值)

表 4-7　　　　　　　　　　其 他 参 数 要 求

指 标 项 目	数 值	单 位
单层催化剂总的压力损失（新/旧）	<120/<150	Pa
允许最大温升速率	12	℃/min
允许最大温降速率	12	℃/min

第 5 章

SCR系统使用的还原剂

5.1 概　　述

用于燃煤电厂 SCR 烟气脱硝的还原剂一般有液氨、氨水及尿素三种。三种还原剂各有特点，液氨一般采用纯度为 99.8％的氨，无杂质，沸点温度为−28℉（−33.3℃），储存在压力容器中，并有保证严格的安全与防火措施；氨水（NH_4OH）商业上一般运用浓度为20％～30％的氨水，运输时体积大，质量重，蒸发过程需要消耗大量电力；尿素［$CO(NH_2)_2$］呈颗粒状，储罐需要加热，尿素需要被溶解在水中，蒸汽需要被分级与蒸发，是一种安全的选择。

三种还原剂的使用需要配备不同的处理系统。目前，火电厂的 SCR 系统中的还原剂一般采用液氨或尿素。

5.2 液 氨 系 统

液氨一般存放在圆形或圆柱形的压力容器内，置放于地面或地下。电厂氨区见图 5‐1，氨罐见图 5‐2。

图 5‐1　氨区

图 5‐2　氨罐

以减压加热方式将高压液氨转换成气氨（见图 5‐3），生产过程为物理过程，无化学反应，这是当前普遍采用的烟气脱硝还原剂制备工艺。

液氨公用系统一般包括两台卸料压缩机、两只液氨储罐、两台液氨泵、三台液氨蒸发器、两只气氨缓冲罐、一只液氨稀释槽、一个地下废水池、两台废水泵、消防与喷淋水系统，以及电子控制间（含配电室）等。SCR 的液氨工艺部分已在 3.3 节作了介绍。

液氨是有毒化学品，按照 GB 12268—1990 的规定，生产场所超过 40t 或者储存量超过100t 时，属于重大危险源，属于 GB 50016—2006《建筑设计防火规范》规定的乙类储存物品。因此，下面在介绍液氨区工艺的同时对液氨的安全方面作一重点介绍。

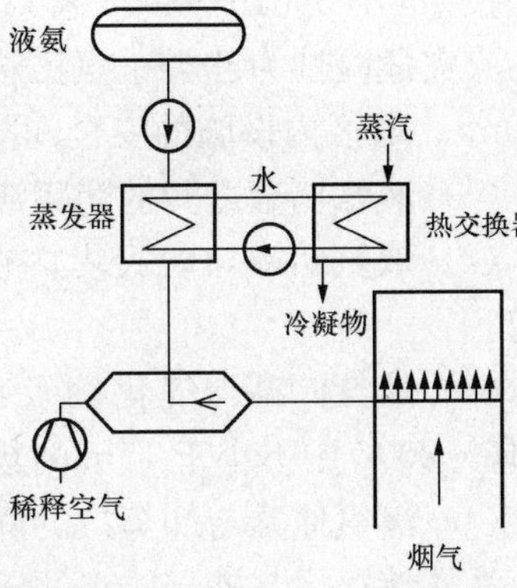

火电厂外液氨由罐装槽车运至装卸区，液氨储罐内的气氨经卸料压缩机单级增压除油后压入槽车，槽车内液氨在差压下流入液氨储罐。液氨储罐的火灾危险性类别为乙类，建筑物的耐火等级按二级考虑，储罐四周设有 1.0m 高实体围堰防止事故时氨流延。根据电厂容量，设几只液氨储罐，按一周左右最大耗量储存。储槽上应安装有超流阀、止回阀、紧急关断阀和安全阀为储槽液氨泄漏保护所用。储槽还装有温度计、压力表、液位计、高液位报警仪和相应的变送器将信号送到脱硝控制系统，当储槽内温度或压力高时报警。储槽设有遮阳棚防太阳辐射措施，并防止顶部氨气的聚集。

图 5-3　液氨制氨工艺流程图

液氨通过势能差或氨泵进入液氨蒸发槽内，通过低压蒸气或电加热器加热汽化为氨气，一定压力的氨气进入缓冲槽，调配压力为 0.2～0.3MPa。通常在液氨蒸发器下游设 2 台气氨缓冲槽，用于提供稳定压力的气氨，气氨压力约为 0.2MPa。

利用稀释风机供应的空气将气氨稀释成氨体积含量小于 5% 的混合气体，经由氨喷射装置进入烟道参与脱硝反应。每台锅炉设 2 台稀释风机，一运一备。每台锅炉设 2 套氨/空气混合系统，分别用于氨与稀释空气的混合。

稀释风机能使锅炉在 50%～100%BMCR 负荷下正常运行，并留有一定裕度，风量裕度不低于 10%，风压裕度不低于 20%。

液氨储罐、液氨蒸发槽及气氨缓冲槽均设有安全阀与排放阀，卸氨、检修以及紧急排放的氨气及残氨由密闭管道进入氨气稀释槽吸收，吸收废液经溢流管排入氨区废水池。

卸氨压缩机、液氨储罐、液氨蒸发槽及氨气稀释槽区，分别配备氨气检测报警仪，遇到氨泄漏时及时发出警报，并启动相应位置的消防水喷淋稀释系统。此外，液氨储罐本体四周安装有工业水喷淋管线及喷嘴，当储槽槽体温度过高时自动淋水装置启动，对槽体自动喷淋减温。喷淋水和液氨泄漏稀释水进入氨区地下废水池。

废水池内的废水达到一定的 pH 值或者液位后，经由虹吸式废水泵送至厂区处理站。

为避免氨气与空气混合达到爆炸范围，在整个液氨储存、蒸发器、缓冲槽及相关的管路系统上设有氮气吹扫接口，用于在系统检修或重新启用前，通过氮气将管路内的空气置换出来，达到安全混合气体中的 O_2 浓度小于 3%。

氨区部分管道系统需要露天布置，为提高管道及连接管头的密封性和抗腐蚀能力，与氨接触的管道及阀门全部采用不锈钢材料。

为氨区配置必要的火灾监控和消防控制系统，并纳入厂区现有火灾监控和消防控制系统。

氨罐储存区应设置消防车道或设置可供消防车通行的且宽度不小于 6m 的平坦空地，配有防火防爆措施，配备相应品种和数量的消防器材。场地周围有围栏防止人员进入，围栏上应有警告标志，场地内设有自动检测氨气装置、报警装置、水喷淋装置、冲洗装置、安全信号指示器、逃生风向标。

液氨存储、供应系统及相关管道、阀门、法兰、仪表、泵等设备选择时，满足抗腐蚀要求，并采用防爆、防腐型户外电气装置。

按照 GB 50016—2006 及 GB 50160—2008《石油化工企业设计规范》的规定，液氨储罐区的火灾危险性为乙类，氨区内所有建筑物的耐火等级均为二级，氨区平面布置约需场地 3000m²。氨区内设施的安全间隔距离要求如下：

(1) 液氨储罐之间的间距满足 GB 50016—2006 中不小于 0.8m 的规定。

(2) 液氨储罐与防火堤内侧基脚线的水平距离满足 GB 50016—2006 中不小于 3m 的规定。

(3) 液氨储罐与气化棚及压缩机棚的间距，以及其与控制及配电房的间距满足 GB 50016—2006 中不小于 15m 的规定。

(4) 液氨储罐与卸车口的间距满足 GB 50016—2006 中不小于 15m 的规定。

液氨储存区与外部防火间距要求如下：

(1) 液氨储罐与甲、乙厂房、民用建筑的防火间距不应小于 25m，与明火或散发火花地点的防火间距不应小于 31.25m。

(2) 液氨储罐与厂区内次要道路间距不小于 10m。

(3) 液氨储罐与 500kV 架空电力电力线的间距不小于 75m。

(4) 氨区装有氨气泄漏检测及火灾报警和消防控制系统，并纳入全厂报警系统。该系统的设计要经过有关安全及消防部门批准，并通过检验验收。

火电厂的烟气脱硝 SCR 工程一般采用共用的液氨储存、制备与供应系统。按照运输方便程度，液氨储量按机组满负荷运行 7 天左右时间所需进行设计。

5.3 氨 水 系 统

氨水是约 25％的氨的水溶液，其储存和卸载系统与液氨系统类似。首先氨水溶液由罐车运载到现场，并用卸载泵卸载到储存罐。系统卸载泵应能够卸空储存罐的氨返回罐车或到另一储存罐。罐车和系统通过软管连接。

在氨储存罐设孔与氨稀释罐连接，可以在排放气体时降低氨气的浓度，减小氨气的气味。

无水氨的喷射有两种方式，一种是直接喷射系统，采用双流体喷嘴，用压缩空气使其雾化形成粒径分布正确的液滴。需要备用空气压缩机用于雾化空气。通常安装一根导管输送空气吹扫喷嘴表面，防止喷嘴集积灰，这根导管的功能就像一把喷枪。另一种氨水喷射方式是使用蒸发器蒸发氨水中的水和氨。蒸发设备下游段的喷射方式与无水氨使用的方法相似。

氨水系统的主要设备有氨水储罐、卸载泵和管道、氨蒸发系统及氨/空气稀释系统。

5.3.1 氨水储罐

氨水储罐一般由厚度不小于 6mm，设计压力不小于 1.2×10^5 Pa 的不锈钢制成。根据工程设计要求配备 1 个或几个储存罐。罐的底部一般不应低于地面上 150mm，从罐的顶部注入氨。

5.3.2 卸载泵和管道

一般配备两个卸氨泵，应用于罐车卸载。通过柔软管连接卸载管和罐车，并在尾部设置关闭开关。卸载管道应设计带有所有必需的阀门和管道系统，以便有能力通过每个泵充满两个氨储存罐，或排空两个罐的氨返回到罐车内。

5.3.3　氨蒸发系统

氨水溶液通过位于氨储存区的计量给料泵输送到蒸发器。给料泵最小流量的设计参照指定的运行条件达到脱硝系统最大期望容量。所有与氨水溶液接触的部件及与气态氨连接的部件，都可以使用奥氏体不锈钢 AISI 304L 来制作。设计的热交换器表面，在满载荷时应提供干性和过热的高温水蒸气来加热氨水。

5.3.4　氨/空气稀释系统

一般每个反应器配备有一个空气加热/稀释系统，用来加热空气并与气态氨混合输送到反应器。由于氨水中水分的存在，空气及混合气体温度必须高于水冷凝温度。

对氨水系统，由于其工艺需将大量水分蒸发掉，因此运行能耗较高，同时由于其单位质量氨气所需原料量在三种还原剂中是最大的，所以储存和运输成本最高。其安全性介于液氨系统和尿素系统之间。目前国内仅在个别燃气机组烟气脱硝中采用了氨水系统，在火电厂大型机组中还没有应用业绩。

5.4　尿素系统介绍

出于安全性及实用性的考虑，尿素制氨系统得到了更为广泛的应用与关注。

尿素是氨的理想来源，是一种稳定、无毒的固体物料，对人和环境均无害，可以被散装运输并长期储存。尿素不需要运输和储存方面的特殊程序，使用时不会对人员和周围环境产生不良影响。尿素制氨工艺的原理是尿素水溶液在一定温度下发生分解，生成的气体中包含 CO_2、水蒸气和氨气。

尿素制氨工艺包括尿素水解系统和尿素热解系统。尿素水解系统和尿素热解系统由于温度压力条件不同，有不同的化学过程。

水解法制氨化学过程为

$$CO(NH_2)_2 + H_2O \longrightarrow NH_2COONH_4 \tag{5-1}$$

$$NH_2COONH_4 \longrightarrow 2NH_3 + CO_2 \tag{5-2}$$

热解法制氨化学过程为

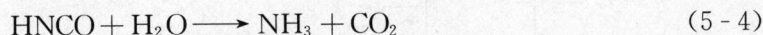

$$CO(NH_2)_2 \longrightarrow NH_3 + HNCO \tag{5-3}$$

$$HNCO + H_2O \longrightarrow NH_3 + CO_2 \tag{5-4}$$

尿素系统相对比较复杂，投资和运行成本高于液氨系统，但其最大的优势是安全性非常高。从目前国内情况来看，SCR 工艺中液氨系统占大多数。但若电厂处于人口密集区，或用地非常紧张难以满足危险品储存的安全距离要求，或者液氨的采购及运输路线有很大困难，应考虑采用尿素系统。

尿素制氨系统由尿素颗粒储存和溶解系统、尿素溶液储存和输送系统及尿素分解系统组成。根据尿素制氨工艺的不同，尿素分解系统分为尿素水解系统和尿素热解系统两类，如图 5-4 所示。

下面分别介绍尿素的水解法及热解法。

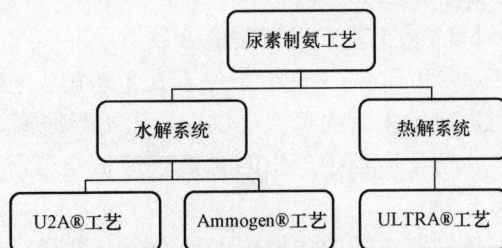

图 5-4　尿素制氨工艺

5.4.1 水解法

水解系统有意大利 Siirtec Nigi 公司的 Ammogen®工艺和美国 Wahlco 公司及 Hamon 公司的 U2A®工艺，美国采用 U2A®工艺较多。目前国内水解系统的使用业绩为国电青山电厂 2×350MW 机组烟气脱硝工程，采用美国 Walhco 公司的 U2A®工艺，由北京国电龙源环保工程有限公司实施，已于 2011 年 8 月投产。此外，国内已有公司在进行尿素水解工艺国产化研究，以期能降低系统初投资。

一、Ammogen®工艺

Ammogen®工艺流程为质量分数 40%～60%的富尿素溶液被尿素溶液输送泵送到水解反应器，经过一个节能换热器吸收水解反应器出来的贫尿素液中的热量。在 180～250℃和 (15～30)×10^5Pa 条件下，尿素的多级水解反应在水解反应器中进行。在反应器中，气体蒸汽在反应器的底部喷出，带走反应生成的二氧化碳和氨。反应所需的额外热量将由一个内置的加热器提供。

水解反应器中产生出来的含氨气流被空气稀释，此后进入氨气－烟气混合系统。在尿素分解后排出的贫尿素液（几乎是纯水）经过节能换热器放热后，送到水解反应器的富尿素溶液中回到尿素溶解系统。系统如图 5-5 所示。Ammogen®工艺在我国的推广工作目前处于停滞状态，下面重点介绍 U2A®工艺。

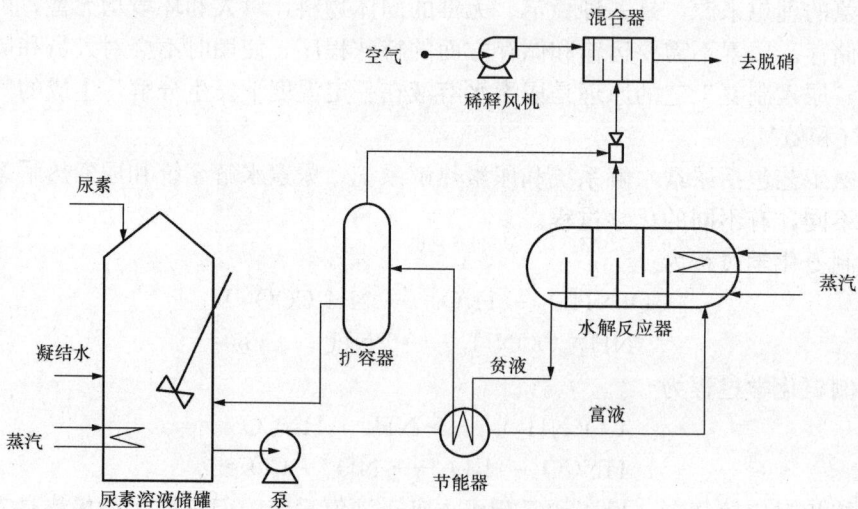

图 5-5　Ammogen®工艺系统图

二、U2A®工艺

U2A®工艺流程为质量分数 40%～50%的尿素溶液被尿素溶液输送泵送到水解反应器，在 157℃和 5.5×10^5Pa 条件下发生水解反应。其水解反应器为"BKU"型管式换热器，反应所需热量由管内蒸汽提供，蒸汽不与尿素溶液混合，通过盘管回流，冷凝水由回收装置回收。水解反应器中产生的含氨气流被空气稀释，此后进入氨气－烟气混合系统。系统如图 5-6 所示。

该制氨工艺的主要优点是安全、可靠，避免了 SCR 系统直接使用液氨或氨水带来的运输、储存和运行中所面临的相关人身安全问题和环境污染问题；另外该工艺使用的水解器为

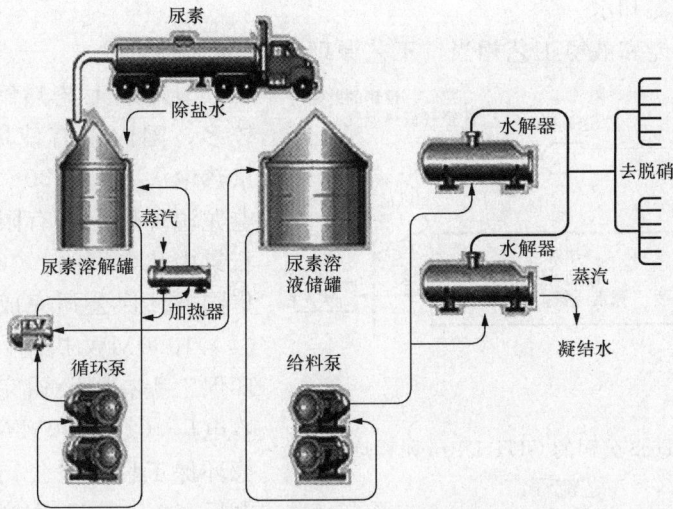

图 5 - 6　U2A® 工艺系统图

卧式结构，内部布置有一定数量的折流挡板，蒸汽穿过折流挡板分别进入每个小室，设备结构简单，操作容易。根据用户要求，系统出力可设计为几千克到几千千克，目前在烟气脱硝系统及其他工艺上已得到了一定应用。

尿素水解对尿素原料的指标要求如表 5 - 1 所示。

表 5 - 1　　　　　　　　　　　　　　　尿素原料质量指标要求

颜　　色	白色或浅色	颜　　色	白色或浅色
尿素纯度 $CO(NH_2)_2$	$>98\%$	硫代硫酸盐	$<0.1\times10^{-6}w$
水分（max，$w\%$）	0.4	二氧化硅杂质 SiO_2	$<20\times10^{-6}w$
缩二脲（max，$w\%$）	0.9	重金属（Fe，Ni，Cr）	$<2\times10^{-6}$
氯化物	$<0.3\times10^{-6}$（质量分数）	粒径（0.85~2.8mm）	$>90\%$
溴化物	$<0.01\times10^{-6}$（质量分数）	实际密度（kg/m^3）	1335
磷酸盐	$<0.1\times10^{-6}$（质量分数）	堆积密度（kg/m^3）	700~750
硫酸盐	$<0.1\times10^{-6}$（质量分数）	状态要求	散装或 50kg 袋装

5.4.2　热解法

尿素热解法以美国 Fuel Tech 公司的 NO_x OUT Ultra 尿素热解法最为典型。该工艺是一种燃烧后反应，首先用带泵的循环装置将 40%～50% 的尿素溶液提供给每个单元的计量装置，计量后的反应剂被输送至一系列经过专门设计并安装在热解室入口处的喷嘴，计量装置可根据系统的需要自动控制喷入热解室的尿素量。系统将安装一套预封装的天然气燃烧器和燃烧管理系统，用于将进入热解室的空气温度提高到 300～650℃；并包括备用的稀释风机及挡板，以保证进入喷射装置的氨的流量和压力。由尿素溶液转换成氨和氨基产物，并将混合均匀的空气/氨混合气体以预定的流速、压力、温度输送到氨喷射装置。尿素经过专门设计的热解室，可使其充分混合、获得足够的停留时间并且温度保持在 300～650℃，通过控制尿素的喷射从而为 SCR 反应提供氨。这一过程中产生的氨及氨基产物将作为典型 SCR 工艺的反应剂，生成氮和水。

该工艺脱硝性能和液氨工艺相当，工艺原理如图 5-7 所表示。

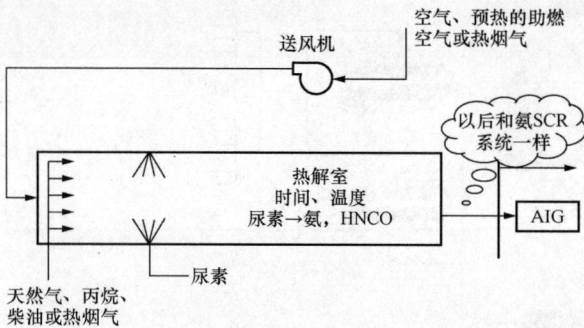

图 5-7　Fuel Tech 公司的 OUT Ultra 尿素热解工艺流程

国外该工艺热解系统以美国业绩较多，国内也有使用业绩。如华能北京热电厂（4×830t/h 锅炉，由北京国电龙源环保工程有限公司完成），京能石景山热电厂（4×670t/h 锅炉，由清华同方环保公司完成），华能玉环电厂（4×1000MW 机组，由北京国电龙源环保工程有限公司完成），华能陕西秦岭电厂（2×600MW 机组，由西安正德环保工程有限公司完成），国电沈西电厂（2×300MW 机组，由北京国电龙源环保工程有限公司完成），大唐清苑电厂（2×300MW 机组，由上海龙净环保科技工程有限公司完成），大唐国际张家口发电厂（2×300MW 机组，由中国大唐集团科技工程有限公司完成完成），大唐安徽洛河发电厂（2×600MW 机组，由中国大唐集团科技工程有限公司完成）。

一、工艺说明

尿素热解制氨系统把高质量的尿素射向经过专门设计并保持在 300～650℃ 温度的热解室，为 SCR 反应提供氨。

尿素计量装置供应和喷射系统测量热解室入口处气流中的尿素溶液量。反应剂由特有的喷射系统的多个喷嘴进行喷射。空气雾化喷射器易于调整反应剂的分布和雾滴的大小，反应剂在热解室内的喷射和汽化会有冷却效果。

制氨系统将尿素热解后分解的产物送到热气流中。热解室在设定的 300～650℃ 温度窗内保持适当的停留时间，以确保尿素溶液完全转化为 SCR 反应所需要的氨，随后包含 SCR 反应剂的气流被导入 SCR 的喷氨装置。这个过程中需要对压力、流量及温度进行监测，使其与 SCR 系统的设计要求一致，确保系统的正常运行。

二、NO_xOUT Ultra 尿素热解法的特点

（1）NO_xOUT Ultra 尿素热解法能够毫无问题地对负荷变化在 5～30s 内作出响应。

（2）现场没有压力容器。

（3）能够使用高浓度尿素溶液（40%～50%），降低了喷射量。

（4）热解室为常压、高温（300～650℃）。

（5）需要另外的能量加热热解室。

（6）尿素还原剂全部反应，不会生成聚合物等副产物。

（7）需要非常良好的气流组织形式，对设计要求较高。

（8）对控制系统水平要求较高。

5.4.3　尿素制氨系统配置

尿素制氨系统由尿素颗粒储存和溶解系统、尿素溶液储存和输送系统及尿素分解系统组成。前 2 个系统组成尿素存储、供应系统（也称尿素溶解车间），作为公用系统单独布置。

根据尿素制氨工艺的不同，尿素分解系统分为尿素水解系统和尿素热解系统两类。尿素水解系统可布置在尿素溶解车间，可根据实际情况考虑是否设置备用水解反应器。当尿素水解系统布置于锅炉 SCR 脱硝反应器区域时，应采用单元制模式。尿素热解系统一般应布置在锅炉 SCR 脱硝反应器区域，采用单元制模式。

一、尿素存储、供应系统

（1）系统概述。尿素存储、供应系统一般包括尿素颗粒储仓、袋式除尘器、斗式提升机、中间储仓、尿素溶解罐、尿素溶液混合泵、溶解车间地坑泵、尿素溶液储罐、尿素溶液输送泵等。

尿素颗粒经斗式提升机储存于储仓内，由尿素中间储仓输送到溶解罐里，用除盐水将干尿素溶解成 50％质量浓度的尿素溶液，通过尿素溶液混合泵输送到尿素溶液储罐。对尿素水解系统，储罐尿素溶液经过尿素溶液输送泵将其送至尿素水解系统。对尿素热解系统，尿素溶液经过高压循环泵使尿素溶液不断地在尿素热解系统计量分配模块和储罐之间循环。

（2）主要设备。

1）尿素储仓。可设置 2 套锥形底立式尿素筒仓，总体积要至少满足全厂所有机组 1～3 天用量要求，碳钢制造，锥体内衬不锈钢。筒仓设计考虑配备流化风或振动装置来防止尿素吸潮、架桥及堵塞。此外，还应配有袋式除尘器。

2）斗式提升机。为每个尿素颗粒储仓配备 1 台斗式提升机，通过料斗将尿素颗粒从地面竖向提升至储仓。

3）尿素溶解罐。可设置 2 只尿素溶解罐，采用中间储仓将尿素批量式输送到溶解罐，溶解罐总容积宜满足单班配制全厂机组 1 天的尿素溶液耗量。溶解罐应设置蒸汽加热系统，当尿素溶液温度过低时，蒸汽加热系统启动。溶解罐材料采用不锈钢。溶解罐除设有水流量和温度控制系统外，还采用尿素溶液混合泵将尿素溶液从储罐底部向侧部进行循环，并设置搅拌器，使其更好地混合。

4）尿素溶液储罐。尿素溶液经由尿素溶液混合泵进入尿素溶液储罐。可设置 2 只尿素溶液储罐，储存罐的总储存容量宜为全厂所有 SCR 装置 BMCR 工况下 5～7 天的平均总消耗量。储罐采用不锈钢制造，为立式平底结构，装有液面、温度显示仪、人孔、梯子、通风孔及蒸汽加热装置等。

5）尿素溶液混合泵。尿素溶液混合泵为不锈钢本体、碳化硅机械密封的离心泵，每只尿素溶解罐设 2 台泵，1 运 1 备，并列布置。此外，溶液混合泵还利用溶解罐所配置的循环管道将尿素溶液进行循环，以获得更好混合。

6）加热蒸汽及疏水回收系统。尿素溶解罐、尿素溶液储罐采用蒸汽加热，加热系统的疏水可用于配制尿素溶液或用作尿素溶液管道伴热。

7）尿素溶液输送泵（尿素水解系统）。可为 2 台机组设置 1 套尿素溶液供应装置，为 2 台锅炉的脱硝装置供应尿素溶液。供应装置包含 2 台全流量的不锈钢离心泵（带变频器）、1 套内嵌双联式过滤器等。

8）尿素溶液循环装置（尿素热解系统）。为 2 台机组设置 1 套尿素溶液供应与循环装置，每套尿素溶液循环装置包含 2 台全流量的不锈钢离心泵（带变频器）、1 套内嵌双联式过滤器、1 只背压阀及用于远程控制和监测循环系统的压力、温度、流量等仪表。尿素溶液循环装置使尿素溶液不断地在计量分配模块和储罐之间循环。该装置具有如下多个功能：

①提供尿素溶液通过计量分配模块输送到喷射区域所需压力。②过滤尿素溶液以保证喷射装置的稳定运行。③补充溶液输送途中损失的热量以防还原剂结晶。

9）水冲洗系统。在尿素溶液管道上设置完善的水冲洗系统，消除尿素溶液结晶的影响。

10）泵、管道、阀门等与尿素接触的设备的材料均为不锈钢。

二、尿素水解系统

尿素水解系统包括尿素水解反应器模块、计量模块、疏水箱、疏水泵、废水箱、废水泵等。

浓度约 50% 的尿素溶液被输送到尿素水解反应器内，饱和蒸汽通过盘管的方式进入水解反应器，饱和蒸汽不与尿素溶液混合，通过盘管回流，冷凝水由疏水箱、疏水泵回收。水解反应器内的尿素溶液浓度可达到 40%～50%，气液两相平衡体系的压力约为 0.48～0.6MPa，温度约为 150～170℃。水解反应器中产生出来的含氨气流首先进入计量模块，然后被锅炉热一次风稀释，最后进入氨气－烟气混合系统。

尿素水解系统布置于锅炉 SCR 脱硝反应器区域时，每台锅炉设置 1 台水解反应器，在水解反应器附近布置 1 台疏水箱和 2 台疏水泵（1 运 1 备）。每台水解反应器设置 1 台废水箱和 1 台废水泵用于水解反应器压力泄放及排污，废水箱内溶液将不再返回水解反应器，废水箱和废水泵应采用不锈钢。

当尿素水解系统布置在尿素溶解车间时，应将水解反应器泄放阀开启时排出的反应器内液体导入尿素溶液储罐。反应器内液体会被尿素溶液储罐内的尿素溶液吸收，该过程中氨气释放量极少，不会造成风险。

三、尿素热解系统

（1）系统概述。尿素热解系统包括计量分配模块、电加热器、绝热分解室、尿素溶液喷射器等。尿素溶液经由计量与分配装置、尿素溶液喷射器等进入绝热分解室，与电加热器出口的高温稀释空气（650～700℃）混合并分解，生成 NH_3、H_2O 和 CO_2，分解后的混合均匀产物送往氨喷射系统。热解炉后的气氨输送管道将保温，保证氨喷射系统前的温度不低于 300℃。

（2）主要设备。

1）计量分配装置。计量分配装置用于精确测量并独立控制输送到每个喷射器的尿素溶液。该装置将响应电厂 DCS 提供的氨还原剂需求信号。分配模块控制通往多个喷射器的尿素和雾化空气的喷射速率、空气和尿素量，最终得到适当的气/液和最佳的氨还原剂。每台炉设置 1 套计量分配装置。

2）电加热器。尿素热解用高温空气取自空气预热器出口热一次风，经过电加热器加热到 650～700℃，然后进入绝热分解室将雾化后的尿素溶液分解。每台绝热分解室设 1 台电加热器。

3）绝热分解室。每台锅炉设 1 套尿素溶液绝热分解室，每套分解室配有尿素溶液喷射器（316L、不锈钢），喷射器通过热解室侧面插入。尿素溶液由喷射器雾化后喷入分解室，在 650～700℃ 的高温热风/烟气条件下，尿素液滴分解成 NH_3、H_2O、CO_2。每台热解炉出口至 SCR 反应器管道配有测量装置及相应的调节阀门，满足两侧反应器用氨量的不同。

5.5　尿素系统与液氨/氨水系统比较

尿素系统与液氨/氨水系统的主要差别在于安全方面的因素。液氨是国家规定的乙类危险品；氨水的危险性虽没有液氨严重，但也是一种危险性物质，具有毒性和腐蚀性，低浓度的氨气会刺激眼睛、皮肤和鼻子。而尿素在其储存和运输过程中，均无危险性。

制氨系统的三种方法其物料消耗量的一般比例（质量比）为：纯氨：氨水（25%）：尿素＝1：4：1.9。

液氨法以其简洁的工艺和投资运行费用优势获得普遍应用，但尿素水解或热解制氨工艺不存在化学风险，已在部分城市电厂中逐渐得到推广。三种方法的简单比较如表 5 - 2 所示。

表 5 - 2　　　　　　　　　　制氨工艺的技术与安全性比较

项　　目	液氨法	氨水法	尿素水解法	尿素热解法
技术工艺	成熟	成熟	成熟	成熟
成熟系统复杂性	简单	复杂	复杂	复杂
系统响应性	快	快	慢（5~15min）	快（5~10s）
产物分解程度	完全	完全	产物	含约 25% 的 HNCO
潜在管道堵塞现象	无	无	有	无
脱硝副产物	无	无	CO_2	CO_2
安全性	很危险	安全	安全	安全
占用场地空间	约 2500m²	约 3000m²	小于 400m²	小于 400m²
固定投资	最低	低	最高	高
运行费用	最低	高	较高	最高

液氨/氨水系统已经得到了广泛的使用，工艺问题较少。而尿素制氨系统有以下工艺问题需慎重考虑：

（1）尿素作为还原剂其潮解问题的解决。

（2）尿素溶液中加添加剂，可能会有甲醛和尿素添加剂，在管道和罐中容易产生沉淀，且尿素添加剂长期影响 SCR 催化剂使用寿命。

（3）在该工艺运行条件下，卸压阀可能受到电位腐蚀。

（4）近年的研究表明，用尿素作为还原剂时，NO_x 会少量转化为 N_2O。

5.6　还原剂选择建议

因其优越的安全性，尿素制氨工艺在 SCR 脱硝工程中得到广泛的重视。不同的尿素制氨工艺各有特点，用户可根据自身情况选用。从运行成本看，从低到高依次为液氨系统、尿素水解系统、尿素热解系统；从投资成本看，从低到高依次为液氨系统、尿素热解系统、尿素水解系统。若能有效降低投资造价，尿素水解制氨系统仍是一个有吸引力的选择。

综上所述，建议对于大机组，由于还原剂用量大，采用液氨制氨系统较节省总体成本。但需考虑液氨保存区为危险工作场所。若为安全考虑，可采用尿素制氨系统。对于小机组，建议首选氨水制氨系统，其次可选用尿素制氨系统，但尿素制氨操作成本较高。

第 6 章

脱硝流场CFD模拟与模型试验

6.1 CFD 模拟与模型试验理论基础

流体力学作为宏观力学的一个分支，几百年来，在实验和理论两方面得到全面发展。实验研究通过对具体流动的观察与测量来认识流动规律，是理论研究的基础和依据。其不足之处在于对一些复杂流动，实验研究周期长，花费大。人们在实验的基础上建立了流体运动所遵循的控制方程，并求得了一些简单边界条件下的解析解。但随着研究问题的深化，复杂条件下的控制方程求得解析解越发困难。与此同时，数学和计算机科学的发展，使应用计算机进行数值模拟，成为与实验研究和理论分析具有同等重要地位的新兴的研究手段，许多原来无法用理论分析求解的复杂流体力学问题得到数值解。

6.1.1 CFD 模拟理论

计算流体动力学模拟，即 CFD 模拟是一种利用计算机对流动控制方程进行离散求解的方法，具有耗费少、时间短、省人力、便于优化设计等特点。具体实施步骤如下：

（1）建立反映流动过程的数学模型，即建立能够反映各变量之间关系的微分方程和相应的定解条件。牛顿型流体流动的数学模型就是 Navier-Stokes 方程及其相应的定解条件。

（2）寻求高效、准确的计算方法。包括边界条件的处理、微分方程的离散及求解等。

（3）计算过程和计算结果输出。

一、控制方程

工程中的流动问题多是复杂的三维非稳态、带旋转、不规则湍流流动。流体的各种参数，如速度、压力、温度等都随时间与空间发生随机变化。目前湍流的数值模拟方法包括直接模拟、大涡模拟和应用 Reynolds 时均方程的模拟方法。Reynolds 时均方程的模拟方法是将非稳态控制方程对时间作平均，得到关于时均物理量的控制方程。时均物理量的控制方程中包含了脉动量乘积的时均值，使方程个数少于未知量的个数，要使方程组封闭，必须做出假设，建立新模型。使方程组封闭的常用模型包括 Reynolds 应力模型和湍流黏性系数模型两大类。在湍流黏性系数法中，根据 Boussinesq 假设，把湍流应力（脉动量乘积的时均值）表示成湍流黏性系数的函数。按决定湍流黏性系数所需的微分方程的个数进一步将湍流黏性系数模型分为零方程模式、一方程模式和二方程模式等多种模式。而二方程模式又有多种类型，其中由 Spalding 和 Launder 于 1974 年提出的标准 k-ε 模型形式简单，易于求解，对于无分离剪切湍流的主流和压力预测精度较高，在工程上获得了广泛的运用。

连续方程为

$$\frac{1}{\sqrt{g}} \frac{\partial}{\partial t}(\sqrt{g}\rho) + \frac{\partial}{\partial x_j}(\rho \tilde{u}_j) = s_m \tag{6-1}$$

动量方程为

$$\frac{1}{\sqrt{g}} \frac{\partial}{\partial t}(\sqrt{g}\rho u_i) + \frac{\partial}{\partial x_j}(\rho \tilde{u}_j u_i - \tau_{ij}) = -\frac{\partial p}{\partial x_i} + s_i \tag{6-2}$$

本构关系为

$$\tau_{ij} = 2\mu s_{ij} - \frac{2}{3}\mu \frac{\partial u_k}{\partial x_k}\delta_{ij} - \overline{\rho u_i' u_j'} \tag{6-3}$$

其中

$$s_{ij} = \frac{1}{2}\left(\frac{\partial u_i}{\partial x_j} + \frac{\partial u_j}{\partial x_i}\right) \tag{6-4}$$

$$-\overline{\rho u_i' u_j'} = 2\mu_t s_{ij} - \frac{2}{3}(\mu_t \frac{\partial u_k}{\partial x_k} + \rho k)\delta_{ij} \tag{6-5}$$

质量传递方程为

$$\frac{1}{\sqrt{g}}\frac{\partial}{\partial t}(\sqrt{g}\rho m_m) + \frac{\partial}{\partial x_j}(\rho \tilde{u}_j m_m - F_{m,j}) = s_m \tag{6-6}$$

能量方程为

$$\frac{1}{\sqrt{g}}\frac{\partial}{\partial t}(\sqrt{g}\rho h_t) + \frac{\partial}{\partial x_j}(\rho \tilde{u}_j h_t - F_{h,j})$$

$$= \frac{1}{\sqrt{g}}\frac{\partial}{\partial t}(\sqrt{g}p) + \tilde{u}_j\frac{\partial p}{\partial x_j} + \tau_{ij}\frac{\partial u_i}{\partial x_j} + s_h - \sum_m m_m H_m s_{c,m} \tag{6-7}$$

湍流动能方程为

$$\frac{1}{\sqrt{g}}\frac{\partial}{\partial t}(\sqrt{g}\rho k) + \frac{\partial}{\partial x_j}\left(\rho \tilde{u}_j k - \frac{\mu_{eff}}{\sigma_\epsilon}\frac{\partial k}{\partial x_j}\right)$$

$$= \mu_t(P + P_B) - \rho\epsilon - \frac{2}{3}(\mu_t\frac{\partial u_i}{\partial x_i} + \rho k)\frac{\partial u_i}{\partial x_i} + \mu_t P_{NL} \tag{6-8}$$

其中

$$\mu_{eff} = \mu + \mu_t \tag{6-9}$$

$$P = 2s_{ij}\frac{\partial u_i}{\partial x_j} \tag{6-10}$$

$$P_B = -\frac{g_i}{\sigma_{h,t}}\frac{1}{\rho}\frac{\partial \rho}{\partial x_i} \tag{6-11}$$

$$P_{NL} = -\frac{\rho}{\mu_t}\overline{u_i' u_j'}\frac{\partial u_i}{\partial x_j} - \left[P - \frac{2}{3}\left(\frac{\partial u_i}{\partial x_i} + \frac{\rho k}{\mu_t}\right)\frac{\partial u_i}{\partial x_i}\right] \tag{6-12}$$

湍流耗散率方程为

$$\frac{1}{\sqrt{g}}\frac{\partial}{\partial t}(\sqrt{g}\rho\epsilon) + \frac{\partial}{\partial x_j}\left(\rho\tilde{u}_j\epsilon - \frac{\mu_{eff}}{\sigma_\epsilon}\frac{\partial\epsilon}{\partial x_j}\right)$$

$$= C_{\epsilon1}\frac{\epsilon}{k}\left[\mu_t P - \frac{2}{3}\left(\mu_t\frac{\partial u_i}{\partial x_i} + \rho k\right)\frac{\partial u_i}{\partial x_i}\right] + C_{\epsilon3}\frac{\epsilon}{k}\mu_t P_B - C_{\epsilon2}\rho\frac{\epsilon^2}{k}$$

$$+ C_{\epsilon4}\rho\epsilon\frac{\partial u_i}{\partial x_i} + C_{\epsilon1}\frac{\epsilon}{k}\mu_t P_{NL} \tag{6-13}$$

紊流黏性 μ_t 由式（6-14）给出，即

$$\mu_t = \frac{C_\mu \rho k^2}{\epsilon} \tag{6-14}$$

在 k-ϵ 方程中一些常数的给定值见表 6-1。

表 6-1 　　　　　　　　　　　　　　k-ε 方程中所取常数值

C_μ	σ_k	σ_ε	σ_h	σ_m	$C_{\varepsilon 1}$	$C_{\varepsilon 2}$	$C_{\varepsilon 3}$	$C_{\varepsilon 4}$	κ	E
0.09	1.0	1.22	0.9	0.9	1.44	1.92	0.0	−0.33	0.42	9.0

注　当 $P_B > 0$ 时 $C_{\varepsilon 3} = 1.44$，$E = 9.0$ 为不考虑表面粗糙度的影响。

除以上控制方程外，还有物性关系方程，这些方程与边界条件共同完成对物理现象的描述。

二、边界条件

脱硝流场模拟中用到了进口、出口、壁面三种边界条件。在进口边界条件中，需要给定进口流体速度在选定坐标系下的各分量，流体温度、组分及密度，进口流体湍流脉动动能 k 和湍流脉动动能耗散率 ε。出口边界条件要设置在没有回流的区域。

在壁面边界条件中，需要规定壁面的滑移特性、粗糙度、运动特性、穿透性。在高 Re_t（湍流雷诺数）的流动中，远离壁面区域，由于相对于湍流黏性的影响，分子黏性很小，C_μ 可以看作常数。而在壁面附近，Re_t 很低，分子黏性影响相对较大，不可忽略。此时，系数 C_μ 与湍流 Re_t 有关，紊流黏性 μ_t 不能再视为常数，而是采用壁面函数法处理。在使用壁面函数法时，假设在所计算问题的壁面附近黏性支层以外的区域，无量纲速度分布服从对数分布律。划分网格时，把第一个内节点 p 布置到对数分布律成立的范围内，即配置到旺盛湍流区域。第一个内节点与壁面之间区域的黏性系数 μ_t 可按式（6-15）计算，即

$$\mu_t = \frac{y_p^+}{u_p^+} \mu \tag{6-15}$$

其中

$$y_p^+ = \left| \frac{y(C_\mu^{1/4} k^{1/2})}{\nu} \right|_p \tag{6-16}$$

$$u_p^+ = \left| \frac{u(C_\mu^{1/4} k^{1/2})}{\frac{\tau_w}{\rho}} \right|_p \tag{6-17}$$

三、离散方法及离散格式

对于控制方程的离散，通常使用有限元法、有限差分法、控制容积积分法和有限分析法等几种方法。其中控制容积积分法是将所计算区域划分成一系列控制容积，每个控制容积都有一个节点作代表。通过将守恒型的控制方程对控制容积做积分来处理离散方程。在导出过程中，需要对界面上的被求函数本身及其一阶导数的构成做出假定，该构成方式就是控制容积积分法的离散格式。控制容积积分法相当灵活且能方便地应用到任意网格，其最大优点是在积分形式下，守恒方程直接被离散，保证了求解变量（如质量、动量和能量）的守恒，而且离散方程系数的物理意义明确。控制容积积分法是流动问题 CFD 模拟中应用最广泛的一种方法。

控制方程的离散采用控制容积积分法得到如下形式，即

$$A_P \Phi_P^n = \sum_m A_m \Phi_m^n + s_1 + B_P \Phi_P^0 \tag{6-18}$$

其中

$$A_\mathrm{P} = \sum_m A_m + s_2 + B_\mathrm{P}$$

$$B_\mathrm{P} = (\rho V)°/\delta t \qquad\qquad (6-19)$$

四、离散方程的求解方法

对控制方程离散后代数方程的求解方式，可分为联立求解各变量代数方程组的方法及分离式（或顺序地）求解各变量代数方程组的方法。前一类方法还可分为所有变量的代数方程组全场联立求解，部分变量全场联立求解及局部地区所有变量联立求解等情形。该类方法对计算机的资源要求较高。代数方程组的分离式求解法中，目前广泛采用的是压力修正法，又称求解压力耦合方程的半隐式方法（SIMPLE，Semi-Implicit Method for Pressure-Linked Equation）。该方法是 Patankar 与 Spalding 在 1972 年提出的，最初只用来求解不可压缩流场，后来成功推广到可压缩流场的计算中，成为一种可以计算具有任何流速流动的数值方法。以层流流动的计算过程为例，SIMPLE 算法的计算步骤如下：

（1）假定一个速度分布 $u_。$、$v_。$、$w_。$，并以该计算动量离散方程中的系数及常数项。

（2）假定一个压力场 p^*。

（3）依次求解动量方程，得 u^*、v^*、w^*。

（4）求解压力修正值方程得 p'。

（5）根据 p' 改进速度值。

（6）利用改进后的速度场求解那些通过源项物性等与速度场耦合的变量，如果该变量并不影响流场，则应在速度场收敛后再求解。

（7）利用改进后的速度场重新计算动量离散方程的系数，并用改进后的压力场作为下一层次迭代计算的初值，重复上述步骤，直到获得收敛的解。

目前，SIMPLE 算法已成为计算流体力学及计算传热学中的主流算法，同时也得到不断的改进与发展，相继派生出 SIMPLEC、SIMPLER、SIMPLEST、SIMPLE 的 DATE 修正方案等一系列算法。

脱硝流场模拟中涉及的模型都是稳态问题，故采用 SIMPLE 算法。在具体实施过程中，速度、压力、脉动动能、脉动动能耗散率、湍流黏性系数的修正值都作亚松弛处理。以压力的压松弛为例，改进后的压力 $p = p^* + \alpha p'$，α 为压力亚松弛因子。调节压力亚松弛因子、速度亚松弛因子、脉动动能亚松弛因子、脉动动能耗散率亚松弛因子和湍流黏性系数亚松弛因子，可以控制方程解的收敛过程。而不合适的亚松弛因子会使方程求解过程发散。一般情况下规定 $\alpha_v = 0.7$，$\alpha_p = 0.3$，$\alpha_k = \alpha_\varepsilon = 0.7$，$\alpha_\mu = 1$。当流量较大或计算网格较密，计算不收敛时，可以适当调小压力亚松弛因子 α_p 和湍流黏性系数亚松弛因子 α_μ。

五、方程求解的收敛判断准则

在 SIMPLE 算法计算过程中，会碰到两种迭代收敛问题，即在同一层次上代数方程迭代求解的收敛问题和非线性问题从一个层次向另一个层次推进的收敛问题。在非线性问题的求解过程中，一直到获得收敛解之前，离散方程的系数及源项都是有待改进的，因而没有必要把相应于一组临时的系数与源项的代数方程的准确解求出来，可以适时停止迭代，及时用所得到的解去更新系数与源项，以进入下一层次的计算。其中在一组确定系数及源项下的迭代称为内迭代，而从一个层次改进系数及源项后向下一层次的推进称为外迭代。

在内迭代中，p'方程求解是关键，规定其迭代的收敛判据为计算残差小于 0.05，最大迭代次数为 1000 步。其余变量的迭代收敛判据为计算残差小于 0.1，最大迭代次数为 100 步。

外迭代的收敛判断准则是通过计算中的绝对误差来决定的，设第 k 次迭代的相对误差为

$$R_\Phi^k = \frac{\sum |r_\Phi^k|}{M_\Phi} \tag{6-20}$$

其中

$$r_\Phi^k = A_P\Phi_P^k - \sum_m A_m\Phi_m^k - s_1 \text{（第 } k \text{ 次迭代的相对误差）} \tag{6-21}$$

$$M_\Phi = \sum_P A_P\Phi_P^k \tag{6-22}$$

当计算中相对误差的值小于预先给定的值时（0.001），则认为计算达到收敛。

6.1.2 模型试验理论

需要指出的是，CFD 模拟有其自身的局限性。首先 CFD 模拟对数学方程进行离散化处理时，需要对计算中遇到的稳定性、收敛性等进行分析。这些分析方法对大部分线性方程是有效的，而对非线性方程只具有启发性，没有完整的理论。对于边界条件影响的分析困难更大，另外计算过程中还需要一定的技巧性。所以为了验证计算结果的正确性，还必须与相应的实验结果进行比较。其次，数值模拟还受到计算机本身条件的限制，即计算机运行速度及容量大小的限制。有些问题尽管有成型的数学模型，但完全进行模拟仍不现实。因此，试验研究仍是不可替代的。

试验研究分为实物条件下的试验研究和模型条件下的试验研究。对于大型设备的建造，由于造价高，建造时间长，因此设计务求准确可靠。一般都要进行多种方案比较，并应预知所设计的产品在投入运行后的工作性能。目前，由于模化理论、模化技术水平的提高，使模化结果更加准确，模化所需时间也有所缩短，因而，模化方法已成为方案比较、合理设计工作中的一个重要组成部分。

所谓模化方法，是指不直接研究自然现象或过程的本身，而是用与这些自然现象或过程相似的模型来进行研究的一种方法。严格来讲，模化方法是用方程分析或因次分析方法导出相似准则，并在根据相似原理建立起的模型试验台上，通过试验求出相似准则间的函数关系，再将该函数关系推广到设备实物，从而得到设备实物工作规律的一种实验研究方法。

在几何相似的两个系统中假设进行着流动，如果对应的速度场或其他各种有关物理量场符合在对应点上成比例的关系，就称为相似。当两个系统中的流动相似后，它们的许多流动特性就相同，例如流动图谱和阻力系数都一样。

一、流动相似

要使流动相似，首先系统要几何相似，然后要求单值条件相似。当流体质点以一定的进口条件流入一个系统时，它受到各种力的作用，这些力的综合作用使它按一定的轨迹运动。如果两个系统里的这些力的比例一样，那么质点的运动轨迹就相似。所有质点的轨迹都相似时，这两个系统的流动就相似。因此质点所受力的比例在两个系统里数值一样这一条件是流动相似的重要前提。

雷诺数 Re 反映了惯性力与黏性力之比，佛鲁德数 Fr 反映了惯性力与重力之比。因此流动相似的条件如下：

（1）几何相似和单值条件相似。

（2）$Re = \dfrac{\rho l w}{\mu}$ 相等，或超过临界雷诺数 Re_{lj}。

（3）$Fr = \dfrac{w^2}{gL}$ 相等。

二、气固两相流动的相似

气固两相流动的相似首先要求系统几何相似，其次气流的雷诺数相等，或利用自模化现象可允许两系统中的 Re 数不同，但都要超过临界雷诺数 Re_{lj}，进入自模化区。此外要求固体颗粒在气体流场中，受到的力的比例在两个系统里数值一样，因此需要以下两个准则数相等。

（1）$Fr = \dfrac{w^2}{gL}$ 相等。

（2）$Stk = \dfrac{\rho_r w^n \delta^{n+1}}{C \rho v^n L}$ 相等。

式中：Fr 为佛鲁德数，反映了固体颗粒所受惯性力与重力之比；Stk 为表征颗粒在气流中转弯时是否容易从气流中分离出来的指标，Stk 越大，越容易分离；n 为无量纲准则数，对于 Re_δ 的不同区间取不同数值，因此相似系统的 n 也要求相同。

6.2　商用流场分析软件介绍

6.2.1　Fluent

Fluent 是目前国际上比较流行的商用 CFD 软件。它具有丰富的物理模型、先进的数值方法和强大的前后处理功能，在航空航天、汽车设计、石油天然气和涡轮机设计等方面都有着广泛的应用。

Fluent 软件具有强大的网格支持能力，支持界面不连续的网格、混合网格、动/变形网格，以及滑动网格等。值得强调的是，Fluent 软件还拥有多种基于解的网格的自适应、动态自适应技术，以及动网格与网格动态自适应相结合的技术。Fluent 软件包含丰富而先进的物理模型，能使用户精确地模拟无黏流、层流、湍流。湍流模型包含 Spalart-Allmaras 模型、k-ω 模型组、k-ε 模型组、雷诺应力模型（RSM）组、大涡模拟模型（LES）组，以及最新的分离涡模拟（DES）和 V2F 模型等。Fluent 软件包含非耦合隐式算法、耦合显式算法、耦合隐式算法三种算法，是商用软件中最多的。

6.2.2　STAR-CD

STAR-CD（Simulation of Turbulent Flow in Arbitrary Region-Computational Dynamics Ltd.）是目前国际上较为流行的商用流体计算软件之一。在网格生成方面，采用非结构化网格，单元的形状可以是六面体、四面体、三角形截面的棱柱体、金字塔形的锥体及六种形状的其他锥体，还可以与目前通用的 CAD/CAE 软件相连接，如 ANSIS、I-DEAS、NASTRAN、PATRAN 等，使得 STAR-CD 在适应复杂计算区域的能力方面具有特别的优势。同时 STAR-CD 还可以处理滑移网格的问题，可用于多级汽轮机机械内的流场计算。其采用的离散方法为有限容积法。在差分格式方面，包括一阶迎风、二阶迎风、中心差分、QUICK 格式，以及将一阶迎风和中心差分或 QUICK 等掺混而成的混合格式。在压力与速度耦合关系的处理方面，可选用 SIMPLE、PISO，以及称为 SIMPISO 的算法。在边界条件处理方面，可以处理给定压力的边界条件、周期性边界、辐射边界等复杂情况。在湍流模型方面纳入了标准 $k\varepsilon$ 模型，RNG $k\varepsilon$ 模型及 k-ε 两层模型等。

6.2.3 其他模拟软件

除以上两种流体计算软件以外，CFX、Phoenics 等软件应用也较为普遍，这些软件各具特点，各有优势。

6.3 脱硝流场 CFD 模拟与模型试验的原则

脱硝流场 CFD 模拟与模型试验的目的是得到导流板、氨喷射系统、整流格栅等烟道内装置的最优设计，以取得较好的烟气流动分布，并使得脱硝系统阻力保持最低。

通常脱硝流场 CFD 模拟与模型试验的研究范围从锅炉省煤器出口至空气预热器入口烟道，包括氨喷射装置、导流板、整流格栅、脱硝反应器、反应器进、出口烟道等。

6.3.1 脱硝流场 CFD 模拟研究原则

CFD 模拟在设计最大负荷和最低负荷间，选取 3～4 个工况进行模拟，通常有以下技术要求。

(1) 在 100%BMCR 工况、设计温度下，从脱硝系统入口到出口之间的系统压力损失不大于设计值（具体数值因工程而异）。

(2) 各工况下，氨喷射格栅前的速度相对标准偏差小于 15%。

(3) 第一层催化剂来流（催化剂上游 1m 处）速度分布满足以下要求。

1) 烟气流速相对标准偏差小于 10%。

2) 烟气流向（与竖直方向夹角）小于 10°。

3) 烟气温度偏差小于 ±10℃。

4) NH_3/NO_x 摩尔比绝对偏差小于 5%。

通过数值模拟，优化导流板的位置、数量及外形尺寸，使流场结构满足技术指标的要求。

6.3.2 脱硝流场模型试验研究原则

根据数值模拟的结果，采用有机玻璃按照 1:10～1:15 的比例制作物理模型。模型试验在设计最大负荷和最低负荷间，选取 3～4 个工况进行。

物理模型试验在常温下进行，除测试系统阻力、喷氨格栅前及第一层催化剂前速度分布、组分分布外，物理模型试验还包括飞灰试验项目，以确定系统中飞灰沉积区域，并对系统进行优化设计，消除飞灰沉积。对于第一层催化剂来流速度方向，通常用飘带法测试，并用烟花示踪的方式实现模型内流动结构的可视化。

6.4 工程应用实例

6.4.1 研究对象

某电厂新建 2×600MW 机组烟气脱硝装置，CFD 模拟和模型试验研究对象起始于锅炉省煤器出口，结束于锅炉空气预热器入口。因为左右两侧脱硝系统结构完全一致，故仅以单侧为研究对象。系统整体结构初步设计如图 6 - 1 所示。

高温烟气离开省煤器后，经过 90°转向进入水平段，喷氨栅格布置在水平段，烟气混合定量的氨气后，经三个转向段和整流格栅，进入催化剂段发生脱硝反应，脱硝后的净烟气进入锅炉空气预热器。喷氨格栅后的转向烟道处布置有灰斗，将烟气中的部分飞灰颗粒分离，减轻飞灰浓度过高对后续过程的影响。

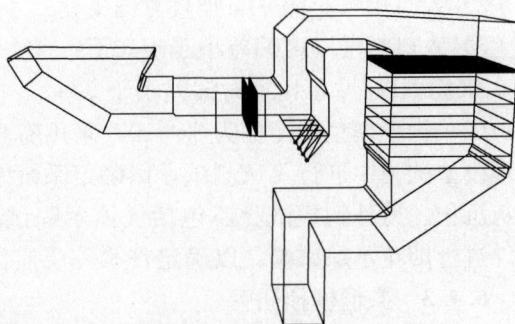

图 6 - 1　SCR 系统整体结构初步设计

脱硝系统入口烟气参数见表 6 - 2～表 6 -4。

表 6 - 2　　　　脱硝系统入口烟气成分参数表（设计煤种、BMCR）

项目	单位	数据	项目	单位	数据
CO_2（湿态%）	%（体积）	14.98	SO_2（湿态）	%（体积）	0.13
O_2（湿态）	%（体积）	3.48	H_2O（湿态）	%（体积）	5.78
N_2（湿态）	%（体积）	75.63			

表 6 - 3　　　　锅炉不同负荷时的省煤器出口烟气参数（设计煤种）表

项　　目	BMCR	THA	75% THA	50% BMCR	30% BMCR
省煤器出口湿烟气量（kg/s，标准状态）	664.9	581.9	470.17	410.455	240.7
省煤器出口烟气温度（℃）	383	373	362	354	350
烟气体积流量（m^3/s，标准状态）	503.7	440.8	356.2	310.9	182.3
烟气压力（kPa）	−1.5				

表 6 - 4　　　　锅炉 BMCR 工况脱硝系统入口烟气中污染物成分

项　　目	单　　位	备　　注
烟尘浓度	g/m^3（6%含氧量，标准状态）	≤43.28（湿基，6%含氧量）
NO_x（以 NO_2 计）	mg/m^3（标准状态）	1100（干基，6%含氧量）
SO_2	mg/m^3（标准状态）	6815（干基，6%含氧量）
SO_3	mg/m^3（标准状态）	—

6.4.2　研究目标

（1）在 100%BMCR 工况、设计温度 383℃时，从脱硝系统入口到出口之间的系统压力损失不大于 810Pa（该压损包含两层催化剂投运后增加的阻力，每层 160Pa 共 320Pa）；从脱硝系统入口到出口之间的系统压力损失不大于 970Pa（考虑附加催化剂层投运后增加的阻力，其中三层催化剂压降共 480Pa）。

（2）第一层催化剂来流（催化剂上游 1m 处）烟气条件。

1）入口烟气流速相对标准偏差小于 10%。

2）入口烟气流向（与竖直方向夹角）小于10°。

3）入口烟气温度偏差小于±10℃。

NO_x/NH_3 摩尔比绝对偏差小于5％。

（3）物理模型的比例为 1：10，采用有机玻璃制作。由于 SCR 系统属于高灰布置，在物理模型试验中进行飞灰测试，以确定系统中飞灰沉积区域，并对系统进行优化设计，消除飞灰沉积。另外物模试验还包括气体示踪试验，以模拟实际系统中氨气与烟气流动混合状况。进行烟花示踪试验，以确定在第一层催化剂前的烟气流动方向满足设计要求。

6.4.3 数值模拟研究

模拟网格数为 520 万，能够确保对喷氨格栅等小结构件的准确几何描述。图 6-2 和图 6-3 所示分别为数值模型中喷氨格栅和整流格栅的几何结构。

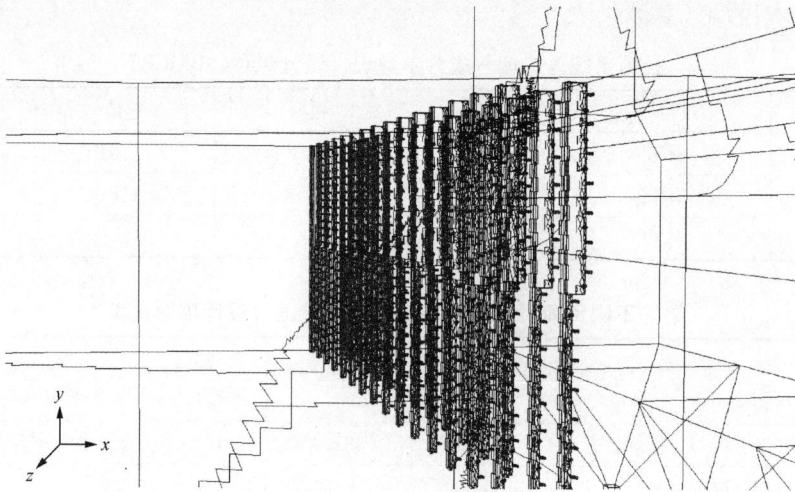

图 6-2 数值模型中喷氨格栅的几何结构

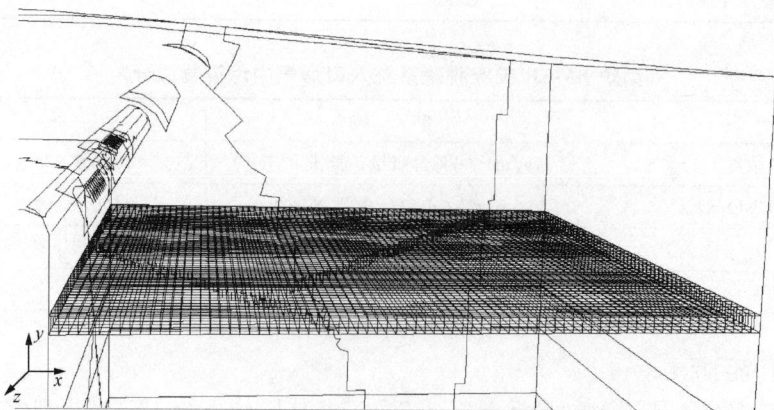

图 6-3 数值模型中整流格栅的几何结构

一、初始方案 100％BMCR 工况

如图 6-4 所示，初始结构 100％BMCR 工况下，整流格栅入口到第一层催化剂入口段流线偏斜严重，不满足技术指标的要求。

图 6-4　原始结构 SCR 系统流线图

原始结构第一层催化剂入口截面速度分布见图 6-5，经统计计算此截面相对标准偏差为 16.52%，不满足技术指标的要求。

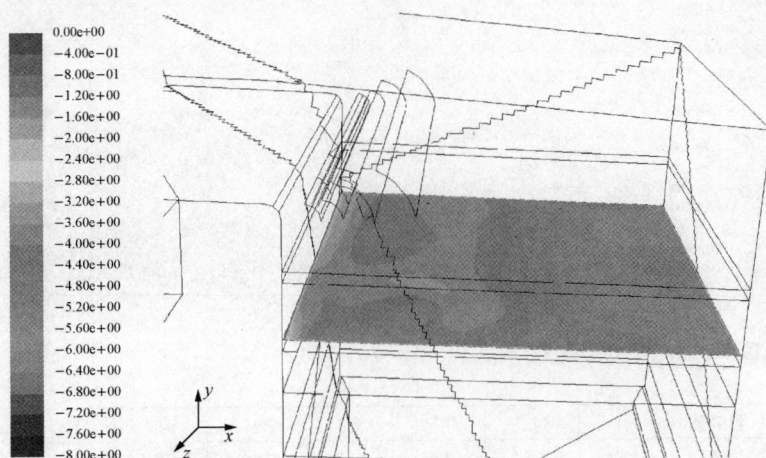

行列数	列1	列2	列3	列4	列5	列6	列7
行1	−4.09	−4.68	−4.05	−4.63	−5.03	−5.16	−5.55
行2	−3.99	−4.07	−3.74	−4.12	−5.21	−5.70	−5.79
行3	−3.71	−3.61	−3.70	−4.40	−5.31	−5.58	−5.36
行4	−3.68	−4.19	−3.86	−4.44	−5.32	−5.38	−5.06
行5	−3.63	−4.45	−3.91	−4.33	−5.20	−5.62	−5.58
行6	−3.60	−4.21	−3.87	−4.26	−5.10	−5.71	−5.92
行7	−3.53	−4.03	−3.74	−4.29	−5.41	−5.58	−5.70

图 6-5　第一层催化剂入口断面速度分布（m/s）

二、改进方案 1（100%BMCR 工况）

根据初始方案模拟计算结果，调整催化剂上游导流叶片的位置，得到新的结构布置方案，称为改进方案 1。

图 6-6 和图 6-7 所示分别为改进方案 1 的流线和第一层催化剂入口截面速度分布。可见流线方向和第一层催化剂入口截面速度分布均有所改善，但仍不能满足技术指标的要求，

需要进一步优化。

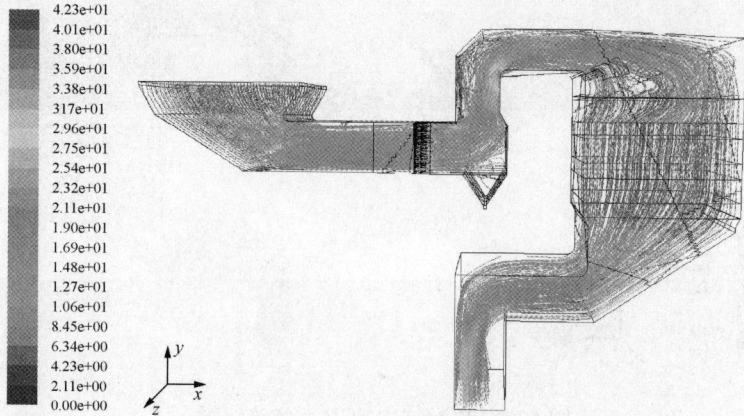

图 6-6　改进方案 1 SCR 系统流线图

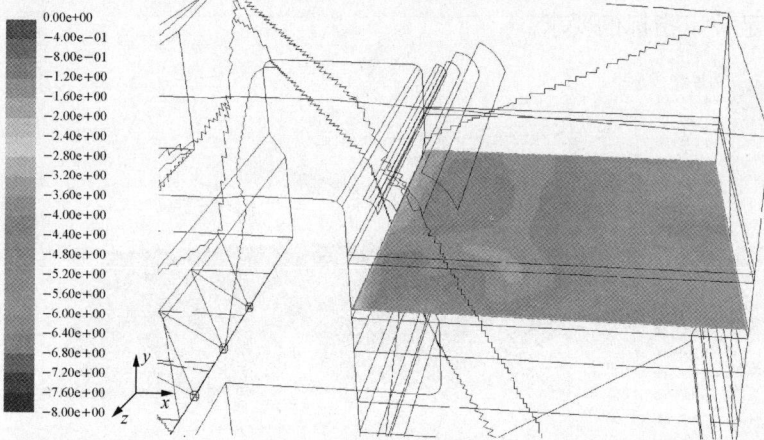

行列数	列1	列2	列3	列4	列5	列6	列7
行1	-4.19	-4.87	-4.05	-4.70	-4.91	-5.04	-5.54
行2	-4.23	-3.94	-3.65	-4.98	-5.09	-5.67	-5.91
行3	-3.81	-3.68	-3.69	-4.30	-5.22	-5.64	-5.57
行4	-3.59	-4.39	-3.92	-4.39	-5.24	-5.19	-5.03
行5	-3.59	-4.70	-3.99	-4.27	-5.13	-5.56	-5.61
行6	-3.52	-4.39	-3.93	-4.22	-4.99	-5.66	-5.96
行7	-3.43	-4.08	-3.78	-4.24	-5.40	-5.39	-5.70

图 6-7　改进方案 1 第一层催化剂入口速度分布（m/s）

三、最优方案 100％BMCR 工况

根据改进方案 1 模拟计算结果，继续调整导流叶片的位置，经过反复的模拟和调整，得到最优的导叶布置方式和技术指标。

图 6-8 所示为最优方案的系统流线分布，可见流线分布均匀，无明显涡流，第一层催化剂来流速度与竖直方向夹角小于 10°。

图 6-9 所示为最优结构第一层催化剂入口截面速度分布，经统计计算，此截面速度分布相对标准偏差 8.52％，满足技术指标的要求。

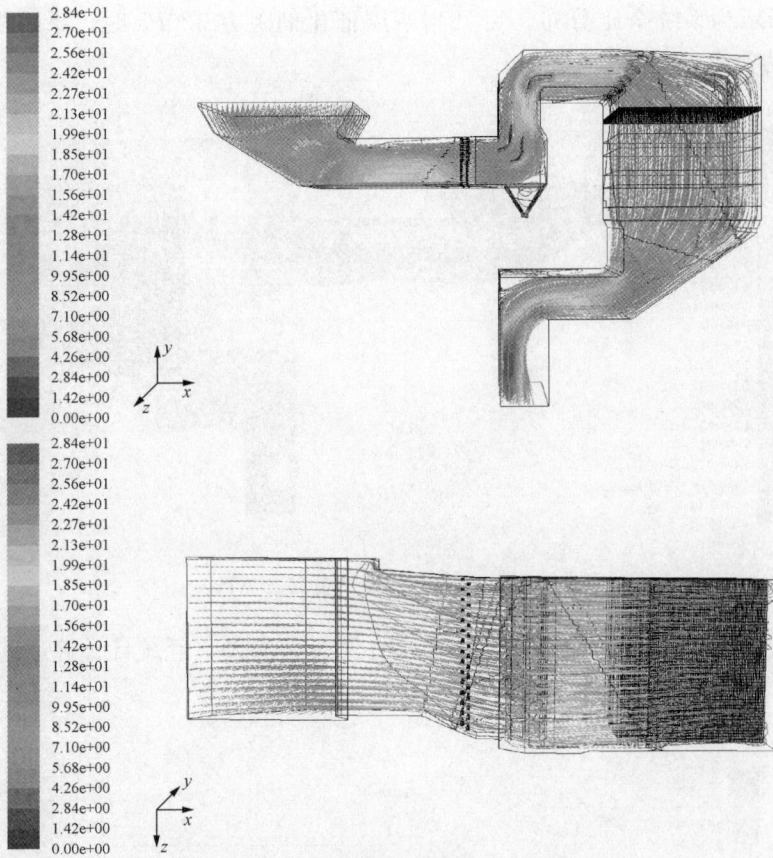

图 6-8　最优结构 SCR 系统流线分布

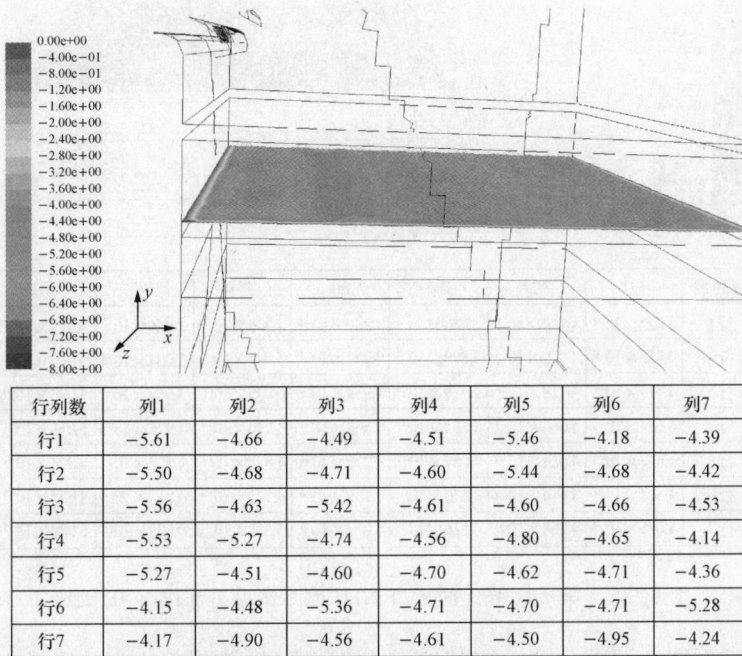

行列数	列1	列2	列3	列4	列5	列6	列7
行1	−5.61	−4.66	−4.49	−4.51	−5.46	−4.18	−4.39
行2	−5.50	−4.68	−4.71	−4.60	−5.44	−4.68	−4.42
行3	−5.56	−4.63	−5.42	−4.61	−4.60	−4.66	−4.53
行4	−5.53	−5.27	−4.74	−4.56	−4.80	−4.65	−4.14
行5	−5.27	−4.51	−4.60	−4.70	−4.62	−4.71	−4.36
行6	−4.15	−4.48	−5.36	−4.71	−4.70	−4.71	−5.28
行7	−4.17	−4.90	−4.56	−4.61	−4.50	−4.95	−4.24

图 6-9　第一层催化剂入口截面速度分布（m/s）

图 6-10 所示为系统全压分布，可见当两层催化剂阻力 320Pa 时，系统阻力为 706Pa，满足技术指标的要求。

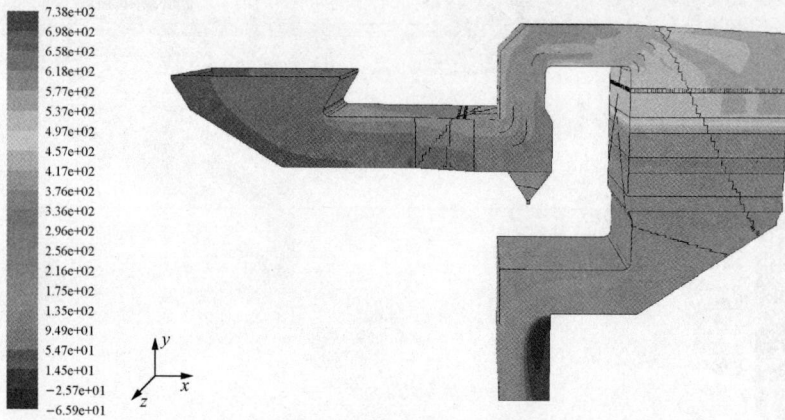

图 6-10　SCR 系统全压分布图（Pa）

图 6-11 所示为第一层催化剂入口 NH_3 摩尔浓度分布图，经统计计算，绝对偏差在 5%以内，满足技术指标的要求。

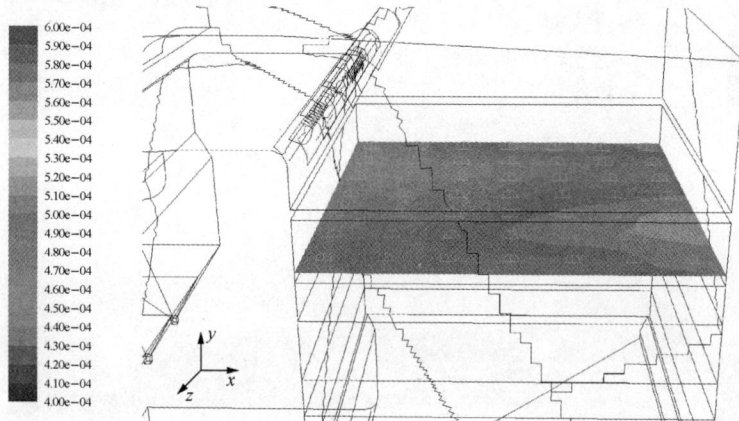

行列数	列1	列2	列3	列4	列5	列6	列7
行1	4.822×10^{-4}	4.849×10^{-4}	4.850×10^{-4}	4.859×10^{-4}	4.906×10^{-4}	4.985×10^{-4}	5.039×10^{-4}
行2	4.753×10^{-4}	4.829×10^{-4}	4.899×10^{-4}	4.987×10^{-4}	5.045×10^{-4}	5.084×10^{-4}	5.053×10^{-4}
行3	4.719×10^{-4}	4.718×10^{-4}	4.819×10^{-4}	4.954×10^{-4}	5.039×10^{-4}	5.069×10^{-4}	5.085×10^{-4}
行4	4.653×10^{-4}	4.663×10^{-4}	4.752×10^{-4}	4.863×10^{-4}	4.940×10^{-4}	4.974×10^{-4}	5.011×10^{-4}
行5	4.637×10^{-4}	4.624×10^{-4}	4.687×10^{-4}	4.775×10^{-4}	4.838×10^{-4}	4.872×10^{-4}	4.894×10^{-4}
行6	4.614×10^{-4}	4.614×10^{-4}	4.670×10^{-4}	4.738×10^{-4}	4.773×10^{-4}	4.813×10^{-4}	4.855×10^{-4}
行7	4.675×10^{-4}	4.768×10^{-4}	4.876×10^{-4}	4.972×10^{-4}	5.032×10^{-4}	4.983×10^{-4}	5.008×10^{-4}

图 6-11　第一层催化剂入口 NH_3 摩尔浓度分布图（μL/L）

图 6-12 所示为第一层催化剂入口温度分布图，可见该截面内温度分布均匀，温度偏差

小于 10℃，满足技术指标的要求。

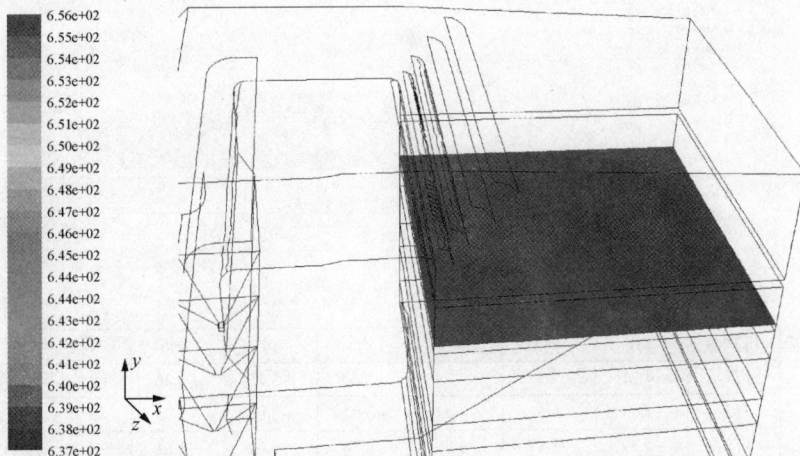

图 6-12 第一层催化剂入口烟气温度分布分布图（K）

四、最优方案（THA 工况、75％THA 工况、45％BMCR 工况）

图 6-13～图 6-24 所示分别为最优方案 THA 工况、75％THA 工况、45％BMCR 工况的模拟结果，根据各工况模拟结果，各项参数均满足技术指标的要求。

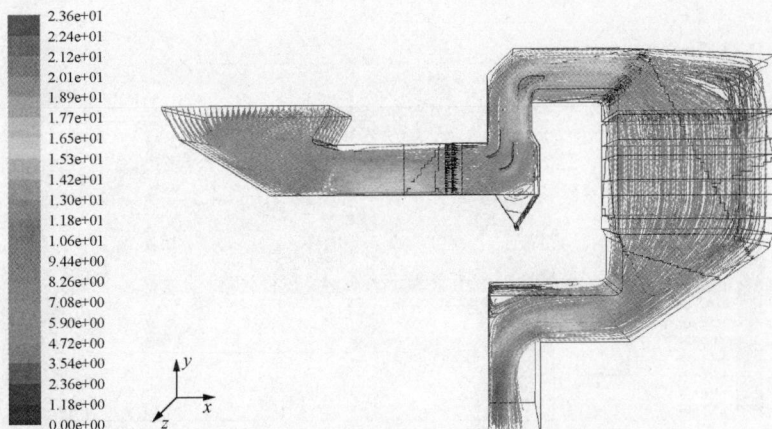

图 6-13 THA 工况流线图

6.4.4 物理模型试验

图 6-25 所示为物理模型试验台，模型按 1∶10 的比例按照最优方案的结构设计，由有机玻璃加工而成。在测试截面位置的壁面上预先按等面积开试验测孔。喷氨格栅按同样比例缩小制作，通入适当替代气体，模拟实际工程中氨喷入烟气后的混合效果。通过加灰装置模拟实际系统中不同负荷下的积灰情况。

表 6-5 所示为模型试验台上模拟 100％BMCR 工况第一层催化剂来流速度分布测试结果。经统计计算，相对标准偏差 9.6％，满足技术指标的要求。

101

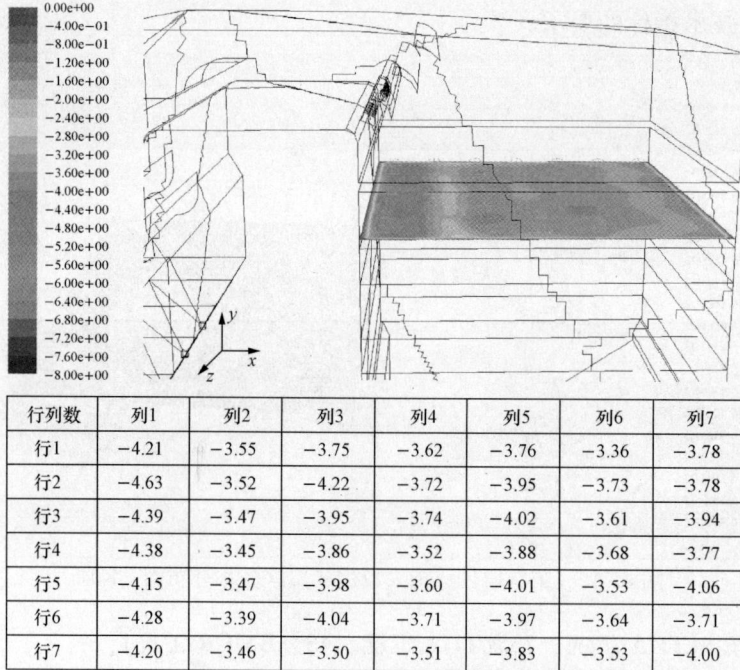

行列数	列1	列2	列3	列4	列5	列6	列7
行1	−4.21	−3.55	−3.75	−3.62	−3.76	−3.36	−3.78
行2	−4.63	−3.52	−4.22	−3.72	−3.95	−3.73	−3.78
行3	−4.39	−3.47	−3.95	−3.74	−4.02	−3.61	−3.94
行4	−4.38	−3.45	−3.86	−3.52	−3.88	−3.68	−3.77
行5	−4.15	−3.47	−3.98	−3.60	−4.01	−3.53	−4.06
行6	−4.28	−3.39	−4.04	−3.71	−3.97	−3.64	−3.71
行7	−4.20	−3.46	−3.50	−3.51	−3.83	−3.53	−4.00

图 6 - 14　THA 工况第一层催化剂入口速度分布（m/s）

注：经统计计算相对标准偏差为 7.76%。

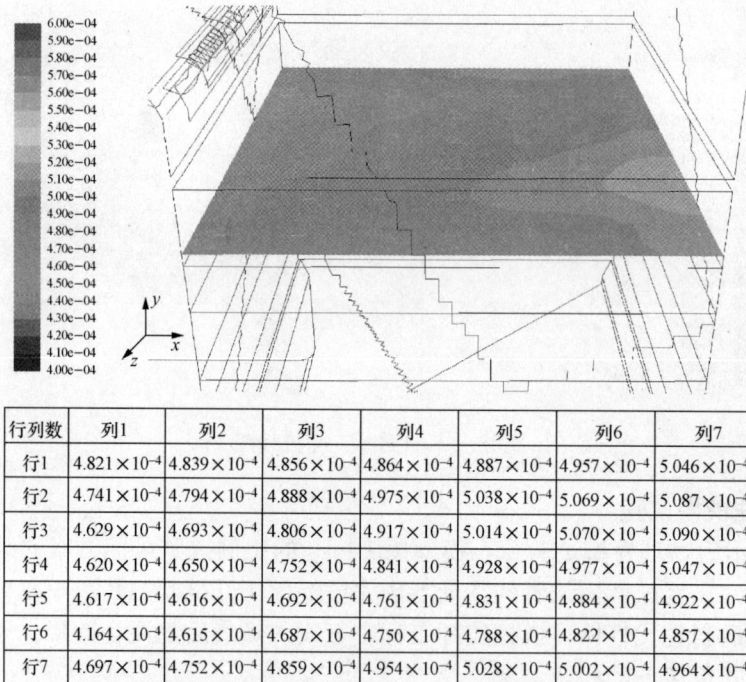

行列数	列1	列2	列3	列4	列5	列6	列7
行1	4.821×10^{-4}	4.839×10^{-4}	4.856×10^{-4}	4.864×10^{-4}	4.887×10^{-4}	4.957×10^{-4}	5.046×10^{-4}
行2	4.741×10^{-4}	4.794×10^{-4}	4.888×10^{-4}	4.975×10^{-4}	5.038×10^{-4}	5.069×10^{-4}	5.087×10^{-4}
行3	4.629×10^{-4}	4.693×10^{-4}	4.806×10^{-4}	4.917×10^{-4}	5.014×10^{-4}	5.070×10^{-4}	5.090×10^{-4}
行4	4.620×10^{-4}	4.650×10^{-4}	4.752×10^{-4}	4.841×10^{-4}	4.928×10^{-4}	4.977×10^{-4}	5.047×10^{-4}
行5	4.617×10^{-4}	4.616×10^{-4}	4.692×10^{-4}	4.761×10^{-4}	4.831×10^{-4}	4.884×10^{-4}	4.922×10^{-4}
行6	4.164×10^{-4}	4.615×10^{-4}	4.687×10^{-4}	4.750×10^{-4}	4.788×10^{-4}	4.822×10^{-4}	4.857×10^{-4}
行7	4.697×10^{-4}	4.752×10^{-4}	4.859×10^{-4}	4.954×10^{-4}	5.028×10^{-4}	5.002×10^{-4}	4.964×10^{-4}

图 6 - 15　THA 工况第一层催化剂入口 NH_3 分布（μL/L）

注：经统计计算，绝对偏差在 5% 以内。

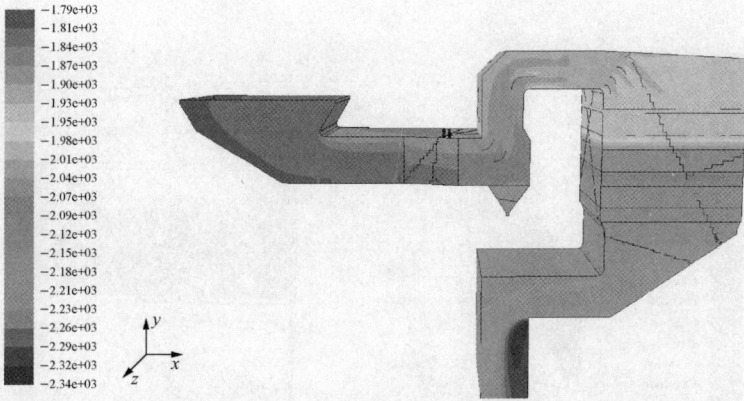

图 6-16　THA 工况系统全压分布（Pa）

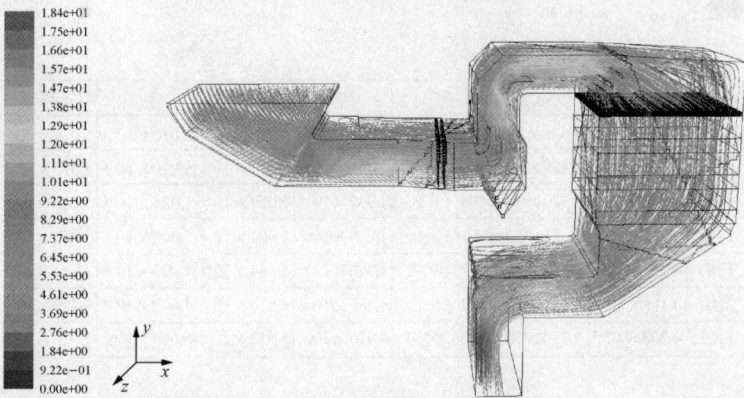

图 6-17　75％THA 工况流线图

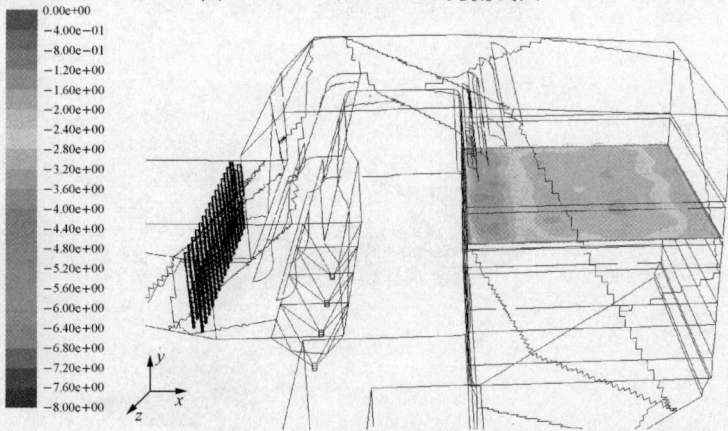

行列数	列1	列2	列3	列4	列5	列6	列7
行1	−3.24	−2.75	−2.87	−2.79	−3.07	−2.73	−3.10
行2	−3.64	−2.80	−3.28	−2.92	−3.18	−2.90	−3.02
行3	−3.48	−2.77	−3.13	−2.92	−3.22	−2.79	−3.13
行4	−3.44	−2.77	−3.05	−2.77	−3.12	−2.88	−3.05
行5	−3.30	−2.77	−3.19	−2.85	−3.21	−2.78	−3.14
行6	−3.42	−2.88	−3.22	−2.94	−3.19	−2.83	−3.05
行7	−3.35	−2.78	−2.80	−2.77	−3.10	−2.86	−3.12

图 6-18　75％THA 工况第一层催化剂入口速度分布（m/s）

注：经计算，相对标准偏差为 7.55％。

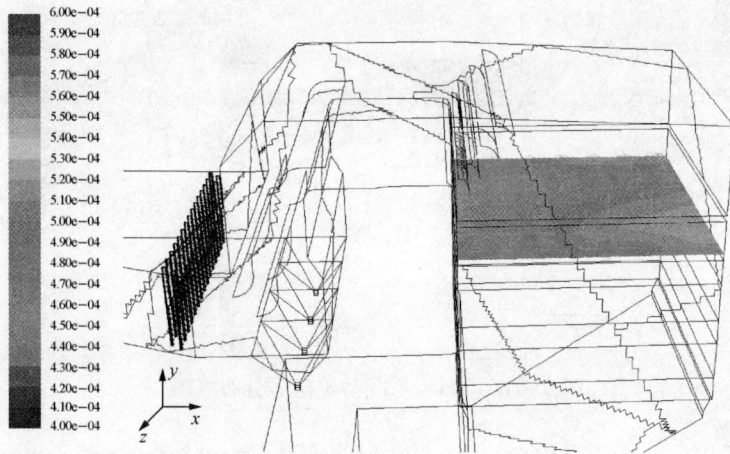

行列数	列1	列2	列3	列4	列5	列6	列7
行1	4.864×10^{-4}	4.885×10^{-4}	4.905×10^{-4}	4.916×10^{-4}	4.937×10^{-4}	5.010×10^{-4}	5.079×10^{-4}
行2	4.781×10^{-4}	4.830×10^{-4}	4.926×10^{-4}	5.041×10^{-4}	5.079×10^{-4}	5.090×10^{-4}	5.092×10^{-4}
行3	4.653×10^{-4}	4.720×10^{-4}	4.841×10^{-4}	4.960×10^{-4}	5.057×10^{-4}	5.084×10^{-4}	5.086×10^{-4}
行4	4.640×10^{-4}	4.673×10^{-4}	4.781×10^{-4}	4.875×10^{-4}	4.964×10^{-4}	5.009×10^{-4}	5.053×10^{-4}
行5	4.629×10^{-4}	4.639×10^{-4}	4.721×10^{-4}	4.796×10^{-4}	4.869×10^{-4}	4.907×10^{-4}	4.942×10^{-4}
行6	4.113×10^{-4}	4.631×10^{-4}	4.705×10^{-4}	4.768×10^{-4}	4.814×10^{-4}	4.848×10^{-4}	4.896×10^{-4}
行7	4.708×10^{-4}	4.770×10^{-4}	4.882×10^{-4}	4.970×10^{-4}	5.053×10^{-4}	5.046×10^{-4}	5.050×10^{-4}

图 6-19　75％THA 工况第一层催化剂入口 NH₃ 分布（μL/L）

注：经计算，绝对偏差小于 5％。

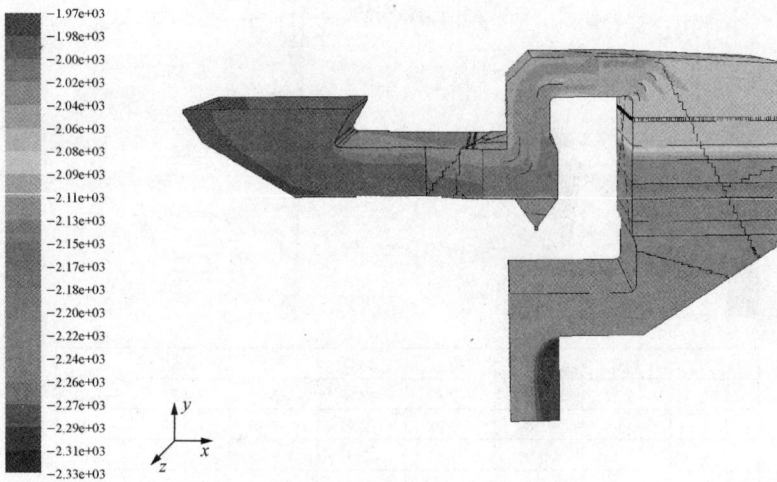

图 6-20　75％THA 工况系统全压（Pa）

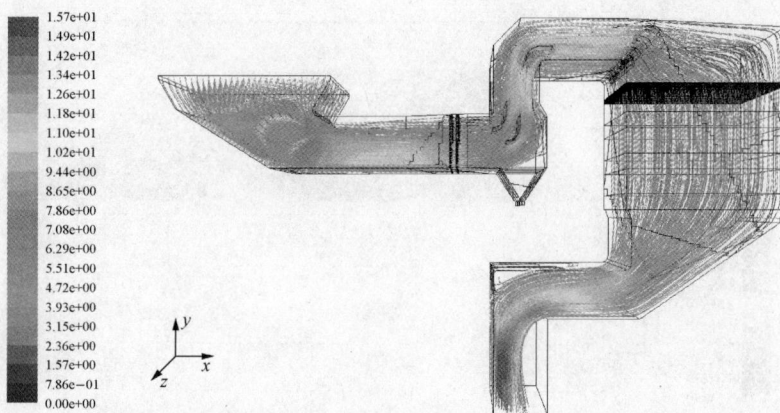

图 6 - 21　50％BMCR 工况流线图

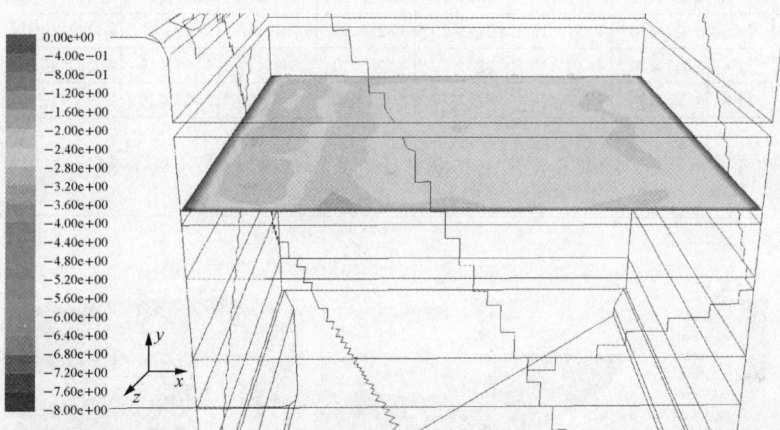

行列数	列1	列2	列3	列4	列5	列6	列7
行1	−2.80	−3.12	−3.00	−2.95	−2.86	−2.98	−2.91
行2	−2.37	−2.42	−2.40	−2.41	−2.40	−2.52	−2.42
行3	−2.49	−2.80	−2.68	−2.61	−2.74	−2.76	−2.41
行4	−2.44	−2.53	−2.52	−2.39	−2.48	−2.54	−2.41
行5	−2.66	−2.74	−2.77	−2.71	−2.76	−2.75	−2.70
行6	−2.38	−2.48	−2.41	−2.46	−2.41	−2.43	−2.47
行7	−2.67	−2.61	−2.68	−2.64	−2.69	−2.60	−2.65

图 6 - 22　50％BMCR 工况第一层催化剂入口速度分布（m/s）

注：经计算，相对标准偏差为 7.34％。

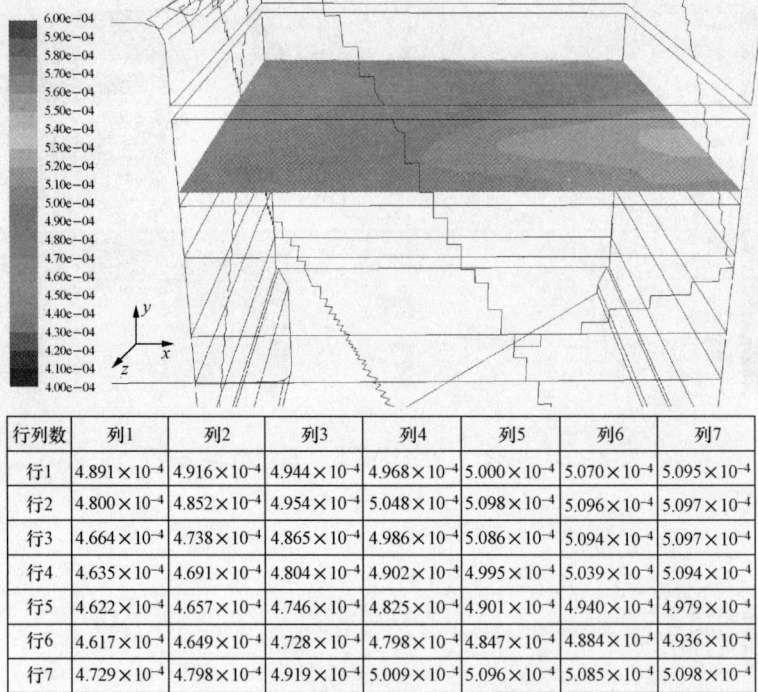

行列数	列1	列2	列3	列4	列5	列6	列7
行1	4.891×10^{-4}	4.916×10^{-4}	4.944×10^{-4}	4.968×10^{-4}	5.000×10^{-4}	5.070×10^{-4}	5.095×10^{-4}
行2	4.800×10^{-4}	4.852×10^{-4}	4.954×10^{-4}	5.048×10^{-4}	5.098×10^{-4}	5.096×10^{-4}	5.097×10^{-4}
行3	4.664×10^{-4}	4.738×10^{-4}	4.865×10^{-4}	4.986×10^{-4}	5.086×10^{-4}	5.094×10^{-4}	5.097×10^{-4}
行4	4.635×10^{-4}	4.691×10^{-4}	4.804×10^{-4}	4.902×10^{-4}	4.995×10^{-4}	5.039×10^{-4}	5.094×10^{-4}
行5	4.622×10^{-4}	4.657×10^{-4}	4.746×10^{-4}	4.825×10^{-4}	4.901×10^{-4}	4.940×10^{-4}	4.979×10^{-4}
行6	4.617×10^{-4}	4.649×10^{-4}	4.728×10^{-4}	4.798×10^{-4}	4.847×10^{-4}	4.884×10^{-4}	4.936×10^{-4}
行7	4.729×10^{-4}	4.798×10^{-4}	4.919×10^{-4}	5.009×10^{-4}	5.096×10^{-4}	5.085×10^{-4}	5.098×10^{-4}

图 6-23 50%BMCR 工况第一层催化剂入口 NH_3 摩尔浓度分布（μL/L）
注：经计算，绝对偏差小于 5%。

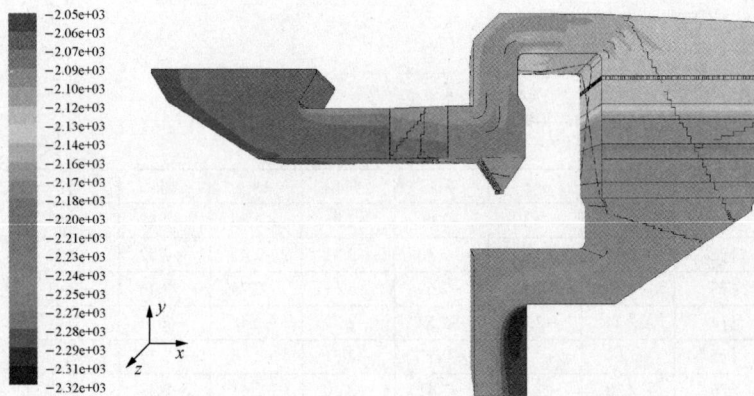

图 6-24 50%BMCR 工况系统全压分布（Pa）

表 6-6 所示为试验测得模型不同测试截面位置静压值。根据静压测试结果和计算得到各截面动压值，计算得到整个反应器系统的阻力系数，进而得到实际工况下，系统阻力约为 721Pa，小于技术指标的要求。

图 6-25 模型试验台
(a) 模型试验台整体结构；(b) 模型喷氨格栅段；
(c) 模型催化剂上部转向段导叶；(d) 模型整流装置

表 6-5	100%BMCR 工况第一层催化剂来流速度分布				单位：m/s	
点数 \ 孔数	1	2	3	4	5	6
1	4.14	3.03	3.06	3.26	3.22	3.73
2	4.21	3.2	3.13	3.66	3.2	3.92
3	4.29	3.3	3.78	3.71	3.3	3.5
4	4.05	3.2	4.02	3.42	3.2	3.4
5	3.62	3.4	4.03	3.76	3.3	3.5
6	3.68	3.1	3.78	3.06	3.3	3.3
7	3.9	2.8	3.3	3.61	3.2	3.6
8	3.69	2.8	3.2	3.34	3.6	3.9
9	3.4	3.08	3.36	3.3	3.8	3.9
10	3.4	3.2	3.5	3.4	3.2	3.6
11	3.58	3.2	3.98	3.35	3.2	3.5
12	4.15	3.3	3.58	3.25	3.2	3.3

表 6-6 是不同测试截面位置静压

测孔位置	静压（Pa）	测孔位置	静压（Pa）
省煤器出口	−20	顶部水平段	−220
水平段	−110	整流格栅后	−190
AIG 前	−100	第一层催化剂下部	−320
MIXER 后	−140	第二层催化剂下部	−400
竖直烟道段	−180	底部出口	−530

表 6-7 所示为模型试验台上模拟 100%BMCR 工况第一层催化剂来流替代气体浓度分布测试结果。经统计计算，最大偏差为 4.4%，满足技术指标的要求。

表 6-7　　　　100%BMCR 工况第一层催化剂来替代气浓度分布　　　　单位：μL/L

点数＼孔数	1	2	3	4	5	6
1	810	810	790	820	810	780
2	800	810	810	780	830	790
3	800	820	800	810	760	760
4	760	780	800	810	760	800
5	825	810	790	800	820	810
6	785	780	780	780	800	810
7	800	770	810	780	800	820
8	810	790	830	790	760	780
9	820	810	760	760	825	810
10	770	810	760	800	810	760
11	800	780	810	810	780	810
12	810	790	780	790	790	780

表 6-8 所示为模型试验台上模拟 THA 工况第一层催化剂来流速度分布测试结果。经统计计算，相对标准偏差为 9.63%，满足技术指标的要求。

表 6-8　　　　THA 工况第一层催化剂来流速度分布　　　　单位：m/s

点数＼孔数	1	2	3	4	5	6
1	3.77	2.74	2.78	2.96	2.94	3.39
2	3.83	2.91	2.85	3.33	2.91	3.56
3	3.89	3.00	3.44	3.37	3.00	3.18
4	3.68	2.91	3.65	3.11	2.91	3.09
5	3.29	3.09	3.66	3.42	2.99	3.18
6	3.35	2.82	3.44	2.78	3.01	3.00
7	3.55	2.55	3.00	3.27	2.91	3.26

点数 ＼ 孔数	1	2	3	4	5	6
8	3.35	2.55	2.91	3.04	3.27	3.55
9	3.09	2.80	3.05	3.00	3.45	3.55
10	3.11	2.91	3.18	3.09	2.91	3.27
11	3.25	2.91	3.62	3.05	2.91	3.18
12	3.77	2.98	3.25	2.95	2.91	3.01

表 6-9 所示为模型试验台上模拟 75%THA 工况第一层催化剂来流速度分布测试结果。经统计计算，相对标准偏差为 9.8%，满足技术指标的要求。

表 6-9　　　　　　　　　　**75%THA 工况第一层催化剂来流速度分布**　　　　　　　单位：m/s

点数 ＼ 孔数	1	2	3	4	5	6
1	2.83	2.08	2.07	2.24	2.21	2.52
2	2.90	2.16	2.16	2.50	2.16	2.65
3	2.95	2.23	2.60	2.53	2.23	2.41
4	2.79	2.20	2.71	2.36	2.18	2.30
5	2.47	2.30	2.78	2.54	2.26	2.39
6	2.48	2.13	2.55	2.11	2.26	2.23
7	2.69	1.89	2.27	2.45	2.16	2.42
8	2.54	1.89	2.20	2.28	2.43	2.69
9	2.34	2.12	2.27	2.27	2.59	2.63
10	2.33	2.16	2.41	2.30	2.20	2.45
11	2.47	2.16	2.74	2.28	2.16	2.36
12	2.86	2.21	2.47	2.22	2.16	2.28

表 6-10 所示为模型试验台上模拟 45%BMCR 工况第一层催化剂来流速度分布测试结果。经统计计算，相对标准偏差为 9.8%，满足技术指标的要求。

表 6-10　　　　　　　　　　**45%BMCR 工况第一层催化剂来流速度分布**　　　　　　单位：m/s

点数 ＼ 孔数	1	2	3	4	5	6
1	2.22	1.59	1.64	1.73	1.69	2.00
2	2.25	1.71	1.64	1.96	1.70	2.06
3	2.27	1.73	2.02	1.95	1.77	1.86
4	2.17	1.68	2.15	1.81	1.68	1.78
5	1.94	1.78	2.16	1.99	1.73	1.87
6	1.95	1.66	1.98	1.64	1.75	1.73
7	2.09	1.47	1.77	1.91	1.68	1.89

续表

点数 \ 孔数	1	2	3	4	5	6
8	1.98	1.47	1.71	1.77	1.89	2.09
9	1.82	1.65	1.76	1.77	2.01	2.05
10	1.80	1.68	1.87	1.78	1.71	1.91
11	1.88	1.71	2.09	1.79	1.70	1.84
12	2.22	1.73	1.92	1.72	1.68	1.73

图 6-26 所示为模型试验烟花示踪，可见系统流线分布均匀，无明显回流区域，第一层催化剂来流速度与竖直方向夹角小于 10°，满足技术指标的要求。

模型试验台模拟积灰试验中，在 100%BMCR 工况、THA 工况和 75%THA 工况下，除转向段灰斗内，其他区域无明显积灰。在 45%BMCR 工况下，省煤器出口转向后的水平段有积灰，其他区域无明显积灰（见图 6-27）。低负荷下产生的局部区域积灰，当负荷升高时又会被气流带走。

图 6-26 烟花示踪

图 6-27 45%BMCR 工况省煤器出口
转向后水平段积灰

6.4.5 结论

通过 CFD 模拟的方法，对初始设计方案进行研究，发现初始设计方案尚有需要改进之处。通过反复优化导流叶片的形状及位置，最终的结构满足现有技术指标要求。两层催化剂投运 100%BMCR 工况下，第一层催化剂来流速度分布相对标准偏差为 8.52%；第一层催化剂来流速度与竖直方向夹角小于 10°；第一层催化剂来流氨浓度分布绝对偏差小于 5%；系统阻力为 706Pa。

物模试验验证了 CFD 模拟研究的结论。两层催化剂投运 100%BMCR 工况下，第一层催化剂来流速度分布相对标准偏差为 9.6%；第一层催化剂来流速度与竖直方向夹角小于 10°；第一层催化剂来流氨浓度分布绝对偏差 4.4%；系统阻力 721Pa。

THA 工况、75%THA 工况、45%BMCR 工况下，CFD 模拟结果和物理模型试验结果也均满足技术指标的要求。

第 7 章

火电厂SCR技术的控制系统

7.1 控制系统组成及控制原理

烟气脱硝装置的控制系统应包括 SCR 反应器区控制系统、蒸汽与声波吹灰控制系统、除灰控制系统和还原剂区控制系统，以及上述控制对象的数据采集（DAS）模拟量控制（MCS）、顺序控制（SCS）、连锁保护和报警。完整的脱硝控制设计还应包括工业电视监控系统、火灾报警及氨泄漏报警系统，以满足脱硝系统运行监控要求。

目前，SCR 脱硝装置基本上都布置在高灰段，一般放置在锅炉尾部烟道上的省煤器与空气预热器之间，与其锅炉设备形成一体化格局，从控制角度来说，SCR 脱硝装置已成为机组运行的一个重要组成部分。还原剂存储及制备区的布置则相对比较独立，一般作为厂区公用系统。因此，在脱硝装置的控制系统设计上，要充分考虑这一特点，将两个区域的仪表与控制系统分别对待，并最大限度地优化系统设计。

7.1.1 SCR 区控制系统

SCR 区控制是脱硝系统重要的控制部分，一般采用 DCS 控制，并采用控制功能分散、物理分散及操作管理集中的设计原则。脱硝反应器区域的控制系统采用独立的 SCR 控制子系统，分别纳入各机组 DCS 系统（根据实际需要也可以纳入脱硫 DCS 或公用 DCS），称为SCR-DCS。

SCR-DCS 可以集中安装在机组电子间，也可以采用机组 DCS 远程站安装在就地脱硝电子间，还可以作为机组 DCS 的远程 I/O 站，安装在就地脱硝电子间内。机组 DCS 远程站的方式对就地脱硝电子间环境要求较高，一般不建议采用。集中安装方式更有利于维护管理，远程 I/O 站方式则在不影响系统安全性、稳定性和操作监视便利性的前提下，设备和安装成本更低。这两种方式在脱硝工程的设计中得到广泛认可。不管使用哪种方式，SCR-DCS控制子系统的硬件设计必须考虑控制器及配套电源、机柜、机座、I/O 卡件及冗余、通信接口及卡件、连接电缆（光纤）等，软件设计必须考虑连接方式、通信协议、远程操作、控制逻辑组态、画面组态等。

采用远程 I/O 站方式的 SCR-DCS 系统，就地脱硝电子间不设操作员站，运行人员直接通过单元机组 DCS 操作员站对脱硝系统的工艺参数进行监视和控制。

7.1.2 吹灰控制系统

根据烟气脱硝工程工艺需要，SCR 反应器每层催化剂配备声波吹灰器和半伸缩耙式蒸汽吹灰器，对催化剂进行吹扫。吹灰系统的控制部分可以纳入电厂原有吹灰上位机（PLC），也可纳入到脱硝系统的 SCR-DCS 控制系统中，并保留就地盘柜手动控制方式。

7.1.3 除灰控制系统

根据工程条件，大多数脱硝反应器进口烟道底部需要设置灰斗。不论是进口烟道还是出口烟道，灰斗除灰主要有重力翻板方式、电动锁气器方式和仓泵气力输灰方式（还有一种水力输灰方式现在已很少使用）三种方式。重力翻板方式属于机械式除灰，直接将灰排到电除尘入口烟道；电动锁气器方式是根据灰斗料位，由 SCR-DCS 控制，将灰有序排放到电除尘入口烟道；仓泵气力输灰是通过压缩空气，将灰输送到灰库。除灰系统控制可纳入全厂 PLC 除灰控制系统，或纳入 SCR-DCS 系统控制。

7.1.4 还原剂区控制系统

脱硝还原剂储存、制备与供应系统相对比较独立，且距机组有一段距离，设计上宜采用独立的 DCS 系统或 PLC 控制系统，控制器冗余配置，并至少设置一台操作员站（兼工程师站），用于系统管理、维护及就地操作等。还原剂区控制可独立设计，也可利用光纤通信到机组公用系统，其控制系统的网络连接方式、通信接口硬件设备、软件及授权、通信协议等都应是设计重点考虑范围。

7.1.5 工业电视监控系统

SCR 内区域可根据要求，设置工业电视监控系统，电视监控系统纳入全厂监控系统中。脱硝还原剂制备与存储区属于危险源区域，必须设置工业电视监控系统。电视监控系统可纳入全厂监控系统中，或设置独立监视网络。

7.1.6 火灾报警与氨泄漏报警系统

完整的控制系统还应包括火灾及氨泄漏报警和消防控制系统。

7.2 SCR-DCS 分散控制系统主要控制回路及控制策略

常见的烟气脱硝 DCS 控制系统如图 7-1 所示，每套烟气脱硝控制系统采用一套 SCR-DCS 功能控制站进行监视和控制。SCR-DCS 一般不设专用操作员站，在机组控制室，运行人员通过机组操作员站对烟气脱硝系统进行启/停操作、正常运行监视、调节控制，以及异常与事故状况的处理，无需现场人员的操作配合。

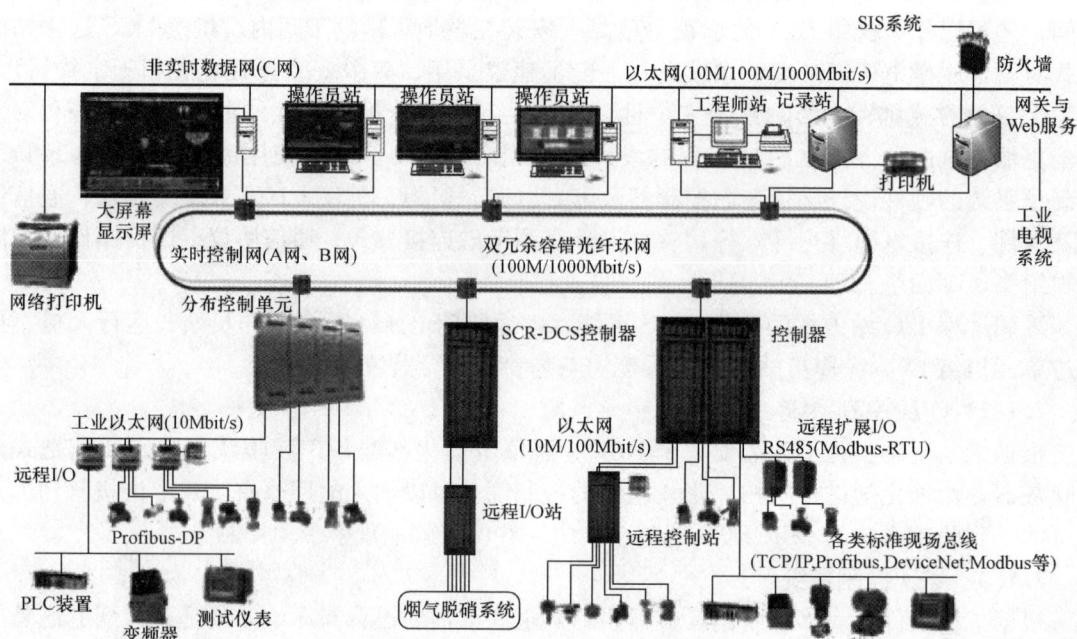

图 7-1 SCR-DCS 分散控制系统

脱硝系统主要控制回路及控制策略包括以下几方面。

7.2.1　喷氨量闭环控制系统

一、控制原理

喷氨量闭环控制系统包括氨气喷射流量的控制和氨气事故截止阀的控制。系统根据锅炉烟气量、烟气温度、SCR 反应器进出口 NO_x 浓度、SCR 反应器出口氨逃逸量等运行参数，自动调节氨喷射量。氨气喷射流量控制是 SCR 脱硝控制的重要控制回路，控制原理见图 7-2。

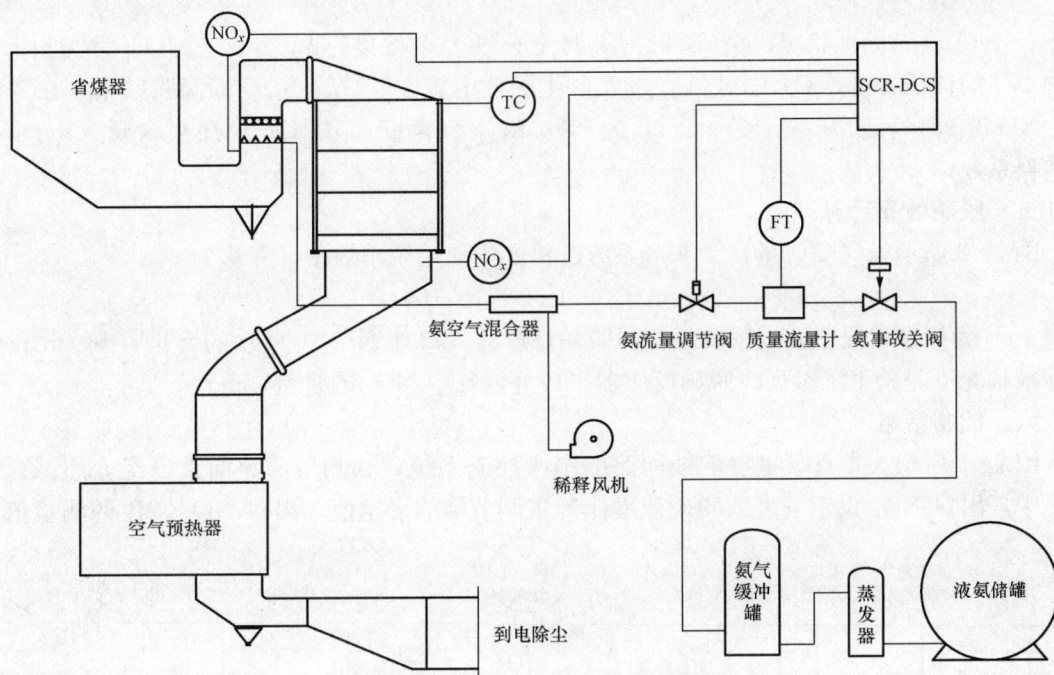

图 7-2　氨气喷射流量控制原理图

设计氨流量的控制时，需要注意以下两个问题：

（1）目前普遍使用抽取法 NO_x 测量，其信号存在较长的时间滞后问题。

（2）需要考虑氨逃逸率的控制问题。

二、烟气流量测量

喷氨量闭环控制离不开烟气流量，而烟气流量的直接测量目前还是烟气脱硝工程中的一道难题，实际工程中的烟气流量通常是通过以下途径计算得到的。

（1）根据 DCS 提供的锅炉负荷计算烟气流量，是经常使用的方法之一。

（2）根据 DCS 提供的燃料量计算烟气流量，也可根据热量需求信号或主蒸汽流量信号参与烟气量计算。

（3）根据 DCS 提供的空气流量计算烟气量，但实际上空气量的测量误差也比较大。

（4）利用西安热工研究院的机翼型喷氨隔栅测量烟气流量。

三、氨气流量测量

喷氨量闭环控制对氨气流量测量有较高的要求，而且流量计算需要经过密度（压力和温度）修正，目前脱硝工程中逐渐采用质量流量计，DCS 中计算时则不需要考虑密度修正。

113

四、NO$_x$ 测量

在实际工程应用中，烟气监测分析系统 CEMS（continuous emission monitoring system）测量的是烟气的 NO 含量，而在实际计算及控制算法中，需要计算烟气中的 NO$_x$ 含量，这就需要首先通过公式进行换算和修正。

烟气中 NO$_x$ 的浓度（干基、标准状况、6%氧量）计算式为

$$[NO_x] = \frac{[NO]}{0.95} \times 2.05 \times \frac{21-6}{21-[O_2]}$$

式中：$[NO_x]$ 为标准状况、6%氧量、干烟气下 NO$_x$ 的浓度，mg/m^3；$[NO]$ 为实测干烟气中 NO 的体积含量，$\mu L/L$；$[O_2]$ 为实测干烟气中氧含量，%；0.95 为经验数据（在 NO$_x$ 中，NO 占 95%，NO$_2$ 占 5%）；2.05 为 NO$_2$ 由体积含量（$\mu L/L$）到质量含量（mg/m^3）的转换系数。

五、脱硝效率计算

图 7-3 所示氨气喷射量自动调节系统逻辑图中使用脱硝效率计算式为

$$\eta = (C_1 - C_2)/C_1 \times 100\%$$

式中：C_1 为标准状况下脱硝系统运行时脱硝反应器入口处烟气中 NO$_x$ 的含量，mg/m^3；C_2 为标准状况下脱硝系统运行时脱硝反应器出口处烟气中 NO$_x$ 的含量，mg/m^3。

六、控制策略

图 7-3 所示为带有喷氨量前馈回路的串级控制系统，其测量回路前文已经介绍。在该系统中，出口 NO$_x$ 设定浓度或脱硝效率作为主调节器的设定值，出口 NO$_x$ 浓度的测量值作

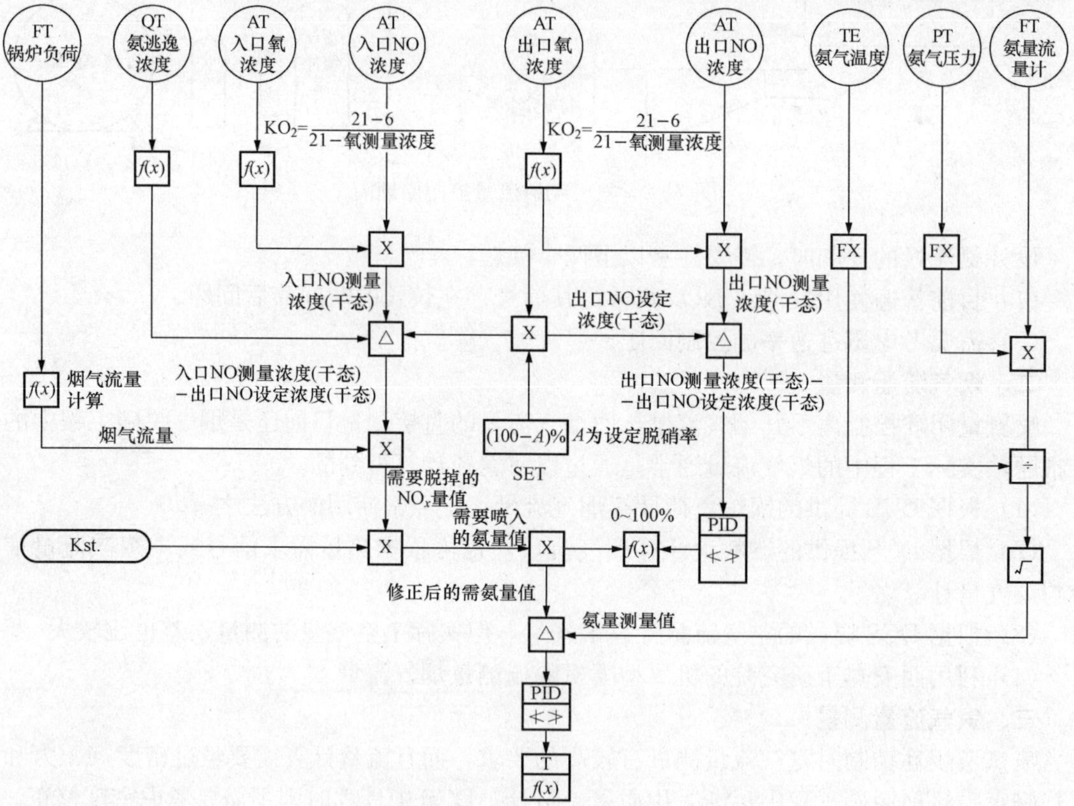

图 7-3　氨气喷射量自动调节系统逻辑图

为被调量，经 PID 运算，得到的氨气喷射量再作为副调节器的设定值，与氨流量计的测量信号经过比较和 PID 运算，来调节氨气流量调节阀。

由于脱硝工程的 CEMS 系统测量存在明显滞后，且反应器和催化剂也都是时间滞后环节，因此，在图 7-3 中设置有一个重要的回路即前馈回路。前馈回路根据烟气量和入口 NO_x 浓度，直接计算出需要脱除的 NO_x 量，进而计算出需要喷入的氨气流量，这一流量直接作用于副调节器的给定值，用于对负荷变化作出快速反应。

如果由于催化剂原因导致控制效果不能满足要求，或出口 NO_x 波动较大，除了根据实际工程特点改变调节器参数以改善调节品质外，还可以从两个方面进行改进：①缩短 NO_x 分析仪的采样管线以保证对烟气分析的快速响应。②采用能够更快速预测 NO_x 变化的信号，如燃料量或蒸汽量。

图 7-3 使用的是以脱硝效率为人工设定值的控制方式，在实际应用中，还会遇到需要以出口 NO_x 浓度为人工设定值的情况。这两种方式没有本质区别，只是运行习惯不同，在脱硝工程的 DCS 组态过程中，一般提供两种操作运行方式供用户选择。

还有一种控制方式称为固定摩尔比控制方式，该方式实际上是利用 NH_3/NO_x 摩尔比来提供所需要的氨气流量，具体来说，就是 SCR 反应器出口的 NO_x 浓度乘以烟气流量得到 NO_x 信号，该信号乘以所需 NH_3/NO_x 摩尔比就是基本氨气流量信号。氨气流量信号作为给定值送入 PID 控制器与实测氨气流量信号比较，由 PID 控制器经运算后发出调节信号控制阀门开度以调节氨气流量。这一控制方式思路简洁，其特点是控制的出口 NO_x 值波动较小，但是氨气消耗相对较大。单纯的固定摩尔比控制方式在实际工程中应用较少。

七、关于氨逃逸

在催化剂活性期内，脱硝系统的工艺与控制系统设计可以同时满足脱硝效率和氨逃逸等指标要求，因此控制策略无需考虑氨逃逸的影响。但是，催化剂性能减退、脱硝系统喷氨分布不合理、氨气喷嘴流量与烟气中需还原的 NO_x 浓度不匹配、吹灰不及时及控制未经优化等原因，可能导致在保证脱硝效率的前提下，氨逃逸量超标。氨逃逸量超标不但运行不经济，而且会对下游设备产生不良影响。氨气和烟气中的 SO_3 结合生成硫酸铵盐，该化合物容易黏结在空气预热器的换热面上，造成空气预热器堵塞和换热性能下降。因此在调试过程中，要注意氨气的逃逸率，在异常情况下，出现氨气逃逸率较高的问题时，首先需要从催化剂和系统优化来解决问题。如果客观上暂时无法处理这些问题，SCR-DCS 控制系统将在允许范围内降低脱硝效率以使氨气逃逸率恢复至正常水平。

八、氨喷射系统启动和停止控制逻辑

(1) 启动。反应器内入口烟气温度符合 SCR 操作条件。

(2) 停止。反应器入口烟气温度低于漏点或锅炉停运。

7.2.2　稀释风机及稀释风量控制

氨气经过空气稀释后，再经过氨气喷嘴进入烟道，与烟气均匀混合。按照工艺要求，喷入反应器烟道的氨气为经空气稀释后的含小于 5% 氨气的混合气体。氨气浓度过高，会导致氨气与烟气混合不均匀，且有一定的危险性；氨气浓度过低，会导致大量冷空气进入烟道，影响经济性。因此稀释风机的监控和风量测量显得尤为重要。稀释风量目前普遍使用孔板流量计、文丘里流量计、多点阵列式流量计及巴类流量计测量。

通常情况下，在脱硝系统的设计过程中，已经根据机组容量、烟气量等参数将风机选型和氨气喷入量综合考虑,可以确保系统在一定的稀释比下安全运行。其选型原则有两条:①在冬季极端最低气温条件下,脱硝系统入口和出口烟气温度差不大于3℃。②所选择的风机满足脱除烟气中 NO_x 最大值的要求。

稀释风机一般采用一运一备或两运一备模式,稀释风机配备风压连锁和电动机跳闸连锁。为保证氨不外泄,稀释风机出口阀设故障连锁关闭,并发出故障信号。

7.2.3 液氨蒸发系统

液氨蒸发控制系统包括液氨从存储罐传送到蒸发器的过程控制,以及蒸发器蒸发量及温度等参数的控制两部分。液氨蒸发控制系统的控制原理图见图 7-4,其控制器由 DCS 或 PLC 来实现,主要包括两个控制回路。

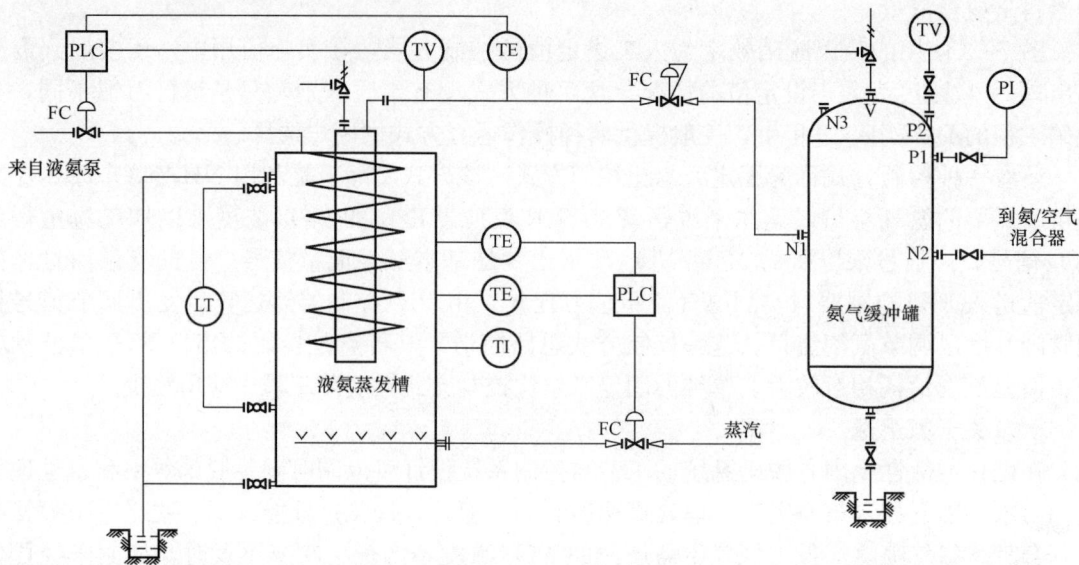

图 7-4　液氨蒸发控制系统的控制原理图

(1) 氨气出口压力控制。通过调节蒸发器液氨入口气动调节门开度,保证氨气出口压力稳定在一定范围。该调节回路为简单 PID 调节。

(2) 蒸发器温度控制。该调节系统通过控制蒸发器进口蒸汽阀门开度,以调节蒸汽流量,达到控制蒸发器内水温的目的。温度控制采用简单 PID 控制调节方式,将设定值送入PID 控制器与实测温度比较后,输出调节信号,控制蒸汽流量,使蒸发器内水温保持恒定。当氨气用量增大时,蒸发器水温会下降,这时需要开大蒸汽入口阀门开度以继续恒定水温。因此,蒸汽入口阀门调节也是氨气流量调节的间接手段。

在蒸发器自动关闭或蒸发器发生异常情况时(如蒸发器液位高、蒸发器热媒水温高或蒸发器出口氨气温度低),蒸发器入口阀门需要由 PLC 控制有序关闭。

7.2.4 尿素热解系统的主要控制回路

尿素制氨工艺有尿素热解工艺和尿素水解工艺,热解工艺为目前尿素作为还原剂的主流工艺。不管是热解工艺还是水解工艺,尿素溶液制备阶段的工艺都是基本相同的。尿素溶液制备系统流程图见图 7-5,尿素热解仪表控制系统原理见图 7-6。尿素溶液制备及热解过程控制原理及主要控制回路有以下几个方面。

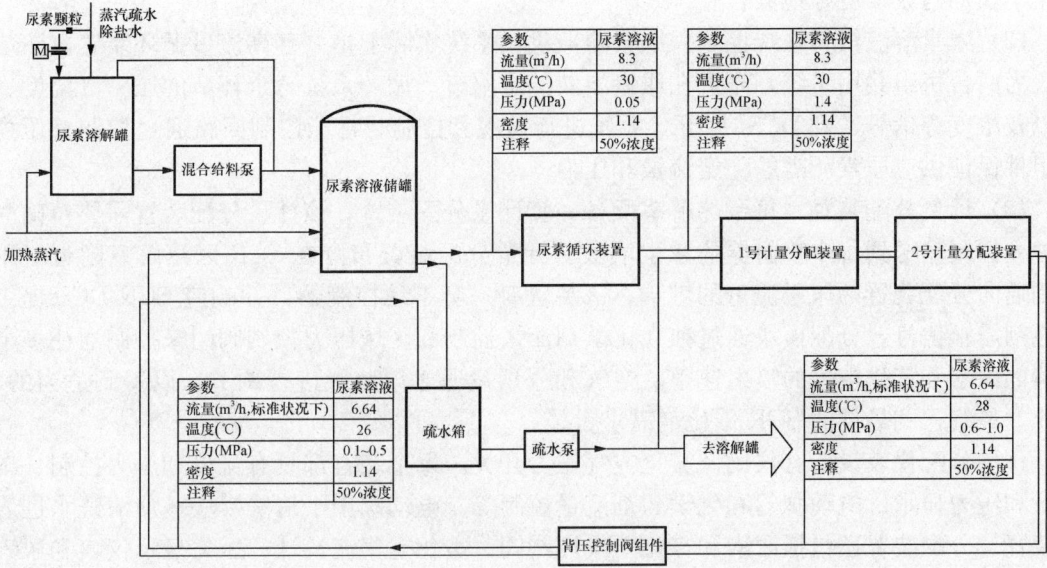

参数	尿素溶液
流量(m³/h)	8.3
温度(℃)	30
压力(MPa)	0.05
密度	1.14
注释	50%浓度

参数	尿素溶液
流量(m³/h)	8.3
温度(℃)	30
压力(MPa)	1.4
密度	1.14
注释	50%浓度

参数	尿素溶液
流量(m³/h,标准状况下)	6.64
温度(℃)	26
压力(MPa)	0.1~0.5
密度	1.14
注释	50%浓度

参数	尿素溶液
流量(m³/h,标准状况下)	6.64
温度(℃)	28
压力(MPa)	0.6~1.0
密度	1.14
注释	50%浓度

图 7-5　尿素溶液制备系统流程图

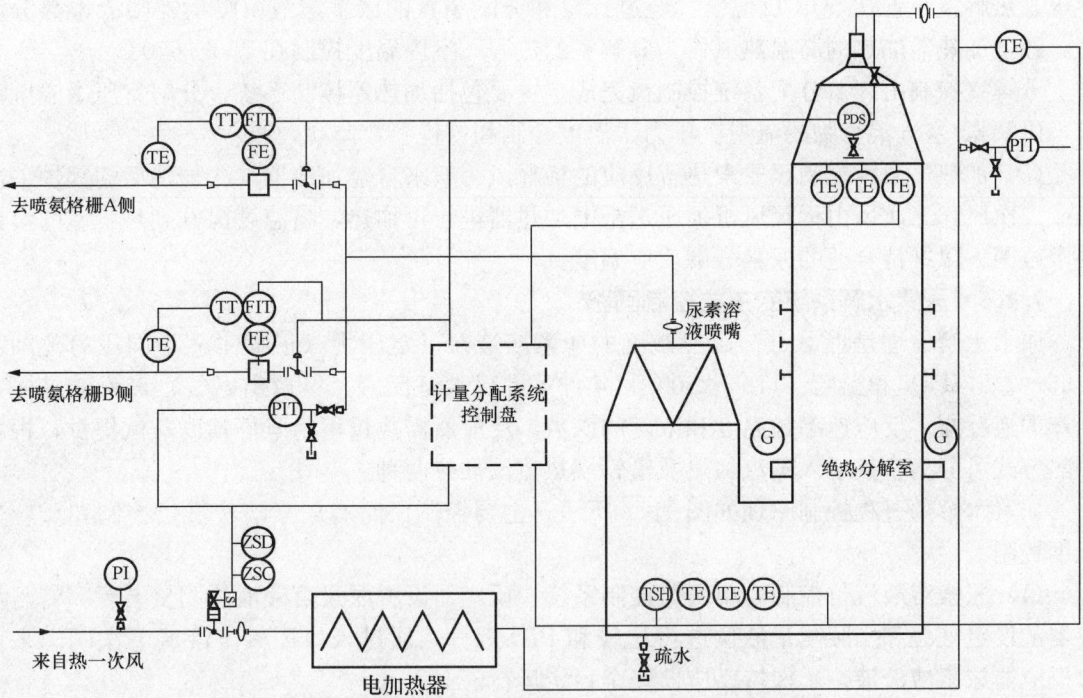

图 7-6　尿素热解仪表控制系统原理图

（1）尿素溶解罐温度测量及控制。尿素溶液制备系统中的第一个环节是尿素溶解罐。尿素溶解罐的作用是用除盐水或冷凝水制成约 50% 的尿素溶液，当尿素溶液温度过低时，蒸汽加热系统启动使溶液的温度保持在合理的温度范围，防止特定温度下的尿素结晶。溶解罐除设有水流量和温度控制系统之外，还采用输送泵将化学药剂从储罐底部向侧部进行循环，使化学药剂与尿素更好地混合。

（2）尿素溶液供料系统控制。尿素溶液供料系统实际上是一套高流量循环装置，该装置一般为两台机组共用系统，布置在尿素溶液储罐附近。循环系统每个环节的压力、温度、流量以及浓度等信号送到 DCS 或 PLC 系统进行监视和控制。背压控制回路通过控制背压控制阀组件保证供应尿素所需的稳定流量和压力。

（3）计量分配装置。每台热解室配备一套计量分配装置，该计量分配装置需要精确测量并独立控制输送到每个喷射器的尿素溶液。计量分配装置布置在 SCR 区热解室附近，用于控制通向分配装置的尿素流量的供给。该装置有一套本地控制器，并响应 SCR-DCS 提供的还原剂需求信号。分配模块通过独立化学剂流量控制和区域压力控制阀门来控制通往多个喷射器的尿素和雾化空气的喷射速率。空气和尿素量通过该装置进行调节，以得到适当的气/液比并最终得到最佳的 SCR 催化剂需求量。

计量分配仪表设备有仪用及雾化空气压力开关。每个装置都具有流量和压力控制、本地流量和压力显示、电动阀门和化学药剂流量控制等。电动阀用于清洗模块，使清洗水进入分配装置。分配装置还包括尿素和雾化空气控制阀、雾化空气流量计、压力显示仪表和尿素流量显示仪表。

（4）热解室控制。尿素溶液在绝热分解室的高温下分解，主要设备是热解室和尿素喷射器等。热解室布置在 SCR 反应区。经过计量和分配装置的尿素溶液由喷射器喷入绝热分解室，经过加热器加热的高温热风作为分解室的热源，室内温度控制在 350～650℃。

分解室控制由计量分配系统控制盘完成，主要包括加热器控制系统，分解室压力温度调节，以及氨/空气混合物的流量、压力、温度控制和过程参数监视。

（5）加热气温度控制。尿素热解反应的稀释风一般来自经加热器二次加热后的锅炉一次风或二次风，二次风由稀释风机加压送至电加热器进行再加热，将温度提升到热解室的设计要求范围，以维持合适的尿素分解反应温度。

7.2.5　尿素水解系统的主要控制回路

尿素水解原理是将 40%～55% 浓度的尿素溶液在一定压力（根据工艺不同压力范围为 0.55～2.5MPa）和温度（115～250℃）条件下进行水解反应，释放出氨气，该反应是尿素生产的逆反应。反应速率是温度和浓度的函数。反应所需热量可由电厂辅助蒸汽提供，根据加热方式可分为直接通入蒸汽加热及盘管换热蒸汽加热两种。

尿素水解的过程控制原理如图 7-7 所示。主要控制回路有尿素溶液液位控制和反应器温度控制。

（1）尿素溶液液位控制为单回路控制系统，反应器设置尿素溶液液位测量装置，将与反应器的设定液位和实际测量液位进行比较和 PID 运算，通过入口尿素溶液调节法阀门来调节反应器尿素溶液液位，保持反应器安全稳定运行。

（2）反应器温度控制是控制反应速度和氨气流量的重要途径，其调节手段主要是入口蒸汽流量调节阀门，开大蒸汽流量阀门开度以提高反应温度和反应速度，增大氨气流量，反之则减小氨气流量。

水解反应器具有独立的 PLC 控制系统，除对液位、温度、压力及流量作常规控制以外，还具有顺序控制及连锁保护功能。该控制器还接受 SCR-DCS 的指令信号，根据 SCR 对氨气量的要求及时控制水解反应器的反应速度，保证氨气供应量。

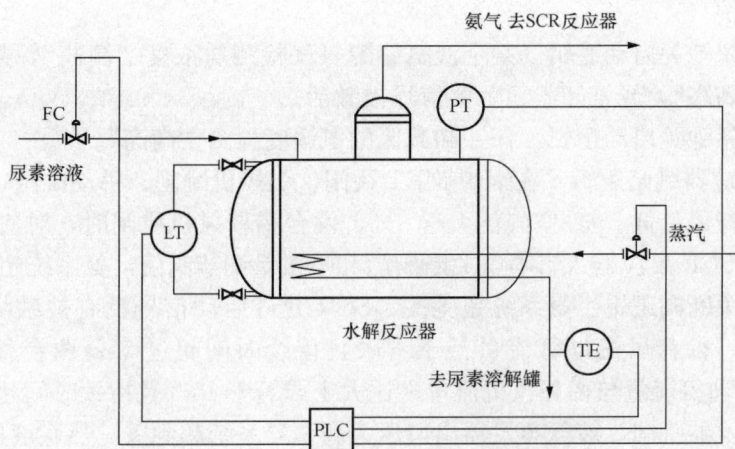

图 7-7　尿素水解的过程控制原理

7.2.6　顺序控制及连锁保护

一、顺序控制

顺序控制和连锁保护都是 SCR-DCS 分散控制系统中的重要组成部分。从控制级别上讲，脱硝系统的顺序控制分为直接驱动级控制、子组级控制和功能组级控制。从设备分类讲，脱硝系统的顺序控制主要包括以下几方面。

（1）蒸汽吹灰控制。分定时吹灰、手动吹灰和条件吹灰，条件吹灰就是催化剂层间压差大时自动启动蒸汽吹扫逻辑。蒸汽吹灰一般采用半伸缩耙式吹灰器，逻辑设计时主要考虑的设备状态有汽源入口母管电动门开关状态、汽源出口电动门开关状态、出口蒸汽温度、吹灰器退到位、吹灰器过载、吹灰器前进、吹灰器后退、吹灰器启动指令、吹灰器退回指令。所有这些状态和指令必须根据工艺要求有序配合。

（2）声波吹灰控制。一般每侧反应器同时启动一台声波吹灰器，两侧反应器也可同时进行。在 SCR 反应器正常运行时，采用循环模式，依次对每层催化剂进行定时吹扫。声波吹灰器的控制系统设计必须考虑设备或电源故障时，能够在 SCR-DCS 中报警显示。

（3）除灰控制。气力输灰过程一般分为进料、充气、输送、吹扫四个阶段。每个阶段根据锅炉启停状态、仓泵进料阀状态、出料阀状态、气源压力、输灰母管压力、料位等过程状态和参数，按照 SCR-DCS 预先设定的控制时序，启动输灰控制程序。电动锁气器除灰控制是根据灰斗料位或时间，顺序启停每个灰斗下的锁气器电动机。

（4）稀释风机启停控制。根据稀释风机故障状态、稀释风机出口阀门状态、稀释风机超驰状态、稀释风机运行状态及稀释风流量信号和逻辑，对稀释风机进行启停操作。

（5）液氨储罐及氨区卸氨操作。相关的逻辑有液氨储罐内的高/低液位报警、储罐的压力和温度、液氨卸料压缩机状态、液氨储罐入口关断阀、液氨蒸发器加热蒸汽调节阀、液氨蒸发器加热蒸汽关断阀等。当出现异常时停止卸氨操作，或自动控制降温喷淋水，保证液氨储存的安全稳定。

（6）液氨蒸发器启停顺序控制。根据工艺要求、设备条件和运行要求，满足蒸发器热媒液位高于下限，热媒温度低于上限，氨系统超驰关信号为"非"，顺序启停液氨蒸发器。

二、连锁保护

（1）氨系统超驰关启动逻辑。某个液氨储罐氨气检测氨浓度"高高"，某个蒸发器区域的氨浓度检测"高高"，或氨卸载超驰关信号被激活。

（2）氨卸载超驰关启动逻辑。任一卸载区的氨浓度检测"高高"。

（3）SCR 反应器跳闸逻辑。在锅炉 MFT 跳闸、引风机跳闸、手动跳闸、SCR 反应器出口温度异常、稀释风量低、氨/空气比大于 8%、两台稀释风机跳闸时，对应 SCR 反应器跳闸，跳闸时关断 SCR 反应器入口喷氨关断阀门和喷氨量调节阀门，氨系统超驰关。

（4）氨事故关断阀逻辑。氨系统超驰关、SCR 允许启动信号没有被激活、氨流量控制单元入口压力低、稀释风机母管流量低于下限且持续时间超过 5s、两台稀释风机停止或 NH_3 流量控制阀前氨流量与稀释风机流量之比大于或等于 10% 且持续时间超过 5s 时。

（5）液氨蒸发器跳闸。液氨蒸发器出口压力高、氨系统超驰关、热媒液位低或热媒液位高高。

（6）卸氨系统跳闸保护。液氨储罐液位、压力、温度异常，氨卸载超驰关。

（7）氨区喷淋系统保护。当液氨储罐温度高、液氨储罐压力高、区域氨气泄漏等发生时，报警并启动氨区喷淋系统。

其他连锁保护逻辑还有氨稀释槽喷淋水系统、液氨存储区喷淋系统、稀释风机出口电动阀、污水泵等。

7.3 典型的控制系统功能与设计要求

脱硝控制系统的设计应能够满足整个脱硝系统和设备安全、经济运行及监视、控制、环保要求，并满足国家和国际相关规定和规范要求，应该是先进、可靠、完整的仪表及控制系统。

结合典型的 SCR 控制系统，SCR-DCS 一般包括数据采集系统（DAS）、模拟量控制系统（MCS）、顺序控制系统（SCS）、连锁保护及脱硝系统电源系统监控等。对控制系统总的设计有以下要求。

（1）仪表和控制设备考虑最大限度的可用性、可靠性、可控性和可维修性。所有部件应在规定条件下安全运行并达到仪控设备投入率 100%，保护及连锁投入率 100%，自动调节系统投入使用率 100%，分析仪表投入率 100%。

（2）烟气脱硝系统、公用系统及单体设备的启/停控制、正常运行的监视和调整，以及异常与事故工况的处理等，完全通过 DCS 来完成。任何就地操作手段，只能作为 DCS 完全故障或运行人员发现事故时的紧急操作手段。

（3）就地控制装置与 DCS 有足够数量的硬接线及通信信号接口，以满足可在 DCS 上对该设备进行监视和控制。对于特殊的工艺设备，如果其控制逻辑必须在就地控制柜内完成，应该单独设计。

（4）仪表控制系统及装置的所有接地直接接至整个电厂的电气主接地网上，接地电阻能满足电气接地网的要求。反应区仪表控制系统不设置单独的接地网。

（5）控制和监测设备有良好的性能，以便于整个装置安全无故障运行和监视，并符合相关的防腐、防水、防爆要求。

（6）控制系统的数据采集、模拟量控制、顺序控制等功能应满足脱硝系统各种运行工况的要求。DAS 系统的平均无故障时间（MTBF）不小于 8600h，SCS、MCS 系统的平均无故障时间不小于 24 000h。

（7）DCS 系统易于组态、易于使用、易于扩展。系统的监视、报警和自诊断功能应高度集中在显示器上显示和在打印机上打印。

（8）DCS 的设计应采用合适的冗余配置和诊断至模件级的自诊断功能，使其具有高度的可靠性。系统内任一组件发生故障均不应影响整个系统的工作。

（9）当 DCS 系统通信发生故障或运行操作员站全部故障时，能确保将脱硝系统安全停运。

7.3.1　SCR-DCS 系统的总体要求

SCR-DCS 是烟气脱硝装置控制系统的核心，其在整个控制中重要性已经广为认知。SCR-DCS 一般要求与电厂机组 DCS 完全兼容，因此，对 SCR-DCS 的选型和设计要求仍是整个热控设计的关键。对 SCR-DCS 系统的总体要求有以下几方面。

（1）脱硝系统应设一套独立的 SCR-DCS 控制站，纳入单元机组 DCS 进行监视和控制。SCR-DCS 控制站配置独立的冗余控制器、冗余电源模块、I/O 模块及机柜，并按独立节点冗余通信的方式接入原有机组 DCS 控制网，运行人员通过机组控制室中单元机组原有 DCS 操作员站完成对脱硝 SCR 系统的参数和设备进行监控。

（2）SCR-DCS 系统应完成技术规范规定的各种数据采集、控制和保护功能，以满足各种运行工况的要求，确保机组安全、高效地运行。整个 DCS 系统的功能范围包括数据采集、模拟量控制、顺序控制等各项控制功能，是一套软、硬件一体化的完成全套机组各项控制功能的完善的控制系统。

（3）SCR-DCS 应通过高性能的工业控制网络及分散处理单元、过程 I/O、人机接口和过程控制软件等来完成脱硝工艺生产过程的监视和控制。SCR-DCS 硬件应安全、可靠、先进。

（4）SCR-DCS 系统应易于组态（图形化、模块化）易于使用、易于扩展。

（5）SCR-DCS 的设计应采用合适、可靠的冗余配置，并具备诊断至模件级的自诊断功能，使其具有高度的可靠性。冗余设备的切换（人为切换和故障切换）不得影响其他设备控制状态的变化。

（6）SCR-DCS 系统的监视、报警和自诊断功能应高度集中在操作员站显示器上显示，并根据需要在打印机上打印；在操作员站显示器上应能实现声光报警。

（7）SCR-DCS 设备应遵循以下故障安全准则。

1）单一故障不应引起 DCS 系统的整体故障。

2）单一故障不应引起保护系统的误动作或拒动作。

3）控制功能的分组划分应使得某个区域的故障将只是部分降低整个控制系统控制功能，该类控制功能的降低应能通过运行人员干预进行处理。

4）控制系统的构成应能反映设备的冗余配置，以使控制系统内单一故障不会导致运行设备与备用设备同时不能运行。

（8）为满足上述故障准则，控制系统应包括各种可行的自诊断手段，以便内部故障能在对过程造成影响之前被检测出来。此外，保护和安全系统应具备通道冗余或测量多重化，以及自检和在线的试验手段。对于 I/O 和控制器的分配及系统内部硬接线联系点的设计也应充分考虑上述准则。

（9）整个 DCS 的可利用率至少应为 99.9%。

（10）SCR-DCS 应满足《电网和电厂计算机监控系统及调度数据网络安全防护规定》的要求，所供 DCS 系统不得直接与电厂管理信息系统及办公自动化系统进行接口。SCR-DCS 应采取有效措施，以防止各类计算机病毒的侵害和 DCS 内各存储器的数据丢失。

（11）SCR-DCS 应具备远程诊断功能。

（12）SCR-DCS 质量标准具有一致性，要求机柜尺寸、颜色、外形结构与机组 DCS 保持一致。

7.3.2　SCR-DCS 系统的硬件要求

一、一般要求

（1）SCR-DCS 系统硬件应采用有现场运行实绩、先进可靠的以微处理器为基础的分散型的硬件。

（2）系统内所有模件均应采用低散热量的固态电路，并为标准化、模件化和插入式结构。

（3）SCR-DCS 模件的插拔应有导轨和连锁，以免造成损坏或引起故障。模件的编址不应受在机柜内的插槽位置影响，而应在机柜内的任何插槽位置上都能执行其功能。

（4）机柜内的模件应能带电在线插拔和更换，而不影响其他模件的正常工作。同类型模件应具有可互换性。

（5）模件的种类和尺寸规格应尽量少，以减少备件的范围和费用支出。

（6）安装于生产现场的 DCS 模件、设备应具有足够的防护等级和有效的保护措施，以保证在恶劣的现场环境下正常工作。

（7）硬件设备的型式规范、技术参数、主要数据和采用的国际标准等的详细资料。

二、SCR-DCS 过程单元的处理器模件

（1）分散处理单元内的处理器模件应各司其职，以提高系统可靠性。处理器模件应使用 I/O 处理系统采集的过程信息来完成模拟控制和数字控制。

（2）处理器模件的元器件应标识完整，面板带有 LED 状态自诊断显示。

（3）处理器模件若使用随机存储器（RAM），则应有电池作为数据存储的后备电源，电池的在线更换不应影响模件的工作，电池失效应有报警，电池的更换不应丢失数据。

（4）某一个处理器模件故障，不应影响其他处理器模件的运行。此外，数据通信总线故障时，处理器模件应能继续正常运行。

（5）对某一个处理器模件的切除、修改或恢复投运，均不应影响其他处理器模件的运行。

（6）SCR-DCS 过程单元的所有处理器模件均应考虑冗余配置；当使用 I/O 或其他专用模块完成控制功能时，相关模块也应合理冗余配置。

（7）冗余配置的处理器模件中，一旦某个工作的处理器模件发生故障，系统应能自动地以无扰方式，快速切换至与其冗余的处理器模件，并在操作员站报警。当故障处理器修复并插入系统后，系统应自动进行状态拷贝并使其处于冗余运行方式。

（8）系统的控制和保护功能不会因冗余切换而丢失或延迟。冗余处理器模件的切换时间和数据更新周期满足控制要求。

（9）冗余配置的处理器模件与系统均应有并行的接口，即均能接受系统对其进行的组态和在线组态修改。处于后备状态的处理器模件应能不断更新自身获得的信息，并与工作模件保持数据同步。

（10）SCR-CPU 冗余处理器模件应可以实现在任何故障及随机错误产生的情况下连续不间断的控制。

（11）电源故障应属系统的可恢复性故障，一旦重新受电，处理器模件应能自动恢复正常工作而无需运行人员的任何干预。

（12）处理器模件的电源故障不会造成已累积的脉冲输入读数丢失和控制指令的变化。

（13）冗余控制器之间的切换不应引起相关冗余数据通信总线的切换。

（14）控制站设计计算负荷率应按技术规范中实际工艺点数，最忙时不应超过 50%。

三、DCS 过程输入/输出（I/O）

（1）I/O 处理系统应智能化，以减轻控制系统的处理负荷。I/O 模件应能完成扫描、数据整定、数字化输入和输出、线性化、热电偶冷端补偿、过程点质量判断、工程单位换算等功能。

（2）所有的 I/O 模件都应具有标明状态的 LED 指示和其他诊断显示，如模件电源指示等。开关量 I/O 的各通道应具有状态指示。

（3）所有的模拟量输入信号每秒至少扫描和更新 4 次，所有的数字量输入信号每秒至少扫描和更新 10 次，事故顺序（SOE）输入信号的分辨率应不大于 1ms。为满足某些需要快速处理的控制回路要求，其模拟量输入信号应达到每秒扫描 8 次，数字量输入信号应达到每秒扫描 20 次。

（4）应提供热电偶、热电阻及 4～20mA 等标准信号的开路和短路，以及输入信号超出工艺可能范围的检查和信号闭锁保护功能，该功能应在每次扫描过程中完成。

（5）所有接点输入模件都应有防抖动滤波处理。如果输入接点信号在 4ms 之后仍抖动，模件不应接受该接点信号，但并同时确保事故顺序信号输入的分辨率为 1ms。

（6）SCR-DCS 至执行回路的开关量输出信号采用继电器输出。继电器采用优质产品，其接点数量和容量应满足电动机和电动门控制回路要求。DCS 与执行机构等以模拟量信号相连接时，两端对接地或浮空等的要求应相匹配，否则应采取电隔离措施。还应对 I/O 有过载过流保护措施。

（7）当 DCS 系统故障（数据通信总线、控制器、I/O 通道板及电源等设备故障时）或电源丧失时，应有必要的措施，确保工艺系统处于或趋于安全的状态，不出现误动。

（8）处理器模件的电源故障不应造成已累积的脉冲输入读数丢失。

（9）模拟量模件能自动地和周期性地进行零飘和增益的校正。

（10）所有输入/输出模件，应能满足 ANSI/IEEE472《冲击电压承受能力试验导则（SWC）》的规定，在误加 250V 直流电压或交流峰—峰电压时，应不损坏系统。

（11）每个模拟量输出点有一个单独的 D/A 转换器，每一路热电阻应有单独的桥路。此外，所有输入/输出通道及其工作电源均应互相隔离。模拟量输入模件的 4～20mA 信号可根据用户要求配置成模件供电或外部供电。

（12）在整个运行环境温度范围内，SCR-DCS 的 I/O 精确度应满足模拟量输入信号（高电平）±0.1%，模拟量输入信号（低电平）±0.2%，模拟量输出信号±0.25%，电气系统模拟量输入信号±0.1%，模拟量输出信号±0.2%。系统设计应满足在一年内不需手动校正而保证以上精度的要求。

1）模拟量输入。4～20mA 信号（接地或不接地），最大输入阻抗为 250Ω，系统应提供 4～20mA 二线制变送器的直流 24V 电源，且每一分支供电回路的接地和短路不应影响其他分支供电回路的正常工作。对于 DC 1～5V 输入，输入阻抗应大于或等于 500kΩ。

2）模拟量输出。4～20mA 或 DC1～5V 可选，具有驱动回路阻抗大于 750Ω 的负载能力（特殊应用回路应具有大于 1kΩ 的负载能力）。负端接到隔离的信号地上。系统模件应提供 DC 24V 的回路电源，模拟量输出各通道间应相互隔离。

3）数字量输入。每个输入通道应有光电隔离，负端应接至隔离地上，系统应提供对现场输入接点的"查询"电压（DC 48～120V），且每一分支供电回路的接地和短路不应影响其他分支供电回路的正常工作。

4）数字量输出。数字量输出模件应采用中间继电器隔离输出，中间继电器输出接点容量应满足 AC 220V 为 2A（阻性负载），AC 220V 为 1A（感性负载），DC 220V 为 1A（感性负载），DC 110V 为 5A。

5）热电阻（RTD）输入。有直接接受三线制（不需变送器）的 Cu50、Cu100、Pt10、Pt100 等类型的热电阻，并提供热电阻桥路所需的电源。

6）热电偶（T/C）输入。能直接接受分度号为 E、K、T 型热电偶信号（不需变送器），并可满足接地型热电偶要求。热电偶在整个工作段的线性化及温度补偿等处理，应在 I/O 模件内完成而不需要通过数据通信总线。

7）脉冲量输入。模件应能直接接受脉冲量输入，每秒至少能接受 6600 个脉冲，并可以接入不规则电平的脉冲信号。

（13）系统应能接受采用普通控制电缆（即不加屏蔽）的开关量输入和输出。SCR-DCS 机柜内有足够多的屏蔽接线端子，以满足所有屏蔽信号在机柜侧接地的要求。

（14）分散处理单元之间用于跳闸、重要连锁及超驰控制的信号，I/O 模件应采用双重化配置，系统信号应直接采用硬接线，而不可通过数据通信总线发送。

（15）所有输入/输出模件应能抗共模干扰电压 250V，差模干扰电压 60V。系统应有 120dB 的共模抑制比，60dB 的差模抑制比（50Hz）。

（16）现场站与 DCS 主站间应采用双向冗余的通信连接，通信电缆采用金属铠装光缆。

（17）系统每种的 I/O 点有 15% 的裕量，同时还留有 15%I/O 的空插槽。

（18）被控对象的 I/O 设置要求见表 7-1。

表 7-1　　　　　　　　　　　　　被控对象 I/O 设置要求

分类	阀门类型	I/O 描述						备注
A	电动阀 2DO/3DI	打开 DO	关闭 DO	全开 DI	全关 DI			故障 DI
B	调节型电动阀 1AI/1AO/1DI			阀位反馈 AI	控制信号 AO			故障 DI

分类	阀门类型	I/O 描述							备注
C	气动阀（带电开）1DO/2DI	打开 DO		全开 DI	全关 DI				
D	气动阀（带电关）1DO/2DI		关闭 DO	全开 DI	全关 DI				
E	气动阀（双电控）2DO/2DI	打开 DO	关闭 DO	全开 DI	全关 DI				
F	电动机 2DO/4DI	启动 DO	停止 DO	运行 DI	停役 DI		电气故障 DI	远方/就地 DI	
G	电动机 2DO/4DI/1AI	启动 DO	停止 DO	运行 DI	停役 DI	电流 AI	电气故障 DI	远方/就地 DI	电动机功率 >40kW
H	气动调节阀 1AO/1AI	控制信号 AO			阀位反馈 AI				

注 1. 各种控制阀和电动机的连锁开、连锁关、闭锁开和闭锁关功能均由 DCS 系统的软件实现。

2. 每个电磁阀箱或控制箱设一个总的远方/就地切换 DI 送至 DCS 系统。

四、数据通信系统

(1) CPU、I/O 和外围设备间的通信保证高度可靠性和高效性。通信协议包括 CRC（循环冗余校验）奇偶误差检验、成帧调节误差和超限误差校验。

(2) 数据通信系统上的任何设备发生故障，不应导致通信系统瘫痪或影响其他联网系统和设备的工作。通信高速公路的故障不应引起系统跳闸或使分散控制单元不能工作。

(3) 所有通信网络应是冗余的，冗余的数据网络在任何时候都应同时工作。

(4) 在最繁忙的情况下，数据通信系统的负载应满足令牌网不应超过 40%，以太网不应超过 20%，以便于系统的扩展。

(5) 在机组稳定和扰动的工况下，数据通信速率应保证运行人员发出的任何指令均能在 1s 或更短的时间里被执行。

(6) 当数据通信系统中出现某个差错时，系统具有容错和自愈功能，应连接诊断并及时报警。

(7) 数据通信总线能防止外界损伤，施工阶段注意数据通信总线敷设，运行中必须具有消除数据传送过程中的误差和干扰方法。

五、电源与接地

(1) SCR-DCS 控制机柜均引用两路电源，两路电源自动切换。各个机柜和站内也应配置相应的冗余电源切换装置和回路保护设备，并用这两路电源在机柜内馈电。

(2) SCR-DCS 柜内配置两套冗余直流电源，两套直流电源都具有足够的容量和适当的电压，能满足设备负载的要求。

(3) 任一路电源故障都应报警，在一路电源故障时自动切换到另一路，以保证任何一路电源的故障均不会导致系统的任一部分失电和影响控制系统正常工作。

(4) 电子装置机柜内的馈电应分散配置，以获取最高可靠性，对 I/O 模件、处理器模件、通信模件和变送器等都应提供冗余的电源。

（5）接受变送器输入信号的模拟量输入通道，都应能承受输入端子完全的短路，并不应影响其他输入通道。否则，应有单独的熔断器进行保护。

（6）每一路变送器的供电回路中应有单独的熔断器，熔断器开断时应报警。在机柜内，熔断器的更换应很方便，不需先拆下或拔出任何其他组件。

（7）无论是 4～20mA 输出还是脉冲信号输出，都应有过负荷保护措施。此外，应在系统机柜内为每一被控设备提供维护所需的电隔离手段，并有过流保护措施，任一控制模件的电源被拆除均应报警，并将受该影响的控制回路切至手动。

（8）每一数字量输入、输出通道板都应采取其他相应的保护措施。当采用熔断器时，熔断器应方便更换而不影响其他通道的正常工作。对配有熔断器的位置，熔断器熔断时应能在模件上予以报警和指示。

（9）SCR-DCS 系统应在单点接地时可靠工作。各电子机柜中应设有独立的安全地、信号参考地、屏蔽地及相应接地铜排。

六、环境及抗干扰

（1）系统能在电子噪声、射频干扰及振动都很大的现场环境中连续运行，且不降低系统的性能。

（2）系统设计采用各种抗噪声技术，包括光电隔离、高共模抑制比、合理的接地和屏蔽。

（3）在距电子设备 1.2m 以外发出的工作频率达 450～470、900、1800MHz，功率输出达 5W 的电磁干扰和射频干扰，应不影响系统正常工作。

（4）系统能在环境温度 0～50℃，相对湿度 10%～95%（不结露）的环境中连续运行。布置在工艺过程现场的 I/O 站（包括中间继电器等）和设备应能充分适应安装地点的温度（锅炉炉顶为 -15～+70℃、其他地点为 -15～+60℃）湿度（10%～95%）粉尘、振动、冲击等，现场的恶劣环境不影响系统的正常工作。

七、电子装置机柜和接线

（1）电子装置机柜的外壳防护等级，室内（电子设备间）应为 IP54，室外（电子设备间以外，包括远程 I/O 站）应为 IP56。

（2）机柜门应有导电密封垫条，以提高抗射频干扰（RFI）能力。柜门上不应装设任何系统部件。

（3）机柜的设计应满足电缆由柜底引入的要求，外部电缆接线均采用接线端子排方式，而非将电缆直接连接在模件端子上。

（4）对需散热的电源装置，应提供排气风扇和内部循环风扇。排气风扇和内部循环风扇均应易于更换。风扇的电源要求独立供电或提供隔离熔丝。

（5）系统机柜内应装设温度检测开关，当温度过高时进行报警，显示在操作员站上。

（6）装有风扇的机柜均应提供易于更换的空气过滤器。

（7）机柜内的端子排应布置在易于安装接线的地方，即为离柜底 300mm 以上和距柜顶 150mm 以下。

（8）仪表回路弱电信号的端子排应物理上与控制/电源供电回路的端子排分开。模拟量信号回路的端子排应物理上与数字量接线端子分离，并为每对模拟量信号提供专用的屏蔽端子。所有继电器、控制开关和设备的备用接点应接至端子排上。机柜内的每个端子排和端子都有清晰的标志，并与图纸和接线表相符。

（9）端子排、电缆夹头、电缆走线槽及接线槽均应由非燃烧型材料制造。所有外部接线端子至少满足 2.5mm² 线芯截面的接线要求，并应能同时接入 2 根 1.5mm² 线芯截面的导线。

（10）应提供 SCR-DCS 系统内各设备间互连的预制电缆、控制电缆、通信电缆等，预制电缆的两端接头必须牢固可靠，两端标识明确，具有防止松动的措施。这些电缆应符合 IEEC60332（GB/T 18389）标准。

（11）组件、处理器模件或 I/O 模件之间的连接应避免手工接线。所有 I/O 模件和现场信号的接线接口应为接线端子排，模件和端子排之间的连线应在制造厂内接好，并在端子排上注有明显标记。各类工作站和 LCD 的电源接线也应是接线端子形式。

（12）机柜内应预留充足的空间，以满足方便地接线、汇线和布线的要求；机柜内应设接地铜排，所有信号的屏蔽层均在机柜侧接地。

（13）机柜的前后门应有永久牢固的标牌。前后门的标牌均能说明该机柜的设备编号、名称和主要控制内容。机柜应有足够的强度能经受住搬运、安装产生的所有应力，保证不变形；机柜主体结构的钢板厚度不少于 3.5mm，用于电缆安装的钢板厚度不少于为 2mm，宽度不得小于 40mm，柜门钢板厚度不少于 2mm；机柜内的支撑应有足够的强度，保证正常搬运和安装后永久不发生变形。

八、系统扩展

整套系统在外部信息源（包括硬接线和通信点）均接入后，还应确保其具有下列备用余量，以供系统以后扩展需要。

（1）最忙时，控制器负荷率不超过 50%，操作员站服务器 CPU 负荷率不大于 40%。系统应具有实时计算和显示负荷率或余量的能力。

（2）内部存储器占用容量不大于 50%，外部存储器占用容量不大于 40%。

（3）40% 电源余量。

（4）继电器柜中备用继电器的数量不仅应与 DO 点备用量相匹配，且应留有一定的备用位置（包括继电器安装底座和接线端子排）以便扩展。

7.3.3　SCR-DCS 系统的软件要求

（1）SCR-DCS 具备并安装组态所需的系统支持软件，并具备中文版说明书。

（2）所有算法和系统整定参数应驻存在各处理器模件的非易失性存储器内，执行时不需重新装载。

（3）提供高级编程语言以满足用户工程师开发应用软件的需要。同时提供易于掌握的专用的系统语言。

（4）模拟量处理器模件所有指定任务的最大执行周期不应超过 250ms，开关量处理器模件所有指定任务的最大执行周期不应超过 100ms。

（5）对需快速处理的模拟和顺序控制回路，其处理能力应分别为每 125ms 和 50ms 执行一次。

（6）在程序编辑或修改完成后，应能通过数据高速公路将系统组态程序装入各相关处理器模件，而不影响系统的正常运行。

（7）顺序控制的所有控制、监视、报警和故障判断等功能，均应由处理器模件提供。

（8）顺序逻辑的编程应使程控的每一部分都能在 LCD 上显示，并且各个状态都能得到监视。

（9）查找故障的系统自诊断功能应能够诊断至模件的通道级故障。报警功能应使运行人员能方便地辨别和解决各种问题。

7.3.4 数据采集系统

脱硝系统的数据采集系统为 SCR-DCS 的一部分，系统应连续采集和处理所有与烟气脱硝系统有关的信号及设备状态信号，以便及时向操作人员提供有关的运行信息，实现安全经济运行。一旦 SCR 发生任何异常工况，系统应能及时报警，提高 SCR 的可利用率。DAS 至少应有下列功能：

（1）显示。包括模拟图显示、操作显示、成组显示、棒状图显示、报警显示、趋势显示等。

（2）制表记录。包括定期记录、事故追忆记录、事件顺序（SOE）记录等。

（3）历史数据存储和检索。

（4）性能计算。

一、显示

（1）单元机组的运行人员应能通过操作员站实现对烟气脱硝系统运行过程的操作和监视。

（2）操作员站每幅画面应能显示过程变量的实时数据和运行设备的状态，这些数据和状态刷新周期小于 1s。

（3）重要环节应设计设备运行时的操作指导。

（4）操作显示应包括概貌显示、功能组显示和细节显示。概貌显示提供脱硝系统运行状态的总貌，显示出主设备的状态、参数和包括在显示中的与每一个控制回路有关的过程变量与设定值之间的偏差；功能组显示能观察某一指定功能组的所有相关信息，可采用棒状图或画面形式，并应有带工程单位的所有相关参数；细节显示应可观察以某一回路为基础的所有信息，细节显示画面所包含的每一个回路的有关信息应足够详细，以便运行人员能据以进行正确的操作。对于调节回路，至少应显示出设定值、过程变量、输出值、运行方式、高低限制、报警状态、工程单位、回路组态数据等调节参数。对于开关量控制的回路则应显示出回路组态数据和设备状态。

（5）标准画面显示除提供报警显示、趋势显示、成组显示、棒状显示等标准画面显示外，还应提供帮助显示系统状态显示功能。系统状态显示应表示出与数据通信总线相连接的各个站（或称 DPU）的状态，以及各个站内所有 I/O 模件的运行状态等。任何一个站或模件发生故障，相应的状态显示画面应改变颜色和亮度以引起运行人员的主意。

二、数据记录

数据库中具有的所有过程点均应可以记录。数据记录包括定期记录（交接班记录、日报和月报）运行人员操作记录（运行人员在集控室进行的所有操作项目及每次操作的精确时间）事件顺序记录（时间分辨率应不大于 1ms）事故追忆记录和操作员记录。

三、历史数据的存储和检索（HSR）

SCR-DCS 一般不设置单独的历史站，历史数据存储与查询由其归属的 DCS 历史站来实现。可以通过在其归属的 DCS 系统上扩充历史站的数据存储容量配置来保证脱硝历史数据的存储与调用。

四、性能计算

（1）性能计算的基本内容包括脱硝效率（NO$_x$ 去除率）及脱硝效率偏差计算、SCR 系统性能、氨逃逸浓度、催化剂寿命计算。性能计算在 20％以上的负荷时进行，每 10min 计算一次，计算误差应小于 0.1％。

（2）应有测点与数据品质检查功能，若输入数据发现问题，应告知运行人员并中断计算。如采用存储的某一常数来替代这一故障数据进行计算，计算结果上应有注明。

（3）性能计算应有判别 SCR 系统运行状况是否稳定的功能，使性能计算对运行有指导意义。在变负荷运行期间，性能计算应标上不稳定运行区间和运行状态。

（4）性能计算的期望值与实际计算值相比较，比较得出的偏差应以百分数显示在操作员站上。运行人员可对显示结果进行分析，以使 SCR 系统能在最佳状态下运行。除在线自动进行性能计算外，还可为工程提供一种交互式的性能计算手段。

（5）通过性能计算，系统提供运行及控制优化建议。

7.3.5　模拟量控制系统

模拟量控制系统为 DCS 控制系统的重要组成部分。烟气脱硝工程的模拟量控制系统主要是氨气喷射流量的控制。系统控制策略使用 SAMA 图表示，并提供详细的文字描述，以便正确理解这些控制逻辑。控制系统能满足单元机组 SCR 安全启动、停机的要求，在锅炉 35％BMCR～BMCR 工况下，烟气温度范围在设计条件下，保证被控参数不超出允许值，以达到最佳脱硝效果。具体要求如下：

（1）控制系统应满足 SCR 系统安全启、停及在各种工况下运行的要求。

（2）烟气分析测量具有时间滞后性，因此控制策略必须包含直接并快速响应代表负荷或能量指令的前馈信号，必须具有通过闭环反馈控制和其他先进控制策略，对被控信号进行静态精确度和动态补偿的调整。

（3）控制系统应具有必要的手段，自动补偿及修正 SCR 系统自身的瞬态响应及对其他扰动必要的调整。在自动控制范围内，控制系统应能处于自动方式而无须任何人工干预。

（4）控制系统应考虑连锁保护功能，以防止控制系统错误及危险的动作，连锁保护满足工艺及设备安全要求，并在启动前提供连锁保护试验手段。在系统某一部分条件不满足时，连锁逻辑可设置解除"自动"方式。在系统故障时，可转换连锁部分控制方式。

（5）控制系统任何部分运行方式的切换，无论是人为的还是由连锁系统自动的，均应平滑进行，不应引起过程变量的扰动，并且无须运行人员的修正。

（6）MCS 处于强制闭锁、限制或其他超驰作用时，受其影响的部分应随之跟踪，并不再继续其积分作用。在超驰作用消失后，系统所有部分应平衡到当前的过程状态，并立即恢复其正常的控制作用，这一过程不应有任何延滞，并且被控装置不应有任何不正确的或不合逻辑的动作。应提供报警信息，指出引起各类超驰作用的原因。

（7）关系到闭环控制调节品质的重要过程参数，采用三重冗余测量配置。通过 DCS 不同的 I/O 卡件采集，并在 DCS 中做三取二或三取中逻辑作为被控变量。操作人员也可在工程师站上将该逻辑切换至手动，任选三个其中的一个信号作为自动控制使用。

（8）对于仅次于关键参数的重要参数，将采用双重冗余测量方式。若这两个信号的偏差超出一定的范围则应有报警，并将受影响的控制系统切换至手动，也可手动选择两个信号中的一个用于自动控制。

（9）使用非冗余测量信号时，如信号品质为坏点、信号丧失、信号超出工艺过程实际可能范围，均应有报警，同时系统受影响部分切换至手动。

（10）控制系统的输出信号应为脉冲量或 4～20mA 连续信号，并应设置上下限，以保证控制系统故障时 SCR 控制设备的安全。

（11）控制系统在设定值与被控变量之间的偏差超过一定预定范围时，系统应将控制切换至手动并报警。

（12）系统在手动/自动、自动/手动、或多个控制驱动装置控制一个变量时，中间的切换都要求是无扰切换。

7.3.6 顺序控制系统

顺序控制系统完成脱硝系统启停、SCR 反应器启停、吹灰系统及除灰系统等的启停顺序控制。顺序控制系统按照工艺要求实行分级控制，分为驱动级控制、子组级控制和功能组级控制。在需要的地方，锅炉控制系统中已有的自动控制和连锁也需要匹配和扩展，这样可达到锅炉与烟气脱硝系统间的协调控制和运行。

（1）驱动级控制。驱动级控制作为自动控制的最低程度，SCR 装置的驱动级包括所有电动机、执行器和电磁阀等设备。驱动级的控制设计应满足以下方面。

1）确保保护信号高于手动命令（就地和远端）和自动命令的优先权。

2）为了防止命令同时或重复出现，应能进行命令锁定以防止误操作。

3）如果发生保护跳闸，在故障排除前不会合闸（电动机保护、泵的空转保护等）。

4）应提供给每个驱动控制模件较强的内/外诊断功能，如驱动机构跳闸（开关设备故障）电源故障、模件的硬件/软件干扰和诊断。

（2）子组级控制。就是一个辅机为主及其相应辅助设备的顺序控制，按工艺系统运行要求顺序控制设备的自动启停。子组级控制应考虑启动的条件，每一步程序需完成的动作并按时间进行监测。控制系统应在某一步发生故障时自动停止程序的运行，并将其故障的影响仅限制在该步程序之内，当故障消除后才能继续进行。SCR 脱硝系统子组控制项目包括稀释风机子组项、稀释风机风阀子组项和吹灰器子组项。

（3）功能级控制。就是整个烟气脱硝系统启/停的自动控制并对子组发出控制命令。功能级控制系统设计应符合工艺操作流程及整套烟气脱硝系统启动/停止要求，经过操作员少量的干预和确认某些信息，完成整套烟气脱硝系统启动/停止。控制系统应在某一步发生故障时自动停止程序的运行，并将其故障的影响限制在该步程序之内，当故障消除后才能继续进行。SCR 系统功能组控制项目包括单元机组脱硝总系统启动/停止主功能组项、单元机组 SCR 脱硝系统启动/停止主功能组项、脱硝剂制备区系统启动/停止主功能组项和电气系统功能组项等。

（4）连锁、保护与报警。根据脱硝工艺流程的运行条件设置必要的连锁，有效的连锁能使设备在事故工况下自动切除。另外，事故工况能立即通过报警系统提示给运行人员。对于需要重点保护、连锁的信号采用硬接线方式而不是通过数据通信总线方式，所有不同系统之间的硬接线信号输入/输出点必须具有电气隔离功能。厂用电系统的保护与连锁设计应符合电气专业的运行要求。装置中大型重要设备应设计有可靠的连锁保护系统，并记录故障时的输出条件，对重要的信号应冗余设置。运行超过限制值与设备运行状态的改变，均应在

DSC 中报警并记录。SCR 系统的主要保护有 SCR 烟气温度保护、氨气/空气混合气防爆保护、稀释风机保护和吹灰器保护。

7.3.7 烟气分析仪表

一、CEMS 简介

CEMS 是指对大气污染源排放的气态污染物和颗粒物进行浓度和排放总量连续监测,并将信息实时传输到主管部门的装置,可称为烟气自动监控系统,也称烟气排放连续监测系统或烟气在线监测系统。

CEMS 分别由气态污染物监测子系统、颗粒物监测子系统、烟气参数监测子系统和数据采集处理与通信子系统组成。烟气脱硝系统的 CEMS 主要监测烟气中的气态污染物如 NO_x 和 CO 浓度和排放总量;烟气参数监测主要用来测量烟气流速、烟气温度、烟气压力、烟气含氧量、烟气湿度等,用于排放总量的积算和相关浓度的折算;数据采集处理与通信子系统由数据采集器和计算机系统构成,实时采集各项参数,生成各浓度值对应的干基、湿基及折算浓度,生成日、月、年的累积排放量,完成丢失数据的补偿并将报表实时传输到主管部门。

一般采用激光透射法测量烟尘浓度,通过热管完全抽取采样,采用非分散红外吸收法测量烟气中污染物的浓度,包括 SO_2、NO_x、CO、CO_2 等多种烟气成分。使用皮托管、压力传感器、温度传感器、湿度传感器、氧化锆氧量分析仪等来测量烟气参数,用工控机、PLC 及独立开发的软件系统来处理数据、实时监控,生成图表、报表,控制系统操作。

二、脱硝工程对 CEMS 的一般要求

CEMS 是烟气脱硝工程中最重要的测量装置之一,烟气脱硝项目必须具备配套的 CEMS 分析仪表系统的整体成套设计,所选购的 CEMS 分析仪表系统必须通过国家环保部门认证及取得质量技术监督部门计量器具型式批准证书(CMC 标志)。

在每台机组 SCR 反应器(A、B 两侧)进口应各设置一套独立的烟气取样与分析系统,测量 NO_x 与 O_2 含量(每套可配置 2~3 台取样系统)。在每台机组 SCR 反应器(A、B 两侧)出口也应各设置一套独立的烟气取样与分析系统,分别测量 NO_x 与 O_2 含量(每套可配置 2~3 台取样系统)。在每台机组 SCR 反应器(A、B 两侧)出口还需各设置一套 NH_3 分析系统。分析仪表测量信号全部通过硬接线方式进入脱硝在线监测系统进行监视、计算及控制。另外,还可以根据工程要求,在每台反应器入口增加一套 CO 测量与分析系统。

CEMS 对 SCR 装置的烟气进行连续在线监测,系统测得的数据应全部进入 SCR-DCS 中进行监视、计算及控制。进入 DCS 的模拟量信号为 DC 4~20mA,仪表及相应的状态信号进入 DCS,每台仪表至少包括仪表故障信号、维护/标定、反吹信号等设备状态信号,并在系统进行标定和反吹时能实现将送至 DCS 的 4~20mA 浓度信号保持在标定或反吹前的状态,反吹和标定结束后解除信号保持。CEMS 电源要求有防浪涌装置,双电源自动切换供电,最好配置不间断电源,能保证电源失电 2h 内不间断供电。CEMS 分析室应设有空调并考虑避雷方式,信号要通过隔离器输出。分析仪具有至少 2 套的标准信号输出,1 套信号进入 DCS 中进行监控并计算排放量,另 1 套预留,并预留与政府环保监测机构和电厂远动系统 RTU 机柜的通信接口。

烟气分析系统应符合 GB/T 16157—1996《固定污染源排气中颗粒物测定与气态污染物的采样方法》HJ/T 75—2007《固定污染源烟气排放连续监测技术规范(试行)》HJ/T

76—2007《固定污染源烟气排放连续监测技术要求及检测方法（试行）》等技术规范，满足政府部门有关环保要求。烟气分析仪表所测的参数应能满足各种运行工况下 SCR 系统控制的要求，其中，NO_x、O_2 分析仪表测量精度不低于 $\pm 1\%$ 满刻度，跨度漂移不高于 2% FS/年。

CEMS 应能满足如下基本功能：

（1）固定量程和量程自动切换两种。

（2）使用空气自动标定。

（3）在特定条件下（如锅炉启、停、投油阶段，机组 RB 工况期间等），CEMS 系统处于待机状态，且保持取样系统处于吹扫状态。

（4）具有完善的报警、故障维护等功能，并且输出可设定和编程。

（5）定时自动校准（包括零度和满度校准）。

（6）CEMS 系统能满足至少 90 天运行不需要非日常维修的要求。

（7）分析仪器具有自诊断功能。这些诊断功能至少包括了分析仪本身、检测源和探头的失效、超出量程情况和没有足够的采样流量的能力，以及主要部件故障等诊断。

三、CEMS 测量方案与测量原理

烟气取样和测量方式主要有直接测量取样法和抽取法两种，其中抽取法又分为直接抽取和稀释法。

直接测量取样法是把分析部件直接安装在烟道上，结构简单，无需管线，即将一束光直接照射在烟道气体中，利用分子的吸收光谱测量若干波长的吸收，根据这些波长上分子吸收系数的差来确定吸收分子的含量，具有较强的抗干扰性。其主要缺点是仪器工作环境恶劣，装置容易受粉尘污染，也容易因高温损坏，维修不便，在线校准难，难以长期连续工作，应用较少。

稀释法是用干净的空气将抽取的烟气进行确定倍数的稀释，这样可以避免抽取方式中复杂的样品预处理系统，而且烟气传输距离远。但该方法要求高精度稀释探头，在国内应用较少。

抽取测量法也存在着一些问题，主要是测量仪器远离测量源，存在一定的测量滞后；烟气预处理较复杂，容易产生泄漏；分析仪容易因进水而损坏；环节较多，维护麻烦。

综合来看，各种测量方法各有其特点。目前，抽取法在国内应用较为普遍，下面就对伴热抽取法作一介绍。

伴热抽取法烟气在线监测系统至少包含分析仪表、防堵取样探头、取样管线、样气预处理系统、反吹控制系统、标准气、及分析室等部分，测量原理见图 7-8。氨逃逸分析采用激光对中在线分析。设计选型时注意分析仪安装附件及安装材料配置齐全。分析室一般设置在距离反应器较近的就地检修平台。

对 NO_x 的测量，目前普遍采用基于红外吸收原理的仪表。O_2 组分的测量有顺磁法、氧化锆法和电化学分析法，目前电化学分析法应用比较普遍。分析仪器具有一个能自动定时清洗的空气系统以防止烟尘污染分析仪器部件，当清洗空气系统失效时，分析仪器上输出干接点警报信号至 DCS，并启动隔离快门保护。

每台反应器进出口各有一套分析仪，应用于 NO_x/O_2 的测量，分析仪与 DCS 的连接不采用通信方式，而采用硬接线方式。图 7-9 所示为 CEMS 的测量系统图。

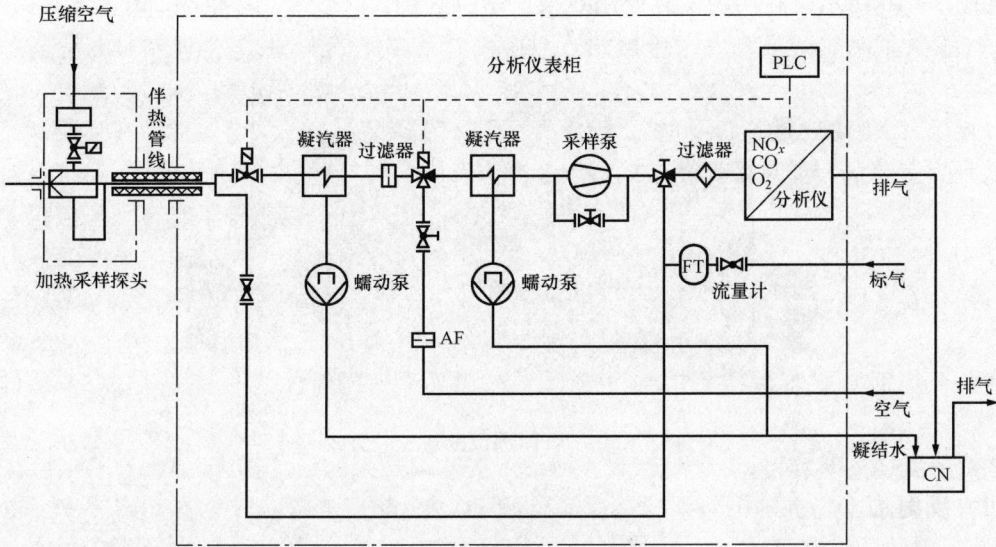

图 7-8　伴热抽取法烟气测量原理

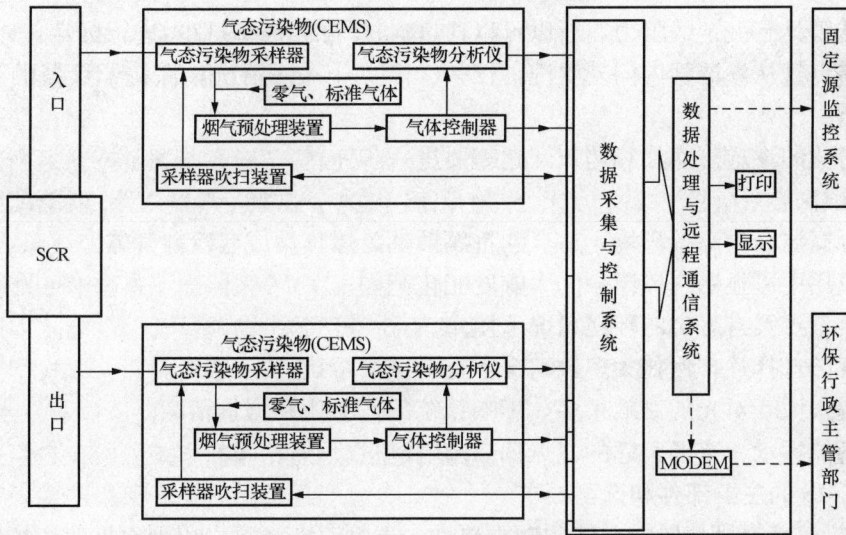

图 7-9　CEMS 测量系统

四、SCR 反应器出口 NH₃ 逃逸量测量

SCR 反应器出口 NH₃ 逃逸量分析装置包括可调谐激光源、光学发射端、光学接收端。可调谐二极管激光器被调谐发射出特定气体吸收线的激光，光束穿过被测气体，被测气体的吸收引起光强的衰减，通过检测器检测光强和线形状信号计算出气体浓度。因为类似的单色激光只被扫描光谱范围内的一个特定分子谱线非常有选择性地吸收，所以测量过程中避免了交叉干扰。

NH₃ 逃逸量测量使用可调谐二极管激光光谱仪测量已成共识，且目前普遍采用原位测量方式，但是在现场仪表的结构上有所不同，主要有单侧安装的反射法和两侧安装的透射

133

法，如图 7 - 10 所示。它们的实际使用效果也略有区别。

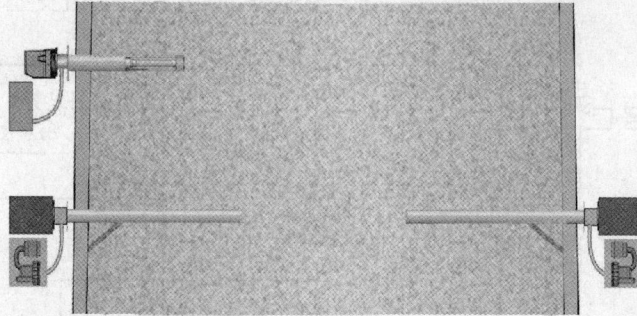

图 7 - 10　NH₃ 逃逸测量安装方式

（1）反射法。

1）反射法的安装简单。

2）渗透管型的烟气通过扩散方式进烟，测量空间是非常干净的，所以能保持较高的精度。

3）渗透管具有一定的阻力，所以可以通过通样气的方式对仪器进行标定。

4）通零点气从渗透管内向外吹洗，校一次零点作一次清洗，保持了仪器的长期可靠的使用。

5）反射法的渗透管磨损和堵灰问题需要进一步完善。

（2）透射法。

1）适合高温高尘高湿环境，适合测量腐蚀性、爆炸性或有毒性气体。

2）在应用中可显示气体组分的大幅度变化范围。

3）在测量点具有恶劣的环境状况下使用。

4）高度的选择性，例如大多数情况不带有交叉干扰。

5）粉尘很大，对光的衰减很多，影响系统的信噪比和测量精度。

6）现场的振动、变形引起的光点偏离影响测量。

五、CEMS 的主要部件和选型要求

鉴于分析仪表在烟气脱硝系统中的重要性，选型时应注意采用国内外使用情况较好的知名品牌。仪表符合 HJ/T75.2007 和 HJ/T76.2007 标准对仪表的选型的要求，并通过国家环保部门认证，NO_x/O_2 分析仪仪表的精度不低于 ±1% 满刻度，NH_3 分析仪精度不低于 ±2% 测量值。

（1）采样探头。对 NO_x/O_2 的测量，每个反应器入口断面至少设 1 个采样探头（可根据要求设 2～3 各个采样探头）；每个反应器出口断面至少设置 1 个采样探头（可根据要求设 2～3 各个采样探头）。安装位置应符合环保方面的要求。采样后的烟气进入预处理系统过滤，然后送入分析仪表。

由于系统取样点位置为高温（300～430℃）高尘（粉尘含量 30g/m³、标准状况下）高负压（－2000Pa 以上）环境，采样探头应具有耐高温、耐腐蚀、耐磨和防堵功能，应采用优质产品，具备良好的反吹功能。取样分析仪套管选用不锈钢材料，设两级陶瓷过滤器，并考虑防堵特性。

（2）取样管线。取样管线采用 Teflon（聚四氟乙烯）管簇取样管线，采样管线具有保温加热保护一体成型，温控器能够调整，控制温度误差小于 1℃，取样管线不允许有中间接头。管线要求耐高温、耐腐蚀、防粉尘堵塞，管线的直径应不小于 0.25in（6.35mm）。

（3）样气预处理系统。采用红外吸收的系统设置样气预处理系统，且每台反应器入口和出口应设有单独的预处理系统。样气预处理系统设置前置粗过滤系统（2μm），若分析仪表需要还应设置后置精过滤系统（0.1μm），滤芯采用陶瓷滤芯。预处理系统根据需要还可设置采样泵、蠕动泵、制冷器、阀门等设备，上述设备的选型均能满足脱硝高温高尘高负压的要求。

（4）反吹控制系统。CEMS 设置用于反吹和定时校准的反吹控制系统，反吹控制系统包括 PLC、电磁阀、阀门、储气罐等设备。

（5）标准气。CEMS 若使用标准气进行校对，则需要配置用于定时自动校对的标准气，标准气是经过省级以上技术监督局或同等级单位检定合格的产品。每套 CEMS 各配置一瓶（8L）NO_x 组分和 O_2 的标准气。

（6）分析室。适用于 CEMS 安装的分析室要有隔热功能，一般按每台炉（4 套 CEMS）1 套分析室设置。分析室一般可布置于脱硝反应器平台，采用轻质墙体结构，地面有防震动措施，应配置空调及排风扇，并保证 CEMS 系统能够 24h 运行。

（7）氨逃逸分析仪。氨逃逸目前大多采用激光光谱分析法测量，用于现场的一次激光测量探头按一个反应器一套配置，不建议采用一拖二方式；二次显示和信号传输的二次单元，根据仪表自身功能配置。二次仪表能分别输出每个测量探头的 4～20mA 信号到 DCS。

还有一种氨逃逸测量方法称为差减法。该方法是将烟气样品先经过一个不锈钢转化炉，NO_2 和 NH_3 都被转化为 NO，此时测量的是 N_t（$NO+NO_2+NH_3$）。软件计算 NO_x 减去 NO 和 N_t 减去 NO_x，分别以 4～20mA 信号输出 NO_2 与 NH_3 的浓度值到 DCS。

（8）对通风、空调的要求。SCR 反应器区的 CEMS 分析室设置空调装置和事故通风系统，室内设计参数应根据设备要求确定。风机选用玻璃钢轴流风机，针对特殊危险环境的区域应安装防爆型玻璃钢轴流风机，排气口设防雨弯管、滤网和开关百叶。

空调系统采用能耗较低的柜式或挂壁式分体空调机，温度控制应满足设备要求。该系统应能在冬季、夏季各种条件下维持空调区域的室内气象参数及噪声控制等要求。

另外，采用对射法测量时，设计应采取有效措施，防止烟道热应力对探头的对准度有影响。

计算机及外围设备方面，每台锅炉脱硝装置应为 CEMS 配置 1 套上位机，需有与 DCS 通信接口和与环保部门的通信接口。

CEMS 系统内包括进口设备的要有完整的使用安装中文说明。仪表测量后气体和放散气体要排到分析室外。PLC 模拟量接地电阻小于 4Ω，电器接地要与模拟接地分开。

六、烟气连续在线监测分析系统改进措施

综上所述，高温、高含尘烟气环境下 SCR 脱硝系统的 CEMS 系统仪表主要包含以下三类：反应器入口 NO_x/O_2 分析装置、反应器出口 NO_x/O_2 分析装置和反应器出口的逃逸氨测量装置。由于所处烟气条件的差异和测量原理的不同，提高准确性、可靠性及运行寿命的措施也不尽相同。

（1）反应器入口 NO_x/O_2 分析装置。

1）选型时特别注意，一定要采用知名品牌并具有成功运行业绩的产品。

2）采样探头安装位置必须具有代表性。

3）系统设计合理、完善。采样探头应具有反吹装置，且根据实际情况调试设置最佳反吹周期。

4）采样伴热管避免出现冷点，管线敷设走向合理。

5）预处理（除湿、除细尘）工作稳定，且配置出口凝露报警装置和超细过滤器。

6）分析仪表和预处理应配置专用空调间。

7）制定检查、维护规程，专人操作，按规程定期检查维护。

（2）反应器出口 NO_x/O_2 分析装置。除以上措施外，还应在工程设计、调试及运行过程中注意以下方面。

1）喷氨系统设计能分区调整，投运前对喷氨格栅进行优化调整，使反应器进口氨氮比尽量均匀，从而提高反应器出口 NO_x 浓度分布的均匀性。出口 NO_x 浓度分布的均匀性越好，NO_x/O_2 分析装置采样的点对整个断面的代表性就越好，控制的准确性和可靠性就越好。该项工作还要求具备专用的测量装置，能快速扫描测量出口断面 NO_x 分布，并指引每次应调整的分区。更深层次的要求是脱硝系统的流场设计，因为不良的流场设计同样会引起以上问题。

2）采样探头应配脱除烟气中逃逸氨或硫酸铵盐的装置，避免进入采样管路或预处理系统。

（3）出口逃逸氨测量装置。准确的出口逃逸氨的在线测量是极其困难的，实际运行情况不能令人满意。尽管如此，以下措施将有助于达到最佳运行效果。

1）对于激光法仪器，安装位置及其稳定性需要精心设计。

2）为系统运行配置一套化学法采样分析装置，定期进行采样分析，掌握准确的实际逃逸氨数据，对比在线分析仪数据。

3）定期检查电除尘器所收集的飞灰中氨含量。

7.3.8 执行机构

一、技术要求

（1）用于氨区范围内的执行器均采用防爆执行机构。

（2）所有电动执行机构应采用与电厂控制水平相适应的，并尽量与现有品牌相一致的智能一体化产品。

（3）气动执行器、电动执行器（包括配套电动机）和接线盒，应满足等级至少为 IEC 标准 IP68。

（4）所有电动执行机构装置内装设有接触器、热继电器、三相电动机等配电设备，并采用 AC 380V 动力电源和开/关信号就可驱动阀门。所有阀门均提供装置的接线图和特性曲线。所有电动阀门配有行程开关和力矩开关，接点形式、数量及容量（安培数）满足脱硝控制及电厂其他控制系统要求。

（5）执行器能通过手轮对执行机构实行就地手动操作。在执行机构上安装就地位置指示仪，相应地面可清楚观察到。

（6）热态运行时，所有电动执行机构的力矩、全行程时间、精度、回差等性能指标应能满足工艺系统的要求和有关的规范要求。

二、闭环控制回路中的执行机构

（1）要求闭环控制回路中的执行机构为连续型，接受 DC 4～20mA 的控制信号，且采用 AC 380V、50Hz 的工作电源。

（2）所有闭环控制回路的执行器装有带 DC 4～20mA 输出信号的电子位置传感器和 0～100％标度的就地位置指示器。

（3）闭环控制执行机构的电动机额定持续工作负荷，至少比驱动阀门所要求的功率最大值高 20％。

三、开环控制回路的执行机构

（1）开环控制回路中的电动执行机构使用间歇负荷电动机，电动机完全密闭，采用 AC 380V 工作电源。执行机构的齿轮和驱动设备的设计安全系数为 1.5，执行机构的全行程时间宜小于 50s。

（2）对全开和全闭之间要求保持中间位置的执行机构装有一个位置指示变送器，把 0～100％的信号转换成 DC 4～20mA 信号送到 SCR-DCS 中。

（3）为满足显示与控制要求，应使用行程和力矩开关，每个执行机构装有 4 个位置开关和 2 个转矩开关。全开与全关终端位置信号应进 SCR-DCS。

（4）当电源失去时，电动执行器应处于保护设备不受到损坏的位置，具备有人工操作的手段。

7.3.9　电源配电、控制盘柜及电缆等

一、电源柜及配电箱

脱硝系统的仪控电源配置方式也是脱硝控制中一个重要环节，配电原则应与整个电厂控制系统相一致，并满足脱硝控制系统、就地仪表系统、电磁阀和电动执行机构等配电要求，关键位置采用双电源供电并设置电源自动切换装置。所供配电系统的接线方式（如 TN-C、TN-S、TT 等）与全厂供电接线方式相符合。

烟气脱硝系统的 SCR-DCS 和仪表用电源柜，应接受 UPS 和保安段电源，并在柜内实现自动切换功能，仪表用电源柜向就地仪表、重要的控制设备、专用装置提供可靠的电源。电源分路用空气开关选用具有国际知名度的可靠产品。

机柜建议提供电源接地报警装置。为防止现场干扰问题，电源系统要注意接地及电缆屏蔽等，外接接地和短路时，各设备对应的空气开关跳闸保护。接地铜排（镀锡）单独接地，机柜外壳不接地，接地铜排（镀锡）上接电缆屏蔽线。

配电箱应根据现场实际需要来考虑配电，电源盘及配电箱内主要电气元件应确保采用优质产品。

二、控制盘、台、柜

脱硝就地电子间 CEMS 数据采集站、还原剂区的操作员站等均可采用操作员台方式，一般新增的控制盘、台、柜应与现有设备型号相匹配。

对仪表盘和电磁阀箱内部或上面的设备应提供必要的环境保护。即能防尘、防滴水、防腐、防潮、防结露、防昆虫及啮齿动物，能耐指定的最高、最低温度，以及支承结构的振动，符合 IP54 标准（对于室内安装）和 IP65（对于室外安装）或相应的标准。

盘、台、柜的设计、材料选择和工艺使其内、外表面光滑整洁，没有焊接、铆钉或外侧出现的螺栓头，整个外表面端正光滑。所有金属结构件牢固地接到结构内指定的接地母

线上。

盘、台、柜设有滤网通风装置，以保证运行时内部温度不超过设备允许温度的极限值。如盘、柜内仅靠自然通风而引起封闭件超温或误动作，则应提供强迫通风或冷却装置。墙挂式控制箱高度不超过 1200mm。

对于控制盘和控制柜，内部提供有 AC 220V 照明灯和标准插座。在门内侧有电源开关，可使所有铭牌容易看清楚。

三、电缆

电缆，包括控制电缆、热电偶补偿电缆、电力电缆、通信电缆及专用电缆等，所有电缆应为阻燃电缆，具有较好的电气性能、机械物理性能及不延燃性。计算机及控制电缆单根总芯数不超过 14 芯，并按要求留有备用芯。模拟量信号电缆要求分对屏蔽加总屏蔽，质量执行国家相关标准。

7.3.10 其他就地设备

工艺系统和单体设备上用于测量和控制的就地检测仪表、远传仪表、执行机构、控制盘柜等均属于就地仪表范畴。

一、设计原则

（1）在工艺系统需巡检人员监视的地方，设就地指示仪表，并配防振动措施。

（2）仪表和控制设备的设置位置和数量满足采用 SCR-DCS 对于整个烟气脱硝系统进行远方监视、运行调整、事故处理和经济核算的要求。

（3）就地控制箱及就地仪表接线箱采用户外安装时，其防护等级至少为 IP65，建议采用不锈钢材料。

（4）室外仪表及其取样均应根据当地气象条件考虑防冻，按需要配备仪表保温箱，仪表管按照要求配备伴热电缆。

（5）就地设备、装置与 DCS 的硬接线接口信号为两线制传输，信号型式模拟量为 DC 4~20mA 或热电偶（阻），热电偶根据测量参数温度范围及工作条件采用 K 型等分度，热电阻采用三线制，开关量信号为无源接点，信号接地统一在 DCS 机柜侧。

（6）对于关系到安全或调节品质的重要过程参数，应提供三重测量配置，通过 DCS 不同的 I/O 模件采集，并在 DCS 中做 3 取 2 或 3 取中逻辑。

（7）所有电动调节阀均具有 4~20mA 的位置反馈信号，用于二位控制（ON-OFF）的阀门开关方向各应装设四开四闭位置限位开关和足够的力矩开关。电动调节阀及开关型电动阀执行机构采用智能一体化产品，推荐使用有国际影响力的品牌。

（8）所有测量点至一次隔离阀门采用的所有材料应符合在安全运行条件下测量介质的要求。与仪表及变送器连接的仪表管材质及壁厚应与工质相适应，不得出现腐蚀或污染的现象。

（9）所有就地热控设备应提供永久性金属标牌，形式与电厂现有设备标牌一致。

（10）所有就地仪表和执行机构的电子部分、就地盘箱柜等含有电子部件的就地设备，其防护等级至少为 IP67。

二、温度测量仪表

（1）热电偶选用不锈钢保护套管，采用双支 K 分度热电偶。对于烟气测量，测温保护套管为防腐、防磨型，精度为 I 级（±0.4%）。

（2）热电阻选用双支铂热电阻（分度号 Pt100）及不锈钢保护套管，精度为 A 级（0.15±0.2%），热响应时间能满足 $\tau 0.5 < 12s$。

（3）用于就地显示的带刻度的双金属温度计，精度不低于±1.5%，表盘尺寸为 $\phi 100$ 或 $\phi 150$，双金属温度计采用万向型、抽芯式。

（4）所有热电阻及热电偶其引出线应有防水式接线盒，并根据管路来选择螺纹连接型或焊接型，为维护及拆装方便，尽可能采用卡套式连接。

（5）测温元件安装的插入深度应符合相应的标准和规范。

（6）应预留足够的试验测点并对测点套管用法兰进行封堵。

三、压力/差压测量

（1）DCS 系统监视与控制用回路的压力和差压测量，应选用压力/差压变送器测量。压力/差压测点位置应根据相应管路或容器的规范要求确定，并按照介质及管路要求安装一次仪表阀、二次仪表阀及排污阀等。

（2）应为所有烟气压力变送器和压力计提供纯净的吹扫空气，风烟压力、差压取样配置风压测量防堵取样装置。

（3）就地安装的压力计提供仪表阀门，阀门为焊接式或外螺纹连接，阀体采用不锈钢。

（4）压力/差压变送器采用智能防爆式变送器，变送器是二线制的，输出 4～20mA 信号，带 HART 协议，选型考虑与电厂现有变送器尽量一致。

（5）变送器防护等级不低于 IP67，差压型变送器应能过压保护，以防止一侧的压力故障对其产生的损害。

（6）所有变送器能对应零到满量程的测量范围，并有过流保护措施。变送器在满量程时误差应小于或等于±0.075%，线性误差应小于或等于 0.1%。所有就地安装的变送器（压力、液位或类似）有就地液晶指示（0～100%）。

（7）压缩空气的就地显示压力表选用 Y-150 型，其他介质的就地显示压力表选用耐腐防堵的 YTP-150 型，精度为 1.5 级。

（8）就地压力表设置在容易观察的位置，或成组安装在就地表盘上。刻度盘直径为 150mm，接头为 M20×1.5mm，精度至少为满量程的±1.5%。

四、流量测量

（1）烟气脱硝系统的氨气流量测量装置必须考虑耐磨、抗腐蚀的要求，推荐采用具有国际品牌的质量流量计。

（2）不论何种测量装置，测量装置前后的直管段长度应符合规定。介质流向用箭头准确标志在测量装置上。

（3）用于远传的流量测量传感器带有 DC 4～20mA 两线制信号输出，必要时各种流量计有就地指示。

（4）要求炉前喷氨流量应进行密度、压力、温度修正，以在机组 DCS 画面上显示质量流量。

五、料位、液位测量

（1）用于集中控制、监视水位、液位、料位信号。料位测量取样位置和测量装置具有代表性，满足运行监视和调节、保护的要求，并不受容器内液体波动、料仓内灰尘等的影响。

（2）就地液位测量不应采用玻璃管液位计，而采用磁翻板液位计。液氨储罐、液氨蒸发器、稀释槽、废水池等均设液位计。

（3）箱体液位测量采用合适测量方式，以保证其测量的可靠性与精确性，指示范围为整个箱体。

（4）对于腐蚀性介质，必须考虑到可靠性和抗腐蚀性的要求。

7.3.11　氨区工业电视系统

脱硝 SCR 区可根据需要增加工业电视监控系统监视探头，并纳入全厂工业电视监控网。

氨区应该设计一套完整工业电视监控系统，并采用先进成熟的产品和技术，工业电视系统应具有极高的安全性、可操作性、可维修性、防尘防水性、防震性、全天候性和防雷击保护。现场的设备免维护，可直接用水冲洗。在防爆区域内的设备还应具有防爆性能。

工业电视监控系统的摄像机、电动及固定云台、解码器、矩阵主机、硬盘录像机、多路视频切换器等应采用技术先进、品质优良、价格适中的优质产品。

视频信号传送距离较远时应考虑采用光缆传输。

7.4　设备选型建议

烟气脱硝工程热工仪表及控制系统的设备选型，一般遵循以下原则。

（1）SCR 工程中仪控设备选型应与整个电厂的自动化水平相适应，并尽量与机组的控制设备相一致。

（2）用于 SCR 工程中的仪表和控制设备应为当今先进、成熟技术，并具有高可靠性、耐用性、可操作性、可维护性和易扩展性。

（3）用于 SCR 工程中的仪表和控制设备应为生产厂商的主流设备，并尽量选择代表当前控制水平的先进设备。

（4）SCR-DCS 应选择成熟的主流控制系统，并与现有机组 DCS 高度兼容。

（5）PLC 应尽量在现有 PLC 上扩展，或采用与有控制设备相同的 PLC、火灾报警及消防控制系统，形成一体化格局。

（6）CEMS 采用先进成熟和有良好业绩的产品，目前抽取法为主流，应用较多。CEMS 应预留与政府环保监测机构及电厂远动系统 RTU 机柜的通信接口。

（7）氨气流量测量建议采用质量流量计。

（8）压力和差压变送器选用具有国际影响力品牌的智能变送器，带 HART 协议。

（9）液位计大多用在氨区，需选择耐氨腐蚀的知名品牌产品，就地建议采用磁翻板液位计，远传建议采用带远传的磁翻板液位计或雷达液位机。

（10）电动执行机构选择带有限位开关和力矩开关的智能一体化产品；气动执行机构选择配气动三联件，具有有限位功能，采用智能定位器。建议采用三合一功能（电气转换功能、定位器功能、位置反馈功能）的一体化产品，并根据工艺要求配电磁阀和手轮。

（11）料位开关选择要注意环境要求，特别注意高温、粉尘、振动环境。

（12）逻辑开关选用国际知名的优质产品。

表 7-2～表 7-4 分别列出了目前国内外使用比较普遍的 DCS、CEMS 和质量流量计等设备。表 7-3 所列 CEMS 为国外品牌，但随着环保项目的实施，一些国内品牌的 CEMS 产品目前发展也很快，并逐渐得到业主和环保部门的认可。

表 7-2   部 分 DCS 设 备

公司名称	控制系统	主 要 特 点
瑞士贝利（ABB）公司	SYMPHONY 系统	同轴电缆的环形网络结构，服务器/客户机结构
美国西屋（WESTING HOUSE）	OVATION 系统	交换机为基础的星型以太网，操作员站点对点通信
美国 FOXBORA	FOXBORAI/A 系统	交换机为基础的星型以太网，操作员站点对点通信
美国 MAX 公司	MaxDNA	交换机为基础的星型以太网，操作员站点对点通信
德国西门子公司	TXP-300，T-XP	光纤虚拟以太环形网，服务器/客户机结构
GE 新华	XDPS400＋	交换机为基础的环型以太网，操作员站点对点通信
和利时	MACS 系统	交换机为基础的星型以太网，服务器/客户机结构
国电智深	EDPF-NT	交换机为基础的星型以太网，操作员站点对点通信
西安热工研究院	FCS-165	具有自主知识产权的现场总线控制系统
上海新华集团	XDC800	采用以太网和现场总线的全分布综合自动化控制系统

表 7-3   CEMS 及 NH_3 逃逸测量设备

公司名称	CEMS 仪表	NO 测量方法	NH_3 逃逸仪表	NH_3 测量方法
西门子	ULtramat 23	非分散性红外吸收（NDIR）法	LDS 6	激光光谱法（分体式）
德国 Sick-Maihak	SMC9021/SIDOR	非分散性红外吸收（NDIR）法	GM700	激光光谱法（一体式）
美国热电	42i-DNMSDCB	化学荧光法	17i-DNDCB	差减法
挪威 NEO			LaserGas II	激光光谱法（一体式）
丹麦格林 GREEN	G4100 系列	双池厚膜氧化锆检测法	G5100 系列	高温紫外光谱吸收法（原位式测量）
德国福德世		非分散性红外吸收（NDIR）法		激光光谱法
英国仕富梅	SERVOPRO 4900	非分散性红外吸收（NDIR）法	Laser 2900	激光光谱法（一体式）
Rosemount	X-STREAM	非分散性红外吸收（NDIR）法		
德国 ABB	EL3020 系列	非分散性红外吸收（NDIR）法		
德国霍亨	H-MD200	超高频常温超导谐振法	H-MD300	超高频常温超导谐振法

表 7-4   质 量 流 量 计 设 备

公司名称	流量计系列	主 要 特 点
Emerson	Micro Motion 高准	高精度；高稳定性；宽量程比；自动识别 DC 24V/AC 220V 供电电源；智能多参数 MVD 数字处理技术；智能在线自校验；4～20mA＋HART、RS485
ABB	FCB350	HART 协议，精度为±0.5%；本安防爆或隔爆型；带 DSP 技术转换器；可扩展密度校验，带温度补偿；使用磁棒输入数据；多种过程连接；两个独立的电流信号（流量和密度）输出，也可通过一路脉冲输出
E＋H	PROlinr Promass 系列	HART/PROFIBUS 协议/±0.1% 及 HART/±0.5%；平衡双管测量系统，抗振性强；可带光敏键控制
德国科隆	OPTIMASS 系列	单直测量管；窄带数字滤波器和 AST 自适应传感器技术；高精度，高可靠性

公司名称	流量计系列	主 要 特 点
西门子	SITRANS FC	精度为 0.1%，本安型；大动态量程比；多插针电气接头；设计有中央板块，使仪表和环境噪声隔离；大壁厚，确保传感器的抗腐蚀性和耐压性
横河机电	RCC 系列	精度为±0.5%；输出（可选两点）为 4~20mA＋HART，两路脉冲输出；0%信号锁定功能；自诊断功能；可选本安型输出；高精度的数字信号处理电路；防爆型转换器和本安型传感器应用于危险场合

第 8 章

火电厂SCR技术的电气系统

8.1 火电厂 SCR 装置对电气系统的要求

脱硝系统的电气设计范围包括 SCR 区和还原剂区,电气设计必须考虑安全性、完整性和一致性,并从供配电系统、控制与保护、照明及检修系统、防雷接地系统、电缆和电缆敷设、电气设备布置、电压等级、通信系统等方面综合设计。

8.1.1 一般要求

电气设计首先必须考虑以下问题:

(1) 运行和检修人员的安全及设备的安全。

(2) 电气设备应具有较高的设备防护等级、可操作性、可靠性及设备和部件的互换性。

(3) 易于运行和检修,主要部件(重部件)应能方便拆卸、复原和修理,同时提供吊装和搬运时用的起吊钩、拉手、螺栓孔等。

(4) 系统内所有元件应恰当地配合。如绝缘水平、开断能力、短路电流耐受能力、继电保护和机械强度等。

(5) 环境条件保护,如对腐蚀性气体、机械震动、振动及水的防护等。

(6) 各系统的选择计算,如负荷、UPS 负荷、事故保安电源、开关、电缆、防雷、照明、保护的选型计算及整定等应满足工艺要求和安全规范。

(7) 各系统的接线图、设备元件的配置等技术要求应符合规范,并考虑现场操作维护的便利性。

(8) 各系统内的电气设计和设备选择,应充分考虑该工程地震烈度的实际情况,并保证当发生地震时,系统内的电气系统应能够正常运行。

(9) 液氨公用系统内的所有就地电气设备要选用防腐、防爆型,并采用不锈钢外壳。

(10) 电气设备的使用寿命为 30 年。

8.1.2 供配电系统技术要求

(1) 脱硝改造生产性电气设备和系统,一般由新增开关柜供电。如因场地或其他条件限制,需要开关柜并柜设计,则需充分考虑现有设备的规格、容量、母线材料及改造方案等。

(2) 脱硝和制氨 380V/220V 系统分别在就地配置 MCC(电动机控制中心)电源柜,并具备双路电源切换功能,反应区由每台锅炉 PC 段引接,氨区由公用或脱硫 A、B 段引接。电源进线开关采用抽屉式智能断路器。

(3) SCR 及还原剂区 MCC 系统常见为单母线接线方式(也有采用双母线+母联开关方式)。75kW 及以上的电动机回路采用框架式断路器;15kW 以上(包含 15kW)、75kW 以下的电动机回路采用塑壳式断路器、接触器+电动机综合保护器;15kW 以下的电动机回路采用塑壳式断路器、接触器+热继电器实现控制保护。

(4) 低压电器的组合保证在发生短路故障时,各级保护电器有选择性地正确动作。低压系统有不少于 30% 的备用配电回路,在备用回路中,每种规格的断路器、热过负荷元件、磁力接触器连同其控制和保护设备至少备用一回路，这些备用回路的布置设计应均匀分布在 MCC 上。

（5）所有控制回路设备及进出线端子应安装在开关柜前柜，便于设备维护。

（6）脱硝系统内的照明、检修、防雷接地、火灾探测与报警系统、通信系统、电缆及其敷设系统的布置要求和技术要求也在脱硝系统电气设计范围。

8.1.3　低压变压器

脱硝系统用到的低压厂用变压器采用环氧树脂浇铸的低损耗干式变压器。变压器应安装在 0.4kV 配电装置的室内。变压器工作环境的最高温度按 40℃考虑。变压器采用低损耗铜芯变压器，在使用环境条件下能满负荷长期运行，并有一定的过负荷能力。容量不大于 1250kVA 的变压器阻抗电压不大于 6%。

变压器应带外壳。变压器外壳内高压侧应考虑设置固定电缆用的支架；低压侧应设置固定母线用的支柱绝缘子，并应满足短路时的动热稳定的要求，同时应考虑安装零序 TA 的位置。

变压器应符合 GB、DL、IEC 最新标准的要求，特别是针对干式变压器的 IEC 60726《干式电力变压器》和 IEC 60551《变压器和电抗器的声级测定》标准对噪声测试的要求。

干式变压器正常运行的冷却方式为自然风冷，但应提供冷却风扇满足强迫风冷条件下 150% 的过负荷要求。变压器应装设带报警及跳闸的温控设施。报警及跳闸信号应接至脱硝 SCR-DCS 控制系统中。

变压器的绝缘等级为 F 级，温升为 B 级。

8.1.4　0.4kV 配电装置

一、概述

低压电动机和负载供电的配电柜 MCC 按负载运行性质相应分组配置。400V 低压开关柜为 380V/220V 电压，一般为三相四线制，应为抽屉分隔式开关柜，金属外壳，用于室内安装。MCC 采用双电源进线。

配电装置的最终设计应有 20%～30% 的备用馈线回路供以后使用。在备用回路中，每种规格的断路器、热过负荷元件、磁力接触器联同其控制和保护设备至少备用一回，并用标签在间隔上标上"备用"。这些备用回路的布置设计应均匀分布在 MCC 上。

MCC 应按负载运行性质相应分段配置，如成对负荷分别接于成对设置的母线段上。对重要负荷（Ⅰ类负荷）且有备用时，控制系统应包括备用自投回路。

柜中所有元件的选型应考虑到安装在密闭柜中的降容系数。进线断路器包括进线和分路的额定工作电流应大于或等于母线段总负荷电流和电动机额定满负荷电流的 125%。分路中一次元器件的额定电流应为负载额定电流的 125%。

开关柜主要技术性能要求如下：

（1）额定绝缘电压为 690V。

（2）工频耐压为 2500V，1min。

（3）主电路额定工作电压为 AC 400V/230V，三相四线＋PE 线（中性点是否接地视现有设备情况决定）。

（4）额定频率为 50Hz。

（5）额定电流由负载而定。

（6）额定短时耐受电流为 50kA，3s（视变压器和电动机反馈而定）。

（7）额定峰值耐受电流为 105kA。

二、结构要求

开关柜采用标准模块化设计，相同模块可互换。所有金属结构的部件，均按规定可靠连接到柜内接地母线上，其接地线满足设备短路电流热稳定的要求。中性母排电流额定值至少是主母排的 50%。

设备的布置便于操作，在任何情况下不妨碍良好的运行性能，柜内空间满足检修要求。开关柜端部结构、母线排和电线电缆线槽的布置便于扩展。开关柜装设绞链门。在每个垂直部分的背面，装有可拆卸的板或绞链门。百叶窗或其他通风孔的布置和安装，能防止由上面滴水或地板上溅起的水进入开关柜内。

仪表板的结构方式保证当仪表板摇到最大开启位置时，允许不受限制地进入前面间隔。预留今后可能安装的仪表和继电器的位置，而不被布线占用。

断路器处于"隔离"位置时，能关闭开关柜外门。装于柜体上的继电器，能防止断路器或其他电器设备正常操作时的振动和误动作。开关柜体的结构允许电缆从顶部和/或底部进入柜体。开关柜具有防护功能包括：负荷开关加锁；防止带负荷误分，误合隔离插头；防止误入带电间隔。开关柜应利用分隔板划分成 3 个隔室，即母线隔室、电缆隔室、功能单元隔室。

隔室之间的开孔能确保断路器在短路分断时产生的气体不影响相邻隔室的功能单元的正常工作。隔板不应由短路分断时产生的电弧或游离气体所产生的压力而造成损坏或永久变形。

低压柜外壳采用优质冷轧钢板，钢板厚度不小于 2.0mm，达到国家有关技术要求，完整的开关柜应有足够的强度，保证在承受运输、运行和短路条件下所有应力不被破坏，设计提供可移动的起吊搬运手段。开关柜内部设备布置应合理，符合性能要求，框架内应留有足够的空间以便于检修，外壳的防护等级应不低于 IP30。

三、防止触电措施

对于超过 1000V 的带电装置和设备，防止直接接触或间接接触。对于可能直接接触的带电装置和设备，采取对带电部分进行隔离或加保护罩（保护网）的方式进行保护。对于可能间接接触的带电装置和设备，也有相应的保护等措施。

四、电气设备的颜色标识

电气设备外壳的颜色应与机组现有开关柜保持一致，如无特殊要求一般为 GSB05-1426-2001 77 GY09。

控制屏、盘上的指示灯、按钮采用如下颜色标识。

（1）指示灯。

1）断路器开红色。

2）断路器关绿色。

3）阀门位于打开位置红色。

4）阀门位于关闭位置绿色。

5）电动机运转红色。

6）电动机停转绿色。

7）报警、跳闸及故障信号黄色、红色或采用相应铭牌的分合指示，并采用不同的颜色区分跳闸信号和报警信号。

（2）按钮。

1）断路器跳闸（关）绿色。

2）所有其他按钮黑色并带有相关铭牌文字。

3）当按钮的 ON/OFF 状态的位置不易明确区分时，应通过"ON"/"OFF"或"O"/"I"标记或用以上所述色彩标识加以注明。

4）集中控制的重要电动机设就地事故按钮。事故按钮应带护盖，以防止误碰按钮造成电动机误跳。

五、电气设备耐压要求

额定电压应为 400V，绝缘水平应为工频 2500V（1min）。

六、断路器

框架断路器保护装置具有短路瞬时、短路短延时、过负荷长延时和接地故障保护等功能，可以在现场方便地进行定值整定或功能调整，并且除过负荷长延时保护外，其他所有的保护功能应可根据需要启用或关闭。断路器配套的保护装置还应带有液晶显示面板，可以方便地读出电流、电压、功率等运行参数。

框架断路器为 3 极，具有"接通"、"试验"和"断开"三个工作位置。断路器应具有预储能操作系统。断路器应在所有位置均可进行电气和机械自由脱扣。

应提供合适的机构，以保证在抽出或推入断路器单元时，其一次和二次隔离触点完全断开或准确接通。

应提供适当的导轨，以容易移动和插入断路器单元，并应提供止挡或指示器以精确定位在"接通"或"试验"位置。当断路器位于"试验"或"隔离"位置时，断路器的远方操作回路应断开。

在一次隔离触点接通前，断路器的框架应已经可靠接地，并且断路器在运行位置及一次隔离触点分开一个安全距离以前的所有其他位置，其框架均保持可靠接地。

控制回路具有电源监视继电器、中间继电器、控制开关、切换开关、按钮、指示灯等。控制和表计开关分别采用相同外形与手把的通用组合开关，相同用途的开关把手操作方向一致。

断路器应具有"防跳"功能，在一次合闸指令下只能合闸一次。

塑壳断路器采用热磁式、电磁式、电子式脱扣器。如果只采用塑壳断路器向负荷供电，塑壳断路器还应带有热过负荷元件，但应能区分因短路跳闸或热过负荷跳闸。塑壳断路器的操作手柄，在抽出单元门关闭的情况下清晰地显示断路器是在合、分状态，并能在抽出单元门外操作断路器。

七、电动机保护器

电动机保护器与塑壳断路器、接触器的组合用作电动机的控制、保护。当电动机控制中心电压为 70%～100%额定电压时，接触器应可靠动作。电动机应为全线电压启动。

当电动机控制中心的母线电压为 70%额定值（380V 电动机控制中心应为 280V），以及在远端发出合闸信号时，接触器能成功地启动和自保持。当使用中间继电器时，其返回电压应等于或小于其所控制的接触器线圈的返回电压的 95%。

电动机回路配备带通信口的电动机保护器。大于 30kW 电动机和馈线回路的电流量能通过通信方式传送。

对供电距离长或容量大的电动机和馈线单元应设有接地故障保护。

八、测量互感器

电流互感器（TA）应便于安装、快速维修和更换，应采用环氧树脂浇注，绝缘型电流互感器，动、热稳定应能达到开关柜和相关 GB、DL、IEC 标准的要求。TA 应提供用于保护和测量的独立线芯。

TA 应选用适当的容量和变比以保证保护的可靠性、计量与测量的准确性，测量级为 0.5，保护级为 10P20。用于接地继电器的零序电流互感器应按最大接地故障电流设计。TA 二次绕组严禁开路，电流互感器二次侧电流为 1A，并且必须一点接地。TA 回路应有短路排。

电压互感器应装设限流熔断器，其遮断容量不应小于 400V 开关的额定开断容量。采用带 7 路选择开关的电压表来测量线电压和相电压，并有一路 4～20mA 模拟量信号上传至 SCR-DCS，测量母线电压。

九、断路器控制

断路器的控制目前普遍采用两种电源，一种是直流电源（110V、220V），另一种是交流电源（110V、220V）。断路器能就地或通过脱硝控制系统控制，开关柜上应设就地/远方控制转换开关。

每个断路器都应能由就地（开关柜）"开"、"关"按钮进行操作。一般情况下，该按钮置于保护罩内。如控制电压有故障，开关应能进行"紧急开断"操作。在试验位置时，应能就地操作。

一旦发生断路器保护性跳闸，为防止 6kV/0.4kV 变压器损坏，应采用连锁跳闸电路，使 6kV 断路器相应的出线回路跳闸。断路器跳闸时，将启用防重合闸装置，该装置随开关柜配套提供。

十、就地辅助继电器和测量仪表

所有的辅助继电器均为插件式，对冲击敏感的测量仪器和继电器应能防振。测量仪表接变送器二次侧（需送入 SCR-DCS 系统的电气量），准确级为 1.0，采用平镶式安装。

电压表可测量 L1-N、L2-N、L3-N，以及开关柜所有 0.4kV 进线各相之间的电压。

十一、远方显示与测量

（1）控制电压消失（作为组信号）。

（2）保护装置启动（作为组信号）。

（3）母线电压消失。

（4）装有母线 TV 的开关柜应有电压测控装置。

十二、主母线和分支母线

主母线和分支母线由螺栓连接高导电率的铜排制成，符合规定的载流量，并包括下列特性：

（1）主母线、分支母线及接头都有绝缘防护。

（2）所有螺栓连接的主母线及分支母线全部镀锡。螺栓连接的方法，在不限制使用寿命的期间内，从标准的额定环境温度到额定满载温度范围内，螺孔周围的初始接触压力大体保持不变，每个连接头不小于两个螺栓。

（3）主母线支持件和母线绝缘物，为不吸潮、阻燃、长寿命并能耐受规定环境条件的产品。在设备的使用寿命内，其机械强度和电气性能基本保持不变。

（4）所有导体的支持件，能耐受相当于其所接的断路器的最大额定开断电流所引起的应力。

（5）设置垂直母线关闭遮板。

十三、开关柜内部布线

插件单元和开关柜固定部分之间的辅助触点应采用插接式。插接式触点的接线应使相同型号的插入式单元无需更改接线就可互换。

独立的仪表用互感器的二次侧回路必须接至插入式单元和开关柜端子排上。对于电流互感器应装上必要的短接片。

8.1.5　就地控制箱

与工艺流程无关的负荷（不重要的设备），如排水泵、抽水泵等可以通过就地控制箱操作。

该类泵的电动机应采用就地液位控制并装有自动和手动操作装置，独立的液位控制柜装在电动机附近。计量仪或液位监视仪应装于前面板。就地控制箱带防护等级至少应达到IP54。控制箱必须装有必要的进线熔断器或负荷开关、小型断路器、熔断器、辅助继电器、接触器、过流继电器、端子排、接地端和电缆连接单元。就地控制箱至少应装有开按钮、关按钮、运行指示灯、故障灯、带灯测试按钮。

在安装有两套电动机时，采用一运一备方式，除上述设备外，至少应安装下列设备：

（1）电动机 1-电动机 2（运转/备用电动机）预选开关。

（2）一旦运转状态的电动机发生故障应自动转换到备用电动机运行。

在用液位开关控制泵用电动机时，除了上述手动-自动选择开关，还应安装必要的液位控制设备。单独的泵用电动机控制设备至少应设下列设备：

（1）手动—自动选择开关。

（2）用于电动机的低液位触点—关。

（3）用于电动机的高液位触点—开。

（4）用于控制室报警的高液位触点。

（5）用于控制室的作为泵空载保护和报警的超低液位触点。

当两个泵用电动机用于同一个目的时，其控制至少应设下列设备：

（1）手动-自动选择开关。

（2）泵 1-泵 2（工作/备用泵）预选开关。

（3）两个高液位触点和液位控制。

（4）用于预选开关的高液位触点。

（5）用于第二个泵开启的高液位触点和用于控制室的报警信号。

（6）低液位触点用于泵关。

（7）作为泵空载保护和到控制室的报警信号的超低液位触点。

（8）如上所列的用于每个电动机的就地控制和灯具。

8.1.6　控制与保护

（1）设计时特别注意，机组 400V 系统为中性点的接地方式（是否经高阻接地），400V 母线的进出线的控制电源等。

（2）所有开关状态信号、电气事故信号及预告信号均送入相应的 SCR-DCS 系统；所有测量信号采用 4～20mA 输出送到 SCR-DCS，测量点按《电测量及电能计量装置设计技术规程》配置。至少有如下电气信号及测量。

1）400V 母线电流。

2）400V 母线电压。

3）低压电动机单相电流。

4）380V 低压进线回路的合闸、分闸状态，电气故障，远方/就地控制切换开关的就地状态。

5）所有电动机的合闸、分闸状态，电气故障，远方/就地控制切换开关的就地状态。

（3）电气量送入相应 DCS 系统实现数据自动采集、定期打印制表、实时调阅、事故自动记录及故障追忆等功能。

（4）75kW 以上电动机回路采用框架式断路器，15kW 以上电动机回路采用塑壳式断路器、接触器＋电动机综合保护器，15kW 以下的电动机回路采用塑壳式断路器、接触器＋热继电器实现控制保护。继电保护按《火力发电厂厂用电设计技术规定》配置。

8.1.7　照明及检修系统

一、照明系统

（1）照明系统包括脱硝系统范围内所有的建筑照明、区域照明、道路照明及设备照明。

（2）照明系统采用 380V/220V，脱硝 SCR 区照明及检修电源建议采用 SCR 区新增 MCC 柜的专用照明和检修回路，也可以采用锅炉的照明及检修电源系统。脱硝还原剂区照明及检修电源一般来自还原剂区 MCC 柜的专用照明和检修回路。

（3）照明电源箱、开关箱防护等级不低于 IP5X，建议选用不锈钢材质。

（4）照明方式、灯具类型和照度均应符合《火力发电厂和变电所照明设计技术规定》的要求。

（5）照明灯具选用效率高的节能型安全灯具。

（6）室内照明采用开关控制。

（7）户外照明采用光电自动控制，按天空亮度和季节开闭实现最佳控制。道路照明宜分组布置，采用光电自动和半夜节能控制方式。

（8）配电间、稀释风机房及其他附属辅助建筑的照明及插座线路采用暗敷方式。

（9）所有场所照明导线建议采用 BV-500V 型或 BVR-500V 型。

二、检修电源

（1）根据检修需要，在脱硝区域设置必要的检修电源箱，各检修电源箱由就近或相邻的脱硝系统 MCC 供电，检修回路装设漏电保护。

（2）在需要从人孔进入才能进行维修的设备附近，应考虑设置 12V 检修照明插座箱。

（3）在各办公室、控制室等处按设计规程设置 2 孔、3 孔插座，电流不得小于 15A；各生产区域应设置 3 孔及 4 孔插座，电流不得小于 20A，并满足工作场所的防水、防尘要求。插座回路宜与灯回路分开，每回路设漏电保护。

8.1.8 防雷、接地系统及安全滑线

一、防雷系统

根据实际需要，在脱硝区域内设计必要的防雷保护系统，用于保护所有户外需要防直击雷和感应雷的设备和设施，这些防雷系统均应牢固可靠地连接到主接地网上。该系统的布置、尺寸和结构设计应符合《建筑物防雷设计规范》。防雷保护范围按滚球法核算。

脱硝工程区域内的防雷保护应根据需要设计和安装。所有高耸建筑物采用避雷针、避雷带或避雷网保护，钢筋混凝土建筑物可利用顶板、柱及梁内钢筋组成防雷措施。各辅助建筑物的屋顶沿女儿墙铺设屋顶避雷带。

防雷保护的引下线设置集中接地装置，避雷针和避雷带的引下线在距地面 2000mm 及以内应有高牢固的 PVC 保护管。

二、接地系统

接地系统应符合 GB、DL 及 IEC 标准的相关要求。脱硝系统设计时需要提供工程各区域内设备和设施的接地系统。用于所有电气设备外壳，开关柜和开关柜接地母线，金属构架，电缆管道，金属箱罐、电缆的屏蔽层，以及其他可能会偶然带电的金属物件、油箱、管道等，均应牢固可靠地连接到主接地网上。与氨接触的管道、阀门、法兰片应设置防静电跨接线并可靠接地。

完整的接地系统包括接地极、接地体和所有需要的连接和固定材料。在适当的位置应埋设接地极，其位置不应妨碍带检修孔的接地井，每个接地极应与接地网导体相连，接地网导体应尽可能靠近设备设置。防雷保护的引下线设置专门的集中接地装置。

脱硝工程采用热镀锌扁钢加热镀锌角钢的常规方案（并可参考采用 60mm×8mm 的热镀锌扁钢，垂直接地体采用热镀锌∟50mm×50mm×6mm 角钢，室内引线采用 40mm×5mm 热镀锌扁钢）。

所有接地导体采用焊接，焊接处应作防腐处理。计算机系统应设有截面不小于 240mm² 的零电位接地铜排，以构成零电位母线，并且零电位母线应仅在一点用不小于 240mm² 绝缘铜绞线或电缆就近连接至接地干线上。

计算机系统内的逻辑地、信号地、屏蔽地均应用绝缘铜绞线或电缆接至总的接地铜排，达到"一点接地"的要求。

脱硝工程各区域内应为独立的闭合接地网，其接地电阻应小于 0.5Ω。各闭合接地网至少应有 4 处与电厂的主接地网电气连接。

三、安全滑触线

脱硝系统内所有电动起吊设施均应采用安全滑触线供电，其设计应符合相关标准。

8.1.9 电缆和电缆敷设

脱硝系统的电缆包括动力电缆、测量和控制电缆及变送器电缆等，电缆选择及电缆敷设应满足《电力工程电缆设计规范》。所有电缆是阻燃型，控制电缆是屏蔽的，电缆选型参考如下：

（1）6kV/380V 电力电缆可选 ZR-VV22-6.3/10kV 和 0.6kV/1.0kV，C 级阻燃。

（2）控制电缆可选 C 级阻燃。控制回路截面为 1.5～2.5mm²，电流电压回路截面积不小于 4mm²。

（3）计算机电缆（主要用于模拟量）可选 C 级阻燃型聚乙烯绝缘，对绞铜带屏蔽，聚

氯乙烯护套加铜带总屏蔽电缆，信号回路最小截面为 1.5mm^2。

通常，一条仪用变压器的电缆只传输一个变压器的电压或电流值。如果同一个电压信号用于不同的需要（如保护、测量、计量），可装设分离的小型断路器。变压器电压必须用独立的电缆传输，最大电压降不超过 2%。耐热电缆和移动电缆芯线为铜绞线。

在确定电厂所需的动力电缆时，其绝缘等级和最小截面严格按 GB 50217—2007《电力工程电缆设计规范》选择。

0.4kV 动力电缆及控制电缆不允许有中间接头。截面大于 25mm^2 的 0.4kV 动力电缆的终端接头采用热缩终端接头。

按相关标准和规范的要求在脱硝区域内电缆架空布置，液氨公用系统区域内采用架空和电缆沟结合的敷设的方式。

依据有关标准和规范，电缆应有防火阻燃措施。在电缆竖井、墙洞、盘柜底部开孔处、楼板孔洞、公用沟道分支处、多段沟道分段处、到控制室和配电间的沟道入口等处应使用有机防火堵料封堵。

电缆架空通道采用热镀锌桥架、槽盒及电缆保护管，对于腐蚀严重地区可采用铝合金桥架、槽盒及电缆保护管。

8.1.10 电气设备布置

电气设备就地布置，布置应满足相关规程、规范的要求。电气设备的布置应考虑足够的操作、检修空间，配电室应考虑防火、降温要求。

8.1.11 电压设计要求

一、电压等级

烟气脱硝工程常采用电压等级见表 8-1。

表 8-1   烟气脱硝工程常见电压等级

电 压 等 级	设 备
380V±5%、50Hz、三相三线制高阻接地或三相四线制中性点直接接地系统（机炉单元和保安）； 380/220V±5%、50Hz、三相三线制或三相四线制直接接地系统（公用、照明检修及厂区）	用于容量小于 200kW 的电动机、小动力负荷、特殊设备的不间断电源，以及照明和室内插座的电源
DC 220V−12.5%～12.5%	作为应急装置，控制电源
AC 220V 50Hz UPS	不停电电源
12V±10%，50Hz±10%	用于密闭金属容器中
24V±10%，50Hz±10%	用于密闭金属容器外维修

二、电压降

表 8-2 和表 8-3 所示为电动机回路和照明回路的配电回路设计应使回路在母线的最低电压不低于系统正常电压的百分数。

控制回路是交流控制回路母线最低电压不低于正常电压的 90%，直流控制回路不低于 90%。

仪表电源回路母线最低电压不低于正常电压的 98%。

表8-2 电动机回路配电回路最低电压

电　　路	正常运行时	正常启动时
配电回路	380V 电动机	380V 电动机
母线最低电压	95%	80%

表8-3 照明回路配电回路最低电压

配电回路	正常运行时	短时间
母线最低电压	95%	93%

8.1.12　通信设计要求

脱硝工程SCR区无人值守，一般不设通信系统；还原剂区电子间可设计一部行政通信电话，可选择设计一部调度通信系统。

8.1.13　检修起吊设施

电动起吊设施的操作电源均应采用低压安全电源，起吊装置采用安全滑触线。

8.2　液氨作为还原剂的SCR装置电气系统

液氨作为还原剂的SCR装置其电气系统相对比较简单，但对设备和人身安全，以及运行可靠性的考虑却不容忽视，下面以某600MW机组脱硝工程为例，介绍电气的设计方案和原则。

8.2.1　电源及供电方式

脱硝区电源引自机组的厂用电系统，380V/220V系统在就地设置MCC段，布置在脱硝区域的配电间内，各分散区域按就近原则在负荷集中处设置若干就地箱。脱硝区低压系统均为单母线接线方式，双回进线，反应区引自锅炉PC A段和PC B段的两个回路容量相同的总电源，其中一路工作，一路备用，两路电源互相闭锁。在电源进线处采用双电源互投开关，不另外配置二次自投回路。电气系统主接线详见图8-1。

氨区380V/220V低压系统在就地电子间设置MCC柜，采用单母线接线方式，两路电源由脱硫380V/220V工作A、B段引接，其中一路工作，一路备用。电气系统主接线详见图8-2。

根据用电负荷分级，SCR区负荷等级为Ⅲ级，氨区负荷等级为Ⅱ级，SCR区UPS电源来自机组电子间。氨区主要采用气动执行机构，DCS及仪表用电负荷较小，为了使用维护方便，取消了独立UPS电源设计，采用两路UPS电源供电，两路UPS电源分别取自氨区相邻两台机组（5、6号机组）的UPS负荷屏，双电源自动切换。

各区域的直流系统就近引自原厂直流系统屏。

8.2.2　控制与保护

（1）脱硝系统的电气设备纳入脱硝SCR-DCS，不设常规控制屏。低压空气断路器柜的控制电压采用AC 220V，保安电源所有设备的控制回路保证主电源交流回路短时断电恢复

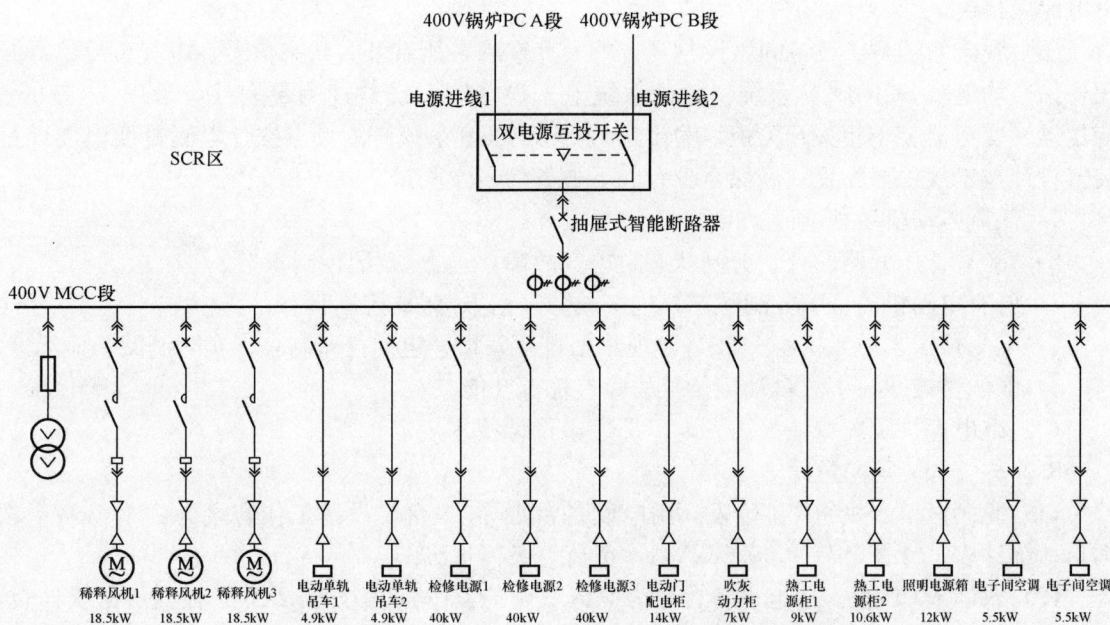

图 8 - 1　SCR 区电气系统主接线图

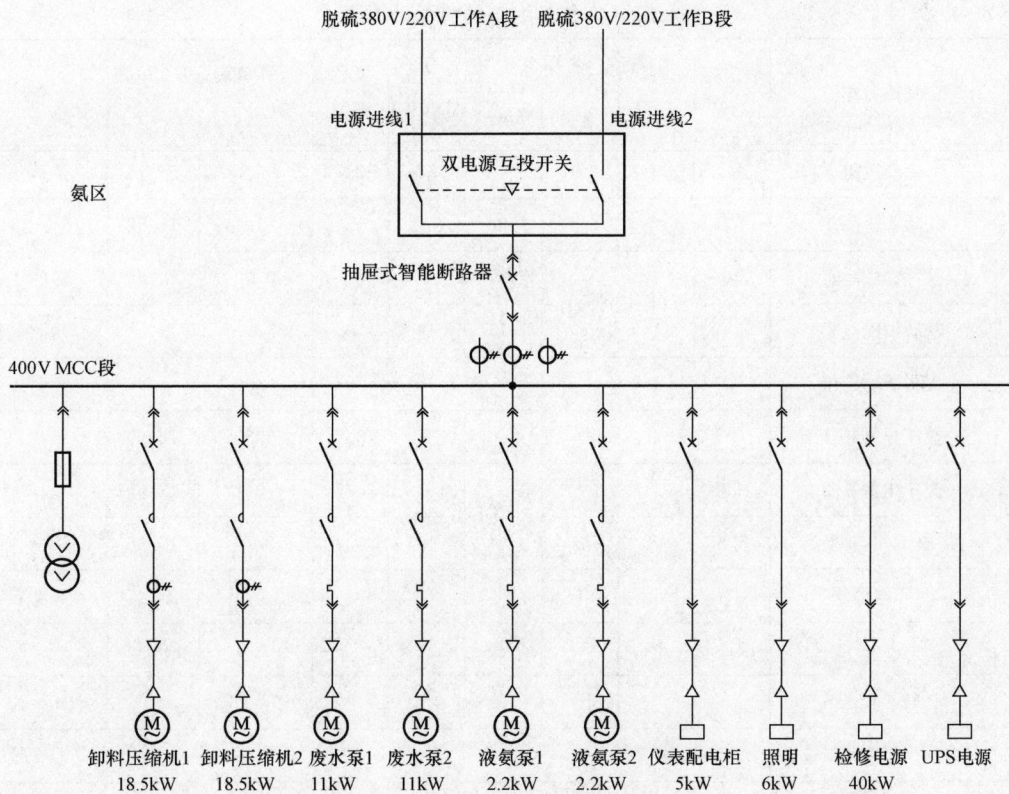

图 8 - 2　还原剂区电气系统主接线图

供电时能自启。

（2）脱硝系统电子设备间不设常规音响及光字牌，所有开关状态信号、电气事故信号及预告信号均送入 SCR-DCS 系统。脱硝系统电子设备间不设常规测量表计，采用 4～20mA 变送器（变送器装于相关开关柜）输出送入 SCR-DCS 系统。测量点按《电测量及电能计量装置设计技术规程》配置。确保至少有如下电气信号及测量。

1）低压电动机单相电流。

2）380V 低压回路的合、分闸状态，电气故障，远方/就地控制状态。

3）所有电动机的合、分闸状态，电气故障，远方/就地控制状态。

4）电气量送入单元机组 DCS，实现数据自动采集、定期打印制表、实时调阅、显示。

5）电气主接线、事故自动记录及故障追忆等功能。

（3）继电保护配置按《火力发电厂厂用电设计技术规定》要求。

8.2.3 380V 电力负荷

（1）脱硝区单台机组 MCC 段。用电设备台数为 13 台，设备工作容量为 230.4kW；根据负荷统计表，计算负荷为 68.26kVA，负荷等级为Ⅲ级。

（2）氨区 MCC 段。用电设备台数为 6 台，设备工作容量为 79.2kW；根据负荷统计表，计算负荷为 27.04kVA，负荷等级为Ⅱ级。

反应区和氨区详细计算见表 8-4 和表 8-5。

表 8-4　　　　　　　　　　　　　反应区单台机组脱硝负荷计算表

| 序号 | 设备名称 | 额定容量(kW) | 连接台数 | 工作台数 | | 工作容量(kW) | 换算系数 | 计算负荷 S_c(kVA) | 负荷电流 I (A) | 备注 |
				连续	间断					
1	稀释风机	18.5	3	2		37	0.7	25.90	66.14	两运一备
2	电动单轨吊车	4.9	2		2	9.8	0.3	2.94	17.52	
3	检修电源箱	40	3		3	120	0	0.00	0.00	短时工作
4	电动门配电柜	14	1		1	14	0	0.00	0.00	短时工作
5	吹灰器动力柜	7	1		1	7	0	0.00	0.00	短时工作
6	热工电源柜1	9	1	1		9	0.7	6.30	16.09	
7	热工电源柜2	10.6	1	1		10.6	0.7	7.42	18.95	
8	电子间空调	5.5	2	2		11	0.7	7.70	19.66	
9	照明电源箱	12	1	1		12		18.00	21.45	照明负荷
10	小计	121.5	15	7	7	230.4			159.80	
11	计算负荷∑S							68.26		
12	电耗（kW·h/h）					68.26				
13	进线断路器选择					400A				

表 8 - 5 氨 区 负 荷 计 算 表

序号	设备名称	单机容量(kW)	连接台数	工作台数		工作容量(kW)	换算系数	计算负荷 S_c(kVA)	负荷电流 I(A)	备注
				连续	间断					
1	卸料压缩机	18.5	2		1	18.5	0.5	9.25	33.07	一运一备
2	液氨泵	2.2	2	1		2.2	0.7	1.54	3.93	一运一备
3	废水泵	7.5	2		1	7.5	0.5	3.75	13.41	一运一备
4	仪表配电柜	5	1	1		5	0.7	3.50	8.94	
5	检修电源箱	40	1		1	40	0	0.00	0.00	短时工作
6	照明	6	1	1		6		9.00	10.73	照明负荷
7	小计	79.2	18	3	3	79.2			70.07	
8	计算负荷ΣS							27.04		
9	电耗(kW·h/h)	27.04								
10	进线断路器选择	160A								

8.2.4　方案选择

根据负荷统计，设计采用 0.4kV 配电系统，SCR 区和氨区均在就地设置配电电子间。

SCR 区及氨区两路电源 A 段与 B 段在进线处都采用双电源切换装置，下端使用抽屉式智能断路器作为保护，之后接引 MCC 柜母线。抽屉式智能断路器有延时功能，电动机及所有负荷分支选用瞬时断路器，低压电器的组合保证在发生短路故障时，各级保护电器有选择性地正确动作。

当电动机启动或负荷分支出现短路时，由于分支选用的是瞬时断路器，会立刻跳开，主开关不会动作；而当主母线出现短路时主开关会动作。这样就保证了不会出现越级跳闸现象。

8.2.5　电缆选型

所有电缆均是阻燃型，控制电缆是屏蔽的，电缆选型如下：

（1）6kV/380V 电力电缆选用 ZR-VV22-6.3/10kV 和 0.6kV/1.0kV，C 级阻燃。

（2）控制电缆选用 ZR-KVV22-0.45/0.75kV。控制回路最小截面为 2.5mm²，电流电压回路不小于 4mm²。

8.2.6　照明、检修及安全滑线

交流正常照明系统采用 380V/220V，3 相 4 线，TN-C-S 系统，中性点直接接地系统，各场所的照明电源取自临近脱硝系统的 MCC，照明灯具满足规范要求。

根据检修需要，在脱硝区域设置三个不锈钢材质的检修电源箱，检修电源箱由脱硝系统 MCC 供电，检修回路装设漏电保护。脱硝区域所有电动起吊设施均采用安全滑触线供电，采用三相水平布置。

8.2.7　防雷与接地

接地极导体采用 ϕ50 镀锌钢管，接地网导体采用镀锌扁钢，室外及地下采用—60×6 的镀锌扁钢，室内采用镀锌扁钢—40×4。脱硝区域内接地网有四点与电厂的主电气接地网连接，脱硝系统的电气接地系统设计符合相关 GB、DL 及 IEC 标准的要求，并接入全厂电气接地网。

8.3 尿素作为还原剂的 SCR 装置电气系统

8.2 节介绍了液氨作为还原剂的 SCR 装置电气系统，实际上，脱硝用还原剂除液氨外，还有氨水和尿素。氨水作为还原剂时，其运行成本较高，其他方面的优势也不明显，目前在国内很少有使用实例。尿素作为还原剂时，制氨过程包括热解工艺和水解工艺，其性能特点等在第 5 章已经有详细介绍，这里仅以电加热的尿素热解工艺为例，介绍某 600MW 机组烟气脱硝改造工程电气系统的设计方案和原则。

8.3.1 电源及供电方式

该工程的还原剂制备为电加热的尿素热解工艺，需要为每台炉锅炉区域设置一台低压脱硝变压器，容量 1250kVA，两台炉脱硝高压侧 6kV 电源引自主厂房 6kV 工作段备用出线间隔。

为每台炉设置一台脱硝变压器及脱硝 PC 段，并互为备用，分别为热解电加热器、脱硝 MCC 及尿素区 MCC 供电。

新增脱硝 PC 段为单母线接线方式，两台机组 PC 段互为备用，SCR 区及还原剂区 MCC 段均为单母线接线方式，MCC 段两路电源均引自新增脱硝 PC 段，其中一路工作，一路备用。

脱硝工程电气系统接线图见图 8-3，单台机组 SCR 区 MCC 接线图见图 8-4，尿素溶液制备区 MCC 接线图见图 8-5。

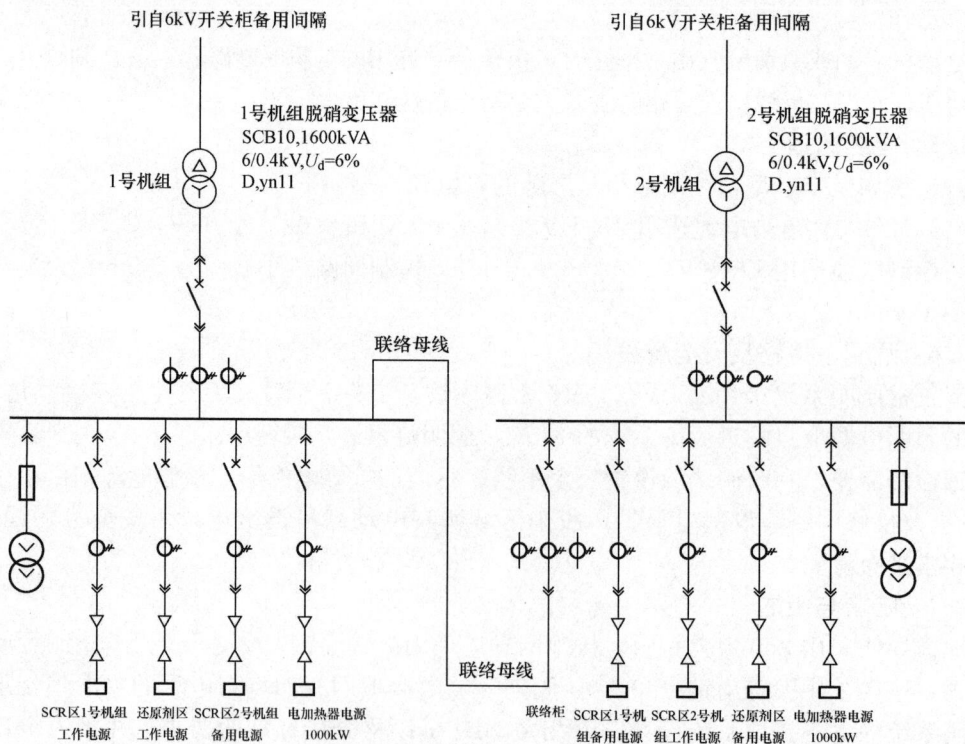

图 8-3 脱硝工程电气系统接线图

SCR区1号机组工作电源　SCR区1号机组备用电源

引自脱硝变压器1号机组PC段　　　　　　　　引自脱硝变压器2号机组PC段

双电源互投开关

检修电源1	检修电源2	检修电源3	电子间空调	照明电源箱	电动门配电柜	热工电源柜2	热工电源柜1	蒸气吹灰器动力柜	计量分配装置	电动单轨单轨吊车1	电动单轨单轨吊车2
40kW	40kW	40kW	25kW	20kW	14kW	10.6kW	9kW	7kW	6kW	1.7kW	1.7kW

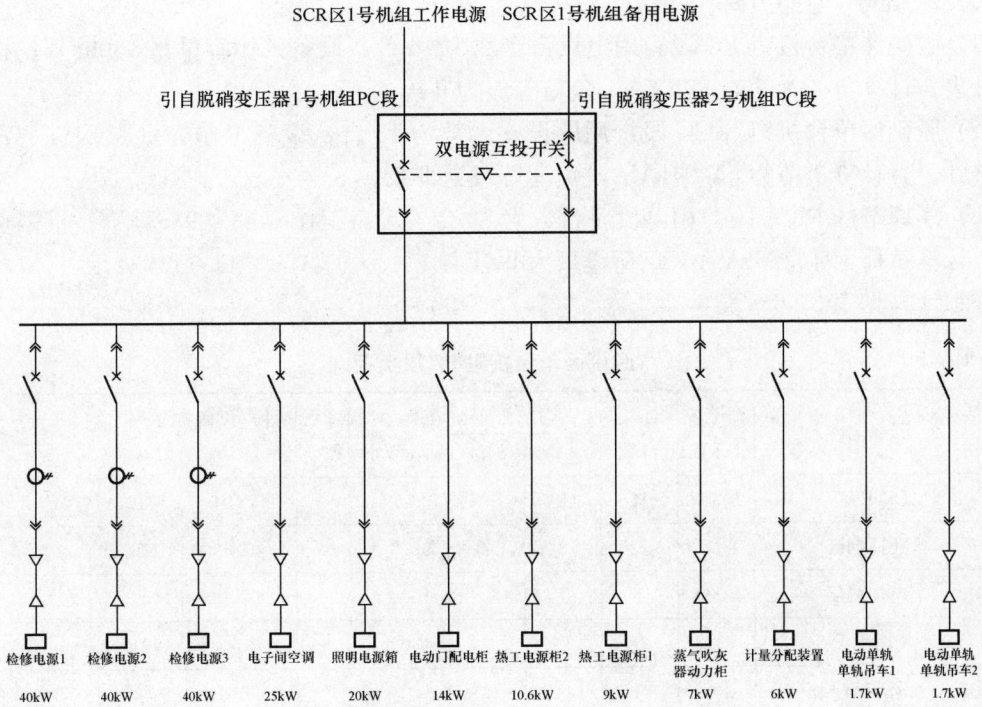

图 8-4　单台机组 SCR 区 MCC 接线图

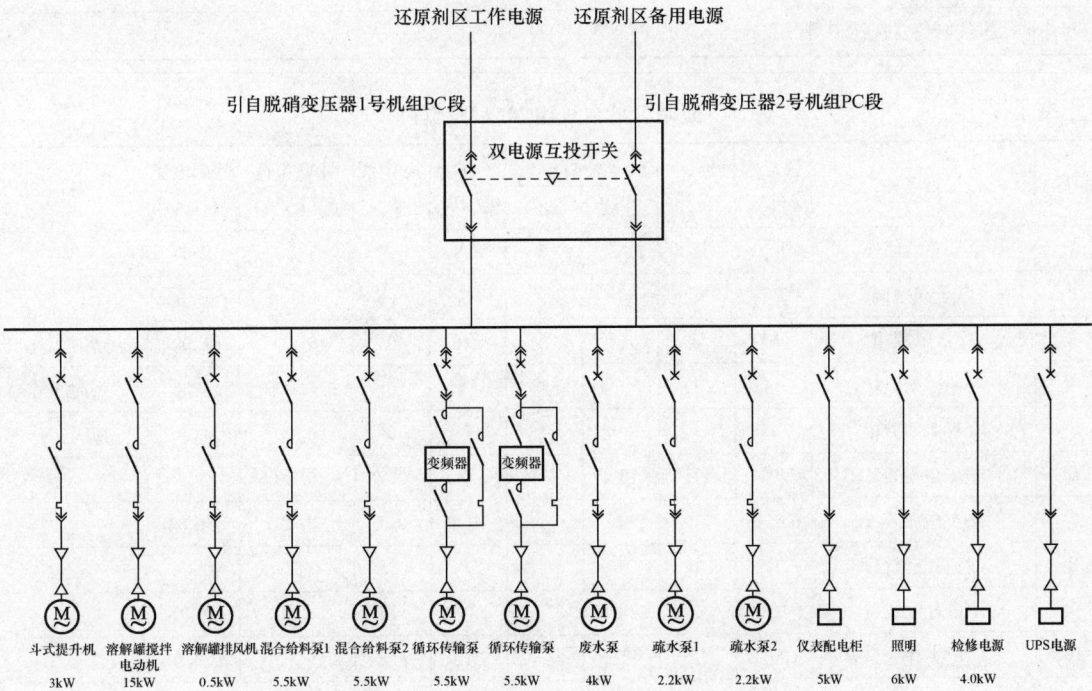

还原剂区工作电源　还原剂区备用电源

引自脱硝变压器1号机组PC段　　　　　　　　引自脱硝变压器2号机组PC段

双电源互投开关

变频器　变频器

斗式提升机	溶解罐搅拌电动机	溶解罐排风机	混合给料泵1	混合给料泵2	循环传输泵	循环传输泵	废水泵	疏水泵1	疏水泵2	仪表配电柜	照明	检修电源	UPS电源
3kW	15kW	0.5kW	5.5kW	5.5kW	5.5kW	5.5kW	4kW	2.2kW	2.2kW	5kW	6kW	4.0kW	

图 8-5　尿素溶液制备区 MCC 接线图

8.3.2　380V 电力负荷

（1）脱硝区单台机组 PC 段。用电设备台数为 26 台，设备工作容量为 1309kW；根据负荷统计表，计算负荷为 995.59kVA，负荷等级为Ⅱ级。

（2）脱硝区单台机组 MCC 段。用电设备台数为 12 台，设备工作容量为 215kW；根据负荷统计表，计算负荷为 54.94kVA，负荷等级为Ⅲ级。

（3）还原剂区 MCC 段。用电设备台数为 13 台，设备工作容量为 93.7kW；根据负荷统计表，计算负荷为 40.65kVA，负荷等级为Ⅱ级。

详细计算见表 8-6～表 8-8。

表 8-6　　　　　　　　　　　　　脱硝区单台机组 PC 段负荷

序号	设备名称	额定容量(kW)	连接台数	工作台数 连续	工作台数 间断	工作容量(kW)	换算系数	计算负荷 S_c(kVA)	负荷电流 I (A)	备注
1	SCR 区	133.3	12	5	7	215		54.94	181.88	
2	还原剂区	93.7	13	8	2	93.7		40.65	105.30	
3	电加热器	1000	1	1		1000	0.9	900.00	1800.00	
4	小计	1227	26	14	9	1309			1991.18	
5	计算负荷 $\sum S$							995.59		
6	$S=1.1\sum S$							1095.15		
7	变压器容量	1250kVA								
8	进线断路器选择	2000A								

表 8-7　　　　　　　　　　　　　脱硝区单台机组 MCC 段负荷

序号	设备名称	额定容量(kW)	连接台数	工作台数 连续	工作台数 间断	工作容量(kW)	换算系数	计算负荷 S_c(kVA)	负荷电流 I (A)	备注
1	电动单轨吊车	1.7	2		2	3.4	0.3	1.02	2.04	
2	电子间空调	25	1	1		25	0.8	20.00	40.00	
3	检修电源箱	40	3		3	120	0	0.00	0.00	短时工作
4	电动门配电柜	14	1		1	14	0	0.00	0.00	短时工作
5	吹灰器动力柜	7	1		1	7	0	0.00	0.00	短时工作
6	热工电源柜1	9	1	1		9	0.7	6.30	12.60	
7	热工电源柜2	10.6	1	1		10.6	0.7	7.42	14.84	
8	照明电源箱	20	1	1		20	0.8	16.00	32.00	
9	计量分配装置	6	1	1		6	0.7	4.20	8.40	
10	小计	133.3	12	5	7	215			109.88	
11	计算负荷 $\sum S$							54.94		
12	$S=1.1\sum S$							60.43		
13	进线断路器选择	250A								

表 8-8   还原剂区 MCC 段负荷

序号	设备名称	单机容量(kW)	连接台数	工作台数		工作容量(kW)	换算系数	计算负荷 S_c(kVA)	负荷电流 I(A)	备注
				连续	间断					
1	斗式提升机	3	1	1		3	0.7	2.10	4.20	
2	溶解罐搅拌电动机	15	1	1		15	0.7	10.50	21.00	
3	溶解罐排风机	0.5	1	1		0.5	0.7	0.35	0.70	
4	混合给料泵	5.5	2	1		5.5	1	5.50	11.00	一运一备
5	循环传输泵（变频）	5.5	2	1		5.5	1	5.50	11.00	一运一备
6	废水泵	4	1		1	4	0.5	2.00	4.00	
7	疏水泵	2.2	2		1	2.2	0.5	1.10	2.20	一运一备
8	仪表配电柜	8	1	1		8	0.7	5.60	11.20	
9	检修电源箱	40	1		1	40	0	0.00	0.00	短时工作
10	照明	10	1	1		10	0.8	8.00	16.00	
11	小计	93.7	13	8	2	93.7			81.3	
12	计算负荷∑S							40.65		
13	S=1.1∑S							44.72		
14	进线断路器选择					160A				

8.3.3 方案选择

根据负荷统计，脱硝区每台炉新增一台变压器，型号为 SCB10-1250kVA，6/0.4kV，D，yn11，新增脱硝 PC 配电间、SCR 区配电电子间、还原剂区配电电子间。在 SCR 区及还原剂区 MCC 柜电源进线柜处采用双电源互投开关，不另外配置二次自投回路。柜型与现场柜型一致，柜内元器件满足现场及规范要求。

8.3.4 直流系统及 UPS

脱硝 PC 段直流系统引自脱硫直流系统，脱硝氨制备区不设直流系统。尿素区 DCS 系统自带 15kVA 的 UPS 电源，用于尿素区 DCS 系统机柜的供电。反应器区 DCS 所需电源由原机组电子间 UPS 提供。

8.3.5 控制与保护

脱硝系统的电气设备纳入脱硝 DCS 系统，不设常规控制屏。测量按《电测量及电能计量装置设计技术规程》配置，包括 45kW 以上低压电动机单相电流；380V 低压 MCC 进线开关的合闸、跳闸状态，事故跳闸，控制电源消失；所有电动机的合闸、跳闸状态，事故跳闸，控制电源消失。

电气量送入脱硝 SCR-DCS 或尿素区远程 I/O，实现数据自动采集、定期打印制表、实时调阅、显示电气主接线、事故自动记录及故障追忆等功能。

系统内 15kW 搅拌电动机采用塑壳式断路器、接触器＋电动机综合保护器实现控制保护，其他电动机采用塑壳式断路器、接触器＋热继电器实现控制保护，控制电压采用 AC 220V。低压电器的组合保证在发生短路故障时，各级保护电器有选择性的正确动作。

8.3.6 电缆选型

6/0.4kV 动力电缆采用阻燃型交联聚乙烯绝缘聚氯乙烯护套电缆，型号为 ZRC-YJV-6/

6kV 及 ZRC-YJV-0.6/1.0kV；控制电缆采用阻燃型聚氯乙烯护套聚氯乙烯绝缘铜带网蔽钢带铠装控制电缆，型号为 ZRC-KVVP22-0.45/0.75kV。

8.3.7 照明、检修及安全滑线

交流正常照明系统采用 380V/220V，三相四线，TN-C-S 系统，中性点直接接地系统，各场所的照明电源取自临近脱硝系统的 MCC，所有场所均采用 ZR-BV-500V 型导线。各场所的检修电源由就近或相邻的配电柜供电，脱硝区域所有电动起吊设施均采用安全滑触线供电，设计时考虑三相水平布置或垂直布置。

8.3.8 防雷与接地

防雷保护系统的布置、尺寸和结构要求应符合相关的 GB、DL 及 IEC 标准，防雷保护范围按滚球法核算。

所有在生产工程中有可能产生静电的金属设备外壳、管道、钢柱、钢门窗等金属构筑件均与接地装置进行可靠的防静电接地。管道、法兰间采用导线进行跨接接地。

所有用电设备正常不带电的金属外壳、保护钢管等均进行可靠的工作接地。工作接地、保护接地、防雷接地、防静电接地共用一套接地装置，接地电阻小于 4Ω。

接地系统设计符合相关 GB、DL 及 IEC 标准的要求。接地极导体采用 $\phi50$ 镀锌钢管；接地网导体采用热镀锌扁钢，水平接地体暂定采用 60×8 的热镀锌扁钢，垂直接地体采用热镀锌 $\angle50\times50\times6$ 角钢，室内引线采用 40×5 热镀锌扁钢。脱硝工程各区域内为独立的闭合接地网，其接地电阻小于 0.5Ω。各闭合接地网有四处与电厂的主电气接地网连接。

第 9 章

火电厂SCR装置的土建设计

脱硝工程分为新建机组脱硝工程及现役机组脱硝改造工程。新建机组脱硝工程时，SCR装置可与锅炉统筹设计。脱硝改造工程因受场地布局制约，设计难度较大。所有因安装SCR装置引起的道路、管道支架、基础、设备基础、地基处理、钢结构和建构筑物等的设计均属于火电厂 SCR 装置土建设计的内容。通常的脱硝改造土建设计主要可分为 SCR 支架设计、下部原有结构加固设计、SCR 基础加固设计、锅炉钢结构及锅炉基础改造设计，以及氨区的土建结构设计。

9.1 火电厂安装 SCR 装置的土建要求

9.1.1 设计要求

脱硝结构是 SCR 装置的重要组成部分，用于支吊和固定脱硝装置反应器区各部件，并维持反应器区各部件之间相对位置的空间结构。图 9-1 所示为某电厂脱硝改造工程外观结构。脱硝结构作为脱硝反应器、烟道和其他附属设备的载体，提供设备运行、维护所必须的空间场所，保证 SCR 反应在各类自然环境下安全稳定的进行，是脱硝工程中至关重要的环节。好的结构在满足安全承载及正常使用的同时，又可以节约投资成本，实现工程效益的最优化。

脱硝结构一般采用钢框架支撑体系，由柱、梁、水平支撑、垂直支撑、平台楼梯等部件组成。脱硝结构按其作用可划分为两部分，即柱、梁及支撑系统和平台楼梯系统。柱、梁及支撑系统，承担由反应器和烟道传下来的荷载，并将其传到基础上，同时要承受风、地震的作用。平台楼梯的布置以方便运行、检修为原则。

脱硝结构提供所有必要的支撑钢构、扶梯、平台、通道、设备的支撑、基架和底座，以及起吊设施（如轨道、挂钩和起重架及其固定）等，设计应符合现行国家标准及电力行业标准，并考虑与现有设备的协调性。为便于检修维护，脱硝平台应与锅炉平台相连接。

图 9-1 某电厂脱硝改造工程外观结构

脱硝结构要支撑反应器、烟道，并维持它们之间的相对位置，还要承受风荷载、雪荷载、地震荷载及其他工艺荷载。除特殊要求外，脱硝结构不直接承受动力荷载。

脱硝结构应采用以概率理论为基础的极限状态设计法，用分项系数设计表达式进行计算，按承载能力和正常使用极限状态设计。

按承载能力极限状态设计脱硝钢结构时，应考虑荷载效应的基本组合，必要时应考虑荷载效应的偶然组合。按正常使用极限状态设计脱硝钢结构时，应考虑荷载效应的标准组合，对钢与混凝土组合梁，还应考虑准永久组合。

抗震设防烈度为 6 度及以上地区的脱硝钢结构，应进行抗震设计。露天布置和紧身封闭的脱硝钢结构应进行抗风验算。构件应尽量避免高温作用。长期受到高温作用的构件，除选用合适的钢材外，还应对其采取必要的隔热或冷却措施。设于寒冷地区的脱硝钢结构，在设计时应采取措施提高钢结构的抗脆断能力。

脱硝钢结构的节点无论采用何种连接形式，当节点视为刚性连接时，应符合受力过程中构件在节点处交角不变的假定，同时连接应具有充分的强度承受交汇构件端部传递的所有最不利内力；当节点视为铰接时，应使连接具有充分的转动能力，且能有效地传递剪力和轴向力。

9.1.2　设计依据

脱硝结构应依据相关图纸资料、技术协议、生产工艺和各有关专业的设计条件，以及当地地质、水文、气象报告并遵照国家及部颁行业有关规程进行设计。设计主要依据的规程如下：

DL 5000—2000　　火力发电厂设计技术规程
DL 5028—1993　　电力工程制图标准
DL/T 5072—2007　火力发电厂保温油漆设计规程
DLGJ 158—2001　火力发电厂钢制平台扶梯设计技术规定
DL 5033—1996　　火力发电厂劳动安全和工业卫生设计规程
DL/T 5094—1999　火力发电厂建筑设计规程
DL/T 5029—1994　火力发电厂建筑装修设计标准
GB 50016—2006　　建筑设计防火规范
GB 50229—2006　　火力发电厂与变电站设计防火规范
GB 50116—1998　　火灾自动报警系统设计规范
GB 32/181—1998　建筑多媒体化工程设计标准
DL/T 5032—1994　火力发电厂总图运输设计技术规程
GB 50260—1996　　电力设施抗震设计规范
GB 50011—2010　　建筑抗震设计规范
GB 50191—1993　　构筑物抗震设计规范
GB 50223—2008　　建筑工程抗震设防分类标准
GB 50068—2001　　建筑结构可靠度设计统一标准
GB/T 50001—2001　房屋建筑制图统一标准
GB/T 50083—1997　建筑结构设计术语和符号标准
GBJ 132—1990　　工程结构设计基本术语和通用符号
GB/T 50104—2001　建筑制图标准
GB/T 50105—2001　建筑结构制图标准

GB 50046—2008	工业建筑防腐蚀设计规范
GB 50009—2001	建筑结构荷载规范
GB 50017—2003	钢结构设计规范
GB 50135—2006	高耸结构设计规范
GB 50003—2001	砌体结构设计规范
GB 50222—1995	建筑内部装修设计防火规范
GB 50345—2004	屋面工程技术规范
JGJ 107—2010	钢筋机械连接通用技术规程
GB/T 11263—2005	热轧 H 型钢和部分 T 型钢
YB 3301—2005	焊接 H 型钢
YB 4001.1—2007	钢格栅板
DL 5022—2012	火力发电厂土建结构设计技术规定
DL/T 5339—2006	火力发电厂水工设计规范
GBJ 50015—2003	建筑给水排水设计规范
GB 50013—2006	室外排水设计规范
GB 50014—2006	室外给水设计规范
GB 50332—2002	给水排水工程管道结构设计规范
GB/T 5117—1995	碳钢焊条
GB/T 5118—1995	低合金钢焊条
JBJ 82—2011	钢结构高强度螺栓连接技术规程
GB/T 5780—2000	六角头螺栓 C 级
GB/T 5782—2000	六角头螺栓
GB/T 1231—2006	钢结构用高强度大六角头螺栓、大六角螺母、垫圈技术条件

9.1.3　材料及选用

一、钢材

为保证钢材的承载能力和防止在一定条件下出现脆性破坏，应选用合适的钢材。脱硝结构的钢材宜选用 Q235、Q345 钢，其质量应符合 GB/T 700—2006《碳素结构钢》和 GB/T 1591—2008《低合金高强度结构钢》的规定。当有可靠依据时，可采用其他牌号的钢材，且应符合相应有关标准的规定和要求。

承重结构采用的钢材应具有抗拉强度、伸长率、屈服强度和硫、磷含量的合格保证，对焊接结构尚应具有碳含量的合格保证。焊接承重结构及重要的非焊接承重结构采用的钢材还应具有冷弯试验的合格保证。

重要的受拉或受弯焊接结构构件中，钢材应具有常温冲击韧性的合格保证。

对处于外露环境、且对耐腐蚀有特殊要求或在腐蚀性气态和固态介质作用下的承重结构，宜采用耐候钢，其质量要求应符合 GB/T 4172—2000《焊接结构用耐候钢》的规定。

钢材的抗拉强度实测值与屈服强度实测值的比值不应小于 1.2。钢材应有明显的屈服台阶，且伸长率应大于 20%；钢材应有良好的可焊性和合格的冲击韧性。

二、焊条

手工焊接采用的焊条，应符合 GB/T 5117 或 GB/T 5118 的规定。选择的焊条型号应与主体金属力学性能相适应。

自动焊接或半自动焊接采用的焊丝和相应的焊剂应与主体金属力学性能相适应，并应符合现行国家标准的规定。

当不同强度的钢材连接时，可采用与低强度钢材相适应的焊接材料。

三、螺栓

高强度螺栓应符合 GB/T 1228—2006《钢结构用高强度大六角头螺栓》、GB/T 1229—2006《钢结构用高强度大六角螺母》、GB/T 1230—2006《钢结构用高强度垫圈》、GB/T 1231 或 GB/T 3632—2008《钢结构用扭剪型高强度螺栓连接副》、GB/T 3633—2008《钢结构用扭剪型高强度螺栓连接副技术条件》的规定。

普通螺栓应符合 GB/T 5780 和 GB/T 5782 的规定。

锚栓可采用 GB/T 700 中规定的 Q235 钢或 GB/T 1591 中规定的 Q345 钢制成。

四、油漆

大气中的水分及侵蚀性介质是引起锈（腐）蚀的重要因素。锈（腐）蚀不仅影响结构的外观，而且影响结构的安全，所以必须对脱硝钢结构表面进行除锈处理，并采取适当的防锈和防腐蚀措施。

钢材表面的除锈方法有手工工具除锈、手工机械除锈（用电动砂轮等）、喷（抛）射除锈、酸洗除锈和火焰除锈等。选择除锈方法时，除根据钢材特点和防护效果外，还应考虑涂装的应用环境、维护条件、钢材表面的原始状态，以及施工条件和费用等因素。一般情况下宜选用喷（抛）射除锈。

油漆按层次结构可分为底漆、中间漆及面漆三个层次。底漆和中间漆起附着及防锈作用，面漆起防腐蚀及耐老化作用。根据需要应选用合理的油漆并将底漆、中间漆与面漆合理组合匹配使用。底漆和中间漆应在工厂涂覆，最后一道面漆应在现场涂覆。

应根据所处环境及油漆性质，合理地选择涂层厚度。使用期间不能重新涂漆的结构部位应采取特殊的防锈措施。对环境条件差、防护要求高及有特殊要求的脱硝钢结构应专门进行涂装设计。

9.2 新建机组安装 SCR 装置的土建设计

对于新建机组，脱硝钢结构宜与锅炉钢结构整体设计，做到结构的最优化布置。SCR 装置宜布置在省煤器与空气预热器之间或垂直布置在空气预热器上方。图 9-2 所示为某电厂 SCR 装置。

9.2.1 设计原则

新建机组 SCR 装置的土建设计应遵循以下原则：

（1）应根据工艺特点和外界条件，选择承载性能好又经济合理的结构体系，平面和立面布置应规则、对称，并应具有良好的整体性，尽量避免结构的刚度突变。

（2）为保证结构的工作空间，提高结构的整体刚度，承受和传递水平力，避免压杆的侧向失稳，以及保证结构安装时的稳定，应设置可靠的支撑系统。

（3）满足 SCR 反应器及其附属设备的支吊、安装、运行和维护所需的空间和通道。

（4）设计应注意该区域其他的设备和烟道，不得与其他设备和烟道相碰。

（5）脱硝钢结构及其组成构件应结构简单、制造方便。

（6）脱硝钢结构应设置为保持其强度、刚度及稳定性所必需的构件。

（7）构件应传力明确，使荷载以最短的途径通过梁、柱和支撑传至下部基础。

（8）柱和梁的布置应力求柱的数量为最少，梁的长度不宜过长，应对柱、梁的布置进行分析和比较，采用最经济的方案。

（9）尽量使构件具有兼用性，充分利用构件的特性，使构件承担多项作用。

图 9-2　某电厂 SCR 装置

（10）构件应易于运输和安装，尽量避免运输超重、超限，易于安装就位。

柱位的确定应兼顾场地、烟道、设备和结构本身的受力要求。柱宜布置在同一轴线，以便在该轴线上组成有一定刚度的垂直平面钢结构。

梁的布置应满足反应器本体、烟道和附属设备的要求，同时考虑平台的支撑。同一层梁的标高应尽可能一致，梁的布置不宜过密，且距离尽量均匀。

平台标高与各种门、孔标高宜相差 800~1200mm，以便于操作。但在综合考虑各种因素和不能满足同时兼顾多个门、孔时，可根据实际情况确定平台的标高。

9.2.2　荷载及其效应作用

SCR 支架承担的荷载主要包括以下内容：

（1）结构自重。

（2）反应器、烟道及其他设备自重。

（3）保温绝热材料。

（4）电缆桥架。

（5）电动葫芦。

（6）CEMS 分析室。

（7）顶棚。

（8）紧身封闭。

（9）平台荷载。

（10）屋面荷载。

（11）积灰荷载。

（12）反应器及烟道导向装置传递的荷载。

（13）风荷载。

（14）雪荷载。

（15）地震荷载。

（16）其他作用在 SCR 支架上的荷载。

新建机组 SCR 装置的土建设计应按承载能力极限状态和正常使用极限状态分别进行作用（效应）组合，并取各自最不利的效应组合进行设计。

9.2.3 静力分析

SCR 支架结构的静力分析应在计算机上进行，宜按空间结构进行计算，也可将钢结构分解为若干个平面进行计算。

计算简图应表达 SCR 钢结构的实际情况，使计算结果与实际情况相符，同时又能使计算简化。根据确定的计算简图，计算结构的内力和变形。SCR 钢结构一般情况下采用一阶弹性分析，必要时可进行二阶弹性分析。

根据设计要求，柱与基础的连接可设定为铰接或固接。

SCR 钢结构的风荷载和地震作用，一般情况下应在结构的两个主轴方向分别作用并进行验算。

为进行静力分析，根据反应器布置图及相关专业提供的资料，应做如下工作：

(1) 确定柱平面布置。

(2) 确定垂直支撑的布置。

(3) 确定水平支撑主平面的标高和布置。

(4) 完善平台楼梯的布置。

(5) 满足合同和技术协议的各种要求。

(6) 统计并分配荷载（作用）。

为了达到预定目标，计算过程中应对杆件的布置和截面进行调整，以达到优化的目的。

新建机组 SCR 钢结构空间静力分析的主要特点是：将 SCR 结构与锅炉钢结构各相连部件视为一个相互影响体，通过有效的分析模拟建立起计算模型，准确计算出构件的内力和变形，并进行强度、刚度和稳定性校核。

建立计算模型应遵循荷载等效原理和荷载局部性原理，合理简化结构。计算模型一般由柱、垂直支撑、水平支撑、主梁及悬臂结构组成，基础通常视为刚性。

荷载及地震作用的处理如下：

(1) 永久荷载和可变荷载宜按实际情况输入。

(2) 风荷载应根据有无紧身封闭采用不同的处理方法。对于有封闭结构，宜由程序自动生成风荷载；对于无封闭结构，除考虑 SCR 反应器本体风荷载外，还应计算结构自身的风荷载。

(3) 人工处理的地震作用应按高度重新分配（悬吊结构除外）。

专业程序一般可进行强度校核，但进行刚度和稳定性校核时，程序通常无法正确识别杆件的计算长度，设计者应进行预先处理。

根据空间分析的结果调整布置及杆件截面，尽可能使各层结构的刚度变化均匀，尽量避免结构出现局部大变形或扭转。

当计算结果经分析判断确认其合理、正确后，完成下列图纸资料：

(1) 基础荷载图。图中应表示柱底平面位置以及在各工况下作用于基础的垂直力、水平力和弯矩。

(2) 各水平平面图。图中应标出各构件相对位置尺寸，梁的名称和断面尺寸，水平支撑的名称、断面尺寸和内力，梁端部的连接状况或计算梁端部连接所需要的内力。

(3) 各垂直支撑平面图。图中应标出各构件相对位置尺寸，梁的标高、柱接头标高，柱的名称和断面尺寸，垂直支撑的名称、断面尺寸和内力。

（4）柱断面图。图中应标出柱名称、接头标高、断面尺寸以及接头连接要求。

9.3　现役机组安装 SCR 装置的土建设计

9.3.1　SCR 支架设计

目前国内大部分 SCR 装置采用高灰段布置，该区域内的烟气温度（300～400℃）正好为催化剂的最佳活性温度。对于改造工程，脱硝反应器一般布置在省煤器和空气预热器之间、炉后烟道支架上方的位置。

SCR 支架一般采用钢支架。现役机组 SCR 支架的设计方法、荷载及作用的选取及静力计算参照第二节新建机组 SCR 钢结构的设计。设计流程如图 9-3 所示。

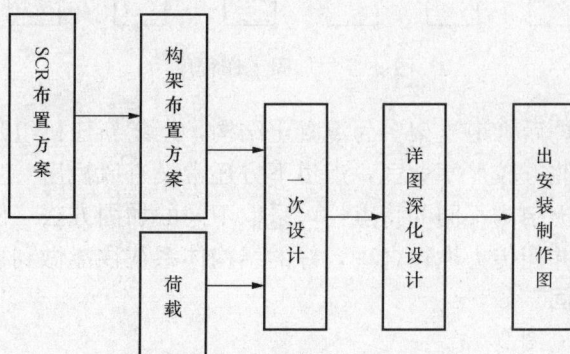

图 9-3　SCR 支架设计流程

当 SCR 支架坐落在烟道支架上方时，应与烟道支架整体连算，建立三维整体有限元模型（如图 9-4 所示），校核原烟道支架及其基础承载力，并进行必要的加固。

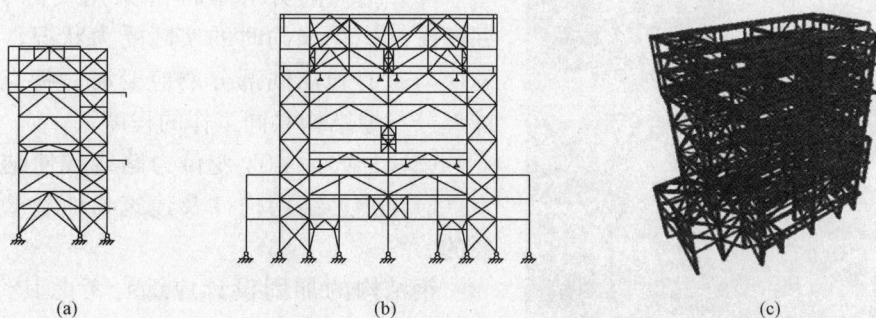

（a）　　　　　　　（b）　　　　　　　（c）

图 9-4　三维整体有限元模型
（a）侧视图；（b）正视图；（c）三维视图

当原烟道支架无力承担脱硝荷载时，可从地面起柱建立 SCR 支架。综合考虑确定柱网布置：在满足脱硝工艺要求的同时，应建立完整的支撑体系，保证 SCR 支架下部刚度，使水平力能有效向下传递至基础；柱位与原烟道支架柱宜错开，尽量减小对原支架的影响。

9.3.2　下部烟道支架加固设计

当 SCR 支架生根在烟道支架上方时，需与烟道支架整体连算，校核原烟道支架承载力，并进行必要的加固设计。

设计前首先应收集烟道支架设计资料，并对烟道支架现场实际情况进行勘查，确保其与原设计要求相符。应充分考虑钢结构安装质量对改造的影响。制定加固方案时应注意该区域原有的设备和烟道，加固构件应避免与这些设备和烟道相碰。加固工作程序见图 9 - 5。

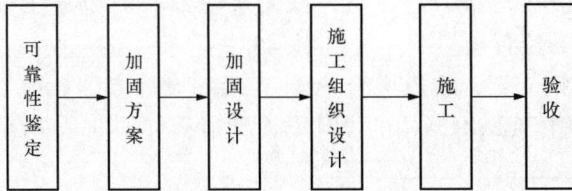

可靠性鉴定 → 加固方案 → 加固设计 → 施工组织设计 → 施工 → 验收

图 9 - 5　加固工作程序

目前国内较老机组炉后烟道支架多为混凝土结构，近年新建机组则多采用钢结构作为炉后烟道的支撑体系。在北方较严寒地区，烟道下方还常设有风机房。

针对钢结构和混凝土结构不同的特点，可采取不同的加固方法。但首先应尽量减小由上部结构传递下来的荷载并使传力途径合理，好的结构体系往往能做到事半功倍。

一、钢烟道支架加固

某电厂钢烟道支架见图 9 - 6。

图 9 - 6　某电厂钢烟道支架

加固钢烟道支架可按下列原则进行承载能力和正常使用极限状态验算：

（1）结构的计算简图应根据结构作用的荷载和实际状况确定。

（2）结构的计算截面应采用实际有效截面，并考虑结构在加固时的实际受力状况，即原结构的应力超前和加固部分的应变滞后特点，以及加固部分与原结构共同工作的程度。

（3）加固后如改变传力路线或使结构重量增大，应对相关结构构件及建筑物地基基础进行必要的验算。

钢结构的加固设计应综合考虑其经济效益，应不损伤原结构，避免不必要的拆除或更换。

钢结构在加固施工过程中，若发现原结构或相关工程隐蔽部位有未预计的损伤或严重缺陷，应立即停止施工，并会同加固设计者采取有效措施进行处理后再继续施工。

加固应尽可能做到不停产或少停产，因停产造成的损失往往是加固费用的几倍或几十倍。能否在负荷下不停产加固，取决于结构的应力应变状态。一般情况下构件的应力小于钢材设计强度的 70% 且构件损坏变形等不是太严重时，可采用负荷不停产加固方法。

钢结构加固材料的选择，应按 GB 50017—2003《钢结构设计规范》的规定，并在保证设计意图的前提下，便于施工，使新老截面、构件或结构能共同工作，并应注意新老材料之间的强度、塑性、韧性及焊接性能相匹配，以利于充分发挥材料的潜能。

加固结构的施工方法可分为负荷加固、卸荷加固和从原结构上拆下应加固或更新的部件进行加固。钢结构加固设计应与实际施工方法紧密结合，并应采取有效措施，保证新增构件和部件与原结构连接可靠，形成整体共同工作。

一般来说，钢结构加固的主要方法有减轻荷载、改变结构计算图形、加大原结构构件截面和连接强度等。当有成熟经验时，也可采用其他加固方法。

（1）改变结构计算图形。改变结构计算图形加固法是指采用改变荷载分布状况、传力途径、节点性质和边界条件，增设附加杆件和支撑、施加预应力、考虑空间协同工作等措施对结构进行加固的方法。

改变结构计算图形的加固过程，除应对被加固结构承载能力和正常使用极限状态进行计算外，还应注意对相关结构构件承载能力和使用功能的影响，考虑在结构、构件、节点及支座中的内力重分布，对结构进行必要的补充验算，并采用切实可行的合理构造措施。采用改变结构计算图形的加固方法，设计与施工应紧密配合。

对整体结构可采用增加结构或构件刚度的方法进行加固：①增加支撑形成空间结构并按空间结构验算。②加设支撑增加结构刚度，调整结构的自振频率等以提高结构承载力和改善结构动力特性。③增设支撑或辅助杆件使结构的长细比减少，以提高其稳定性。

对受弯构件可采用改变其截面内力的方法进行加固：①改变荷载的分布，例如将一个集中荷载转化为多个集中荷载。②改变端部支承情况，例如变铰接为刚接。③增加中间支座或将简支结构端部连接成为连续结构。④调整连续结构的支座位置。⑤将结构变为撑杆式结构。⑥施加预应力。

（2）加大构件截面的加固。采用加大截面加固钢构件时，所选截面形式应有利于加固技术要求，并考虑已有缺陷和损伤的状况。加固构件受力分析计算简图，应反映结构的实际条件。对于超静定结构，还应考虑因截面加大、构件刚度改变使体系内力重分布的可能。

采用该方法应注意如下事项：

1）注意加固时的净空限制，新加固的构件不得与其他杆件相冲突。

2）加固设计应适应原有构件的几何状态，以利施工。

3）应尽量减少施工工作量。

4）加固应尽量使被加固构件截面的形心轴位置不变，以减少偏心所产生的弯矩。当偏心值超过规定时，在复核加固截面时，应考虑偏心的影响。

5）加固后的截面在构造上要考虑防腐的要求，避免形成易于积灰的坑槽而引起锈蚀。

（3）连接的加固与加固件的连接。钢结构构件经过计算和改造后不仅要满足使用刚度和强度要求，其各杆件之间的连接节点也要求验算，保证做到"强节点、强连接"。若钢结构连接节点不满足新的受力情况，需要对其采取一定的加固措施，满足构件对节点的强度要求。因此，在钢结构加固工作中，连接节点的计算和加固要受到足够的重视。

钢结构的加固连接有铆接、螺栓连接和焊接三种方式，加固连接方式选用必须满足既不破坏原结构功能，又能参与工作的要求。铆接连接的刚度最小（普通螺栓连接除外）；焊接连接刚度大，整体性好；高强螺栓连接介于两者之间。由于加固结构的制约因素较多，采用何种连接方式需要综合考虑，应根据结构需要加固的原因、目的、受力状况、构造及施工条件，并考虑结构原有的连接方法确定。钢结构加固一般宜采用焊缝连接、摩擦型高强度螺栓连接，有依据时亦可采用焊缝和摩擦型高强度螺栓的混合连接。当采用焊缝连接时，应采用经评定认可的焊接工艺及连接材料。

为加固结构而增设的加固件，除须有足够的设计承载力和刚度外，还必须与被加固结构有可靠的连接以保证二者良好的共同工作。

二、混凝土烟道支架加固

某电厂混凝土烟道支架见图 9-7。

图 9-7 某电厂混凝土烟道支架

混凝土烟道支架的加固可按下列原则进行承载力验算：

（1）结构的受力简图应根据结构上的作用或实际受力状况确定。

（2）结构的计算截面积应采用实际有效截面积，并考虑结构在加固时的实际受力程度及加固部分的应变滞后特点，以及加固部分与原结构协同工作的程度。

（3）进行结构承载力验算时，应考虑实际荷载偏心、结构变形、温度作用等造成的附加内力。

（4）加固后使结构重量增大时，还应对被加固的相关结构及建筑物基础进行验算。

混凝土结构的加固应综合考虑其经济效果，尽量不损伤原结构，并保留具有利用价值的结构构件，避免不必要的拆除或更换。

混凝土结构在加固施工过程中，若发现原结构或相关工程隐蔽部位有严重缺陷，应立即停止施工，并会同加固设计者采取有效措施进行处理后方能继续施工。

根据加固设计进行施工组织设计，施工时应采取确保质量和安全的有效措施，并应遵照现行有关规范进行施工和验收。

（1）直接加固的一般方法。

1）置换混凝土加固法。适用于受压区混凝土强度偏低或有严重缺陷的梁、柱等混凝土承重构件的加固。

2）加大截面加固法。该法施工工艺简单、适应性强，并具有成熟的设计和施工经验，适用于梁、板、柱、墙和一般构造物的混凝土加固。但该方法现场施工的湿作业时间长，对生产和生活有一定的影响，且加固后的建筑物净空有一定的减小。

3）有黏结外包型钢加固法。该方法也称湿式外包钢加固法，该方法受力可靠、施工简便、现场工作量较小，但用钢量较大，且不宜在无防护的情况下用于 600℃ 以上的高温场所，适用于使用上不允许显著增大原构件截面尺寸，但又要求大幅度提高其承载能力的混凝土结构加固（见图 9-8）。

4）粘贴钢板加固法。该法施工快速、现场无湿作业或仅有抹灰等少量湿作业，对生产和生活影响小，且加固后对原结构外观和原有净空无显著影响，但加固效果在很大程度上取决于胶粘工艺与操作水平。该方法适用于承受静力作用且处于正常湿度环境中的受弯或受拉构件的加固。

5）粘贴纤维增强塑料加固法。除具有粘贴钢板相似的优点外，还具有耐腐蚀、耐潮湿、几乎不增加结构自重、耐用、维护费用较低等优点，但需要专门的防火处理，适用于各种受力性质的混凝土结构构件和一般构筑物（见图 9-9）。

图 9-8　外包钢加固

图 9-9　黏结加固

6）绕丝法。其优缺点与加大截面法相近；适用于混凝土结构构件斜截面承载力不足、或需对受压构件施加横向约束力的场合。

7）锚栓锚固法。该法适用于混凝土强度等级为 C20～C60 的混凝土承重结构的改造、加固，不适用于已严重风化的上述结构及轻质结构。

（2）间接加固的一般方法。

1）预应力加固法。该方法能降低被加固构件的应力水平，不仅使加固效果好，而且还能较大幅度地提高结构整体承载力，但加固后对原结构外观有一定影响。该方法适用于大跨度或重型结构的加固以及处于高应力、高应变状态下的混凝土构件的加固，但在无防护的情况下，不能用于 600℃ 以上的环境中，也不宜用于混凝土收缩徐变大的结构。

2）改变结构传力途径法。该方法简单可靠，但易损害建筑物的原貌和使用功能，并可能减小使用空间，适用于具体条件许可的混凝土结构加固。该方法还可细分为增设支点法和托梁拔柱法。

（3）与混凝土结构加固改造配套使用的技术。

1）托换技术。系托梁拆柱、托梁接柱和托梁换柱等技术的概称。该技术属于一种综合性技术，由相关结构加固、上部结构顶升与复位以及废弃构件拆除等技术组成，适用于已有建筑物的加固改造。与传统做法相比，该技术具有施工时间短、费用低、对生活和生产影响小等优点，但对技术要求较高，需由熟练工人来完成，才能确保安全。

2）植筋技术。是一项对混凝土结构较简捷、有效的连接与锚固技术。该技术可植入普通钢筋，也可植入螺栓式锚筋，已广泛应用于已有建筑物的加固改造工程中。

3）裂缝修补技术。根据混凝土裂缝的起因、形状和大小，采用不同封护方法进行修补，使结构因开裂而降低的使用功能和耐久性得以恢复；适用于已有建筑物中各类裂缝的处理，但对受力性裂缝，除修补外，还应采用相应的加固措施。

4）碳化混凝土修复技术。指通过恢复混凝土的碱性（钝化作用）或增加其阻抗而使碳化造成的钢筋腐蚀得到遏制的技术。

5）混凝土表面处理技术。系指采用化学方法、机械方法、喷砂方法、真空吸尘方法、射水方法等清理混凝土表面污痕、油迹、残渣，以及其他附着物的专门技术。

6）混凝土表层密封技术。系指采用柔性密封剂充填、聚合物灌浆、涂膜等方法对混凝土进行防水、防潮和防裂处理的技术。

7）其他技术。如结构、构件移位技术，调整结构自振频率技术等。

综上所述，对于烟道支架的加固应当根据实际情况采取不同的加固方法，以取得最佳效果。

9.3.3　基础加固设计

与新建工程相比，基础加固是一项较为复杂的工程，因此必须遵循以下原则：

（1）必须由有相关资质的单位和有经验的专业技术人员来承担既有建筑地基和基础的鉴定、加固设计和加固施工，并应按规定程序进行校核、审定和审批等。

（2）在进行加固设计和施工前，应先对地基和基础进行鉴定。

在制订加固方案前，首先确定地基承载力和地基变形的计算参数等。应结合地基基础和上部结构的现状，并考虑上部结构、基础和地基的共同作用，初步选择加固地基或加固基础，或加强上部结构刚度和加固地基基础相结合的方案。其次，对初步选定的各种加固方案，分别从预期效果、施工难易程度、材料来源和运输条件、施工安全性、对邻近建筑和环境的影响、机具条件、施工工期和造价等方面进行技术经济分析和比较，选定最佳的加固方法。

一、基础承台加固

既有建筑基础常用的加固方法有以水泥浆等为浆液材料的基础补强注浆加固法、扩大基础底面积法和加深基础法等，后两种方法普遍运用于脱硝工程的基础加固之中。

（1）基础补强注浆法。适用于基础因不均匀沉降、冻胀或其他原因引起裂损时的加固。

（2）加大基础底面积法。加大基础底面积法适用于当建筑的地基承载力或基础底面积尺寸不满足设计要求时的加固，因施工简单、所需设备少而得到较多的应用。这种加固方法可以采用混凝土套或钢筋混凝土套直接加宽基础，也可以外增独立基础加大。

因受场地条件制约，当加大基础仍不能满足地基承载力要求时，可考虑在基础下补桩。

（3）加深基础法。加深基础法可直接将原基础加高，或将原地基持力层分段挖掉再浇筑混凝土（又称坑式托换）。

1）柱脚底板厚度不足加固方法。增设柱脚加劲肋，以达到减小底板计算弯矩的目的。在柱脚型钢间浇筑混凝土，使柱脚底板成为刚性块体。为增加黏结力，柱脚表面油漆和锈蚀要清除干净。

2）柱脚锚固不足加固方法。增设附加锚栓，当混凝土基础较宽大时采用。在混凝土基础上钻出孔洞，插入附加锚栓，浇注环氧砂浆或硫磺砂浆，或将整个柱脚包以钢筋混凝土。新配钢筋要伸入基础内，与基础内原钢筋焊牢。

二、地基处理

既有建筑地基常用的加固方法有锚杆静压桩法、树根桩法、坑式静压桩法、石灰桩法、注浆加固法、高压喷射注浆法、灰土挤密桩法、深层搅拌法、硅化法和碱液法等，以前三种方法最为常用。

（1）锚杆静压桩法。锚杆静压桩法是锚杆和静压桩结合形成的新桩基工艺。该方法是通过在基础上埋设锚杆固定压桩反力架,以已有结构的自重荷载作为压桩反力,用千斤顶将桩段从基础中预留或开凿的压桩孔内逐段压入土中,再将桩与基础连接在一起,从而达到提高基础承载力和控制沉降的目的(见图 9-10)。

(2)树根桩法。树根桩法是采用钻机在地基中成孔,放入钢筋或钢筋笼,采用压力通过注浆管向孔中注入水泥浆或水泥砂浆,形成小直径的钻孔灌注桩。由于采用小型钻机施工,可在土中以不同的倾斜角度成孔,从而形成竖直和倾斜的小桩群,形状如"树根",称为树根桩(见图 9-11)。

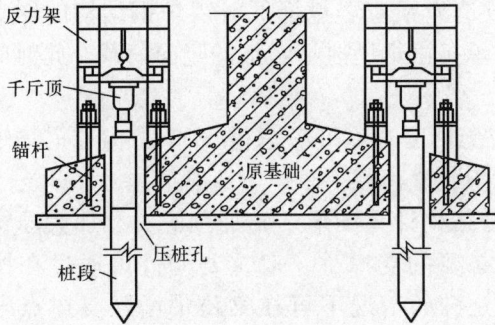

图 9-10 锚杆静压桩法

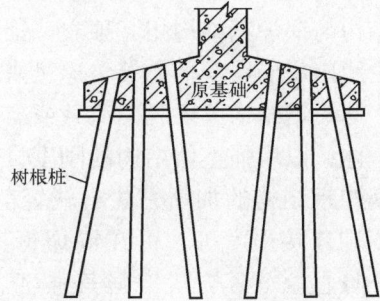

图 9-11 树根桩法

树根桩适用于淤泥、淤泥质土、黏性土、粉土、砂土、碎石土、黄土和人工填土上结构的加固。

(3)坑式静压桩法。坑式静压桩采用既有建筑物自重作反力,用千斤顶将桩段逐段压入土中的托换方法,千斤顶上的反力梁可利用原有基础下的基础梁或基础板(见图 9-12)。

坑式静压桩法适用于淤泥、淤泥质土、黏性土、粉土、砂土、湿陷性黄土和人工填土等地基,且地下水位较低的情况。

在加固施工过程中应避免由于高温、腐蚀、冻融、振动、地基不均匀沉降等原因造成的结构损坏,同时考虑消除、减小或抵御这些不利因素的有效措施,保证原有结构的安全性和耐久性。

9.3.4 锅炉钢结构改造设计

某电厂锅炉钢结构改造见图 9-13。

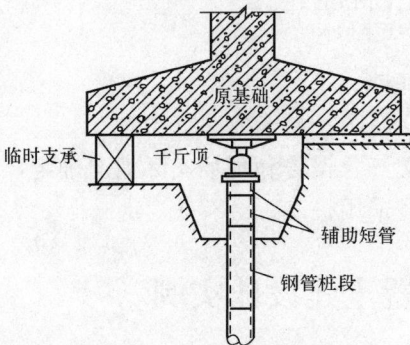

图 9-12 坑式静压桩托换示意

图 9-13 某电厂锅炉钢结构改造

173

一般情况下，锅炉钢结构由锅炉厂设计，锅炉钢结构及锅炉基础的改造须与原锅炉厂配合，验算相关结构的承载力并进行加固设计。

为便于检修，脱硝平台应与锅炉平台相连通，保证检修人员可通过锅炉电梯到达相应的脱硝平台。

改造前首先应对锅炉钢架现场实际情况进行勘查，确保其与原设计要求相符，充分考虑钢结构安装质量对改造的影响。对影响脱硝进出口烟道的锅炉构件需拆除改造。对于有紧身封闭的锅炉房，还应考虑对紧身封闭的改造。

当锅炉钢结构未预留脱硝荷载时，SCR 改造方案应尽量降低对锅炉钢结构的影响。脱硝钢结构与锅炉钢结构相互独立，锅炉结构仅承担由烟道改造增加的竖向荷载。此时应尽量减小由脱硝反应器、烟道等传递过来的荷载。

当锅炉钢结构考虑脱硝荷载或有较大的安全裕度时，可考虑将 SCR 结构与锅炉钢结构连为一体，以增强整体结构的刚度，共同来承担脱硝荷载。

锅炉钢结构的加固方法有减轻荷载、改变结构计算图形、施加预应力、加大原结构构件截面和连接强度等。可在锅炉钢架上增加必要的支撑件，对重要构件可通过在构件上贴板、设置叠梁等方式增强其强度。在条件允许的情况下可在梁跨中增加支撑点来减小梁的跨度，从而降低梁的挠度。对杆件进行预应力加固时，多在结构最大正负弯矩处用高强索加固。

对于节点的加固，当节点采用焊接时，可通过加长或加高原有焊缝，或通过加大或增加节点板来加长焊缝；当节点采用螺栓连接时，可将杆件与连接板用焊缝加固，使螺栓和焊缝共同工作。

锅炉钢结构的改造设计应验算锅炉尾排柱下基础的承载力，并制订合适的加固方案。通常情况下，因脱硝传递给锅炉的荷载值较小，通过合理的结构体系可避免对锅炉基础的改动，从而减少工程量。

9.3.5 其他建、构筑物设计

设计范围包括氨区内的建、构筑物，以及其他因脱硝改造引起的土建设计。结构设计应满足安全及工艺要求，并满足以下原则：

（1）选择承载性能好又经济合理的结构体系，平面和立面布置应规则、对称，并应具有良好的整体性，尽量避免结构的刚度突变。

（2）满足设备的支吊、安装、运行和维护所需的空间和通道。

（3）组成构件应结构简单、制造方便。

（4）构件应传力明确，使荷载以最短的途径传至基础。

（5）构件应易于运输和安装，尽量避免运输超重、超限，易于安装就位。

地基处理应根据本工程的岩土工程详勘报告、水文气象报告和现场实际情况确定，在条件允许的情况下尽量采用天然地基或换填处理，必要时采用桩基。

9.4 现役机组安装 SCR 装置土建设计实例

本节介绍某电厂 4×300MW 机组烟气脱硝技术改造工程土建部分的设计过程。设计中包含整体钢结构设计、原结构加固设计、基础加固设计和特殊节点分析，对类似改造工程项目具有参考价值。

9.4.1　电厂概况

该电厂共建有 4 台 300MW 燃煤机组，总装机容量 1200MW。电厂一期工程 1、2 号机组于 1994 年投入商业运行，二期工程 3、4 号机组于 1997 年投入商业运行，电厂主要燃用神府东胜烟煤。4 台燃煤机组先后于 2006 年、2007 年完成了脱硫工程建设。目前正在扩建 1 台 1000MW 超临界国产燃煤机组，并同步配套湿法脱硫系统及脱硝系统。该次脱硝工程拟在电厂 4 台 300MW 机组上安装烟气脱硝装置，并建设 4 台 300MW 机组和 1 台 1000MW 机组的液氨储存、供应系统。为此，需将原机组基础加固补强，原机组结构加固，并设计确定上部结构的施工方案。

9.4.2　整体钢结构设计

为满足燃煤机组脱硝装置的安装要求，设计整体钢结构计算模型如图 9-14 所示。

钢结构设计使用年限为 50 年。设计荷载有恒荷载、活荷载、风荷载和地震荷载，荷载大小由甲方提供的数据及钢结构设计规范选取。

用 SAP2000 计算，最大应力比 $S_{max}=0.840$，最大变形 $D_{max}=10.7mm$，满足设计要求。

9.4.3　原机组结构加固设计

原机组结构高 15.26m，改造后结构高度变为 36.9m。经计算验证原结构已不能满足设计要求，必须进行加固处理。

加固方案如下：

（1）在满足机组功能的前提下，结构增加斜撑。

（2）在原 H500-400-10-20 的 H 型柱的腹

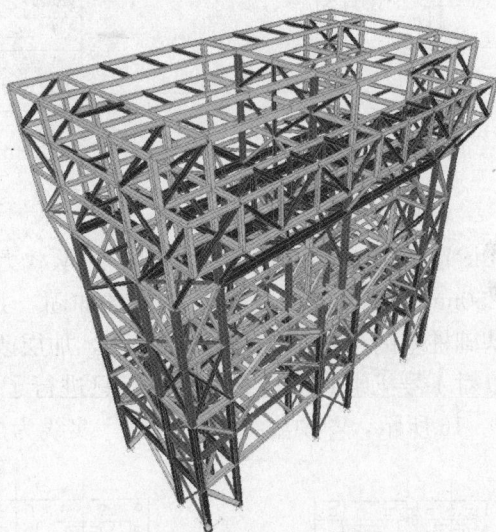

图 9-14　整体钢结构计算模型

板方向双面贴板，板宽 550mm，厚 20mm。

（3）在原有主框架梁上间隔 1m 做双面加劲肋，板厚与原梁腹板厚度一致。

计算验证，加固处理后原下部结构满足设计安全及功能要求。

9.4.4　基础加固设计

改造后最大竖向基础反力达到 3161.50kN，最大上拔力为 277.05kN，超出了原有基础设计承载力，故对基础进行加固设计。

电厂 1、2 号机组原基础采用柱下独立浅基础，原设计基底是轻亚黏土或用砂夹石换填土，设计承载力是 230kPa。加层改造后，柱反力增大，原基础配筋和地基承载力都不满足设计要求。根据机组原基础的特点，对原基础的单独柱基础进行 2 柱联合，扩大基础底面积和短柱截面，并在扩大范围内配筋，植入新钢筋与旧基础紧密连接。采用该方式加固基础后，能满足加层后基础设计的要求。1、2 号机组基础加固如图 9-15 所示，图中虚线为原基础，实线为加固后的基础。

电厂 3、4 号机组原基础采用灌注混凝土桩基。3 号机组原基础桩基的单桩承载力为

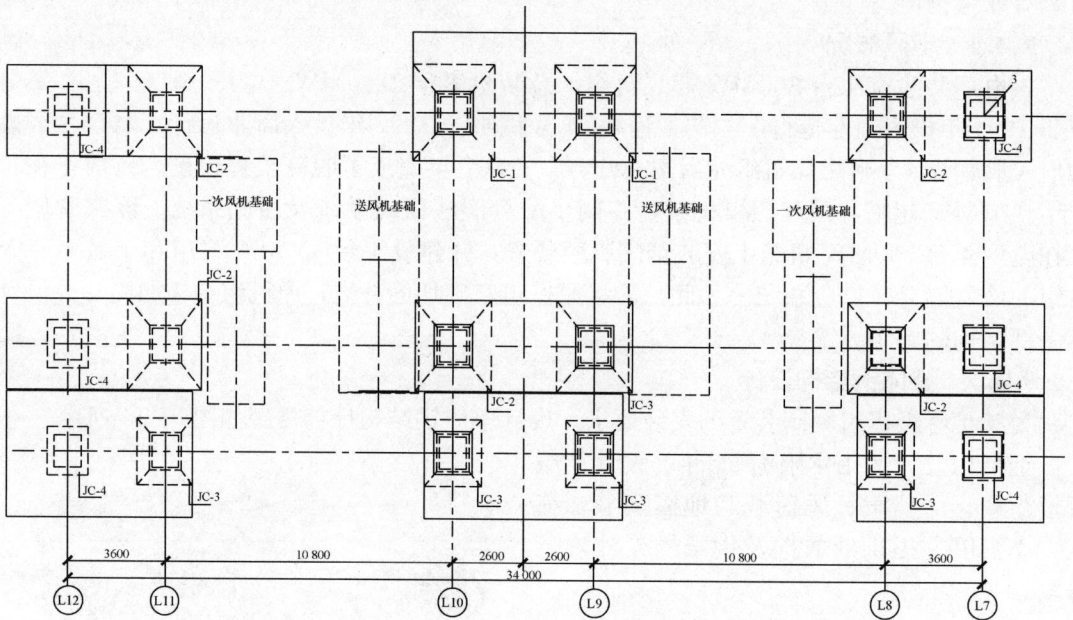

图 9-15　1、2 号机组基础加固图

1500kN，加层改造之后，原基础桩的承载力不满足要求，因此，对 3 号机组原基础采用边长 250mm 的锚杆静压桩进行桩基础加固，并对桩基承台进行了扩大和植筋加固；4 号机组原基础桩基的单桩承载力为 3000kN，加层改造之后，原基础桩的承载力仍能满足设计要求，所以对 4 号机组的桩基不用加固，只进行了承台的扩大处理即可。3、4 号机组基础加固如图 9-16 所示，图中虚线为原基础，实线为加固后的基础。

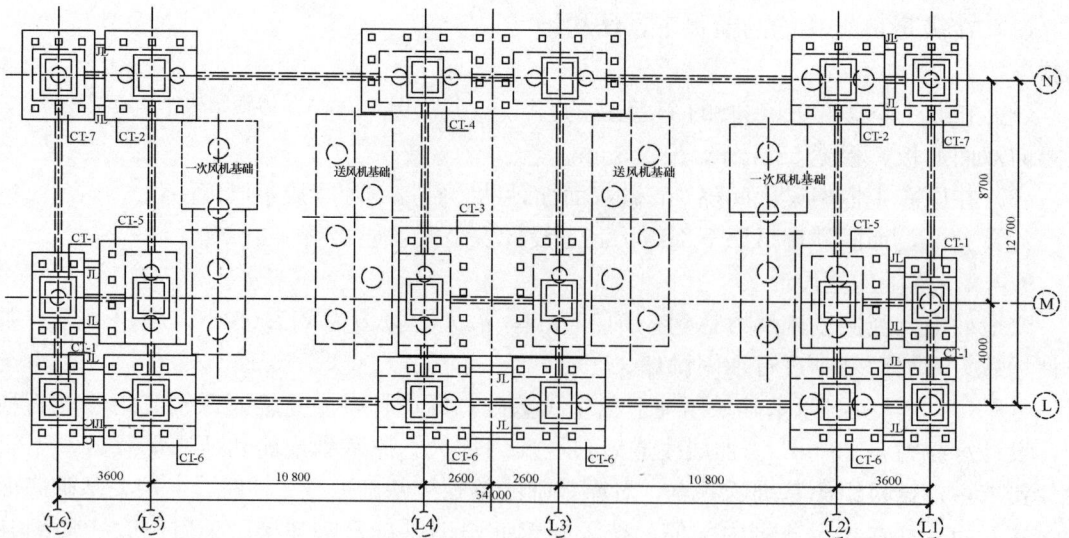

图 9-16　3、4 号机组基础加固

9.4.5　钢结构节点分析

本部分内容主要针对设计较复杂、荷载较大、梁高较高和有施工误差的钢节点进行有限元分析，分析内力分布和位移特征，验算钢节点设计的可靠性，并对应力集中明显和存在安全隐患的节点提出加固方案。

一、分析内容和加载方式

分别提取 13、94、95 号三个节点进行计算，使用 CAD 几何尺寸，利用 ABAQUS 大型有限元软件建立三维有限元模型，对 13 号节点分别施加荷载和施加位移两种方法进行分析计算。考虑施工误差，对 94、95 号节点分别分析了 x、y 向偏移，y 偏移 20mm，x 偏移 20、50、70mm，并进行组合，每个节点考虑 17 种工况，建立 17 个模型进行比较分析。对存在安全隐患的节点提出加固方案。

分别取各节点处外伸杆件长 1.2m，考虑荷载最不利组合，从 SAP2000 计算结果导出各杆件 1.2m 截面处内力、位移。预先在杆件断面（1.2m）中心建立参考点，耦合参考点和断面节点全部自由度，ABAQUS 分析时在参考点反加各杆件载荷/位移进行计算。导出各节点荷载见表 9-1 及表 9-2。

表 9-1　　　　　　　　　　　　　　　13 号节点各杆件 1.2m 处荷载

杆件编号	x 方向力（kN）	y 方向力（kN）	z 方向力（kN）	绕 x 轴弯矩（kN·m）	绕 y 轴弯矩（kN·m）	绕 z 轴弯矩（kN·m）
116	−5.24	29.849	135.764	−16.3062	−7.5418	−0.6939
404	−0.051	−318.854	−437.979	0	0	0
443	0.556	168.523	−115.13	115.3334	−0.0111	1.1743
777	0	325.835	−315.714	0	0	0
813	0	−152.104	−133.698	0	0	0
1066	0.126	281.365	−176.781	−7.33E-19	−0.000 448 8	0.000 284
1189	46.306	50.216	2699.061	1.5836	3445.8582	−20.5902
1190	−55.892	50.547	2684.179	1.5483	−3487.6316	21.3216
1264	0.483	−439.798	−65.058	−141.0109	−0.0185	−2.1035

表 9-2　　　　　　　　　　　　　　　13 号节点各杆件 1.2m 处位移

杆件编号	x 方向位移（mm）	y 方向位移（mm）	z 方向位移（mm）	绕 x 轴转角（rad）	绕 y 轴转角（rad）	绕 z 轴转角（rad）
116	0.4233	0.4271	−0.9947	0.00043	−0.000 13	0.000 017 6
404	0.213	0.3199	0.0266	−0.000 91	0.000 07	−0.000 102
443	0.2759	0.444	−0.061	−0.0004	−0.000 23	−1.24E-05
777	0.3934	0.2786	−0.3172	0.0001	−0.000 18	0.000 067 6
813	0.3336	0.7451	−0.9707	0.0003	−0.0002	8.76E-07
1066	0.2326	−0.0322	−0.8728	0.001 05	−0.0001	0.000 167 6
1189	0.289	0.0588	−3.6287	−0.000 99	−0.001 87	0.000 477 6
1190	0.2988	0.0471	−3.596	−0.000 97	0.001 34	−0.000 472
1264	0.2661	0.5721	−0.806	0.000 52	−0.000 21	0.000 047 6

二、13 号节点分析

(1) 13 号节点几何模型及有限元模型。利用 CAD 几何尺寸建立三维几何模型，柱内横隔板厚 20mm，分别在 1.4m 梁上下翼缘和中部。导入 ABAQUS 进行有限元分析计算，几何实体模型和杆件编号如图 9-17 和图 9-18 所示。

利用 ABABQUS 大型有限元软件，采用六面体体单元 C3D8R、C3D20R 和四面体体单元 C3D4 对节点各部件进行单元划分，共划分单元数 157 036 个。约束柱下端面全部自由度，在其余杆件断面（1.2m）中心建立参考点，为了得到规则体单元，大梁腹板等部位角钢黏结采用 * tie。边界条件和单元划分如图 9-17 和图 9-18 所示。

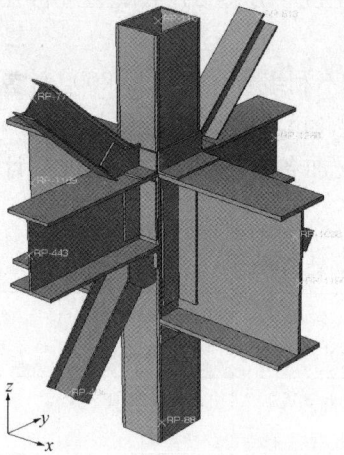

图 9-17 13 号节点几何模型

图 9-18 13 号节点有限元模型

(2) 结果分析。对模型施加载荷，利用 ABAQUS 进行线性分析，节点应力云图、位移，施加位移载荷节点应力、位移如图 9-19～图 9-22 所示。

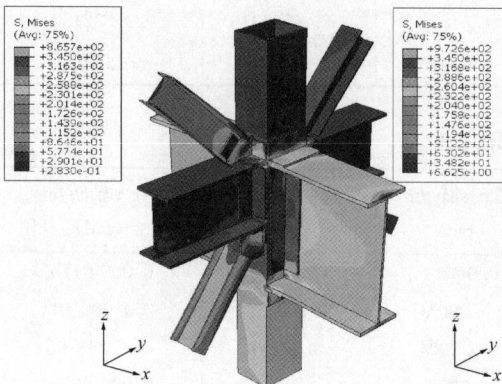

图 9-19 力载荷等效应力云图

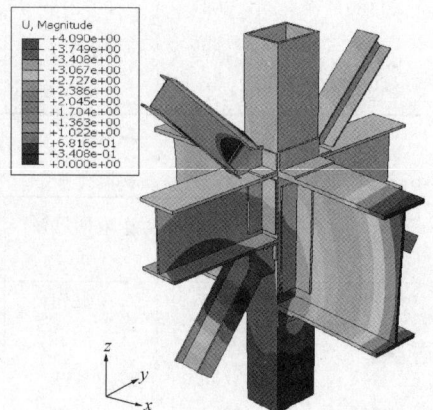

图 9-20 力载荷位移云图

由图 9-19 可知，1.4m 大梁上下翼缘与柱连接处应力集中明显，应力较大，整体分布不均匀，最大值为 422.8MPa。柱内横隔板应力更大，最大值为 922.6MPa。由图 9-20 可知，大梁端部位移较大，由于 777 号杆连接处存在偏心，连接处位移也较大，最大值为

4.09mm。由图 9-21 和图 9-22 可知，施加位移载荷与力载荷计算结果基本一致，1.4m 大梁上下翼缘连接处和柱内隔板应力都较大，梁连接处应力最大值 493.2MPa，隔板应力最大值为 1058MPa。该节点存在安全隐患，应该采取加固措施。

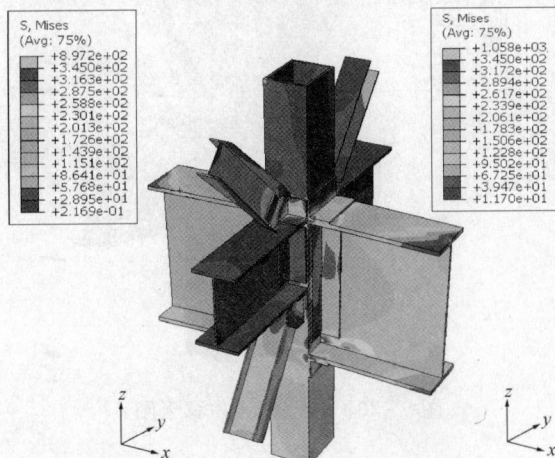

图 9-21　位移载荷等效应力云图　　　　　　图 9-22　位移载荷位移云图

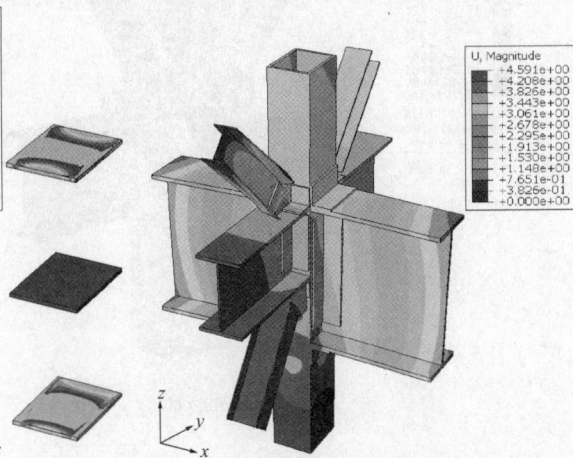

（3）加强方案。在 1.4m 梁上下翼缘增加三块加强板，长×宽为 380mm×340mm，厚 20mm，并封盖连接，腹板两侧增加厚 20mm 肋。计算结果如图 9-23 和图 9-24 所示。

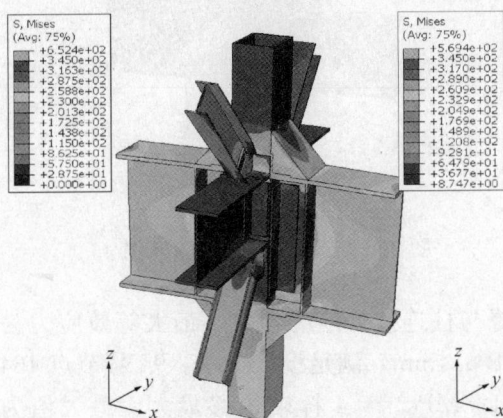

图 9-23　加强后等效应力云图　　　　　　图 9-24　加强后位移云图

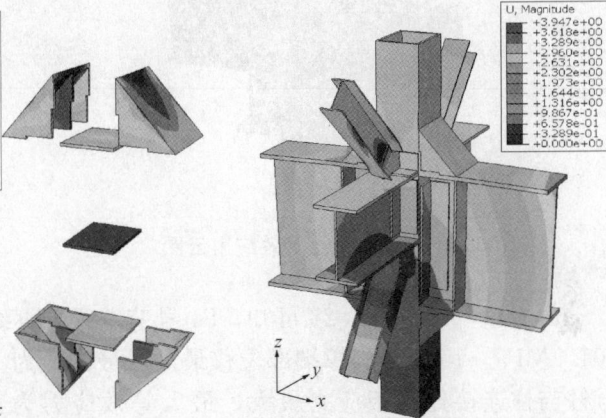

由加强方案计算结果可知，大梁和柱内横隔板应力集中明显缓解，应力得到分散转移，最大等效应力为 320MPa。最大位移为 3.947mm。该方案整体效果最好，施工较简单，满足设计要求。

三、94、95 号节点分析

采用 13 号节点计算方法分别对 94、95 号节点进行计算（见图 9-25～图 9-28），并考虑施工误差的影响，考虑 17 种偏移工况下的应力、位移特征。计算结果可知 94 号节点在 y 向偏移－20mm、x 向偏移 70mm 工况下等效应力、位移最大。95 号节点在 y 向偏移－20mm、x 向偏移 70mm 工况下等效应力、位移最大。

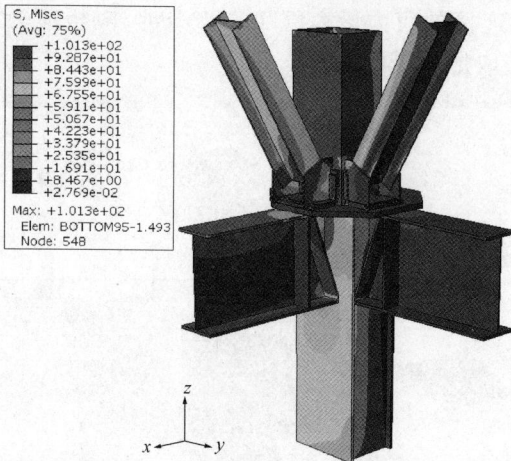

图 9-25　94 号节点等效应力云图

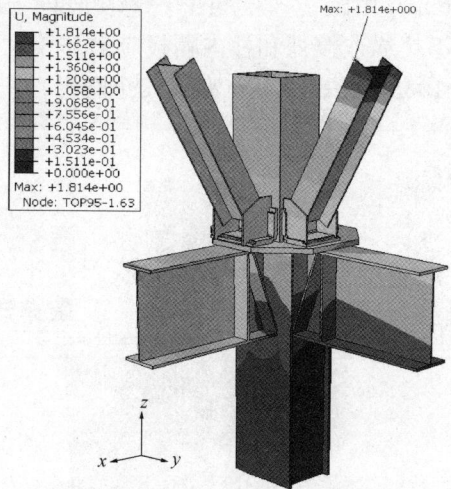

图 9-26　94 号节点位移云图

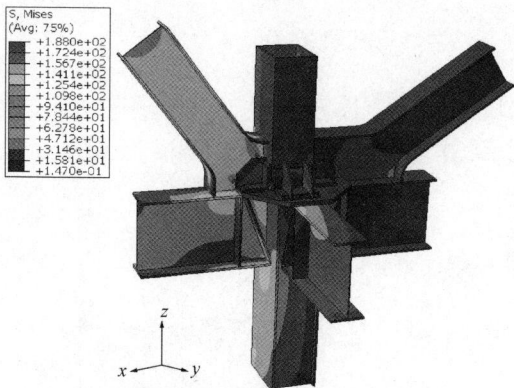

图 9-27　95 号节点等效应力云图

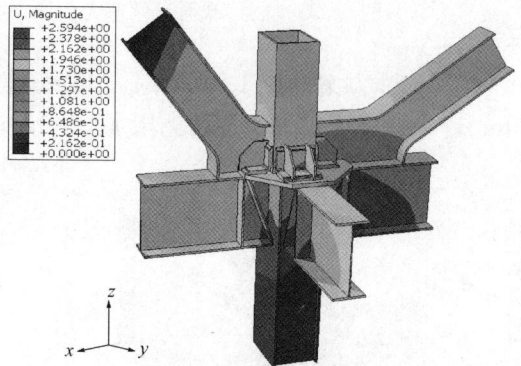

图 9-28　95 号节点位移云图

由图 9-25～图 9-28 可知，94 号节点梁下翼缘与柱连接处应力最大，最大等效应力为 101.3MPa。1538 号斜撑端部位移最大，最大值为 1.814mm，满足设计要求。95 号节点 464 号杆与柱连接处腹板应力最大，最大等效应力为 188MPa。464 杆端位移最大，最大值为 2.594mm，满足设计要求。

四、小结

从以上各节点分析结果可以看出：

（1）13 号节点采用施加力载荷和位移载荷两种方式计算分析，结果表明该节点柱内横隔板和柱与 1.4m 大梁连接处应力较大，超出钢材屈服强度，节点不安全，应该采取加固措施。并进一步分析了加固方案，经分析加强方案是可行有效的。

（2）94、95 号节点都考虑了施工误差的影响，分别分析了 17 种偏移组合下应力、位移特征，结果表明，各种工况下最大等效应力都较小，远小于钢材屈服强度。94、95 号节点强度都满足原设计要求。

9.4.6　结语

该电厂烟气脱硝技术改造工程中采用了多种结构加固、加强和基础加固方式，上下增加部位节点特殊，以考虑高程、平面误差、可靠传力，对今后此类工程设计具有参考价值。

第10章

劳动安全与职业卫生

　　火电厂 SCR 装置中的安全与职业卫生，主要是针对氨作为危险化学品考虑的劳动安全与职业卫生；其次，SCR 脱硝装置作为电厂主体工程的一部分，在整体设计中应遵照《电业安全工作规程》及《火力发电厂劳动安全和工业卫生设计规程》的要求，对所涉及的电气设备、各种转动机械、各类建筑物、平台楼梯及吊装等处可能引起的爆炸、火灾或坠落伤害等均需考虑采取安全措施，以保证工程的安全生产和维护职工的身心健康。

10.1　氨的劳动安全与职业卫生

　　氨（纯氨、液氨）和氨水（浓度 20%～30%）都可用于 SCR 脱硝系统的还原剂。根据 GB 12268《危险货物品名表》、《危险化学品名录》（2002 版）的规定，氨水和无水氨都属于危险化学品。根据 GB 18218—2009《重大危险源辨识》的规定，氨的使用量若超过 10t，则为重大危险源。国家安全生产监督管理局根据《安全生产法》、《危险化学品安全管理条例》等法律、法规，于 2004 年 12 月 14 日年制定了《危险化学品生产储存建设项目安全审查办法》，并与 2005 年 1 月 1 日起公布实施。其中规定：

　　（1）国家对危险化学品生产、储存实行统一规划、合理布局和严格控制，并对危险化学品的生产、储存实行审批制度。

　　（2）国务院安全生产监督管理部门指导、监督全国危险化学品生产、储存建设项目的安全审查工作。

　　（3）危险化学品生产、储存建设项目在可行性研究阶段，应当进行安全条件论证；在进行初步设计前，应当进行安全评价。

　　（4）危险化学品的生产、储存建设项目的安全评价应当由具有国家规定资质安全评价机构承担。承担危险化学品的生产、储存建设项目安全评价的安全评价机构对其作出的安全评价结果负责。

　　（5）危险化学品生产、储存建设项目单位应向相应的安全生产监督管理部门提出安全审查申请，并提交可行性研究报告、安全评价报告等有关文件。

10.1.1　氨的特性

　　（1）理化性质。液氨（液体无水氨）主要用于制造硝酸、无机和有机化工产品、化学肥料，冷冻、冶金、医药等工业原料，以及 SCR 系统的还原剂。液氨用槽车或钢瓶装运。

　　液氨是一种无色气体，有刺激性恶臭味，分子式为 NH_3，分子量为 17.03，相对密度为 0.7714g/L；熔点为 $-77.7℃$，沸点为 $-33.35℃$，自燃点为 651.11℃，蒸气密度为 0.6，蒸气压为 1013.08kPa（25.7℃），蒸气与空气混合物爆炸极限为 16%～25%（最易引燃浓度 17%）。氨在 20℃水中溶解度为 34%；25℃时，在无水乙醇中溶解度为 10%，在甲醇中溶解度为 16%。溶于氯仿、乙醚，是许多元素和化合物的良好溶剂。水溶液呈碱性，0.1N 水溶液 pH 值为 11.1。液态氨将侵蚀某些塑料制品，橡胶和涂层。遇热、明火，难以点燃而危险性较低，但与空气混合达到上述浓度范围遇明火会燃烧和爆炸，如有油类或其他可燃性物质存在，则危险性更高。与硫酸或其他强无机酸反应放热，混合物可达到沸腾。

氨不能与乙醛、丙烯醛、硼、卤素、环氧乙烷、次氯酸、硝酸、汞、氯化银、硫、锑、双氧水等物质共存。

（2）储运须知。包装标志为有毒气体，副标志为易燃气体。包装方法为耐低压或中压的钢瓶。储存于阴凉、通风良好、不燃结构建筑的库房，远离火源和热源。设备要接地线。与其他化学物品，特别是氧化性气体氟、溴、碘和酸类、油脂、汞等应隔离储运。平时应注意检查钢瓶漏气情况，搬运时穿戴全身防护服（橡皮手套、围裙、化学面罩）。钢瓶应配置好安全帽及防震橡胶圈，避免滚动和撞击，防止容器受损。

（3）泄漏处理。处理泄漏物必须穿戴全身防护服。钢瓶泄漏应使阀门处于顶部，并关闭阀门。无法关闭时，应将气瓶浸入水中。

（4）侵入途径。氨气主要经呼吸道吸入。

（5）毒理学简介。对黏膜和皮肤有碱性刺激及腐蚀作用，可造成组织溶解性坏死。高浓度时可引起反射性呼吸停止和心脏停搏。人接触 553mg/m³ 可发生强烈的刺激症状，可耐受 1.25min；接触 3500～7000mg/m³ 浓度会立即死亡。

（6）临床表现。

1）急性中毒。短期内吸入大量氨气后可出现流泪、咽痛、声音嘶哑、咳嗽、痰可带血丝、胸闷、呼吸困难，可伴有头晕、头痛、恶心、呕吐、乏力等，可出现紫绀、眼结膜及咽部充血及水肿、呼吸率快等。严重者可发生肺水肿、急性呼吸窘迫综合征，喉水肿痉挛或支气管黏膜坏死脱落致窒息，还可并发气胸、纵膈气肿。胸部 X 射线检查呈支气管炎、支气管周围炎、肺炎或肺水肿表现。血气分析示动脉血氧分压降低。

2）误服氨水可致消化道灼伤，有口腔、胸、腹部疼痛，呕血、虚脱，可发生食道、胃穿孔。同时可能发生呼吸道刺激症状。吸入极高浓度可迅速死亡。

3）眼接触液氨或高浓度氨气可引起灼伤，严重者可发生角膜穿孔。

4）皮肤接触液氨可致灼伤。

（7）处理。吸入者应迅速脱离现场，至空气新鲜处。维持呼吸功能，卧床静息。及时观察血气分析及胸部 X 射线片变化。对症、支持治疗。防止肺水肿、喉痉挛、水肿或支气管黏膜脱落造成窒息，合理氧疗。保持呼吸道通畅，应用支气管舒缓剂。早期、适量、短程应用糖皮质激素，待病情好转后减量，大剂量应用一般不超过 3～5 日。注意及时进行气管切开，短期内限制液体入量。合理应用抗生素。脱水剂及吗啡应慎用。强心剂应减量应用。

误服者给饮牛奶，有腐蚀症状时忌洗胃。对症处理，参见《消化道酸碱灼伤的处理》。

眼污染后立即用流动清水或凉开水冲洗至少 10 分钟。参见《化学性眼灼伤的治疗》。

皮肤污染时立即脱去污染的衣着，用流动清水冲洗至少 30min。参见《化学性皮肤灼伤的治疗》。

（8）标准。工作空间氨浓度一般最大不超过 30mg/m³。

10.1.2　氨区工作安全守则

一、危险性

（1）燃烧、爆炸及腐蚀危险。氨在 651℃ 以上可燃烧，爆炸范围为 15％～28％。氨与强酸、卤素（溴、碘）接触会发生强烈反应，有爆炸、飞溅的危险。氨与氧化银、汞、钙、氰化汞及次氯酸钙接触，会生成爆炸物质。氨对铜、银、锌及合金有强烈的侵蚀作用。

（2）对人体的危害。氨对人体而言虽非毒物，但对生理组织具有强烈的腐蚀作用。对皮肤及呼吸器官黏膜具有强烈刺激性及腐蚀性，其危害易达组织内部。眼睛被溅淋高浓度氨，会造成视力障碍、残废。

氨的各种浓度对人体生理上的影响见表 10-1。

表 10-1　　　　　　　　　　　　　氨的各种浓度对人体生理上的影响

大气中氨之浓度（$\times 10^{-6}$）	人 体 生 理 反 应
5～10	鼻子可察觉其臭味
20	觉察氨味
40	少数人眼部感受轻度刺激
100	暴露数分钟引起眼部及鼻腔非常刺激
400	引起喉头、鼻腔及上呼吸道严重刺激
700	暴露 30min 以上可能引起眼部永久性伤害
1700	严重的咳嗽、喘息，30min 内即可致命
5000	严重的肺水肿症，窒息片刻即可致命

二、工作安全规则

（1）氨储区严禁烟火。

（2）非工作人员不得自行变动或调整安全阀及释放阀。

（3）操作阀门及排泄阀时，需穿戴人体安全防护用具。

（4）必须确定所有阀管线设备等皆正常适当的情况后才操作。

（5）排放氨时，要远离火源或引火物，找安全处连接吸收装置排放。

（6）汽车液氨槽于装卸液氨前，应将钥匙挂至于钥匙箱中，拉紧煞车，置阻动木块，防止滑动，并竖立警示牌，以防调车作业疏忽时而发生事故。

（7）载运液氨槽或液氨钢瓶的汽车除经监理机构检查合格，仍应时常保持良好车况。

（8）汽车液氨槽在灌装时，应接地线。

（9）钢瓶需经检查合格后，才可灌装使用。

（10）钢瓶应有保护帽，灌装完成后存放于通风良好的阴凉处所，再装上车。

（11）液氨槽车进出路线应畅通，并应竖立警示标志，以利行车安全。

（12）如发现设备故障，或氨气外泄，立即采取紧急措施。

（13）遇台风、闪电、地震、空袭或发生紧急情况，应停止装卸并做好安全措施。

（14）不得敲取阀门外凝结的冰块。

（15）人体防护安全器材宜固定放置，便于取用的场所。

（16）应装设取样装置，其他放气阀、排泄阀等处不得取样。

（17）储槽、管路及附属设备均需实施定期检查。

三、氨事故的预防与处理

（1）事故预防。氨储槽设备及装卸站区域严禁烟火，电气设备最好使用防爆装置，氨容器应避免阳光直射、通风良好、不被冲击等。不可与氧气容器置放在一起，液氨的工作人员应穿戴防护用具。

（2）事故处理。氨泄漏时，人员应以湿手帕掩鼻，以低姿势向上风处走避。容器开关微漏时，应小心地关紧开关，若仍泄漏应立即通知技术人员，处理前可用湿布覆盖并淋水。氨大量泄漏时，抢救人员应穿防护衣裤，并戴自供式空气呼吸器，于上风处以水雾喷洒于泄漏处，附近空间以水雾吸收氨气，并依照相关工作程序处理。液氨泄漏于地面时，应以大量水冲洗，发生火灾时以大量水灭火。

（3）人员伤害的急救。

1）吸入氨气。如工作人员被氨气熏倒，应立即移至空气新鲜之处，并迅速施行人工呼吸，同时送医院诊治，必要时先以 2％ 硼酸水清洗鼻腔，并饮用大量 0.5％柠檬酸或柠檬水。

2）皮肤及黏膜遭受伤害。脱去一切沾染的衣服，并在感染部位以大量清水洗涤至少 15min，最好能用柠檬水、食醋或 20％之醋酸溶液清洗。但最后仍应用清水加以冲洗，受伤部位不能涂布软膏，如为冻伤，可用砂布覆盖，用次亚硫酸钠饱和溶液浸湿砂布。

3）进入眼睛之处理。迅速以大量清水冲洗眼部 15～20min，休息 5min 后再重复冲洗，并立即送医院诊治。伤害的后果取决于是否迅速以水将液氨洗掉。未经医生指示不能随意使用油剂药膏。

（4）紧急应变措施。

1）氨泄漏时，在安全情况下设法止漏。

2）氨泄漏或排放对人体有危害时，应立即报告主管部门。

3）对可能危害地区的居民发出警告，并将下风地区居民疏散至上风区，受污染地区应立牌明示，禁止进入。

4）氨泄漏时，立即除去火源，以免发生爆炸。

5）应用仪器测量氨的浓度。

6）氨泄漏处理时，应佩戴适当个人防护具。

7）氨泄漏时应用大量的水雾吸收。

8）氨排放时，应有除毒设备。

10.2 防 火 与 防 爆

工程建设中的生产车间、作业场所和易爆、易燃的危险场所，以及地下建筑物的防火分区、防火间距、安全疏散和消防通道的设计，均应按照 GBJ 16—2001《建筑设计防火规范》和 GB 50299—1996《火力发电厂与变电所设计防火规范》等有关规定设计。应按照 GB 50116—1998《火灾自动报警系统设计规范》设置火灾报警控制系统。

严格按照 GB 50058—1992《爆炸和火灾危险环境电力装置设计规范》等有关规程规范的规定，对有爆炸危险的设备及有关电气设施、工艺系统和厂房的工艺设计及土建设计，按照不同类型的爆炸源和危险因素采取相应的防爆防护措施。

消防设计应遵循"预防为主，防消结合"的方针，结合全厂消防系统统一考虑。在电厂范围内设置消防系统，考虑以水消防为主，辅以必要的泡沫灭火器材、移动式灭火装置等，并按电厂各车间场所发生火灾的性质及特点选择相应的消防措施。对电厂中易引起火灾的重点部位如主厂房、油系统、煤系统、充油的电气设施等进行重点考虑，防止火灾危害。所有选用的压力容器除按规范要求合理选型外，均考虑相应的防爆泄压措施。

10.2.1　氨气防爆应注意的事项

烟气脱硝系统中液氨储存及供应系统布置必须符合安全的要求。在必要场合必须设置警告标示牌，指出危险的存在，如可燃性物质、爆炸性物质、腐蚀和有毒物质、悬吊负荷、一般危险、宽/高限制、被困、滑动、落下的危险等。在警告牌之外，在需要的地方也应采用适当的红白带标识。

氨气防爆的报警系统设计成具有可独立完成监测与控制的功能，并与主厂房报警系统通信连接。

液氨储存及供应系统应保持系统的严密性，防止氨气的泄漏和氨气与空气的混合。预防爆炸是最关键的安全问题，基于该方面的考虑，系统的卸料压缩机、液氨储罐、液氨蒸发槽、氨气缓冲槽等都应备有氮气吹扫管线。

在液氨卸料前一定要通过氮气吹扫管线，对以上设备分别进行严格的系统严密性检查和氮气吹扫，防止氨气泄漏和与系统中残余的空气混合造成危险。

液氨储存和供应控制由机组上的 DCS 实现。所有设备的启停、顺序控制、连锁保护等都可从机组 DCS 上软实现，设备及有关阀启停开关还可通过 MCC 盘柜硬手操作。

对液氨储存和供应系统故障信号实现中控室报警声光字牌显示。系统所有的监测数据都可以在 CRT 上监视，系统连续采集和处理反映液氨储存和供应系统运行工况的重要测点信号，如储罐、温水槽、缓冲槽的温度、压力、液位、报警和控制，氨气检测器的检测和报警等。

事故发生时，所涉及的现场工作人员应能够立即得到所有需要的信息。现场应安放足够数量、适当尺寸的标示牌，标示遇险出逃线路（包括标明楼层）、事故出口、火警、灭火器、对特殊灭火人员的指示、对灭火人员的警告、急救设备、急救点、事故报告点、电话等。

10.2.2　消防及防爆措施

以某 2×600MW 火电厂烟气脱硝工程为例。

1. 防火措施

在储罐区、蒸发区和卸氨区设置喷淋设施，自动喷淋系统按《水喷雾灭火系统设计规范》规定：喷雾强度为 $9L/(min \cdot m^2)$，水雾喷头的工作压力为 0.2～0.6MPa，持续喷雾时间按 6h 设计。当液氨大量外泄或周围有明火时，可用大量雾状水吸收氨，防止人员中毒和发生火灾。操作室配有防毒面具 1～2 副，四氯化碳灭火器 1 个。

2. 防爆

氨区为独立设置，并采用敞开式布置，主要设备都设有泄压设施；电气和自控设计都满足相关规定。

3. 消防给水系统

氨区消防系统纳入电厂消防总系统，供氨和储存区域按辅助生产设施的消防用水量 30L/s 计算，火灾延续供水时间不宜小于 2h，消防水量为 108t/h（氨储罐冷却喷淋水量为 95t/h）。

供氨和储存系统按其保护半径及被保护对象的消防用水量，根据管道内的水压及消火栓出口要求的水压计算后确定，选用低压消防给水管道公称直径 DN150mm，与电厂消防水 DN250mm 总管相接。

10.3　防电伤及防机械伤害

为确保电气设备以及运行、维护、检修人员的人身安全，电气设备的选用和设计应符合现行国家标准 GB 4064—1984《电气设备安全设计导则》等有关规程、规定、导则。

SCR 脱硝工程中的转动机械伤害主要发生在检修作业中的重物起吊和运行中的转动设备脱挂等。工程设计中应严格按照规程规范的要求，采取一定的防护措施，对转动机械设置保护罩壳。严禁以运行的管道、设备或平台等作为起吊重物的承力点，以防损坏、降低其强度造成不测。

10.4　防噪声及振动

SCR 脱硝设备噪声相对于电厂主体来说较低，但仍需采取控制噪声的措施。根据工业企业噪声卫生标准和电厂各类地点的噪声标准的要求，在设备定货时，提出设备运行的噪声限制要求；对噪声级较高的设备将考虑采用消声、隔声等措施；在总平面布置时考虑生产、辅助建筑物的合理布局；同时进行绿化设计，达到降噪、吸噪的目的。

在工程设计中应严格按照规程规范的要求，对设备的基础及平台考虑减振措施，所有穿墙管道采用柔性接触，动载大的机械设备基础采用砂垫层，以降低振幅，达到减振目的。

10.5　防　　暑

严格遵照《工业企业设计卫生标准》、《火力发电厂采暖通风与空气调节设计规定》等规程规范。在 SCR 工程工艺流程设计中，使运行操作人员远离热源并根据具体条件采取隔热、通风和空调等措施，以保证运行和检修生产人员的良好工作环境。除采取保温隔热措施外，在厂房建筑物内还应采取加强通风的措施。

10.6　其他劳动安全及卫生措施

根据 DL 5053—1996《火力发电厂劳动安全和工业卫生设计规程》，统一考虑设置劳动安全及工业卫生基层监测站及安全教育室。工业卫生设施的设计按 GBZ 1—2002《工业企业设计卫生标准》中的要求进行。可充分利用电厂设置的生产卫生用室、生活卫生用室等各种辅助卫生设施。

另外，为了便于现场运行环境的监视，脱硝系统可设闭路工业电视监视系统，接入主机工业电视系统，运行人员可在控制室内对现场的主要设备运行情况及安全情况进行监视。工业电视系统的设计可按《工业电视系统工程设计规范》进行设计，监视范围包括 SCR 反应区和氨区两个部分。

第11章

火电厂SCR工程项目管理及实施方案

为了使火电厂 SCR 烟气脱硝装置工程建设符合我国相关的法律、规范及标准，并满足火电厂的要求，应对 SCR 工程实施及项目管理高度重视。

11.1 项目管理组织机构

施工单位一般在项目场地设置项目经理部，以对履行合同项目服务的行为进行管理。项目经理部是施工单位履行其在合同项目服务的执行机构，在工程竣工前为常设机构。

11.1.1 项目管理人员组成

项目经理部应包括下列人员：

（1）项目经理。施工单位任命具有同类工程建设管理经验、并熟悉工程建设管理全过程的合格人员作为项目经理，并任命若干名项目副经理。项目经理代表施工单位履行合同，为施工单位履行合同项目服务的唯一授权代表。项目经理一般常驻项目场地，如果项目经理需要离开项目场地，则授权一名项目副经理履行项目经理的职责并通知项目法人。

施工单位任命的项目经理须经项目法人同意，如果项目法人有充分理由认为施工单位的项目经理不合格或不能正常履行其职责，则可以要求施工单位撤换其项目经理。

（2）项目施工总工程师。施工单位一般任命一名具有同类工程建设管理经验，熟悉工程建设管理全过程，具有中、高级职称的技术人员作为项目总工程师。

（3）项目设计总工程师。施工单位任命一名具有同类工程设计经验，熟悉工程建设管理，具有中、高级职称的设计人员作为项目设计总工程师。

（4）项目调试总工程师。施工单位任命一名具有同类工程调试经验，熟悉工程调试管理，具有中、高级职称的技术人员作为项目调试总工程师。

11.1.2 项目主要管理人员的配置

（1）施工单位的现场组织机构人员的配置，要根据工程特点、施工规模、建设工期、管理目标，以及合理的管理跨度进行配置，在提高管理人员整体素质的基础上优化组合，组成精干高效的管理工作班子。

（2）施工单位现场组织机构管理人员的配置要有合理的专业机构，各专业人员配套，并要有合理的技术职务、职称机构。

（3）施工单位现场组织机构的管理人员具有其所承担管理任务相适应的技术水平、管理水平和相应资质，并给出主要人员简历。

11.2 施工分包方的选择

11.2.1 施工分包方的资质

施工单位选择合格的分包方分包其在合同项目下的部分工程的建设或服务，施工单位在选择分包方时应对分包方的资质、信誉、报价及质量进行综合考虑。施工单位选择分包方的过程符合国家及行业的有关规定。

项目法人有权参加选择该类主要分包方过程中技术方面的选择确认过程，并提出建议和意见，施工单位充分考虑项目法人的建议和意见。

11.2.2　分包方的保证

施工单位在所有分包合同中体现合同的原则和要求，并自所有主要分包方处获得所需的保证和担保。该类保证和担保未经项目法人事先书面同意不得加以修订、修改或以其他方式予以撤销。在任何情况下，工程关键部分分包方的保证和担保的有效期均不少于相应脱硝装置完工后的一年。

11.2.3　分包方的行为

施工单位对任何分包商、其代理人或雇员的行为、违约和/或疏忽承担全部责任。

11.3　施　工　计　划　安　排

11.3.1　总进度计划

在合同按时生效的前提下，按招标文件投产日期进度安排，制订项目计划进度表，编排进度计划直方图，尽快开工。

11.3.2　进度实施控制

施工单位应郑重承诺将认真围绕施工里程碑节点进度有序组织施工，确保各关键节点进度的实现，并接受业主对该进度的考核，确保施工总进度的实现。

各类施工进度计划，必须采取有效的控制措施，认真做好以下几方面工作。

一、作好充分的施工准备

施工准备（含工程项目各部位开工前的准备）必须做好以下事项，使各方面工作均达到开工条件和满足施工进度的需要。

（1）施工人员（包括管理、执行、试验和检测人员）到位。

（2）施工机具准备。

（3）施工物资准备。

（4）质量三级检查点确认。

（5）规范、标准和施工资料的准备。

（6）技术方案、技术措施的编制和批准。

（7）图纸会审和技术交底。

（8）向监理和业主提交开工报告。

二、加权值进度动态控制

加权值进度控制又称数理进度控制或量化进度控制。即将各类施工计划内容以加权值形式量化，形成加权值计划及 S 曲线，在施工过程中随时与实际完成的加权值进度计划及 S 曲线比较，及时、真实、定量、准确地确定实际进度与目标进度的偏差，及时分析原因、采取措施和及时纠偏。该措施能够弥补形象宏观控制的盲目性，达到计划进度控制最佳效果状态。

（一）建立加权值目标计划及其 S 曲线

（1）统计各单位工程、分部分项工程及其各专业的详细工作量。

（2）计算各单位工程、分部分项工程及其各专业需用的人工数（加权数）。

（3）设定全工程加权值为 1，并对子项加权值分解，分别计算出加权值系数（占总加权值的百分比例）。

1）各单位工程、分部分项工程加权值系数。

2）单位工程的各专业加权值系数。

3）分项工程的分步工程加权值系数等。

（4）依据总体施工计划相对应的单位工程、分部工程、分项分步工程及各专业的加权值系数，形成加权值进度计划及其曲线图。

（二）建立加权值实际进度曲线

依据全工程及其子项实际完成的加权（数）值，在对应的加权值目标进度及其 S 曲线图上绘制加权值实际进度 S 曲线，这样就形成了可比较的进度曲线图。

（三）五步法动态控制循环原理

（1）进度统计。根据定时（周、月）或不定时统计完成的加权值，并将加权值实际进度曲线向前延伸到相应的位置。

（2）偏差确定。将该周（月）或任何时间完成的加权值进度与加权值目标进度进行对比，即可精确地确定该周（月）或任何时间的进度偏差及到目前为止整个项目进度提前或拖后（偏差）了多少。根据需要同样可确定各部位、各专业、各工作项的实际进度及其偏差。

（3）原因分析。

1）一般或少量的偏差，主管技术人员能分析原因，及时采取措施纠偏。

2）根据偏差大小和纠偏的难易程度，可通过有关人员参加的日、周、月会议或专题会，分析偏差原因。

（4）纠偏计划。针对偏差的实际情况和出现偏差的原因，制订详细的纠偏计划。

（5）组织纠偏。执行纠偏计划，采取有效措施，及时追赶计划。一般情况下由项目部组织实施，有时需要建设单位、设计单位和施工单位合作完成。从发现进度偏差到纠偏这样的动态循环控制过程，贯穿在从施工开始到施工结束的全过程，使进度控制形成一个严格的、规律的、有效的科学管理。

（四）动态循环控制程序

纠偏周期一般情况下为一个月，视工程实际情况而定，必要时某些工作项目可为一周，甚至更短一些。因纠偏周期长，可能造成偏差量的积累，增加纠偏的难度。

三、建立健全项目计划管理体系

（1）制订适合该项目的施工计划管理程序和规章制度。

（2）明确和落实项目经理部成员、各部室及与计划控制有关人员的职责。

（3）按照《项目考核办法》的要求，监督、检查管理者和执行者对职责的履行过程，并按实施效果进行奖罚。

四、搞好协作单位的配合工作

与业主、监理、设计等单位密切合作，并争取得到大力的支持和帮助。

五、必要时加大资源力度

延长安排两班或三班倒班工作或者适当增加人力和机具。

11.3.3　进度分析措施

根据工程的特点，认为可能影响工程施工进度的因素主要有以下几类。

(1) 季节气候的影响因素。冬季寒冷，夏季炎热，秋季雨风多等因素；如果技术措施和组织管理不到位，将会影响工程施工，尤为突出的工序如混凝土施工、焊接、大件吊装、设备管道介质冻害和封闭采暖等。

(2) 施工图提供不及时的影响因素。施工图供图不及时会造成不能连续施工或窝工、跟不上主体工程需要、现场重复开挖影响交通等。

(3) 设备不按时到货及其缺陷的影响因素。设备供应不及时会造成停工待装、打乱合理安装程序、返厂消缺损失最佳安装时机和时间消耗等。

(4) 参建各单位协调配合不力的影响因素。各标段施工单位、调试单位等配合项目不能按时优质完成任务时，对工程正常进行会有不同程度的影响。

(5) 市场波动的影响因素。物资供应市场价格的提高，会影响供货或不供、晚供，也会影响设备制造和外委加工供料，从而间接影响施工。

(6) 与地方各种关系处理不当的影响因素。与地方各级政府、相关单位的关系处理不当，会一定程度上影响工程正常进行。

(7) 施工安全、质量、文明、稳定的影响因素。出现严重安全、质量、环境、施工混乱、成品保护不力等问题都会给工程施工造成直接影响，同时影响职工的施工热情，给施工带来间接不良因素。稳定的施工生产局面非常重要。

(8) 不可抗力的影响。

11.3.4　采取的措施

(1) 强有力的组织保证。施工单位应委派施工管理经验丰富、对潜在问题预测到位、预防措施得力、遇变不惊、应急处理果断、方法得当、业务能力强的骨干力量组成项目管理集体，全权协调处理本工程生产、经营管理等事宜。

(2) 强化科技带动作用，技术保障为前提，方案合理优化，做好冬、雨季的施工。

(3) 抓主线促支线，合理安排施工顺序，减少交叉作业，提高劳动生产率。

(4) 在冬季或雨季来临前，针对计划安排工程特点，认真讨论优化施工技术方案，编制专项作业指导书，同时做到气象信息及时准确，监督检验到位，对混凝土施工、焊接、吊装作业、系统保护、防止雨涝和冻害等关键工序均有科学的技术措施，坚决不停工。

(5) 厂房及早封闭通暖，保证水压试验条件，防止设备管道冻害。

(6) 采取措施最大限度缩小图纸晚到影响。

(7) 主动积极与设计单位配合，作好备料、技术等施工准备。

(8) 理解设计意图，提前做好各种预理和预留工作，必要时采取分段施工。

(9) 加强图纸的综合会检，提前发现潜在问题。

(10) 待图期间，做好各种准备，图到即展开施工。

(11) 积极配合设备催交、出厂验收和一般缺陷的处理。

(12) 配合设备催交，必要时派人到厂监造、检验。

(13) 对关键部件施工单位要协助业主作好出厂前验收。

（14）坚持生产例会制度，加强内部组织协调，一切围绕施工生产。

（15）采取招标方式，严格合同管理，对不合格供方坚决淘汰。

（16）杜绝安全、质量事故，文明施工、保持稳定。

11.4 工 程 管 理

11.4.1 管理制度

建立健全施工技术、质量、环境及职业健康安全管理体系组织机构，完善各项管理制度，分工明确，责任到人。并编制工程管理、经营管理、质量管理、安全管理、财务管理、机械管理、物资管理、综合管理等规章制度。

一、质量管理

严格按照管理手册及程序文件要求进行有效控制，确保材料质量符合工程要求。物资采购过程中，坚持定期进行对物资供应方的各项能力评定，严格要求其提供生产、经营等相关资料，以便全方位掌握产品信息，实现对其有效的控制。严格执行材料入库验收试验程序，杜绝不合格品入库；对在库物资、设备按照有关规定科学保管、保养，严把材料发放关，防止不合格物资进入施工现场；严格执行主要材料质量跟踪工作，积极配合甲方、监理对材料的检查、检验工作，确保工程质量。

二、原始资料的管理

材料资料（材质证明、技术资料、产品合格证等）按照电力档案管理规定和该工程竣工资料整理细则编号成册，归档移交。

三、提供优质服务

在物资供应管理过程中，及时向业主及监理等相关方提供物资供应、设备跟踪等各方面信息，为进度提供物资保障，确保各项进度准点完成。

四、客户财产管理措施

为了对客户财产有效保护和控制，确保客户财产不发生丢失、损坏，需要对客户提供的设备及设备性材料的催交、催运、维护、保管、验证、储存进行管理。物资管理部门依据客户提供合同的要求，进行催交、催运等工作。

（1）到货验收。客户提供设备及设备性材料到货后，由物资管理部门有关人员会同客户或其代表在卸车前对客户提供设备及设备性材料外包装和裸露的设备、材料外观进行检查，如发现问题应立即会同运输单位作好商务记录，作为日后索赔的依据。检查主要内容如下：

1）检查货签、货号、数量、收货人是否有误。

2）检查外包装、防腐包装是否完好。

3）检查在运输过程中的防震、防锈蚀、防雨雪、防颠倒等措施是否完整有效。

（2）开箱检查。客户提供设备及设备性材料等财产到货后，物资管理部门负责通知客户（客户代表）、生产厂家，依据合同和装箱单进行开箱检查、验证，必要时通知项目部工程技术部门、质量部门和相关的专业分公司进行现场检查。现场检查验证的主要内容如下：

1）箱内客户财产防护装置、防水、防锈等措施是否完好。

2）按清单检查设备及零部件的数量、规格、型号是否相符。

3）配套的专业工具、备品、备件是否齐全。

4）技术资料和图纸等资料是否完整齐全。

（3）物资管理部门组织开箱检查验证，并及时将检查情况（包括丢失、损坏或发现不适用）向客户（客户代表）、生产厂家报告，填写设备开箱检验记录，参加开箱检查验证人员签字认可。

（4）客户提供设备及设备性材料入库和标识。

1）客户提供设备及设备性材料经开箱检验合格后，由物资管理部门办理入库手续。

2）标识与存放。

a）设备仓库应划分为合格区、不合格区、待检验区、检验待判区。

b）设备及设备性材料含有的各种标志，编号应保持完整，库区各种标识牌上应有明显、准确的四号定位。

c）凡说明书对设备有特殊要求的，必须按要求存放。

d）设备及设备性材料的存放应垫高，最低点与地面的实际距离不小于 0.15m。

e）露天堆放的设备及设备性材料应采取措施，避免内部积水。

f）需要恒温存放的热控仪、电气设备，放入保温库。没有特殊要求的进入封闭库妥善保管。

（5）客户财产的维护保管。客户提供设备及设备性材料入库后的管理按《电力基本建设火电设备维护保管规定》和《设备仓库管理办法》执行。并随设备提供的技术资料及厂家要求执行。

1）露天保管的大件物资采取一定的防潮、防锈措施，防止变形、锈蚀。

2）各种机械传动设备应保持有合格的油漆涂层、防腐蚀涂层，苫布盖好，外壳上的孔洞应封闭好，防止进水。

3）设备及设备性材料有特殊要求的必须按照执行，无特殊要求的按常规维护、保管。

4）库区条件应符合防火、防雷、防洪、防盗等要求。

（6）发放。

1）严格执行各项领用制度，认真执行领料的"三检查"、"三核对"和"五不发"制度。

2）客户提供设备及设备性材料由专业分公司办理领用手续，仓库根据批准的领用手续发料。

3）未经检查或检查不合格的物资严禁发放，领用手续不完备的不准发放。

（7）损坏和丢失。入库后、使用前发现客户提供设备或设备性材料损坏时，应分清原因和责任做好记录，同时通知客户，并填写设备损坏丢失记录。

（8）移交。剩余设备及设备性材料随工程整体移交，备品、备件等剩余财产按规定造册移交客户。

11.4.2　技术管理

技术管理工作是施工安全、质量、进度的重要保证。因此，要建立健全施工技术管理体系，严格执行工程管理制度，确保机组优质达标投产。

一、编制专业施工组织设计、作业指导书

专业施工组织设计、作业指导书是指导施工的依据，是施工安全、质量、进度计划工作的重要组成部分。工程开工前由项目工程管理部编制《专业施工组织设计、作业指导书》编制计划，各专业分公司依据施工组织总设计、设计图纸、设备技术资料按计划进行编制。编制内容应符合编制标准的要求，并总结同类型机组的施工经验，使作业指导书有所创新，更具指导性和操作性。

二、施工图纸会检

在工程开工前，各专业先对本专业施工图审核，然后由项目总工牵头组织项目工程管理部及各专业技术人员对施工图纸进行系统性的专业会检，以解决专业之间的接口问题。除一、二级会检外，还要配合参加设计、监理、业主组织的图纸会检，以求及早发现问题，使之在施工前解决，保证施工质量，加快施工进度。

三、设计变更和变更设计管理

工程开工前，按照项目策划要求，依据项目工程管理制度中设计变更和变更设计管理的规定，通过图纸会检以及现场实际情况，对存在问题，由专业技术员提出变更设计，经项目工程管理部组织各专业技术人员审核，设计、监理、和建设单位认定，由项目工程管理部按设计变更管理制度发放有关部门和单位，由施工单位发放施工班组，同时在相应图纸位置按其变更内容进行修改签字，并进行技术交底。变更内容较大时，技术人员要编制或修改作业指导书，按原审批程序审批后，由施工班组实施。设计变更必须有设计、监理、建设单位签字认可，方可在现场实施。

四、技术交底

技术交底是安全、质量、进度和效益的保证，是促进施工人员技术水平不断提高的方法，是推进先进技术和先进生产力的重要途径。为提高整体工程质量，必须加强施工技术交底。技术交底工作由各级技术负责人组织实施，重大、关键工程项目的交底由项目部总工（或副总工）组织实施，同时邀请建设、监理单位参加，监督检查执行情况，共同把关，确保作业指导书在施工中的贯彻和落实，从而保证施工进度、质量和安全。

五、施工记录

施工记录是施工过程追溯的依据，实行全过程的管理是质量的保证，所以在施工中各级管理人员应坚持作好施工记录，加强施工过程的质量控制与监督，不断总结，不断改进，不断完善施工方法，使施工顺利进行。

六、分部试运

严格执行《新启规》，坚持"三不启动，三不试运"的原则。分部试运前一个月，编制"关于组织机组分部试运"的文件，内容包括成立分部试运领导组和专业组、试运计划、措施编制计划、项目负责人、试运制度等，确保组织到位，责任明确，措施得力，条件完备，系统完善，安全可靠。

七、竣工及档案管理

工程资料由项目工程管理部统一管理，包括规程（规范）、标准图集、设计手册、技术书籍、设计图纸、设计变更、变更设计、作业指导书工程联系单等的收发管理。在技术资料的管理中，严格执行程序文件的有关规定，各类文件编目清楚、检索有序、查阅方便，确保工程施工中执行的规程、规范、验收标准等文件为有效版本，并随时监督检查版本的有效性，为工程质量提供可靠的技术保障。

依据《建设工程文件归档整理规范》、《国家档案管理规定》、《火电机组达标投产考核标准（最新版）》、该工程《监理实施细则》及指挥部《建设管理制度》的要求和电厂新建机组竣工移交资料的有关规定，完善竣工资料实施文件，并将竣工资料完整编目，在工程开工前发放有关部门和分公司，做好随验收、随签证、随整理、随审查、随移交"五随"过程的整理控制。采用统一的档案管理软件，计算机编制，喷墨（激光）打印机出版，提高工作效率，做到资料与机组同步移交，使竣工资料规范、齐全、真实、可信。

11.4.3　质量管理

质量管理是项目、分公司、队（班组）三级质量管理体系，由项目质量管理部负责、各专业分公司设置质量管理组，全体职工遵循管理方针，在项目部经理、总工程师的领导下，开展质量管理活动。各专职技术、质量检验人员根据职责分工对各专业的分项、分部、单位工程按标准、规程、规范及发包方对工程质量的要求进行质量监督检查和管理。工程管理部、经营管理部、综合管理部、安全监察部、物资管理、机械管理部，以及各施工单位要严格按照质量体系文件进行管理和操作，项目部《质量保证手册》和《质量计划》是项目部各级人员进行质量管理活动必须遵循的纲领性、法规性文件。

11.4.4　计划及进度管理

严肃一级网络进度，密切协调二级网络计划，灵活调整三级网络计划，坚持进度服从质量和安全的原则，科学管理，统一指挥，合理调配。定期召开工程进度协调会议，检查各项进度完成情况，掌握设备、设计相关信息，及时向有关方反馈，确保施工的顺利进行；应用先进的网络计划进度管理软件，控制关键点网络进度，保障机械、物资、人力、技术资源的供给，解决施工工序之间协调问题，确保各项进度正点完成。在重要的施工工序中（锅炉水压、厂用受电、汽轮机扣缸等的协调），成立相应的关键工序组织机构，职责明确，组织到位，调度有序，协调得力，资调合理，使各项重点形象进度得以按时完成。

11.4.5　检验及试验管理

建立检测试验和试验管理网络（金属、电气、热工试验），制定各项管理制度、岗位职责、工作程序和仪器、设备操作规程等。操作人员持证上岗，试验仪器经鉴定合格，并在有效期内。在工程开工前，编制《金属监督检验计划》、《绝缘监督检验计划》、《热工监督检验计划》、《电测监督检验计划》和《环保监督检验计划》，保证各项监督按计划进行。

11.4.6　计量管理

（1）构筑计量检测体系，理顺计量管理工作秩序。成立以项目总工程师为首，项目工程管理部计量管理员为主，基层施工单位及相关部门兼职计量员为辅的计量检测体系。建立计量器具、检测设备的管理台账，使计量管理工作规范化、制度化，确保计量体系有效运转，计量和检测设备状态完好，工程质量优质达标。

（2）制订计量管理制度，使计量管理工作有章可循。根据国家计量法规有关规定及施工单位具体情况，编写《计量管理制度》、《计量器具管理制度》、《计量资料管理制度》、《计量资质管理制度》、《计量岗位责任制度》，对于使用较复杂的标准装置、试验设备组织相关技术人员编写《操作规程》及《使用注意事项》。

根据国家计量法规有关规定和工程具体情况，对计量器具、检测设备进行分类管理。建立计量器具、检测设备检验计划，按期鉴定，定期检查，确保计量检测设备检验结果有效。

（3）严格检定制度，为创优质工程提供计量检测保证。每年年初编制年度检定计划。与地方技术监督局计量所联系，实施送检工作，保证施工过程中量值传递的可靠性。对于因工程紧张，某些在检定到期而不能送检的计量器具应提前送检，对于暂时不使用的计量器具，检测设备实行封存管理。

11.4.7　焊接管理

为了确保工程的焊接质量，工程准备阶段，首先建立、健全焊接技术、质量管理网络体系，建立完善的焊接管理模式，制定各项焊接规章制度，明确职责。选派具有丰富焊接管理经验的技术、质检管理人员和优秀的焊工组成焊接队伍，从人员、设备、材料、技术、质量等各方面加强管理，保证整个焊接工程施工的合理、有序、高效。

11.4.8　机械管理

一、机械管理目标

（1）施工机械完好率大于 95％。

（2）施工机械利用率大于 70％。

（3）重大及以上机械设备事故为零，由机械事故造成人员死亡和设备事故为零。

二、实现机械管理目标的措施

（1）建全施工机械管理体系。

（2）严格执行《机械资产管理制度》，加强施工机械的使用管理。

（3）加强施工机械安全管理。

（4）加强对机械的检查。

（5）合理编制机械施工程序，提高机械利用率。

（6）大型机械拆、装要编制方案（措施、作业指导书），并经技术经济论证。

（7）操作人员持证上岗。

11.5　施工总平面布置

11.5.1　总平面布置原则

施工总平面布置本着符合流程、有利施工、安全可靠、节约用地的原则进行。

按业主有关要求及想法安排施工平面的布置，做到布局合理，整齐规划，舒适简洁，文明卫生。

现场平面布置安装作业区、现场办公区及预制作业区、设备材料堆放区，机械站区，以及生活设施区。

11.5.2　交通运输组织

按照以人为本、和谐建设的原则，在施工过程中既要保证基本的交通通行能力，也要考虑工程本身的投资与施工风险。

施工中严格遵从发包人的管理，合理组织交通运输，使各个施工阶段都能做到交通方便，运输通畅，尽量减少二次搬运和反向运输。厂区环行道路在施工中必须保持畅通不堵，以保证全厂消防安全畅通无阻。

11.5.3　施工总平面管理

施工建立施工总平面管理的组织机构，明确管理部门和配备专职或兼职的施工总平面管理人员。

制定施工总平面管理制度并认真贯彻执行。

施工总平面管理实行定置化管理，各分隔区域挂牌，严格区分施工区域、加工制作区域、设备材料构件堆放区域、仓储区域、办公区域及生活福利区域，以保证各区域的相对独立性，便于管理。

　　为节省用地面积，施工中应保证先土建后安装重复使用相同场地的原则，以提高场地的利用率。

　　施工总平面实行动态管理。随着工程施工的进度，施工现场必然会经常发生变化，施工总平面也作相应有序地变更，以便科学合理地组织施工。

　　各施工单位按划定的范围和经批准的方案使用场地，未经批准的场地不得擅自占用。需临时增加使用场地或增设临建的，书面报施工总包单位，经批准后方可实施。

　　应严格遵从发包人调度，施工流程划分施工区域，从整体考虑，使各专业和各工种之间互不干扰，以保证工程的总体进度。

　　承包人的施工总平面布置需满足有关规程的安全、防洪排水、防火及防雷的要求。总体指标应符合《火力发电厂施工组织大纲设计规定》和《火力发电工程施工组织设计导则》的规定。努力减少或避免临建的拆除和场地搬迁，施工道路尽量考虑永临结合。

　　各施工单位在其施工场地范围内创建并保持整洁有序的文明施工环境。

　　工程施工结束后，各施工单位按期清理、归还占用的施工场地。

11.6　主　要　施　工　方　案

11.6.1　施工外部条件

　　（1）用水。施工用水可从工程施工供水母管上引接由指定点引入，在施工区域布置管网。

　　（2）用气。施工用气主要包括氧气、乙炔气、氩气等，采用瓶装方式采购供应，压缩空气采用移动式空气压缩机生产供应。

　　（3）电源。电源从业主提供的工程施工厂用电源点引入。

　　（4）通信。施工现场所需的中继线由通信网络引接；施工区内通过电话小总机的方式，解决施工单位各部门、各施工区及生活区之间的联系。

11.6.2　施工准备

一、前期准备工作

　　建立施工测量控制网。测量控制网由业主提供的厂区测控网引测。测量设备使用有质量保障的全站仪和精密水准仪。测控网由半永久性控制点组成，呈方格网布置。控制桩平面坐标应符合二级导线精度要求，高程应符合三等水准精度要求并经监理单位验收后，方可投入使用。

　　组织有关人员进行内部图纸会检，待内部会检结束后通知设计院、客户进行正式审图，并作好审图记录。

　　组织工程技术人员编制施工组织设计，做出针对性的施工方案并制定关键工序的施工保证措施。提出材料计划。

　　按照材料计划组织原材料的进场。

二、施工顺序

　　本着先地下后地上、先主体后围护、先结构后装修的原则，合理安排工顺。

　　以主要工程为主要施工工期进行控制，确保其主要工程按计划完成，为设备安装创造有利条件。

各单位工程间采取平行流水作业组织施工，合理划分流水段。

各专业科学组织、密切配合，协同施工，装饰工程自上而下先湿作业后干作业进行。

三、主要施工机具的配备

（1）土方施工机械选择反铲式挖掘机、装载机、推土机、自卸式汽车。

（2）混凝土工程的浇筑采用拖式混凝土泵、混凝土罐车。

（3）垂直运输机械采用塔吊、汽车吊。

（4）钢筋机械采用电动套丝机、钢筋切断机、弯曲机、调直机、对焊机。

四、测量控制

根据已经建立并验收的控制网，以及厂区地形条件和建筑的结构特点，在各建筑物的四周布设半永久性控制桩，以控制各主要轴线和高程。

布设的原则应遵循从高级到低级，从整体到局部。在施工过程中能够准确地控制主要轴线、高程，减少误差，相邻点通视良好，便于加密、扩展。各控制桩应处于便于保护、不易被破坏的位置。

控制桩采取相应轴线对面布设，具体位置可根据各建筑物基底深度、放坡宽度，以及各建筑物的结构特点在基础坑外侧布置。

根据厂区总平面布置图布置方格网，进行施测。

控制桩尺寸为 0.8mm×0.8m×0.8m（超过最大冻土深度 0.67m），用 C15 混凝土现浇而成，控制桩上表面高于自然地坪 100mm。在控制桩的顶面中间位置设置 150mm×150mm 的预埋铁件，埋件的表面要求平正，测准轴线后，用钢锯条在埋件顶面上刻上十字线，并在十字线中心用钻打眼，铆上铜焊条。控制点的高程导线的测量按一级导线施测，闭合相对误差为 1/15000，高程测量应符合四等水准网的要求。

在控制点混凝土台的外侧 0.5m 处，四周用专用防护栏杆围挡，刷红白油漆标志。

控制网的测绘采用全圆测绘法进行角度测量，用极坐标法测角度误差，用激光自动测距仪校核丈量偏差。

11.6.3　建筑工程

一、土方工程

测量人员投测基础定位轴线，用石灰撒出基础上口开挖轮廓线，并作好定位放线记录，通知甲方进行验收。

根据基础工程结构特点采用机械开挖，放坡系数为 1：0.5。开挖时采用反铲挖掘机挖土，人工配合修整，土方由自卸式汽车外运至建设单位指定的地点。

在机械开挖过程中，预留 30cm 进行人工清槽，以防超挖及地基土扰动。基坑边坡和基底修整时，用经纬仪投射出土方开挖边线及工作面宽度控制线，按线修整，以达到边角规方、坡面平整的要求，槽底标高控制使用水准仪塔尺以保证高差在±20mm。

基坑开挖、钎探完毕后，及时组织、通知设计单位、发包人、地质勘探单位、建设单位、监理单位进行验槽。

基坑回填采用机械和人工相结合的施工方法。机械回填时采用自卸汽车运土，推土机铺土、摊平，振动碾压机碾压。碾压遍数和土壤最优含水率由击实试验确定。每层虚铺土厚度不得超过 30cm，用标尺控制。碾压方向从两边逐渐压向中间。碾压轮迹相互搭接，压迹重叠 15～50cm。在振动碾碾压不到的边角用电动冲击夯或木夯夯实。回填时防止漏碾、漏夯，做到回填密实均匀。回填土采用核子密度仪进行检验，回填土压实系数不小于图纸规定的要求，下层土经检验合格后方可铺填上层土。回填土接茬部分要留设 1∶2 台阶。

二、地基处理

换填法是将基础底面下一定范围内土层挖去，然后分层填入强度较大的砂、碎石、素土、灰土，以及其他性能稳定和无侵蚀性的材料，并夯实（或振实）至要求的密实度。按换填材料的不同，将垫层分为不同材料的垫层，其应力分布稍有差异。但根据实验结构及实测资料，垫层地基的强度和变形特性基本相似，因此可将各种材料的垫层设计都近似地按砂垫层的设计方法进行计算。根据施工时使用的机具不同，施工方法可分为机械碾压法、重锤夯实法、振动压实法等。

三、钢筋工程

所有进厂钢筋必须有合格证和材质报告，并经材料复试合格后方可使用。

（1）钢筋制作。钢筋制作可采用集中配料方式，钢筋在加工厂集中加工，板车运输至现场。可避免材料浪费和场地混乱，设专人审查下料单，专人专职；原材料分类分区堆放，挂牌标识；边角料分类分长度堆放，以便充分利用。应便于材料跟踪管理。

钢筋下料配制必须有配料放样单，经施工队（项目）技术负责人签字审核方可正式下料，钢筋接头面积百分率、接头所在位置以及钢筋的搭接长度均应符合规范要求。$\phi18$ 以上的梁柱主筋用直螺纹套筒连接，其他钢筋采用搭接连接。

梁、柱主筋下料时，应采用砂轮机切割，以保证端头平直，接头采用直螺纹套筒连接施工现场组合的方式。对于直螺纹连接套丝是关键，套丝时应每一个都用套管作自检，并加塑料帽，保证在现场对接时，准确无误，不至于出现滑丝或拧不上的现象，影响接头质量。

（2）钢筋绑扎。钢筋运输至现场绑扎。每天按工作计划从加工厂进料，避免材料现场积压侵占场地。柱钢筋绑扎完后，先放置主梁钢筋，再放置纵梁钢筋，最后放置板钢筋，为此，梁箍筋必须根据现场放样而配制。绑扎钢筋的铅丝多余部分应向构件内弯折，以免因外露形成锈斑，影响清水混凝土表观质量。保护层采用混凝土垫块或定型塑料垫块。

确保钢筋生根位置准确可采用以下措施：

1）在柱施工中采用定位套箍或采用架子固定位置。

2）在剪力墙钢筋根部采用定位筋，固定主筋不位移，并控制好排距。

3）墙体拉筋预埋在柱内，每边宽出柱 1000mm，间距按照设计要求控制，绑扎要整齐。

四、模板工程

结构施工前，现场技术员必须按施工图要求做出模板图。基础采用组合钢模板，外露混凝土均采用竹胶大模板。所有钢模板在使用之前抛光清扫干净并且内表面涂刷机油掺加柴油的脱模剂，注意油质脱模剂不得污染钢筋；竹胶模板内在使用前涂刷水质脱模剂。所有模板都应支撑牢固，有足够的刚度和空间稳定性。

（1）基础模板。基础模板表面平整、光洁；模板加工尺寸准确，拼缝严密；支模时模板下部留设清扫孔。基础台阶模板支设时，上阶模板采用 $\phi32$ 钢筋马凳作为支撑。为保证模板位置准确，基础模板采用 $\phi12$ 对拉螺栓固定，对拉螺栓纵横间距均为 600mm。模板外侧采用 $\phi48\times3.5mm$ 架管支撑加固。基础拆模后对拉螺栓要作防腐处理。梁、柱模板支设时使用的对拉螺栓两侧要加设圆形木堵头，拆模后用膨胀砂浆分层堵严、抹平。

（2）柱模板。柱模板按尺寸配制，模板采用竖向拼装，并在大面设对拉螺栓孔，螺栓孔用台钻打眼，以保证混凝土外观质量。对拉螺栓采用 $\phi16$，水平间距为 800mm，竖向间距为 600mm，加固采用双螺母（或采用计算间距）。

支模时，底层模板水平，如底模不平，在底部加刨光木条进行调平，然后方可支设上部模板。支模时底部四面均留设清扫孔，高度为 450mm。

柱模板遵循支一步、校正一步的原则。模板采用经纬仪及调节螺栓倒链进行校正。

（3）梁、板模板。梁模板按配模图进行支设，采用水平拼装。支设时梁与柱、梁与板连接处按放样尺寸配置模板，并保证模板面拼接平整，连接牢固。梁模板采用对拉螺栓加固，螺栓由梁底向上 600mm 开始设置，水平、垂直间距均为 600mm。梁底模支设时起拱，起拱时采用水平仪抄平，排尺起拱，起拱高度为 1‰～3‰。

板底模在梁模板支设完成后进行支设，支设前模底要铺设架管、木方，水平仪抄平。当柱一次浇筑较高或墙浇筑面积较大时，在适当位置设置浇注孔，以保证混凝土自由下降高度不超过 2m，同时便于混凝土的浇注。预埋件采用螺栓与模板固定，确保位置准确。

（4）模板制作。大模板可在集中加工厂制作。模板的配板应根据柱、梁的断面以及人工施工方便，配板前必须设计出配板图，使用带导轨的锯边机（转速 4000r/min），且锯片直径 300mm，100 齿的合金锯片将竹胶板锯开，在地面拼装。为了减少模板的拼缝，柱模横向组合。

模板幅面为 1.22m×2.44m，模板宽度方向为梁柱宽，长度方向为梁柱高。组合时所有板缝贴密封条。各边用铁钉钉在 100mm×50mm 方木上。

模板制作在工地进行，所用组合方木用压刨压光（压刨刀口尺寸应统一），方木截面应非常准确，模板板面厚度误差应在组合时予以消除。模板组合好后应经质检人员验收合格，方准于运至施工现场安装。

新裁板或钻孔用环氧树脂涂刷三遍，如发现模板面有划痕、碰伤或其他较轻损伤，应补刷环氧树脂。

（5）预埋件和单轨吊螺栓安装。预埋件在制作完备后，用专用台架进行校正，检验合格后方准安装。柱侧、梁底（侧）及板底预埋件固定必须采用 $\phi8$ 螺栓固定。大于 150mm×150mm 的埋件，四角打 $\phi8.5$ 孔；小于 150mm×150mm 的预埋件对角打孔。通长扁铁打孔间距为 500mm，扁钢埋件宽度大于 100mm 时打孔，以此保证预埋件与混凝土表面的平整。为了保证单轨吊预埋螺栓位置的准确，以及便于安装单轨吊，在梁支模前，根据图纸要求和节点要求，在预埋螺栓位置处先预埋黑铁管，内径比相应的螺栓直径大 5mm，长度同梁宽。管内应塞有棉纱，待安装时抽出。预埋螺栓拆除后，预埋件表面刷漆、编号，预埋螺栓清理、上黄油并且加塑料保护罩。

（6）质量通病的防治。柱与梁、梁与梁，以及梁与板，接头最容易出现缩颈或胀模等质量通病，为此，在施工中必须采取以下措施。

1）根据端部非标准尺寸，支模前先拼装好，并用木龙骨固定，支模时用 $\phi48×3.5mm$ 钢管加固牢靠。

2）模板内根据柱断面、梁高度设置 $\phi16$ 顶杆。

3）柱高不符合模数时，拼装部分梁切口配板至板底。

200

4）板模与梁模连接处，板模应拼铺到侧模外口齐平（压帮），避免模板嵌入梁混凝土内，以便于拆除。

5）梁模板拼装时，非标准板不应设在端部，以增强端部模板的刚度。

6）所有梁与柱、梁与梁、梁与板交接处，都必须采用 100mm×100mm 方木加固。

7）支设梁底、板底模板前必须进行抄平。

（7）螺栓孔的封堵。梁、柱采用 ϕ12 对拉螺栓内穿 PVC 塑料套管，以保证柱、梁的断面尺寸，并便于螺栓回收利用。对拉螺栓抽出后，孔内用与混凝土同成分的水泥砂浆封堵密实，且双方从两侧同时对打，之后用光面模板压光。应注意，为了保证封堵孔处的表面颜色同柱（梁）身混凝土的颜色一致，孔表面封堵的水泥砂浆应掺入适量的白水泥，掺兑比例根据混凝土的颜色试配后确定，或用塑料帽扣住。

（8）模板的拆除。柱模在混凝土浇筑 7～10 天后方可拆除；平台、梁模板在混凝土达到强度的 100％后拆除。梁板、底模及支承应隔层拆除。

模板拆除遵循先支的后拆、后支的先拆原则。拆除时不准高空抛掷，应用麻绳吊下，表面清理干净，运输到木作加工厂修整，以便下次周转。

五、混凝土工程

混凝土由现场试验室确定配合比，混凝土采用商品混凝土，罐车运输至现场，泵车或用吊车吊吊斗浇筑。

清水混凝土要颜色一致，则要求所用的材料一致。

水泥首选普通硅酸水泥，要求确定生产厂商，定强度等级、定批号，最好能做到同一熟料。

粗骨料（碎石）选用强度高、级配好、同颜色、含泥量小无杂物，要求定产地、定规格、定颜色。

砂子选用中粗砂，含泥量应小于 1％，不含有杂物，要定产地、定砂子细度模数、定颜色。

外加剂仍掺用高效复合外加剂，要定厂商、定品牌、定掺量。对首批进厂的原材料经监理取样复试合格后，要留出样品，以后每批进料均与样品对比，发现有明显色差不得使用。清水混凝土生产过程中，一定严格按试验配比投料，不得带任何随意性，并严格控制水灰比和搅拌时间，随气候变化随时抽检砂、石含水率，及时调整用水量。

混凝土的浇筑方法如下。

浇筑顺序。应为由柱浇筑到梁板浇筑。柱支模前，在平台柱模板下口座 8cm 宽水泥砂浆找平层，找平层嵌入柱模不超过 10mm，保证下口严密。开始浇混凝土时，底部应先座 50～100mm 厚与浇筑混凝土成分相同的水泥砂浆，砂浆用泵送入模。

柱混凝土浇筑采用帆布串桶下灰，确保下灰高度不超过 2m，且下混凝土时不得碰钢筋，以免产生石子窝。

柱子振捣时应特别对模板四周加强振捣，避免出现蜂窝麻面。混凝土振捣要正确，不得漏振和过振。采用二次振捣法，以减少表面气泡，即第一次振捣之后静置一段时间后再振捣，混凝土振捣时尽量下人振捣，每根柱子配置四台振捣器，保证充分振捣。

纵、横梁与楼板混凝土一次整体浇筑。先以全面分层（分层厚度不大于 250mm）浇筑横梁，当一跨横梁浇筑完后，再以斜面分层法向前推进浇筑纵梁，同时浇筑楼板，当接近下跨横梁时，纵梁与横梁交替浇筑，直至横梁浇完。如此循环，直至一个施工自然段完成。

混凝土浇筑初凝后，及时覆盖一层塑料布、二层麻袋浇水养护，保持混凝土表面湿润，养护时间不得少于 7 昼夜。

柱子留水平施工缝，位置在板顶（基础顶）和横梁底，柱子与剪力墙同时浇筑。横梁上不得留施工缝，纵梁如果要留施工缝，可留在梁跨中间 1/3 的范围内，留垂直施工缝。

施工缝处理应循凿毛→清理→湿润→铺水泥砂浆四道工序，即先将施工缝表面的混凝土凿毛，剔除松动石子及表面浮浆层，然后清理垃圾及钢筋表面的水泥浆及铁锈。下次混凝土浇筑前先洒水湿润施工缝表面，接着铺一层 50mm 厚与混凝土内成分相同的水泥砂浆，然后浇捣混凝土。

六、建筑物内地下设施施工

地下设施包括管沟、排水沟、电缆沟、电缆隧道、地下埋管等地下设施。

地下沟道、地下埋管时依照先深后浅的原则统筹考虑，减少重复开挖。开挖前应与建设单位联系，确定地下原有管道、管线、电缆等位置深度，征得甲方、监理同意后确定开挖方法。

靠近建（构）筑物的地下沟道，埋管在建（构）筑物基础施工时，同时施工，以减少土方的二次开挖量。

地下沟道、地下埋管采用反铲挖土机挖土，汽车运土，人工清底，土方堆放在临时堆土场地，作为将来回填用土，放坡按 1∶0.5，沟边设置高 30cm、宽 30～50cm 的挡水坝，以防雨水入侵。

地下沟道、地下埋管基底用蛙式打夯机夯实，压实系数不小于 0.96，试验合格后，方可浇筑垫层，并在垫层上弹出中心线及边线。

地下沟道每隔 30m 设置一道伸缩缝，在伸缩缝处用止水带连接。施工缝一般设在伸缩缝处，因施工需要在不足 30m 处留设的施工缝必须设止水带。

电缆沟、综合管沟浇筑时，底板、侧壁一次成型，以保证结构的整体性。

电缆隧道分两次浇筑成型，施工缝留在底板上 30cm 处，并设 5×5cm 凹槽，以利防水。

所有沟道模板均用定型钢模，支撑用 $\phi48×3.5mm$ 钢管。

混凝土由搅拌站供料，垫层混凝土罐送，人工浇筑沟道底板，侧壁、顶板采用泵送混凝土。

沟道内埋件安装时为保证混凝土浇筑时不移位，必须用电焊与沟道内分布钢筋点焊固定。

沟道混凝土浇筑完毕后，12h 内，能填土处采用填土养护，不能填土处则覆盖草帘洒水养护，养护时间不小于 7 天。

电缆沟、综合管沟每段施工完毕，若沟内管道安装跟不上时，即安装沟盖板，以保证现场安全、文明施工。

地下直埋焊管和地上焊管安装前，做好防腐，只留焊口位置，待焊接完毕后再做防腐。

铸铁管、混凝土管安装采用吊车下管，人工组合，打口采用 R42.5 硅酸盐水泥，掺石棉绒和少量水。

铸铁管、混凝土管安装完毕后，必须做灌水试验，钢管则做水压试验。

地下沟道外壁作防腐层时，必须清理干净沟道外壁的杂物。

所有砖砌的阀门井、检查井、消防井等，内壁从底往上 1.5m 用 1∶2 水泥砂浆抹灰，消防井的消防栓应与人孔对齐，便于消防带安装。

地下沟道、管道施工完毕后，回填土必须分层夯实，每层松填土厚度不超过 30cm，压实系数不小于 0.96。

回填土用汽车从土方临时堆放场地运回。

地下沟道的排水管道在沟道施工时同时安装，以防遗漏。

11.6.4　装饰工程

一、砌体施工

外墙采用 240mm 厚轻质砌块，内墙为 240mm 轻质砌块或黏土砖砌筑。

严禁使用干的砌块上墙，应提前 2 天浇水湿润。

灰缝应横平竖直，砂浆饱满，水平灰缝不得大于 15mm，竖向灰缝用内外临时夹板灌缝。

砌块墙上不得留脚手眼。

砌块墙每天砌筑高度不得大于 1.5m 或一步脚手架高度。

砌块砌筑前进行试摆，采用全顺砌筑形式，不够整砖时用普通红砖砌筑。

各种预埋件预埋，管道孔洞预留出。

二、抹灰工程

对光滑的基层进行凿毛处理，用 1∶1 水泥砂浆加 10% 108 胶先薄刷一层。

基层表面污垢、隔离剂等清除干净。

墙面脚手架孔和其他孔洞，在抹灰前填堵抹平。

基层抹灰前要先浇透水。

底层抹灰前，先将房间四角找方（弹中心线或对角线），弹出墙裙（踢脚线）线，用线坠和小白线检查墙面的平整度，确定抹灰厚度。然后在墙面上做标准灰饼，先在四角各做一个，再拉白线每隔 1.5m 做一个灰饼，上下灰饼间设 10cm 宽冲筋，一天后，即可进行底层抹灰施工。

底层抹灰半天后即可抹中层灰，中层灰抹完后，全面检查墙面平整度，阴阳角是否方正、顺直，发现问题及早修补。

中层灰七成干（手按不软但有指印）即可抹罩面灰，若中层灰过干时，先洒水湿润，再进行抹灰罩面。压实赶光可用钢抹蘸水抹压、溜光。使面层更加光滑细腻。

三、涂料工程

(1) 基层处理。首先将墙面的泥土、残留砂浆、浮粉用铲刀铲除，油垢处用火碱冲洗干净；缺棱角处用 1∶3 水泥砂浆修补，表面麻面及缝隙用腻子填补齐平。基层处理时注意孔洞的修补工艺，应先用砂浆抹至距墙面 5mm 处，干燥 5 天左右，然后涂刷素浆掺 107 胶溶液一道，再与原墙面抹平，这样可有效避免砂浆干缩而产生凹陷、裂缝。

(2) 刮腻子。基层处理完并干燥后开始刮头道腻子，第二道腻子在头道腻子干后方可进行施工。

(3) 涂料。内墙及顶棚耐擦洗涂料采用涂刷方法进行施工。

(4) 施工工艺要求。涂料施工前，用排笔把阴阳角、门窗洞口等向外刷出约 200mm 宽，然后大面积涂刷或喷涂，施工时按先上后下顺序进行。内、外墙涂料施工一次完成，当分段进行时，以外墙分隔缝、墙的阴角处或水落管等为分界线。内、外墙涂料施工时，同一墙面用同一批号的涂料，每遍涂料不宜施涂过厚；涂层均匀，颜色一致。

四、地砖、墙砖施工

地砖使用前将砖的背面清理干净，并在清水中浸泡 2～3h，待表面晾干后方可使用。铺贴地砖使用干硬性砂浆，铺贴前要将地面清扫干净，提前浇水湿润，并在地面上划好弹出房间中心线，据此反出地砖的镶贴线。

镶贴前要找好规矩，用水平尺找平，校核方正，算好纵横皮数和镶贴块数，划出皮数杆，定出水平标准，进行预排，以使拼缝均匀。要求横缝与窗台相平，竖向要求阳角、窗口处均为整砖，对各窗间墙、砖垛等处要事先测好中心线、水平分格线、阴阳角垂直线。对偏差影响较大的部分要先铺设，用托线板挂直，横向用长的靠尺板或小白线拉平，注意在门口或阴角处要两面挂直。

铺贴墙砖时，先浇水湿润墙面，采用 1：2 水泥浆作为黏结层，逐块进行粘贴，并用手轻压，用橡皮锤轻轻锤击，使其与基层黏结牢固。粘贴时随时检查平方正情况，修正缝隙，凡遇黏结不密实缺灰情况，取下重贴，不得在砖口塞灰，防止空鼓。对砖缝中挤出的浆液随时用干布擦净。

贴砖时一般从阴角开始，使不成整块的留在阴角。对水池、镜框从中心向两边分贴。原则是先贴大面，后贴阴阳角、凹槽等难度比较大的部位。

如墙面有孔洞和水龙头和电源开关，镶贴前要预先计算好排砖尺寸，尽量让孔洞位于两块瓷砖的十字线上或位于一块瓷砖的正中央。具体施工时先用瓷砖上下左右对准孔洞，画好位置，然后用切砖刀切割铺贴。勾缝宜用与面砖相同颜色的石膏灰或水泥砂浆嵌缝。勾缝分两次进行，头遍用一般水泥砂浆勾缝；第二遍按与釉面砖相同颜色配制石膏灰或水泥砂浆，勾成凹缝，凹进面砖深度约 3mm。相临面砖不留缝的拼缝处，用与面砖颜色相近的水泥浆擦缝，擦缝时，对面砖上的残浆及时清除，不留痕迹。地砖和墙面砖镶贴完毕后要注意成品保护，如检查发现空洞现象要及时更换。

五、屋面工程

（1）保温层。按图纸设计排水方向，确定最低点，最高点并挂线作为标高控制线。根据设计要求搅拌保温材料，然后按照标高控制线铺设，铺设时滚筒压平、压实。

（2）找平层。找平层用 1：2.5 水泥砂浆抹 20mm 厚，纵横间距 6000mm 设置分格缝，分格缝宽 20mm。

找平层要求无开裂、起砂、起皮，平整度偏差不大于 5mm。在水落口周围 500mm 半径内的找平层坡度加大为 5%，在水落口与找平层的接触处，留深、宽各 20mm 的凹槽，槽内用 SBS 改性沥青弹性密封膏填严密。

（3）防水卷材。卷材采用平行屋脊铺贴，长边搭接不小于 70mm，短边搭接不小于 100mm。相邻两幅卷材短边搭接接缝错开不小于 500mm，上下两层卷材错开 1/3～1/2 幅。铺贴时，先铺满底层，经监理验收后，再铺上一层。每一层铺贴时，按由低到高的顺序，高处卷材压低处卷材。屋面拐角天沟、水落口屋脊等卷材接头的部位，仔细铺平，压实贴紧，收头牢靠。

六、施工注意事项

各专业施工人员详细审图，弄清楚施工部位及方法，土建、安装各工序先后顺序及时间安排，力求将水、电、暖、设备安装、管道安装等各项需在墙面、地面上开孔、凿槽等工作在建筑装修前完成。当需要在成品上二次作业时，应做好成品保护工作，并派专门技工配合，不可跨工种随意操作。

合理安排各工序间施工顺序，保证成品不受其他工序及本工序的污染，注意以下几点：

(1) 各建筑墙面及顶棚抹灰时，用塑料布保护已安装好的设备、管道。

(2) 顶棚、墙面涂料施工时，下方设备塑料布覆盖，以免造成污染。

(3) 抹灰、涂料按自上而下的顺序施工。

(4) 在已完工的地面上搬运材料及设备时轻拿轻放，严禁磕碰，并垫木板保护。当作业频繁时，考虑设置长久的保护装置。

(5) 涂料和油漆先做腻子和底漆一道，待移交前完成最后一道，以免造成污染。

(6) 施工工序紧凑，力求逐间扫地出门，完成一间锁一间，禁止闲杂人员进入。

(7) 装修成品保护。

1) 装修完的地面、墙面、水暖、电气件采取覆盖等措施加以保护，避免二次污染。

2) 门（洞）口、拐角、窗口等部位加临时护角保护。

3) 隔墙施工中，工种间要相互配合，避免墙内管线设备错位和损坏。

4) 刷油漆时，对地面设备等采取防护，污染地面、墙面及五金上的油漆要及时清擦干净。施工工序合理安排，避免工序间相互影响，造成产品破坏。

11.6.5　本体工程

施工工艺流程如下：

设备检查→基础划线→柱底板安装→脱硝第一段钢架安装→整体找正验收→柱脚二次灌浆→预热器大梁及主壳体板安装→脱硝第二段钢架安装→整体找正验收→脱硝第三段钢架安装→整体找正验收→预热器入口烟道安装→脱硝出口烟道安装→第四段钢架安装→整体找正验收→脱硝钢架安装完毕。

主体工程的安装详见第 12 章。

11.6.6　电气工程

一、电缆桥架的制作安装

按照施工图给定的支架或吊架的形式检查预埋铁件，现场放线定位；桥架的安装位置及标高应正确，符合图纸的设计要求，安装应牢固。支吊架的安装方式主要是直接焊接在预埋件上，在预埋件上焊接固定件，再用螺栓固定。

桥架的装配组合，应按厂家的说明书在其安装地点进行。电缆桥架的直线段较长时（超过 30m），应加装伸缩节，一般按每 30m 一处，或按土建的伸缩缝设置。

桥架（托盘）在每一个支吊架的固定应牢固；连接板的螺栓紧固，螺母位于桥架（托盘）的外侧。

桥架的安装应横平竖直，同层高低偏差不大于 3mm，左右偏差不大于 5mm，层间距离应满足设计及规范要求，连接紧固件应牢固。

桥架安装后的焊接点要作防腐处理，刷一遍防腐漆再刷一遍银粉漆，桥架全长要有良好接地。

二、电缆管的加工及敷设

电缆管不应有穿孔、裂缝和明显的凹凸不平，且内壁光滑。管口无毛刺和尖锐的棱角，电缆管弯制后，其弯扁程度不大于管子外径的 10%；弯曲半径不小于穿入电缆的允许的弯曲半径；每根电缆管的弯头不能超过 3 个，直角弯不超过 2 个。

电缆连接可采用螺纹连接或套管连接，套管的长度不小于电缆管外径的 2 倍，不允许直接对口焊接，连接出做跨节接地线；并列敷设的电缆管应排列整齐，固定点在同一直线上；$\phi 70$ 以下的电缆管间距及距建筑物或设备表面为 60mm，$\phi 70$ 以上（包括 $\phi 70$）的电缆管为 80mm。

电缆埋管露出地面的高度，对于悬挂式电气盘、箱、按钮等，管口到设备底面的距离为 250mm 为宜；对于落地式盘、箱、柜等，管口露出地面的高度为 20～30mm。

电动机处管口高出其基础 100mm 为宜；电缆管露出电缆沟道墙壁的长度为 50mm。

明敷的电缆管，不得将电缆管直接焊接在支架上，应用 U 形或 Ω 形卡子等固定，管子排列整齐，固定点的距离应均匀；管卡子与终端及转弯中点的距离为 150～500mm，中间管卡的最大距离为 2m；安装的电缆管暂时不穿电缆的应将管口临时封堵，电缆敷设完毕应做正式封堵；由电缆桥架引出的电缆管，宜使电缆由电缆桥架的下方引出进入电缆管；所有电缆管必须可靠地接地。

三、电缆头的制作

动力电缆头制作前应检查电缆头的制作材料、规格、型号符合要求，并经验收合格；电缆头制作压接工具、力矩扳手等校验合格，并有合格证。

电缆在盘柜内的线芯要排列整齐，剥线芯绝缘时不能伤及导线和所保留的绝缘层，电缆芯线剥去绝缘层后的裸露导线长度不大于线鼻子深度 3～5mm，鼻子压接时要选择适当的模具。

接线端子与电缆芯线接触符合规格要求。6kV 及以上电力电缆确保相与相之间和相对地的距离，三芯电力电缆终端金属保护层必须接地良好，电缆通过零序 TA 时接地线对地绝缘，接地点在零序 TA 下时，直接接地，接地点在零序 TA 上时，穿过 TA 接地。电缆终端有明显相色标示，并与系统相序一致。

电缆终端头采用热缩工艺，无屏蔽（或钢铠）电缆头的处理内包塑料绝缘带，再用热缩分支首套进行热缩处理，若首套不够长可以在电缆下端加接直热缩管处理（35mm² 以下可用）；有屏蔽（或钢铠）的电缆头，用 1.5mm² 的铜芯将 2.5mm² 的裸软导线绑在屏蔽层或钢铠上并焊锡且牢固，焊缝不小于 20mm；接地引线要求是裸软铜线，接地端压电缆鼻子，焊锡后连接，其余参照无屏蔽电缆头制作。

电缆头制作接引结束后挂正式的电缆号牌，所有电缆号牌统一标准。

电缆头制作结束后经试验合格，作好记录，并验收检查。

控制电缆头制作保证电缆排列整齐美观，统一采用电缆热缩套做电缆头，电缆头颜色统一，其长度控制在 50mm。

带屏蔽线芯的屏蔽电缆头，制作时用塑料管或玻璃丝管套在屏蔽线芯上引出，用直缩管套在电缆头上热缩，必要时，可在热缩前用塑料绝缘带缠绕再热缩。带铜箔层的屏蔽电缆头，制作时用 1.5mm² 以上的绝缘线焊锡在屏蔽铜箔上，要求焊缝大于 10mm，用直缩管连铜芯线、屏蔽线一起热缩。

每排电缆的电缆头做在同一水平高度，且各排电缆头间距相等，二次布线在盘内布置合理，二次线芯在同一盘内弯曲形状要一致，接引牢固，并有适当的余量，备用线芯有足够的余量。

四、配电装置的安装方案

基础槽钢安装要量好盘柜尺寸，考虑适量余度和边盘尺寸及盘间隙等。

材料选用要符合设计，下料前将所有槽钢平直校正，将所下槽钢按实际尺寸进行切割，并打磨平整，达到规范要求，焊接应符合焊接标准。

做好的基础运至现场，根据最后的要求标高（基础应高出地面 10mm），结合盘柜位置图，检查预埋件间距和基础槽钢是否符合。之后进行基础槽钢的安装，同一场所同一平面的基础槽钢安装后，其水平误差不超过 1mm/m，全长不超过 5 mm。

用水平仪找出槽钢的最高点，从一头将基础垫至要求的标高后，逐步找出其他点，将其点焊于事先所下的预埋件上。

点焊后，对照图纸核实尺寸，确认无误后，将全部焊点满焊，焊缝长度不小于 30~40mm。

将所有已安装的基础刷一遍底漆，再作防腐处理。

基础有明显的接地点，在每列盘的两侧（不少于两处），基础间接地线应刷黑色调和漆，接地引下刷黄绿相间（100mm）。

基础型钢施工完毕后，开始安装电缆保护管以保证上盘前基础内抹平。

五、盘柜安装方案

开箱检查生产厂家成套提供的合格证、产品使用说明书、设备试验数据、图纸，以及产品的备品备件、专用工器具完整齐全。检查设备元件的型号、规范是否符合设计，设备缺件的型号、数量，设备缺陷的情况和原因。检查设备的完整性，油漆的完整，板金结构无变形，外形几何尺寸符合设计。遵照厂家说明书所列事项检查。

开关柜成列安装时，允许最大偏差见表 11 - 1。

将所有盘依据图纸显示的设备位置运至基础上，并将盘紧密排列。

依据图纸对第一块盘找正，使用线坠、钢板尺、撬棍、千斤顶及手拉葫芦等工具找正后，确认无误将第一块盘点焊在基础上。

表 11 - 1	允 许 最 大 偏 差	
垂　直　度		1.5mm/m
水平度	相邻两盘顶部	2mm
	成排列盘顶部	5mm
不平度	相邻两盘顶部	1mm
	成排列盘顶部	5mm
柜　间　缝　隙		2mm

按照偏差值所示表将整列盘找正，保证盘间间隙在 2mm 以内，仔细检查确认无误后，将盘与基础焊牢。

将所有焊点补焊，再喷上与盘柜类似的油漆。

母线连接要求按照厂家提供的数据方式连接，一般情况柜体的并列安装应与主母线的安装交替进行，这样可以避免柜体安装后安装母线困难。

母线与母线、母线与电器设备端子的螺栓搭接面安装符合下列要求：①母线接触面加工后必须保持清洁，并涂以电力复合脂（导电膏）。②母线平置时，贯穿螺栓由下往上穿，其余情况下，螺母置于维护侧，螺栓露出螺母 2~3 扣为宜。③贯穿螺栓连接的母线两外侧均应有平垫圈，相邻螺栓垫圈间有 3mm 的以上的净距，螺母侧装有弹簧垫圈或锁紧螺母。④螺栓受力均匀，不使电器的接线端子受额外应力。⑤母线的接触面应连接紧密，连接螺栓应用力矩扳手紧固，其紧固力矩值符合表 11 - 2。⑥最后检查母线安装核对工作电源与备用电源之间的相序。

表 11 - 2 紧 固 力 矩 值

螺栓规格（mm）	力矩值（N·m）	螺栓规格（mm）	力矩值（N·m）
M8	8.8～10.8	M16	78.5～98.1
M10	17.7～22.6	M18	98.0～127.4
M12	31.4～39.2	M20	156.9～196.2
M14	51.0～60.8	M24	274.6～343.2

所有盘柜、操作箱、配电箱均接地，盘门、箱门用软铜线连接在盘柜和操作箱等的本体上，如果厂家已经做好则不必单独接地。

所有小型电动控制箱及配电箱的安装高度为箱体中心距离地面 1300mm 左右。对配电箱及控制箱安装垂直偏差应小于或等于 $1.5H/1000$（H 为箱体高度），并且要给箱体安装接地线。

带电试操作前无须对接触器进行任何调整，仅需检查各部位螺钉有无松动现象，若有则紧固，无异常现象时即可投入运行。

六、电气调试

电气试验由从事电力系统继电保护及自动化装置的调试、电气设备高压试验及绝缘监督和电测仪表的鉴定、校验工作的单位进行，能保证安装工程电气设备试验、保护调试工作正常进行，确保经调试的设备安全、稳定地投入运行。

根据工程需要配置好电气试验设备，仪器和仪表。

工作内容为所有新安装的电气设备及相关的继电保护装置、系统安全自动装置、回路接线的试验及校验。

保证试验质量，试验用的交流电源应有足够的容量，并保证试验电流、电压的谐波分量不超过基波。

试验人员要熟悉电气一次主接线，对工程的继电保护自动装置进行全面了解。熟悉电气设备有关一、二次回路图纸，对重要的一次设备本体及其保护、自动装置的厂家资料、技术数据、性能和特点进行全面了解。

电气保护装置的调试严格按照调试规程、厂家说明书和调试大纲进行。试验项目完整，加强对各项技术指标、逻辑功能、抗干扰能力的考核，并完善反事故措施。

试验人员要认真核对保护定值、业主所提供的定值是否齐全，核对所使用的电流、电压互感器的变比是否与现场实际情况相符。

试验室技术员及时了解施工进度，编制合理的调试进度计划表，对主要设备、保护装置的试验和调试要编写作业指导书，并进行交底。

电气设备的试验应严格执行 GB 50150—1991 交接试验规程及相关的规程规范及相关的规范。

认真作好试验记录，保证试验报告完整、准确、无误。

已经检验和试验不合格的设备，及时写出缺陷报告，将有关信息反馈到相关部门，以使问题能得到及时处理。

七、建筑电气安装工程

（1）基本要求。

1）工程内容。建筑电气安装工程主要包括建筑照明，接地与电缆敷设。

2）施工流程。施工准备→线管敷设→管内穿线、电缆敷设→配电盘及电器安装→调试、试运。

3）要求。电气线管主要采用焊接管和镀锌管，材料进货有合格证及材质证明，并进行检验，表面无变形现象。地下敷设时埋设深度符合设计要求，与室外连接时管头伸出建筑物散水坡 250mm。

（2）线管暗敷设。线管暗敷设时与建筑同步施工，密切配合，管道的连接采用套管连接法，套管长度为 $3D$（D 为管外径），管口对齐。暗设线管弯曲半径不小于 $6D$，地下敷设时弯曲半径不小于 $10D$。线路较长、弯曲较多时，按规定装设接线盒，暗设线管距墙面有不小于 15mm 的保护层，接线盒与墙面平齐。暗设管路径为最短距离。

线管明敷设采用镀锌管，线管敷设横平竖直，布景美观。管道连接采用管接头。管卡间距符合规范要求，固定牢固。

管内穿线需在土建工程结束后进行，穿线前清除管内杂物及积水。不同回路、不同用途的导线不得穿入同一线管中，导线在管内不得有接头，接头在接线盒内连接，其接头的绝缘强度不小于导线本身的绝缘强度。导线的颜色易区分。

导线测试配线完毕后按回路进行绝缘电阻的测试，其绝缘电阻值符合规范要求。当绝缘电阻不合格时查明原因，如导线绝缘有破损更换导线。为避免导线在管口处受损装设管护口。

（3）配电箱安装。配电箱安装在土建工作基本完工后进行，暗设配电箱在土建施工时预留安装孔。配电箱安装牢固、位置正确。暗装配电箱四面紧贴墙面，垂直偏差不大于 3mm。配电箱内设置地线和保护地线（DE 线）并可靠连接。

（4）灯具及电器具安装。灯具安装前进行清扫保证其光洁，灯具固定牢固，与镇流器配套使用。嵌入或灯具的四边和屋顶平齐，成排安装时，中心偏差不大于 5mm。

开关、插座及电话接口安装时，安装牢固，位置符合设计要求。同一房间的开关插座安装高度偏差不大于 5mm，成排安装时不大于 1mm。开关控制相线插座接线正确。

照明电缆沿电缆沟敷设并排列整齐，按规范要求固定，电缆两端设标识牌，标明电缆型号规格及编号。电缆敷设完毕后，进行绝缘电阻的测试并作好记录。

（5）避雷接地安装。避雷接地所用钢材均需热镀锌，镀锌厚度符合设计要求。接地极及接地母线配合土建基础施工同步进行，接地线的连接采用搭接焊，其焊接长度为扁钢宽度的 3 倍，且三面焊接。接地极与接地母线焊接时，母线扁铁弯成 Ω 形，以保证焊接面积。焊接部位去渣后刷漆防腐。

接地母线敷设完毕进行接地电阻的测试，其测试值符合规范要求，当不能满足要求时加设接地极，并填写接地电阻测试记录，接地系统隐蔽前还要做隐检。

（6）施工（桥架、槽盒、电缆保护管及金塑软管安装、电缆敷设）。电缆桥架安装前，施工人员要对桥架、托臂、连接片、固定压板、螺栓等主辅件进行全面筛选，确保所用材料规范统一。变形的要校正，不符合要求的要清退，以便实现工艺的高标准。电缆桥架安装前，隔档在桥架内横档上加装固定绑线横档，材料选用 $\phi6$ 或 $\phi8$ 有缝管。

电缆桥架的安装，其立柱间距为 1.5m，桥架层间距为 300mm，在空间较小的部位层间距离不得小于 250mm。电缆桥架安装，除立柱的生根处和部分垂直安装桥架无固定方式的用电焊连接外，其余连接全部为螺栓连接。焊接部位刷与立柱同色的防锈漆。从主通道分支出的通往就地的支通道，根据设计电缆数量在 4 根及以上的将采用封闭线槽敷设，4 根以下的将采用电缆保护管封闭敷设。就地电缆为全封闭敷设，从桥架、槽盒引出时，用机械开孔，插入电缆保护管引至就地设备。距就地设备小于 300mm 处，转换为金属接头和金属软管接至设备，留出膨胀余量。电缆敷设以作业指导书、夹层电缆敷设说明安排的顺序进行；敷设后要用黑色铁绑线绑扎，且在通道的任何部位均逐档绑扎；敷设完毕对应盘下电缆挂标识牌；电缆的分层隔离、桥架的接地以及其他有关技术要求，按照《电力建设施工及验收技术规范（热工仪表及控制装置篇）》、《电缆敷设工艺导则》规定的标准，按照设计严格执行。

11.6.7 热控工程

一、取源部件及敏感元件的安装

（1）工程工艺质量水平。所有取源部件的安装符合《电力建设施工及验收技术规范（热工仪表及控制装置篇）》的规定，液位取源安装精度高、误差小，流量取源安装规范合理，数据清楚。

（2）施工技术措施。热工取源部件安装的技术要求较多，安装时除保证严格按《电力建设施工及验收技术规范（热工仪表及控制装置篇）》规定执行外，还要遵守以下措施：所有带双室平衡容器的液位取源，安装前灌水标出水侧引压管的标高，并与厂供图纸核对验证，安装时全部用水准仪测量安装标高，安装后用水准仪复核安装标高，中心点位置与正常液位线或零水位线重合。

（3）所有的流量取源装置（节流孔板、喷嘴等）保证在系统清洗合格后，再进行安装。安装前，要核实记录节流孔板的技术数据，并对喷嘴进行外观检查，作好施工技术记录。

（4）对于汽、水、油系统护套式结构取源件，丝扣连接式的各种温度取源装置，能够实现抽芯维护、检修的，其丝扣连接处全部用氩弧焊死，消除在运行中的漏点隐患。

（5）使用合金材料的系统，其取源部件安装前要进行光谱分析，安装后要对其材质进行光谱复查，保证不错用。

（6）所有热工取源的开凿，要尽量在机务地面组装时进行，以清理铁屑。部分不能在地面完成的，开凿后要采取措施清理。压力管道和设备上的开孔，采用机械加工的方法。

二、就地检测和控制仪表安装

（1）工程工艺质量水平。热控就地设备位置合理，布置结构流畅，设备维护检修方便。执行机构安装牢固可靠，动作过程不晃动，执行机构连接部件配合精细，框量小，无空行程，执行机构与调节机构的相对安装位置最合理。

（2）施工技术措施。所选择的热控设备安装位置，应保证能准确、灵敏、安全可靠地工作，采光良好，维护方便。所选择的热控设备安装位置，要体现大分散、小集中的原则。热控设备安装位置还要保证所在环境的整体协调，不影响机务设备的拆装，不占用机务的检修平台，不在行人步道和文明环境的显要位置上安装。

就地热控设备安装应保证牢固可靠，各种底座、支架的生根，要从钢制梁柱或水泥梁柱的包钢上连接，地面上从主钢筋上连接，必要时应用穿透地板的螺栓固定。

（3）执行机构安装。执行机构底座安装在钢制平台和梁柱上时，要焊接牢固；安装在水泥平台、地面时，要联络建筑专业，预埋固定埋件。如果调节机构或执行机构调整位置，埋件无法满足使用，则应制作穿透地面的固定螺栓，以牢固固定。

在选择执行机构安装位置时，应保证其转臂与调节机构的转臂在同一平面内。遇有梁柱影响时，要设法消除影响，确无办法的可将连接杆制作成 S 形过渡连接，并加装球型铰链。

调节机构转臂的选择，要以调节机构的实际转动角度为依据，配套执行机构转臂的长度，经过准确测量和计算后确定，保证调节机构的全行程与执行机构的全行程一致。

执行机构与调节机构的连杆配制为 50% 开度时，转臂与连杆近似垂直，连杆长度不能超过 5m，连接后要用锁紧螺母锁紧。

对于用于自动调节等重要部位，选型为进口执行机构的，严格按制造厂产品说明的要求安装。

其他有关执行机构安装的技术要求，严格按《电力建设施工及验收技术规范（热工仪表及控制装置篇）》的规定执行。

三、仪表盘（台、箱、柜）的安装

（1）作业程序。核对土建埋件、电缆留孔、最终标高→盘柜底座制作→盘柜底座安装→盘柜安装、盘柜运输→盘柜开箱检验→盘柜安装→盘上表计安装→接线。

（2）施工技术措施。表盘底座的安装是表盘安装的基础，只有打好基础才能保证表盘安装的高水平。因此，表盘底座安装前，要用工程联络单的形式，向建筑专业索取安装位置的最终建筑标高，表盘底座最终标高高出地面 15mm。表盘底座安装前，核实埋件的位置是否与实际位置相符，且保证埋件的数量，能满足底座的可靠固定。表盘底座安装的标高要用水准仪测量。对于单个盘要进行四角测量；对成排盘，除四角外，两盘相连处也应分别测量前后两点。

控制系统机柜的现场二次搬运，应按精密设备的装卸运输，要编制专题措施，并办理安全施工作业票。

盘柜底座就位后应采取机械升降或人力直接升降，绝对不使用滚杠、撬棍，避免损伤盘面及盘底边。盘柜安装时误差的调整应使用皮锤，或在盘柜边缘垫 $\delta = 10mm$ 橡胶板施力调整，绝对不用金属工具直接向盘表面施力。盘柜安装前要检查盘间连接螺栓孔是否满足连接要求，如连接孔数量不足或没有连接孔，安装前要用电钻开孔。

盘柜在运输过程中有可能变形，安装时要单独复核其几何尺寸，如有变形处，要进行修复；如有制造质量问题，通知厂家修理。

在有振动区域安装的盘柜，其底座上要加 $\delta = 10mm$ 的橡胶板隔振。对有接地要求的盘柜，加橡胶板后底座与盘体要用导线跨接连通，保证接地可靠。

盘柜底座安装后要检查保护接地是否牢固可靠，如有疑点，要从电气的保护地网上直接引接到盘柜上，其保护接地的电阻值经测试后，应符合设计规定。

分散控制系统设备的接地，一是要严格按制造厂要求安装；二是严格按设计院的设计安装，保证将各类性质的接地严格区分开，使安装达到最佳效果。

盘柜的固定均采用打眼攻丝的方法，杜绝焊接。

其他有关表盘安装的技术要求，均按《电力建设施工及验收技术规范（热工仪表及控制装置篇)》规定执行。

四、执行机构及电动门调试方案

（1）电动门调试方案。

1）查线。查线包括核实接线是否与图纸相符，检查设备型号，阀门动作是否灵活，确保接线端子牢固，端子编号正确，并检查设备本身和端子排连接与原理图是否一致。

2）检查绝缘。查线前先甩开计算机、表计及相关的弱信号接线。用 500V 绝缘电阻表检查电源线对地及相间的绝缘，其绝缘电阻不小于 0.5 绝缘电阻；用 500V 绝缘电阻表检查控制回路电缆对地绝缘及回路电缆线芯之间的绝缘，其绝缘电阻不小于 0.5 绝缘电阻，记下所有绝缘电阻值，并恢复原接线。

3）送电。送电前要确保设备无人操作，将电动门用手动开启到中间位置，然后合上总电源，观察电源是否正确，有无异常情况（如焦糊味、火花、振动等），再合上单极自动开关。同样要按上述方法观察，在开关合闸前必须对送电设备进行检查，并有专人监护，悬挂警示牌，各操作开关均放在开位。

4）远方操作。将手动—电动转换机构切换到电动状态，按下启动按钮，并观察电动阀门丝杆的旋转是否与所按按钮相对应。若不是，任意调换三项电源中的两项。

5）调整电动门开关行程。同机务人员配合，将手动—电动转换切到手动位置，调好电动门开关行程，使调整后的终端开关在全开或全关时动作正确。如果用力矩开关控制，则要进行试验，当截门关闭后力矩开关动作。

6）调整时间继电器。将电动门由全开到全关，或由全关到全开，反复操作几次，操作过程中，实测开关全行程的时间，以中断开关动作为准，调整时间继电器，时间比全行程时间长 1s，记下全行程运行时间。

7）调整阀门开度表（位置指示器）。对于可调整电动门，还应调整位置指示器。调整前首先把电动头内电位器顶丝松开。在阀门位置指示器 1、2 端串联一台精度为 1.0 级、量程为 30mA 的电流表。将阀门全关，使电流表指示为 4mA，开启阀门到全开，指示应为 20mA。如果不为 20mA，则调整配电箱内整流板上的电位器 W2（调幅电阻）、W1（调零电阻），使之指示正确，反复实验几次，到准确为止，再把电动头内顶丝拧紧。

8）终极开关指示。首先切断电源，将盘内位置终极开关线芯上口甩开，当阀门全开时，用试灯检验其下口指示信号，正常时，试灯应发亮。若试灯不亮，则检查回路接线，直到正确为止。调整阀门全关指示时，操作过程相同。

9）全行程开闭。记下电动门全行程运行时间，然后将阀门关闭，调整结束。

调整完后将所有接线端子恢复到正常状态，并核实接线是否同原理图相符。

（2）电动执行机构调试方案。

1）电动执行机构调试步骤。电动执行机构调试前进行通电前的电气回路检查，检查行程和终端开关，调整机械限位，检查步骤与电动门调试过程相同。

2）检查完后进行位置反馈电流的调整。用手轮将调节机构调整到 50% 位置，将手动—电动开关切到电动。在盘上不可操作的情况下，将盘内输出接点开关甩开，加上已准备好的手动开关，将模拟输入信号上口线甩开，在下口加一块量程为 30mA、精度为 1.0 级的电流表。在确保就地和盘台无人操作的情况下合单极开关，同时打开回路开关。调节行程为开，当调节机构全开时，电流表应指示为 20mA。关闭关回路开关，调节机构行程为关，当调节机构全关时，电流表应指示为 4mA。若不满足，则调整调零电位器和调幅电位器。反复操作几次，并观察上下限位开关触点的情况和电流表指示，直到符合要求为止。

调整完毕，恢复盘内接点开关和模拟输入的接线。

（3）气动执行机构调试。气动执行机构调试前进行认真的外观和铭牌标志检查、机械部件和电/气转换部件检查、绝缘电阻检查，确保符合设计的要求，符合规程规范的标准。在无气状态下检查手操切换手柄、手/自动切换，确保灵活、无卡涩，切换力合适。对气动执行机构整体电路接线进行校对，确保接线正确率 100%，核实气动管路连接正确。在送气前，将气源管在减压阀门前解开，进行吹扫至合格为止。接上气源管，在打开气源阀前，先将减压阀调到最松，然后打开气源阀逐步调整到气动执行器（气动阀）的铭牌上要求的工作压力值。

加电信号或气信号，使执行器或气动阀门按指令从 0～100% 动作，如不合适，调整定位器，使之满足控制要求。调整反馈电流使之与阀门行程一一对应。

调校定位器，确保行程允差的始端、中间、终端允差小于或等于允许基本误差回程误差小于或等于 2/3 允许基本误差。

就地调整好后，联络运行人员共同进行远方传动，确保 DCS 系统可靠操作。

（4）工业用热电偶的检定项目和检定方法。

1）外观检查。热电偶的连接点焊接牢固，热偶丝无机械损伤、裂纹、腐蚀和脆化变质。热电偶的型号、分度号、极性标志清晰。

2）用 500V 绝缘电阻表检查铠装热电偶的绝缘电阻应大于或等于 1000MΩ·m。

3）标准器具及辅助设备。包括标准铂铑 10-铂热电偶、冰点恒温器、高温检定炉、高精度数字万用表、标准电阻、检定控温伺服器、测控仪、激光打印机、计算机。

4）热电偶自动检定过程和操作步骤。制作冰点，即冰水混合物，用于热电偶冷端补偿。把标准热电偶放入 1 支内径 6mm 的石英玻璃管内并且和被检热电偶捆扎在一起，而且所有热电偶的感温头要处于同一截面上，然后装在管式检定炉的最高温区。热电偶通过补偿导线延长至冷端与铜导线相接，其接点置于冰点恒温器中，以保证热电偶冷端为 0℃。启动系统检查各被检热电偶的接线是否正确；建立被检热电偶的数据文件；选择被检热电偶的类型，即分度号；按照热电偶的检定规程要求设定温度检定点；选择标准热电偶的数据文件；从系统状态查看设置是否正确，最后投入自动检定。当所设定的温度检定点都检测完毕后，微机则按检定规程的要求作检定计算，然后整理检定结果并记录在固定格式的测量记录和数据综合表中，可随时打印和查看。

5）检定结果的处理。经检定合格的热电偶贴上合格标识，并出具检定报告，将之放于合格区域内。经检定不合格的热电偶贴上不合格标识，并出具缺陷报告，将之放于不合格区域内，及时通知上一级部门。

（5）热电阻的检定项目和检定方法。

1）外观检查。热电阻的铭牌标志清晰。

2）用 100V 的绝缘电阻表测量绝缘电阻应大于或等于 100MΩ（Pt100、Pt10）。用万用表检查感温元件无短路、无断路。

3）标准器具及辅助设备包括一等标准铂电阻、冰点恒温器、恒温油槽、标准电阻、高精度数字万用表、检定控温伺服器、测控仪、激光打印机、计算机。

4）热电阻自动检定过程和操作步骤。制作冰点，检定被检热电阻 0℃ 的阻值。把被检热阻放入油槽内，检定被检热电阻 100℃ 的阻值。启动系统检查各被检热电阻的接线是否正确；建立被检热电阻的数据文件，设定温度检定点；选择标准热电阻的数据文件；选择被检热电阻的数据文件；选择被检热电阻的制式，即二线制和四线制或三线制；查看系统设置状态正确与否；检查各部分设备是否正常工作，投入自动检定；当 0、100℃ 检定完毕，计算机自动进行数据处理，最后形成检定报表。

5）检定结果的处理。经检定合格的热电阻贴上合格标识，并出具检定报告，将之放于合格区域内。经检定不合格的热电阻贴上不合格标识，并出具缺陷报告，将之放于不合格区域内，及时通知上一级部门。

（6）双金属温度计的检定项目和检定方法。

1）外观检查。温度计表盘上的刻线，数字和其他标志清晰准确。温度计表面的玻璃无妨碍正确读数的缺陷。标准器具及辅助设备包括二等标准水银温度计、油槽、水槽、冰点恒温器、放大器、二等标准铂电阻温度计、0.02 级低阻电位差计和相的电测设备、万用表。

2）示值检定。检定点为温度计的检定点，均匀分布在主分度线上，不少于五点。检定顺序分别向上限或下限方向逐点进行，有零点的先检定零点。浸没长度采用温度计的感温元件全部浸没，保护管浸没长度不小于 75mm。用放大镜读数，视线垂直于表盘，并通过放大镜中心。在上升、下降全行程中指针无跳动或卡住现象，示值平稳。示值误差应小于或等于允许基本误差的绝对值；来回变差允许基本误差的绝对值。

3）检定结果的处理。经检定合格的双金属温度计贴上合格标识，并出具检定报告，将其放于合格区域内。经检定不合格的双金属温度计贴上不合格标识，并出具缺陷报告，将其放于不合格区域内，及时通知上一级部门。

五、管路敷设施工

（1）作业程序。管材检查、外部除锈防腐、内部清洗→管桥架制作、安装，管路敷设、固定→管路弯制、连接→针型门、三通、平衡容器安装→配合焊接、管路校正→严密性试验。

（2）施工技术措施。

1）现场设计。仪表管路敷设设计院基本上没有布置图，工程技术人员进行严格的现场设计，其设计遵循的原则是让客户满意。

仪表管路连接取源部件和就地仪表，其走向依据取源部位和就地仪表的安装位置决定，要遵守规程规范，坚持最短路线的原则，坚持检修维护方便的原则，坚持越隐蔽越好的原则。

在设计走向时还要和机务专业进行图纸会签，不仅要避开机务设备、管道、人孔、吊装孔等，还要和机务专业的小径管一同考虑，以保证现场小径管的协调一致。在最终确定管路走向之前，要通报甲方、监理和设计院，征求各方意见，进行最后一次方案优化，确保达到最佳效果。

2）施工。管路敷设前，为保证小径管内部清洁、畅通，外部涂料光滑、美观，要进行严格的管路外表面除锈、防腐，以及内部清洗工作。管路打坡口后，用磨光砂轮进行外部除锈，表面刷两道防锈漆，管内用白布条正反向擦洗两次，用压缩空气吹扫后，用黑胶布封口待用。

集中敷设的管路（5 根及 5 根以上），采用管路桥架固定；零星敷设的管路，采用零星支架固定，不论桥架还是零星支架一律用电钻开孔，不用冲眼花角钢。

管路系统 100％进行严密性试验，系统中安装的阀门，安装前进行严密性试验，严密性试验的标准，按《电力建设施工及验收技术规范（热工仪表及控制装置篇）》中规定执行。

管路严密性试验，分别采用水压、风压方式。属自行严密性试验部分，要出试验记录；属与机务一同严密性试验的，要核实其试验标准和结果是否与本专业标准结果相符，对不符的，要重新单独进行严密性试验。

管路的防腐刷漆，属于风压系统的，待严密性试验结束后再进行。

管路的弯弧起点距焊口要大于 100mm，满足焊规要求。

在炉本体敷设的管路，随受热膨胀的管道和设备一同敷设的管路，要充分考虑膨胀因素，加装 Ω 形弯缓解。

风烟系统系统的管路，在二次设备处加装放灰粉丝堵，同时在局部集中的地方，分别装设压缩空气吹扫门，供长期检修维护使用。

建议在高温、高压、汽水、油系统选用焊接式一次门和二次门，为消除"七漏"打好基础。

其他有关管路敷设的技术要求，均按《电力建设施工及验收技术规范（热工仪表及控制装置篇）》规定执行。

11.6.8　暖通工程

一、通风机安装

风机设备安装就位前，按设计图纸并依据建筑物的轴线、边缘线及标高线画出安装基准线。将设备基础表面的油污、泥土杂物清除。并将风机设备轴承、传动部位及调节机构进行拆卸、清洗，装配后使其转动，调节灵活。

通风机在搬运和吊装时，绳索不能捆绑在机壳和轴盖的吊环上，以防磨损机壳。

二、风管安装

根据施工现场情况，可以在地面组成一定的长度，然后采用吊装的方法就位，也可以把风管放在支架上逐节连接，安装顺序为是先干管后支管。

三、暖通工程

（1）采暖工程施工顺序。安装准备→防腐→卡架安装→干管安装→散热设备安装→立支管安装→打压。

（2）防腐。按设计要求或规范除锈刷油，刷油时一层干透之后再刷另一道，油漆调至稠稀适度，涂刷时以不粘刷为原则。

（3）卡架及干管安装。卡架安装有几种形式，安装时根据图纸要求及实际情况选择合适的安装形式。干管安装时用倒链将第一节管就位在支架上，安装第二节管，找直后点焊固定，然后施焊，以后依次进行组合安装。

（4）散热设备安装。同一房间内的散热器布置在同一标高。挂式散热器距地面高度按设计要求或施工规范，明装散热器上表面不得高于窗台标高。

（5）立支管安装。核查各层预留孔洞位置是否垂直，然后使用倒链进行安装，依次连接直到所需长度。

（6）打压。管道系统安装完将系统灌满水，待系统最高点流出水后，放净空气，关闭放气阀。先把压力升至工作压力，检查系统无渗漏后再加压，升至试验压力持续 15min 压力下降在允许范围内即为合格。

11.6.9　给排水工程

一、给水系统安装

给水系统由引入管、水平干管、立支管、卫生器具的配水龙头或用水设备组成。

（1）安装准备。首先熟悉图纸，核对各管道的坐标、标高，是否交叉，是否与现场条件相符合。干管安装给水管及管件多选用镀锌钢管，连接方法为丝扣连接，安装时从总进入口开始操作，安装前必须清扫管腔，丝扣连接时抹上铅油缠上麻或生料带，用管钳依次上紧，丝扣外露 2～3 扣。给水大管径管道使用无镀锌碳素钢管时，应采用焊接法兰连接，管材和法兰根据设计压力选用焊接钢管或无缝钢管。管道安装完先做水压试验，无渗漏后再拆开法兰进行镀锌加工，加工镀锌的管道不得遭受污染，管道镀锌后再进行二次安装。

（2）立支管安装。每层从上至下统一吊线安装卡件，将预制好的立管按编号分层排开，顺序安装，对好调直时的印记，校核预留甩口的高度，方向是否正确。在支管安装时，将预制好的支管从立管甩口依次逐段进行安装，根据长度适当加好临时固定卡，找平找正后栽支管卡件。

（3）管道试压。管道系统安装完后进行水压试验，水压试验时放净空气，充满水后进行加压，当压力升到规定要求时停止加压，进行检查。如各接口和阀门均无渗漏，持续到规定时间，观察其压力下降在允许范围内，通知有关人员验收，办理交接手续。然后把水放净，被破损的镀锌层和外露丝扣处做好防腐处理。

二、排水系统安装

（1）排水管安装。排水管安装时采用粘接方法。粘接前应插入承口的 3/4 深度作插入试验，试插合格后，用棉布将承插口所粘接部分的水分、灰分擦洗干净，如有油污需用丙酮除掉，用手刷醮专用粘接剂均匀涂在承插口管壁上，随即用力垂直插入并稍作转动，使得粘接剂均匀分布，约 2min 即可粘接牢固。全部粘边后，管道要直，坡度均匀，各预留口位置准确。

（2）卫生设备的安装。安装要求是平、稳、牢、准、不漏、使用方便、性能良好。蹲便器与排水口接口处要用油灰压实。稳固地脚螺栓时地面防水层不得破坏。固定用螺钉、螺栓一律采用镀锌产品，且规格要适宜，同时螺母要拧紧。

（3）排水托吊管的安装。根据图纸在施工现场划线，将三通、弯头、短管量出尺寸，预制成需要的托吊管。安装立支管时，需装伸缩节，每隔一层设一个检查口，最低层和有卫生器具的最高层也必须设置检查口，检查口中心距离地面 1m。污水横支管到立管的直线超过 2m 时，应设伸缩节，但伸缩节最大间距不超过 4m。污水立管和通气立管应每层设一伸缩节，立管在穿越楼层处固定时，在伸缩节处不得固定，立管在伸缩节处固定时，立管在楼层处不得固定。

（4）排出管。排出管穿过地下室外墙或地下构筑物的墙时，不能转成直角弯，应使用两个 45°弯组合而成。

（5）通气管。通气管不得与建筑物的风道、烟道连接，不宜设在建筑物的屋檐檐口、阳台、雨篷下。其伸出屋面高度不得小于 0.3m，但必须大于最大积雪厚度。一定要做透气帽，防止立管落入脏物。

第12章

火电厂SCR装置主体工程安装

12.1 锅炉脱硝钢结构安装

锅炉脱硝钢结构一般为扭剪型高强度螺栓连接（局部采用焊接），柱底通过柱底板与基础连接，脱硝改造工程一般是在原有第一层钢架基础上安装结构。脱硝钢结构以锅炉中心线为对称中心线成镜面对称布置。

脱硝钢结构由柱和梁、垂直支撑、水平支撑等部件组成，由主梁、次梁和小梁组成一个坚固的梁格，其四周有水平支撑，主梁端有垂直支撑。工字钢、槽钢及角钢采用 Q235 钢，大型的 H 型钢采用 Q345 钢。高强螺栓材料为 20MnTiB，螺母材料为 35 号钢，垫圈材料为 45 号钢。锅炉脱硝钢结构主立柱从前至后一般有 3 排，从左至右为 6 排，立柱从上至下一般设计为 4 层（不包含顶棚小间）。脱硝钢架整体施工工期为 50 天左右，考虑到现场烟道等设备要提前预存，因此脱硝钢结构安装都是与烟道安装穿插进行的。

12.1.1 安装所需工机具和仪器

安装所需工机具和仪器见表 12-1 和表 12-2。

表 12-1 安装所需工机具和仪器

序号	工具/仪器仪表名称	规格/型号	单位	数量	备 注
1	光学经纬仪	DJ6-2	台	1	
2	水准仪	NAL124	台	1	
3	钢卷尺	50m	把	1	
4	钢卷尺	100m	把	1	
5	钢角尺	500mm	把	1	
6	钢板尺	1m	把	1	
7	弹簧秤拉力计	LTZ-30	件	1	

表 12-2 安装施工作业工具统计表

序号	名称	规格/型号	单位	数量	备 注
1	电动初紧扳手	300N·m	把	2	具体选型以螺栓设计强度为准
2	电动终紧扳手	900N·m	把	2	具体选型以螺栓设计强度为准
3	力矩扳手	250~750N·m	把	2	具体选型以螺栓设计强度为准
4	活扳手	15 号	把	3	
5	活扳手	12 号	把	3	
6	套筒扳手		套	1	
7	过冲（眼）	$\phi24$	个	40	
8	大锤	8 磅	把	2	

序号	名称	规格/型号	单位	数量	备 注
9	电焊把		套	10	
10	细钢丝	0.6 mm	m	500	
11	钢丝绳扣	$\phi 26 \times 15$m	对	2	
12	钢丝绳扣	$\phi 21.5 \times 20$m	对	2	
13	钢丝绳扣	$\phi 17.5 \times 20$m	对	2	
14	钢丝绳扣	$\phi 15 \times 5$m	对	5	
15	拖拉绳	$\phi 13 \times 30$m	根	20	
16	拖拉绳	$\phi 13 \times 60$m	根	20	
17	配重（地锚）	3t	块	4	
18	卸扣	10t	个	2	
19	卸扣	5t	个	20	
20	卸扣	3t	个	40	
21	手拉葫芦	2t、3t	个	各30	
22	钢丝绳卡	M12（用于$\phi 13$钢丝绳）	个	60	
23	临时爬梯		个	30	

12.1.2 施工作业程序、方法

一、施工方案

脱硝钢架安装前应确保脱硝钢架柱底板找正二次浇注完毕，并验收合格，具备钢架施工条件；施工前应复查脱硝钢架混凝土基础标高及基础画线，并对已安装好的柱底板标高、中心线、间距进行复查。

脱硝钢架安装采用分段、分区域吊装，平台扶梯同步安装的原则。即每安装完一段钢架进行找正，终紧高强螺栓，相应的焊接小梁、平台、扶梯、栏杆随即安装，为上一段的安全施工创造条件。待全部构件安装完毕后，进行质量验收，合格之后方可再安装上一段钢架。钢架主体结构安装结束，进行整体验收。钢架安装首先定位基准柱为炉左侧靠近锅炉中心线位置的立柱或右侧靠近锅炉中心线位置的立柱，然后安装周围相临近的立柱及梁形成稳定框架，再按从前向后的大方向逐件吊装。如果是从地面基础开始施工，就用50t 汽车吊（或用25t 汽车吊）负责脱硝钢架第一段的吊装，第一段钢架吊装找正验收结束后进行第二段的吊装，第二段及第二段以上的吊装由塔式起重机完成（主吊机械配置、选型、布置位置视各现场脱硝机组大小、环境而定）。

在钢结构安装过程中穿插吊装烟道、SCR 反应器设备，暂不安装的 SCR 反应器设备可临时吊挂或放置在相应各层平台上。

二、施工方法及要求

（一）清点编号和检查

设备到货后，按照图纸标注的各部尺寸编号，认真清点到货的每个部件，仔细校核每个部件的几何尺寸是否正确，外表有无缺陷。

将柱子平放在现场提前制作好的钢马镫上，根据图纸尺寸校验柱子外形尺寸，检验柱面与断面的垂直度。对柱子进行外观检查，应无裂纹、分层、撞伤等缺陷；节点接合面无严重锈蚀、油漆、油污等杂物；焊缝外观检查无裂纹和咬边情况等。杆件临时存放时应保证垫平、垫稳、码放整齐。

（二）基础检查与划线

检查基础外形有无缺陷，纵横中心、标高是否满足施工要求。依据主厂房控制网、锅炉中心线控制点，采用方向线交会法测出脱硝基础中心线，利用经纬仪划出每个基础的纵横中心线。如果基础纵横中心线偏差较大，须在原有基础上重新调整画出符合钢架安装要求的基准线，并将各基础的中心线引至基础侧面，作出明显标记，为钢架安装找正提供依据。

（三）钢结构安装

（1）划线校验。

1）柱面划线。利用角尺、钢板尺测量柱面及腹板中心，测量时以各节点螺栓孔中心线为基准，将该线与柱面宽度中心进行比较。将上下盖板中心连线与厂家所给腹板中心进行比较，如能重合，说明制造无误差；若不能重合，应以立柱本身的腹板中心确定柱中心。用样铣在柱底和顶部打上样铣眼并分别连成线，用记号笔作出明显三角标记，注意选测点处的油漆应刮净，保证准确度。

2）1m 标高确定。从第一段柱顶向下确定钢柱的 1m 线，1m 标高线确定后用样铣打眼标记并用记号笔作三角标记。1m 标高线确定后，测量 1m 标高线以下钢柱的长度误差，详细作好记录，在安装柱脚板时根据上述误差记录，调整柱脚板高度，消除误差，以保证 1m 标高。

（2）吊装前的准备。在柱顶部装设抱卡、围栏及爬梯。抱卡下垫胶皮，防止抱卡滑动。个别围栏因安装垂直支撑需要不能闭合，必须在上完垂直支撑后补齐。爬梯要安装牢固，沿着爬梯安装速差自控器的安全绳。在地面绑好拖拉绳（3～4 根），拖拉绳与地面的夹角小于 60°。柱子运入现场卸车时注意将腹板垂直放置，以确保抬吊时腹板和吊耳受力合理。

（3）钢架吊装。钢架吊装时先吊装炉左侧靠近锅炉中心线位置的立柱或右侧靠近锅炉中心线位置的立柱，之后以这两棵柱子为基准依次吊装邻近立柱，安装柱间的连梁，形成稳定结构，直至该层钢柱全部吊装完毕。立柱采用单根柱吊装，使用专用吊耳。将两片吊耳夹在柱翼板上部并用螺栓固定，在吊装时吊耳及翼板不得侧向受力。安装时柱子下端中心应与柱脚板或下段柱顶中心线重合，并在立柱吊装就位后立即拉好拖拉绳，拖拉绳分别拉在立柱顶端的 3～4 个方向，拖拉绳与地锚连接或拉在其他已吊装完毕的立柱基础上，并在与拖拉绳接触的棱角处垫半圆管以保护钢丝绳。从互成 90°的 2 个方向上架 2 台经纬仪检查左右、前后 2 个方向的垂直度，如有偏差可通过柱顶 4 根已拉好的拖拉绳调来整。柱中心线与垂直度都无误后方可摘钩进行下一设备的吊装。以同样的方法吊装其他各立柱，逐一连梁形成稳定结构。一段柱的标高以 1m 标高线为基准进行测量，其他各段柱顶标高从 1m 标高线向上用钢尺测量。应认真记录每根柱子的柱顶标高误差值，以便预防由于误差积累造成的严重超标发生，影响其他杆件安装。

第一段吊装时按照从右到左、从前到后的顺序进行，吊装时，以局部先形成稳定结构。在吊装完相邻立柱，条件具备后将两立柱间梁安装就位。第二层及二层以上的钢架，则由平臂吊或塔吊进行吊装。

（4）钢架误差累计处理方案。安装钢架时，每安装一层后以 1m 标高线为基准测一下标高误差。安装三层后对前三层误差进行累计计算，如果在安装允许范围内就进行下一层钢架的安装，如果超出误差范围，则联系钢架生产厂家对下一批钢架进行相应的调整之后在进行安装。立柱安装时两段立柱之间结合面结合小于 75% 时采用不锈钢板进行填缝，使其结合面保证大于 75%，满足承载需求。

（5）梁和支撑安装。梁和支撑外观检查应无裂纹、重皮、锈蚀、损伤；厂家焊缝符合焊接要求；梁长度偏差符合相关规范的规定；弯曲、扭曲均小于或等于 1/1000 梁长，且小于或等于 10mm，其余各种尺寸符合图纸要求。梁和支撑应对照图纸进行编号，并标明其所在位置及方向，以防错用。

相邻两根柱子就位后，进行梁的安装。标高偏差应为 ±3mm，水平度偏差应小于或等于 3mm，中心线偏差应为 ±3mm；接合板安装平整，位置正确，与构件紧贴；高强螺栓紧固。根据具体情况，考虑梁与垂直支撑在地面进行组合，采用普通螺栓连接拧紧，待正式安装后，再替换成高强螺栓拧紧到规定的紧固力。杆件吊装用临时螺栓紧固（严禁用高强度螺栓代替临时螺栓和定位销），然后进行构件安装偏差校正，检查验收。临时螺栓数量不能小于该节点孔数的 1/3，且不能少于 2 个，定位销不能多于安装螺栓的 30%。梁采用两点起吊，起吊前将两头系好溜绳以控制构件在空中的摆动，避免碰撞其他构件。

12.1.3 高强螺栓安装及保管

（1）高强螺栓保管。高强螺栓应随用随领，并按当天的需用量领取，剩余的必须妥善保管在库房内。高强螺栓在制造厂经过表面处理并涂有防腐油，在使用时要加强管理，保持其防腐、防尘状态。

（2）高强螺栓检验。按照高强螺栓供货批号，根据生产批次对高强螺栓进行抽检，并作好记录。摩擦系数的最小值不小于设计值，扭矩值达到标准时梅花头应断掉，低于设计值的进行喷砂处理。

（3）高强螺栓安装。高强螺栓安装时，对相应连接部位的螺孔先用眼冲过孔，然后穿装连接螺栓，禁止用手锤强行穿入螺栓，对孔距不对的连接点，应采用铰刀扩孔，严重时应进行堵孔重新钻孔。在进行扩孔处理时，其周围的合格螺孔应穿入螺栓并拧紧，以免铁屑、尘土落入夹缝内。

（4）高强螺栓紧固。高强螺栓组紧固利用扭矩扳手，应按一定顺序先紧中间、后紧两边，对称进行。初紧值按锅炉厂技术文件要求进行，初紧完毕，对钢架进行复测及偏差纠正，整体找正工作结束后进行终紧。终紧值应严格按照设计要求紧固，终紧后对每个节点的螺栓扭矩值利用手动力矩扳手进行抽查，终紧后的高强螺栓要立即涂上防锈油漆，即能防锈又便于区别。

12.1.4 平台、扶梯、栏杆安装

平台、扶梯、栏杆安装应随钢结构安装同步进行，相应各层钢结构找正验收工作完成后，及时进行平台、扶梯、栏杆安装工作，为安全、文明施工创造有利条件。焊接部位应光滑饱满，符合图纸要求。

12.2 锅炉脱硝烟道的安装

锅炉脱硝烟道主要包括脱硝入口烟道、氨注射格栅烟道、脱硝出口烟道、烟道固定装

置、烟道膨胀节、挡板门、脱硝入/出口烟道内部支撑管、烟道导流板、防磨角钢等。如果是改造项目还包含原有省煤器至空气预热器烟道的改造烟道。在锅炉脱硝烟道安装前，烟道固定装置部分的支撑钢架必须安装验收完毕。

12.2.1　烟道的组合

在组合场平台进行烟道的制作，主要由 50t 龙门吊来完成原材卸车、组件倒运、组合焊接等工作，25t 汽车吊和 25t 平板车配合主吊完成其他工作。烟道组件比较多，为了便于组合安装，将烟道组件逐一进行编号，然后在现场组合。制作顺序为铺板→拼板→放样→下料→上加固筋→组合→焊接→质量检验→除锈、刷漆。

钢板下料前要对钢板缘的直线度进行校核，其方法为采用勾股数法或用自制的大直角尺。钢板下料、划线根据图纸给定的尺寸进行。拼板时应采取防变形措施，对口采用 T 形角接。手工下料应平稳，弧度尺寸应准确，下料后应除去氧化铁、毛刺等。型钢必须用无齿锯进行下料以保证端头平齐，下料后应对型钢（角钢、扁铁）进行调直，型钢下料长度误差小于＋2L/1000（L 为型钢设计长度尺寸）且小于 4mm，型钢端头平整度小于 2mm，型钢接口焊接处应无错口，焊后打磨光滑。组合时应用临时支撑对侧壁进行加固以防倾倒，加固支撑强度必须保证其使用要求且焊接牢固。部件组合完后，要求测量其边长、对角线、端面、垂直度、表面不平度等。单片组合成筒体后，装上内部支撑，再进行整体焊接，焊接时各组支撑应交叉对称进行焊接。焊接完后应对部件、焊疤、凸出部位进行打磨，打磨后进外观检查合格后，再进行渗油试验。渗油时在组件内壁焊缝涂以大白，外壁涂煤油，发现漏点进行挖口补焊后再进行渗油。刷漆时必须在前一道油漆干后方可进行下道油漆工作。油漆作业需按照火电厂保温油漆设计规程和设计院保温油漆设计分册的要求进行，油漆时，不得有流痕、堆积、厚薄不均、漏刷、刷痕等质量缺陷。

12.2.2　烟道固定装置和烟气导流板组合

烟道固定装置在地面先进行小件组合。吊挂装置在烟道就位前安装，固定装置和限位装置在烟道就位后再进行安装。烟气导流板在烟道组件地面组合时安装。

12.2.3　烟道制作的防变形工艺及变形矫正方法

锅炉脱硝烟道结构特点是钢板为薄板，焊缝较多，结构较为复杂。因此，在防变形工艺措施上宜采用刚性固定法及选择合理的焊接方法。根据不同结构选择较适宜的方法或两种方法同时应用效果会更好。首先在钢板对接时应采用合理的焊接顺序，同时控制对口间隙，对口间隙保持均匀，4～6mm 钢板留 1～3mm 的间隙。焊接顺序尽量由焊缝中部开始向两侧采用断焊、跳焊的方法。焊缝的焊接首先应考虑先焊收缩量大的焊缝，把结构适当分成若干部分，分别装配焊接，然后再拼焊成整体，使不对称的焊缝或收缩量较大的焊缝能较自由地收缩，而不影响整体结构。按照该原则生产结构复杂的大型烟道，即有利于控制焊接变形，又能扩大作业面，缩短生产周期。对于分布在截面中心线两侧的焊缝，一般来说先焊的一侧焊缝产生弯曲变形比后焊的一侧焊接产生弯曲变形要大，因此焊接顺序总规律是焊缝少的一侧先焊。对于截面形状对称，焊缝布置也对称的结构，尽可能采用对称焊接的方法。反变形法是在装配时给一个相反方向的变形使之与焊接变形相抵消，使焊后的构件能达到设计要求。该方法适用于六道支吊架厚板结构的焊接。例如钢板拼接应先焊错开的短焊缝，后焊通长焊缝。钢板拼接的变形矫正宜采用大锤矫正，用机械力使之产生塑性变形，达到矫正的目的。组合部件的焊接应采用刚性固定法，采用刚性较大的型钢将被焊接件加固。例如方形烟道四角，刚性加固的方法效果较好，但钢材浪费较大。组合部件的焊接变形主要反映在部件表面不平整度超标，部件对角线差超标，部件长度超标。不平整度超标可采用火焰矫正法矫正，部件对角线偏差超标可用倒链等机械力消除，部件长度偏差超标就要考虑在制作下料时留有余量。根据经验长度在 5m 以内的部件下料尺寸可加长 10mm，5～10m 长度部件可以加长 10～15mm。用该方法可解决焊后收缩使部件长度变小的问题。矫正焊接变形的方法包括：①机械矫正法。通常采用油压机、千斤顶、大锤，利用外力使构件产生与焊接变形方向相反的塑性变形使两者互相抵消，该方法比较简单，效果好，应用较普遍。②火焰矫正法。利用火焰局部加热时产生的压缩变形使较大的金属在冷却后收缩，达到矫正的目的。火焰矫正方法简单、机动、灵活，不受尺寸限制，因此应用较广，但是为了达到良好的矫正效果，必须控制加热温度、加热位置及加热范围。对于低碳钢及低合金钢常采用 500～600℃ 的加热温度。

12.2.4　烟道的吊装及安装

烟道部件组合完毕验收合格后，用圆筒吊（或履带吊）按编号顺序逐件吊装，所有组件吊装用钢丝绳选用 8 倍及以上安全系数。烟道吊装方法常用的是两种。一种是在烟道墙板的槽钢或型钢处开两个小孔，从小孔处穿吊装用的钢丝绳。整体吊装时左右开孔位置均匀、对称。吊装时钢丝绳的夹角最好是 60°左右，钢丝绳和烟道接触处须垫半圆管防止割伤钢丝绳影响吊装安全。烟道吊装到安装位置处，应事先在钢架上挂好倒链，做好接钩准备，对临时吊挂的烟道设备必须作二次保护。另一种方法是在烟道墙板的槽钢或型钢处焊吊耳，吊耳焊接必须牢固可靠，用于做吊耳的钢板的厚度必须经过核算能满足吊装重量的情况下方可使用。吊耳的焊接位置也是对称布置。对于大件烟道设备在吊装时，局部容易变形部位可在加固槽钢上焊接 I20 的工字钢，槽钢与工字钢连接处三面焊接，焊缝高 6mm。对于不能整体吊装的烟道可以分两个半边分别吊装，具体方案可视实际情况灵活选用。烟道吊装就位后，根据图纸以钢架作为参考用 2～3t 倒链调整烟道到图纸设计位置，详细尺寸以设计图纸为准。烟道位置调整完毕必须经过专业技术人员检测无误之后方可进行对接焊接。

架空的烟道在安装前，要根据建筑专业给定的基准标高线对各支吊架的支吊点标高进行复查，并检查其生根部分是否牢固，支吊架要在烟道渗油试验前全部焊完。烟道穿过平台、孔洞和墙面时，应留有足够的保温和膨胀间隙，并不得留有焊口。

12.3　反 应 器 的 安 装

12.3.1　反应器墙板的组合

脱硝反应器一般为 3 层，底层为备用层。每层单侧反应器墙板一般为 4 片，以单片形式在组合场组合。反应器墙板的组合工序与烟道组合相同，即铺板→拼板→放样→下料→上加固筋→组合→焊接→质量检验→除锈、刷漆。单片反应器墙板的形状为长方形，形状较有规则，组合难度相比拐角部分烟道的组合更容易，反应器墙板长度较长，下钢板料时注意保持直线，具体组合方法参考 12.2 节烟道的组合。反应器墙板上的加固支撑件在吊装条件允许情况下可在组合时一同安装。反应器单片组合完毕考虑到吊装的要求一般不需要组合成筒体，另外考虑安装的需要，单片反应器墙板的长和宽各留一边与角钢焊接方式为点焊，方便安装时临时拆除，容易安装就位。

12.3.2　反应器墙板的吊装及安装

单片反应器墙板的质量一般为 3～5t（视机组大小而定），用圆筒吊（或履带吊）吊装，所有反应器墙板吊装钢丝绳均选用 8 倍及以上安全系数。常用吊装方法有两种：一种方法是在反应器墙板加固型钢上开一个吊装用的吊耳孔，单片墙板一般有四根加固型钢，每根型钢都开吊装孔，两个用来吊装，另外两个用于吊装到指定位置时用于倒钩用；另一种方法是在反应器墙板型钢两侧各开一个 200mm×300mm 的小孔，吊装用的钢丝绳从这两个孔洞穿过，牢牢栓紧加固型钢，墙板厚度一般为 8mm 左右，比较薄，钢丝绳与墙板接触处注意垫半圆管，防止割伤钢丝绳。单片墙板上加固型钢两侧开孔位置保证在同一标高线上。根据墙板的长度选用合适长度的钢丝绳，保证吊装时钢丝绳的夹角在 60°左右。单片反应器墙板吊装就位后，先拆除墙板单侧点焊的角钢，这样更方便反应器墙板安装到指定位置。根据图纸以钢架作为参考，用 2～3t 倒链调整反应器墙板到图纸设计位置，详细尺寸以设计图纸为准。反应器墙板位置调整完毕经过专业技术人员检测无误之后方可焊接。

12.3.3　反应器横梁及内部支撑装置安装

反应器横梁及内部支撑装置参照脱硝钢结构横梁、斜撑安装方法施工。

12.4　催化剂的安装

12.4.1　催化剂安装前的准备工作

（1）工具。模块提升装置（电动葫芦）、模块运输专用小推车、模块翻转装置、滑动轨道。

（2）需要准备的材料。模块和模块间及模块和反应器内壁间需安装密封挡板，在安装挡板期间模块需要用覆盖物来防护。典型的方案为用金属薄板或架子板来防止模块和催化剂损坏。催化剂模块运输到安装地点前应保持覆盖，只有在模块运输到起重设备前拆除遮盖物。避免模块受到机械冲击，例如在吊装期间不允许碰撞到模块的结构，不可在雨天安装以防止催化剂被淋湿。如果是不可避免的，则将模块上的遮盖物尽可能保持到最久。如果模块需要临时放下，则应放置在枕木上并覆盖。

（3）需准备的事项。检查不必要的物件，如垃圾等已从反应器内清除；检查工作平台的基础，保证有足够的强度；检查模块支撑梁上的所有焊接和打磨工作已全部完成；清除反应器桁架水平面的横截面区域内任何障碍物；使用专用的提升装置，安装和进行负荷试验的测试工作、提升工作等；当安装模块的工作开始时，需铺上格栅以便行走在反应器层面；临边为安装人员提供安全绳；在模块支撑横梁上安装玻璃纤维密封垫及模块密封板；挡板、密封条等必须事先准备并有足够的库存；反应器内应提供适当的照明；检查小推车轨道的平滑度、间距，保证小推车能平稳的通过。

12.4.2　催化剂模块安装

（1）催化剂模块是以横向方向置放然后运送的，并且用坚固的钢条捆在木制托台上，直到安装前或被吊装到安装区域时才可从将托台拆下。吊装到安装区域时先把原有的覆盖物拆除。任何时候模块都应置放在坚实的平地上。模块应使用电动葫芦或吊车运输到反应器催化剂装入门处，然后用专用小推车运输到设计位置（小推车装置由催化剂生产厂家公司免费提供使用），拆除保护催化剂的覆盖物（在雨天应尽可能把模块的覆盖物保持到最好）。

（2）模块使用叉式升降机或运输机械按模块编号顺序运输到起吊位置。模块使用电动葫芦提升到安装层面。在反应器外的通道上将模块转移到移动小推车上，移动小推车把模块运输到反应器通道门入口处，通过手动葫芦将模块吊起运输到反应器内部。在反应器内部通过专用小推车将模块移动到安装位置（注意应在催化剂模块支撑梁上置放玻璃纤维密封垫及模块密封板）。确保模块放置在支撑梁上的方形区域内。催化剂模块安装后，密封板也应安装在模块与反应器之间，以防止飞灰沉积。如果在反应器内进行焊接工作，则催化剂模块上方需要用金属板、胶合板或其他适当的材料遮盖，放置杂物进入催化剂内部。每层反应器布置了包含试块的催化剂模块，应按照有关要求进行布置。

12.5　氨区设备的安装

氨区系统主要设备包括液氨卸料压缩机、液氨存储罐、液氨蒸发槽、氨气稀释槽、氨气缓冲槽、稀释风机、氨气/空气混合器、废水泵等。

12.5.1　容器类设备安装

液氨储罐、液氨蒸发槽、氨气缓冲槽、氨气稀释槽、氨/空气混合器、氨区仪用空气储气罐安装。

（1）设备开箱检查。设备到储运部后组织开箱验收，检查设备外观应无变形、裂纹、锈蚀、气孔等缺陷，认真核对设备的铭牌、规格型号、传动方式和回转方向应与图纸和设计要求相符。

（2）基础几何尺寸检查、基础划线、基础凿毛及垫铁。

（3）设备安装。由于液氨储罐质量较重，采用100t汽车吊就位外，其他设备由25t汽车吊即可就位。就位后，调整设备的纵横向中心要与基础的中心对正，偏差应小于或等于2mm，通过调整垫铁组使设备的标高达到设计图纸的要求，偏差应小于或等于±2mm，检查设备的水平度，偏差应小于0.10mm/m。

（4）地脚孔浇灌。安装调整合格后，对设备的地脚螺栓孔进行灌浆，灌浆时要扶正地脚螺栓，地脚螺栓偏斜度应小于或等于1/100L，垫铁组应小于或等于3块，地脚螺栓紧固后螺栓露出2～3扣。

（5）二次找正。地脚螺栓孔灌浆期满后，对设备的地脚螺栓进行紧固。复查纵横中心线及标高，调整完毕将垫铁点焊牢固。对水设备基础进行二次灌浆。

12.5.2　卸料压缩机安装

（1）设备清点。按照图纸和供货清点核对现场到货设备的数量、规格、外观形式等要合图纸设计的要求，数量齐全，规格和形式正确。外观没有破损、伤痕，残缺等现象。

（2）基础凿毛及垫铁配置。打倒基础表面的浮浆。将放置垫铁的位置在基础上画出，将基础表面凿平，把平垫铁放在凿过的位置上用铁水平检查，水泡应居中，接触面积应大于或等于75%。平垫铁表面应平整，不能有氧化铁、毛刺。垫铁放置要稳固，厚块放在下面，垫铁之间接触要严密。垫铁每组数量应小于或等于3块（斜垫铁一对为一块），垫铁与基础应接触良好，垫铁放置在地脚螺栓两侧。

（3）压缩机安装。将压缩机吊装就位到配置好的垫铁上，调整压缩机的纵横向中心要与基础的中心对正，偏差应小于或等于 2mm。通过调整垫铁组使压缩机的标高达到设计图纸的要求，偏差应小于或等于±2mm。检查压缩机的水平度，偏差应小于 0.10mm/m。检查轴承的轴向间隙要符合设备资料的要求，检查轴承的同心度，偏差应小于 0.05mm。

（4）地脚孔浇灌。安装调整合格后，对设备的地脚螺栓孔进行灌浆，灌浆时要扶正地脚螺栓，地脚螺栓偏斜度应小于或等于 1/100L，垫铁组应小于或等于 3 块，地脚螺栓紧固后螺栓露出 2～3 扣。

（5）二次找正。地脚螺栓孔灌浆期满后，对压缩机的地脚螺栓进行紧固。进行联轴器的二次找正，轴向偏差应小于或等于 0.05mm，径向偏差应小于或等于 0.05mm。联轴器间隙为 2～5mm，作好实测记录。联轴器连接后水泵盘车应转动灵活，调整完毕将垫铁点焊牢固，对压缩机基础进行二次灌浆。

（6）水压试验。安装结束后需对管线进行水压试验，切不可对压缩机组进行水压试验，压缩机内绝对不允许进水。水压试验后，还应对新装管线、阀门及压缩机进行气密性试验，试验压力为设计压力的 1.25 倍，（表压）保压 30min，检查有无泄漏，合格后排空再以氮气对压缩机及新安装的管线进行置换。置换时，带压的氮气应从四通阀下法兰进入压缩机。

12.5.3　废水泵安装

一、设备清点

按照图纸和供货清点核对现场到货设备的数量、规格、外观形式等应符合图纸设计的要求。数量齐全，规格和形式正确，外观没有破损、伤痕，残缺等现象。

二、设备检查

（1）若厂家规定不允许解体则只作如下检查。检查泵壳外观、电动机外观、台板外观、轴承座应无变形、裂纹、砂眼、气孔等缺陷，校对各设备的规格型号、各部尺寸应与图纸相符。轴封符合厂家的要求，压兰压紧，松紧适当。盘动泵的转子轴承转动应灵活、无卡涩现象。

（2）如厂家没有规定不允许解体则按照相关规程的要求作如下检查。

1）检查泵壳外观、电动机外观、台板外观、轴承座应无变形、裂纹、砂眼、气孔等缺陷，盘动泵的转子轴承转动应灵活、无卡涩现象。校对各设备的规格型号、各部尺寸要与图纸相符。

2）将泵用记号笔作好标记，然后对泵进行解体检查。清洗泵的各部件，检查轴无弯曲、变形，在 V 形铁上用百分表进行轴弯的测量工作，若超出规范的允许范围，进行校正。检查轴承部件转动灵活，无损坏，记录轴承型号，用塞尺或压熔丝的方法检查轴承的油隙。

3）检查叶轮无砂眼、裂纹。检查叶轮与轴的轴的装配要固定牢固，不松动，用百分表检查叶轮的瓢偏和晃动情况。检查轴封部件应完好，无损伤。

4）将壳体及轴承室内清理干净无杂物然后按照标记进行回装，回装时壳体与轴承室的压紧螺栓要均匀紧固，接口间加好密封。轴封符合厂家的要求、压兰压紧松紧适当。检查记录轴承的油隙和轴承型号，盘动泵的转子轴承转动应灵活、无卡涩现象。

5）对水泵的冷却水室进行水压试验，试验压力为设计工作压力的 1.25 倍，通常为 0.6MPa，保持 5～10min 没有泄漏。检查水室要畅通，不能堵塞。

三、基础几何尺寸检查及基础划线

首先将厂家图纸与设计院图纸进行校对，各部尺寸应一致。用设计院图纸校核基础各部尺寸应符合设计要求。基础外型尺寸偏差应小于或等于±20mm，中心位置偏差应小于或等于 20mm，基础纵横中心线偏差应小于或等于 10mm，各中心线距离偏差应小于或等于±3mm，检查地脚螺栓孔深度和孔口尺寸偏差应小于或等于±10mm，标高偏差应小于或等于±10mm。检查基础无空洞、蜂窝、夹层等缺陷，清理地脚孔不能有杂物。

四、基础凿平及垫铁配置

打倒基础表面的浮浆。将放置垫铁的位置在基础上画出，将基础表面凿平，把平垫铁放在凿过的位置上用铁水平检查，水泡应居中。接触面积应大于或等于 75%。斜垫铁需经过机械加工，平垫铁表面应平整，不能有氧化铁、毛刺。垫铁放置要稳固，厚块放在下面，垫铁之间接触要严密。垫铁每组数量应小于或等于 3 块（斜垫铁一对为一块），垫铁与基础应接触良好，垫铁放置在地脚螺栓两侧。

五、水泵安装

将水泵吊装就位到台板上，调整水泵的纵横向中心要与台板、基础的中心对正，偏差应小于或等于 2mm。通过调整垫铁组使泵的标高达到设计图纸的要求，偏差应小于或等于±2mm。检查泵的水平度，偏差应小于 0.10mm/m。检查轴承的轴向间隙要符合设备资料的要求，检查轴承的同心度，偏差应小于 0.05 mm。

六、电动机安装及联轴器找正

电动机与泵体是一体的，用百分表进行复测，若有问题，可通过调整电动机底角的垫片来使联轴器的误差在允许的范围内，轴向偏差应小于或等于 0.0.5mm，径向偏差应小于或等于 0.05mm。联轴器间隙为 2～5mm，作好实测记录。

七、地脚孔浇灌

安装调整合格后，对设备的地脚螺栓孔进行灌浆，灌浆时要扶正地脚螺栓，地脚螺栓偏斜度应小于或等于 1/100L，垫铁组应小于或等于 3 块，地脚螺栓紧固后螺栓露出 2～3 扣。

八、二次找正

地脚螺栓孔灌浆期满后，对泵的地脚螺栓进行紧固。进行联轴器的二次找正，轴向偏差应小于或等于 0.05mm，径向偏差应小于或等于 0.05mm。联轴器间隙为 2～5mm，作好实测记录。联轴器连接后水泵盘车应转动灵活。调整完毕将垫铁点焊牢固。对水泵基础进行二次灌浆。

九、安装泵的联轴器护罩

安装泵的联轴器护罩，护罩与联轴器要留有间隙，不能相碰否则会产生摩擦。护罩固定要牢固。

12.5.4　氨区管道安装

一、检查管道、阀门

（1）按照经审批的材料预算清册领料。

（2）清点管道及附件，管道材质、管径、壁厚必须符合图纸要求，管道材质必须有出厂合格证。对管子外观进行检查，无裂纹、缩孔、夹渣、粘砂、折叠、漏焊、重皮等缺陷，表面应光滑，不允许有尖锐滑痕，作好记录，并注明检查人和检查结果。

（3）阀门应经检修并水压试验合格，对合金管道、管件应进行光谱检验。

（4）法兰密封面应光洁，不得有径向沟槽，且不得有气孔、裂纹、毛刺或其他降低强度和连接可靠性方面的缺陷。

（5）法兰使用前，应按照设计图纸校核各部尺寸，并与待连接的设备上的法兰进行核对，以保证正确连接。

（6）螺栓及螺母的螺纹应完整，无伤痕、毛刺等缺陷，螺栓与螺母的配合应良好，无松动或卡涩现象。

（7）滑动支架的工作面应平滑灵活、无卡涩现象。

二、光谱分析

对合金钢元件（包括管道、吊挂装置、弯头、三通、阀门）进行光谱分析，确保材质无错用，并在明显处作标记。

三、管道清理

用压缩空气吹扫管路，吹扫清理合格后封堵严实。

四、安装顺序及方法

（1）管道安装的一般要求。对于设计院图纸有具体要求的依次按图纸安装管道、支吊架、阀门、固定装置、导向装置。安装位置及膨胀间隙、管道坡度等严格按图要求施工，管道横平、竖直，注意膨胀方向，设置膨胀弯。只有流程图没有安装图的管道，根据现场情况自行设计管道走向，但必须符合《电力建设施工及验收技术规范》焊接篇及管道篇的要求，且工艺美观、走向合理，横平、竖直，吊杆符合设计要求，阀门安装方向正确、美观，间距合理，便于操作、检修，而且必须保证热膨胀符合要求。

（2）管道安装。

1）大管的切割主要采用割把切割，割后应将割口的氧化层去掉，露出金属光泽，小于 $\phi89$ 的管子必须用无齿锯切割。

2）连接法兰的螺栓、螺母材料及螺栓型号应符合规定，螺母的硬度应低于螺栓的硬度，螺栓端部伸出螺母的长度一般为 2～3 扣。全部螺栓应位于法兰的同一侧，连接阀件的螺栓、螺母应放在阀件一侧。

3）法兰与管子焊接，应使法兰面垂直于管子的轴线，倾斜度不得超过法兰外径的 1.5/100，且不大于 2mm，与转动设备连接的法兰不应超过 0.15mm。法兰与管子应保持同心，螺栓孔中心偏差一般不应超过孔径的 5/1000，并保证螺栓自由穿过。

4）法兰螺栓拧紧后，两个法兰密封面应保持平行。

5）法兰与支吊架或建筑物距离一般不应小于 200mm，法兰连接要用垫片密封。安装法兰垫片时，一个接口只准放一个垫片，不准许放双层垫片或偏垫，垫片内径应大于管子的内径 1～3mm，不得突入管内减少流量。垫片外圈不得遮挡螺孔，要与管子同心。水平管段法兰应将下部的螺栓穿入螺孔内，然后放入垫片。连接法兰螺栓时，必须将连接法兰的螺栓全部穿入螺栓孔后，方可拧紧法兰螺栓。紧固时应使用合适的扳手，依次对称、均匀地进行，先粗紧一遍，然后拧紧。

6）管道焊接均开 V 形坡口，在管子端部加工成 30°～35°斜边，管道焊接接口时留 1～3mm 间隙。

7）为了保证两根管子焊接在一条直线上，管子端面必须与管子轴线垂直，管子端面的检查，可用角尺或专用样板，管子对口前，应将焊口的坡面的铁锈、油渍等脏物清理干净，不同的管口应进行调整。对口的目的是使两根管子中心线在同一条直线上，对口间隙应符合规定，对口时不得强力对口，以致引起附加应力，对口时多转动几次管子，使错口值减小，间隙均匀。

8）焊口在焊接前应仔细清理管道内部的油污及杂质，打磨坡口，不准留有飞边、毛刺。对 DN50 以下的管道全部采用氩弧焊接方式，管径 DN 大于或等于 50mm 以上的管道，全部采用氩弧焊打底电焊盖面工艺，不得有间隙超标或错口现象。管道焊接完毕后，应立即清除焊渣、焊瘤、药皮、飞溅物和氧化皮等杂物。

9）对每段管子的清洁度检查、每道焊口的检查、组合后管子内的清洁度检查设专人检查，并填写相应的记录表。

10）管子对好后，用点焊法固定，点焊用的焊条和焊接技术水平应当与正式焊接相同，管子点焊后，应检查管子中心线的偏差值。

11）管子焊接时，应垫平，不得将管子悬空或处于外力作用下焊接，焊缝焊接完毕后，应自然缓慢冷却。

12）每日施工结束应对管道开口部位加塑料或金属罩帽，以防止杂物进入。

13）管道焊接要由合格的中压或高压焊工担任，坚决做到一次焊接成功，避免返工；为保证焊接质量，管道安装后焊口应进行 X 射线探伤或着色探伤检验焊口，以确保焊接的严密性。

14）对于阀门除厂家有特殊要求的以外必须进行解体检查及打压试验，更换盘根、垫片（要求材质为聚四氟乙烯），并作好记录；阀门安装时，作好安装记录，并注明责任人。

15）管道安装过程中，严禁在正式管道内临时存放工具和杂物，避免工具、杂物遗忘在管道内。

（3）阀门和法兰的安装。

1）阀门在安装前，如无明确要求不得解体阀门，除复核产品合格证和做水压试验外，还应按照设计要求核对型号并按照图纸介质流向确定其安装方向。安装完毕后应采用统一的标牌标明阀门的 KKS 码。

2）阀门在安装前应清理干净，法兰式阀门应保持关闭状态，焊接式阀门应为微开启状态（焊口冷却后关闭）。安装和搬运阀门时，不得以手轮作为起吊点，且不得随便转动手轮。

3）阀门连接应自然，不得强力对接或承受外加重力负荷，法兰周围紧力应均匀，以防止由于附加应力而损坏阀门。

4）法兰连接时应保持法兰间的平行，其偏差不应大于法兰外径的 1.5%，且不大于 2mm，不得用强紧螺栓的方法消除歪斜。

5）法兰平面应与管子轴线相垂直，平焊法兰内侧角焊缝不得漏焊，且焊后应消除氧化物等杂质。

6）法兰所使用的垫片内径应比法兰内径大 2～3mm。

7）安装阀门与法兰的连接螺栓时，螺栓应露出螺母 2～3 个螺距，螺母应位于法兰的同一侧。

8）阀门安装完毕后，应用统一的标牌标明每只阀门的 KKS 码。

（4）支吊架生根结构的安装。

1）管道的支吊架分为管部、连接件、根部，根部应在管道安装前安装就绪。

2）在厂房内，管道支吊架都应固定在厂房的钢筋混凝土结构或钢结构上。安装前，根据设计图纸的距离和标高，正确找出生根结构的安装位置，要求有坡度的管道应根据两点距离和坡度的大小，算出正确标高。

3）对预埋了生根结构的孔洞或留有预埋件，应检查预留孔洞或预埋件的标高及位置是否符合要求。

4）预埋件上的砂浆或油漆应清除干净。生根结构与预埋件焊接时，应横平竖直，先点焊固定后，再次检查其标高与位置，确信无误后再焊牢。

（5）固定安装就位。

1）支吊架生根结构安装完毕后，即可将已组合好的管道和组件安装就位。管道的标高、坡度和倾斜度方向都应符合设计要求，设计无明确要求时，一般压力管道可按 2/1000 坡度安装。

2）阀门安装时，应考虑运行操作方便，截止阀、调节阀、止回阀等的进出口方向应与管内介质流动的方向相符。

3）管道安装就位时，应将支吊架本体一起安装，固定支吊架其生根部位必须牢固。

4）滑动支架安装时，应考虑管道热膨胀，以支座中心线为起点，将支座沿着管道膨胀的反方向移动等于管段热位移的一半距离。

5）支吊架安装时，可用拉杆长度调整管道与支吊架生根结构的距离。考虑到管道运行时的热位移，吊架的吊杆应倾斜，倾斜的方向与管道热位移的方向相反，倾斜的距离等于该管段水平热位移值的一半。

6）弹簧支吊架的安装除了与管道支吊架的安装具有相同的要求外，还应根据图纸将弹簧进行预压缩，压缩后加以临时固定。

7）管道水压试验和保温工作结束后，才可以割去临时固定件进行弹簧调整。

8）投入运行后，检查各支吊架弹簧高度，使其符合设计要求，达到载荷均匀，必要时进行调整。

12.6　附属设备安装

脱硝附属设备的安装包括蒸汽吹灰器及管道的安装、声波吹灰器及管道安装、稀释风机及管道的安装、输灰泵及输灰管道的安装。

12.6.1　蒸汽吹灰器及管道的安装

脱硝系统蒸汽吹灰器主要用来吹扫催化剂表面的积灰，一般每层设计 6 台耙式吹灰器（以锅炉中心线对称，左右各 3 台）底层为备用层。脱硝系统蒸汽吹灰器的汽源接口一般从空气预热器吹灰器管道处引出。因为空气预热器吹灰器管道和辅汽联箱相连，在锅炉启动前，可通过辅汽联箱来汽先行吹扫。

一、吹灰器设备检查

设备到货开箱检验时，施工人员必须认真负责，按《电力建设施工质量验收及评定规程（锅炉篇）》规定进行设备检查。在每一吹灰器吊装前应对设备进行外观检查，看设备上否有变形、裂纹、重皮、严重的锈蚀和损坏等缺陷。如果发现设备存在缺陷，应及时上报监理及厂家代表和甲方共同讨论处理方法，不得擅自对设备进行任何处理。设备检验无误后，采取必要的防护措施，防止设备在吊装前在现场受到损坏。如果吹灰器枪管是合金材质需对合金钢元件进行光谱分析，确保材质无错用，并在明显处作标记。

二、吹灰器设备的吊装

吹灰器由 25t 平板车自设备堆放处运至起吊地点。吹灰器上自备吊耳，因此采用散吊的方案。吊装机械为现场吊装用平臂吊或塔吊。吹灰器吊装时直接用塔吊将吹灰器吊至设备就位处，安装工用倒链将吹灰器接钩、倒钩至就位处，并安装。吹灰器与格栅板间用木方垫起，并将吹灰器放平。吹灰器在铭牌上有编号注明其在锅炉上的安装位置，吊装时应注意其安装点与吹灰器号码要一一对应，吹灰器分为左控型和右控型，吊装时要注意区分。

三、吹灰器设备的安装

吹灰器设备的安装可以分为两个部分：反应器墙板外吹灰器设备安装；反应器墙板内吹灰器枪管及枪管支架安装。

反应器墙板外吹灰器设备结构主要包括大梁、齿轮箱、行走箱、吹灰管、阀门、开阀机构、前部托轮组及与反应器墙板接口箱等组成。吹灰器安装前先拆除吹灰器设备的所有安全运输紧固零件，吹灰器后端支吊装置，生根点视吹灰器距其上下平台距离远近而定，就近安装。安装时处于冷态状态，考虑反应器墙板的垂直膨胀量，螺杆插入支架吊装孔，用螺杆调节吹灰器标高，使吹灰器后端预先朝烟道膨胀方向倾斜，以保证热态时吹灰器位置正确。梁体水平，找准后用锁定螺母将螺杆固定，而水平膨胀量由后部支吊装置承受。焊接时，要采用保护措施，防止烤坏梁内电缆、电动机。

反应器墙板内吹灰器枪管及枪管支架在安装前应先在反应器墙板上按吹灰器设计标高开孔，用于安装吹灰器枪管套管，吹灰器套管与反应器墙板接触处满焊，焊高为 5mm。反应器墙板内吹灰器枪管支架焊接必须牢固，可以承受吹灰器进出的推力。反应器墙板内吹灰器枪管中心线与催化剂上表面距离保证与设计值相符，吹灰器枪管喷嘴朝下，用手动手柄将吹灰器设备的枪管从套管中伸出然后与反应器内枪管焊接（注意焊材的选用）。焊接完毕后用手手动手柄式吹灰器枪管伸、缩至极限，检查有无吹扫盲点，如果有吹扫盲点通过调节枪管的长度保证所有催化剂表面都能吹扫到。

四、吹灰器管路及管件的安装

按照管路布置图安装，并结合施工现场实际，布置部件和管道走向。焊接时焊缝距弯曲点距离不得小于管子外径或 100mm，成型管件之间应加接短管，短管长度不低于 150mm。吹灰系统管路安装时，应留出足够的膨胀量和保温量，各种规格管子的膨胀弯制作尺寸应符合吹灰管路系统布置图的说明要求，特别是水平膨胀节要有安装坡度。在保证管道挠性足够、疏水斜度对设备附加应力小和不影响流通能力的前提下，可以适当调整管道走向、膨胀节和固定、导向、悬吊等装置的位置和数量，吊架安装时应充分考虑反应器向外侧的膨胀量。吹灰系统支吊架不允许火焰切割、开孔，必须用无齿锯切割，电钻开孔，成型管道上不允许火焰切割。在从空预器吹灰器管道接口处安装一个截止阀，吹灰管道疏水阀水平安装，所有阀门注意流向，法兰结合面加石墨缠绕垫，保证严密不漏，并安装在便于操作和维护的地方。

吹灰器管道对口过程中应避免强力对口，管子对口错位应小于或等于 10％管壁厚度，且应小于或等于 1mm，对口偏折度离焊缝中心 200mm 处应小于或等于 2mm。为了使管道自由的穿过平台，应在平台上割圆孔，并在开孔的周围加围挡，孔的尺寸大小应以能通过管道外部保温层为准，且应留有 80mm 的余量。安装结束后，应按图纸和有关技术条件，检查是否符合要求。

12.6.2　声波吹灰器的安装

声波吹灰器空气流程为环境→空气压缩机→吸干机→储罐→压缩空气母管→储罐→声波吹灰器→反应器。声波吹灰器及声波吹灰器管道一般为不锈钢件，设备到货后应注意保存，以防丢失。声波吹灰器主要部件为一个大型喇叭口，通过电梯或平臂吊运输到安装平台上。在反应器墙板设计标高处开圆孔，开孔大小以声波吹灰器套筒为准。套筒焊接在反应器墙板上（注意焊材的选用），喇叭口通过催化剂装入门运入反应器内，喇叭口进口通过套筒往外伸出与反应器外声波吹灰器管道焊接。喇叭口与套管固定处保证焊缝严密不漏。特别注意声波吹灰器电磁阀的安装，严格安装设计说明安装，否则对吹灰效果有严重影响。声波吹灰器管道安装可参照 12.5 节氨区管道的安装要求。

12.6.3　稀释风机及管道的安装

一、稀释风机的安装

脱硝稀释风机设备一般设置 3 台，每台设备包括稀释风机入口门、稀释风机入口消声器、稀释风机、稀释风机出口方圆节、稀释风机出口软连接、稀释风机出口门。

稀释风机设备运到现场安装前应检查风机的铭牌、规格型号、传动方式、回转方向、各部分尺寸均应符合图纸要求。检查设备是否存在变形等缺陷。设备运输到施工现场做好防护措施，风机上方搭设防护棚，避免高处坠物砸伤风机设备，避免碰撞，遇到阴雨天气遮盖防雨布，做好防雨措施。稀释风机布置在脱硝钢结构平台上，风机支撑基础一般为角钢框架结构，在角钢上钻螺栓孔，通过螺栓使风机整体牢固布置在下方专用防振支撑基础上，防振支撑基础焊接在钢结构平台上。

稀释风机设备本体与电动机为整体到货，由 25t 板车运至锅炉 0m，用塔吊或平臂吊和倒链配合进行吊装就位。吊装过程中，设专人监护，避免设备发生碰撞。安装过程中注意做好成品保护。稀释风机吊装就位后，用倒链吊起风机，移动风机坐落在事先安装好的防振基础上，每台稀释风机一般配置 4 个防振基础，用螺栓将风机与防振基础连成一个整体。

二、稀释风机管道的安装

稀释风机管道一般为焊接钢管，规格为 $\phi 480 \times 6mm$（视机组大小而定）。管子外观应无裂纹、撞伤、龟裂压扁、砂眼、分层等现象，管子允许麻坑深度应小于或等于 10% 设计厚度，管座位置符合图纸；内部无尘土、锈皮、积水、金属余屑等杂物，未喷砂的管道压缩空气吹扫合格并及时封堵严实，坡口类型符合图纸；单根管外径、管厚、长度、弯曲角度、尺寸检验符合图纸。

用 25t 平板车将管道运至锅炉底下，在管道上预先焊接好吊装用的吊耳，吊耳的厚度，焊缝高度符合吊装的 8 倍安全系数。按照管道编号顺序用塔吊或平臂吊吊装就位，用钢丝绳临时吊挂在钢架梁上，钢丝绳与钢架棱角接触处需垫半圆管。用倒链将管道调正固定，调整好对口间隙，准备进行焊接对口。焊接前应对管子坡口进行清洁，在管端内、外 15～20mm 范围内无铁锈、油污，并露出金属光泽打磨坡口。对口时，对只有 1 段的管子，要对 2 个口子同时进行对口；对有 2～3 段的管子，对口时需要同时进行；对较长的管子，在对口焊接剩下最后 2～3 段时，也要同时进行对口，以防止各段对口焊接后产生的误差叠加过大及最后 1 段对口时产生折口过大而难以校核现象。对口过程中用倒链调整，钢丝绳和管间加木块防滑，管道一路预对口找正合格后焊接对口。对口错位应小于或等于 10% 管壁厚度，且应小于或等于 1mm，对口偏折度离焊缝中心 200mm 处，应小于或等于 2mm。管子对口完毕后，对管道进行尺寸复合，确认无问题之后进行支吊架的安装，支吊架安装要严格按照图纸进行。安装完毕后作仔细调整，管道与支吊架要充分接触，受力平衡、合理，无问题后拆除临时吊挂用钢丝绳。

12.6.4 仓泵及输灰管道的安装

脱硝灰斗下部仓泵及管道设备安装顺序为设备领用与清点→仓泵预存→管道和连接件预存→设备和管道组合。

一、仓泵安装

脱硝灰斗下方一般配备 6~8 个仓泵，仓泵一般分为 2 个单元，以锅炉中心线为对称中心线，2 个单元共用 1 根灰管。使用圆筒吊或平臂吊从炉后贯入，临时就位在灰斗下方，待灰斗找正验收完毕后使用倒链将仓泵提起与灰斗连接。就位时按标高及中心线进行找正，仓泵出口就位标高可以通过两侧的拉杆作细微调整。

二、输灰管道安装

输灰管道安装前必须进行管内清扫，清除锈皮和杂物。安装时如需在管子上开孔，应注意勿使熔渣或铁屑落入管内。管子和管件的坡口及内外壁 10~15mm 范围内的油漆、垢锈，在对口前应清理干净，直至显示金属光泽。各类管道应按照设计图纸施工，如需修改设计或采用代用材料，必须提请设计单位按有关制度办理。输灰管道组合不宜过多，组件应有足够刚性，正式吊装就位后不应产生变形，临时固定应牢固可靠。组合件及管道安装前按支吊架图纸将支吊架安装完成。支吊架应一次焊接牢固，不许有漏焊、欠焊或严重咬边等缺陷。滑动支架的工作面应平滑灵活，无卡涩现象。管道组件安装时水平段的坡度方向与坡度应符合设计要求。若设计无具体要求，对管道坡度方向的确定，均按 0.002 的坡度进行安装。ϕ89 及以下的管道如在安装图中未示出时，可根据现场条件按各分册系统图连接，阀门应布置在便于操作维护和检修的地方。

管道安装结束后松开波形补偿器的拉紧装置，若补偿器内部带有套管，则套管的固定端为介质的入口侧。不锈钢管道安装要在管道下方铺垫 3mm 不锈钢带。

三、仓泵止回阀、进料阀、刀型闸阀的安装

阀门安装时，手轮应安装在便于操作及检修的地方，且不宜朝下。焊接阀门应在开启状态下安装，防止过热变形，法兰阀门应在关闭状态下安装。法兰安装前，检查其密封面的光洁度，不得有径向沟槽，且不得有气孔、裂纹、毛刺或其他降低强度和连接可靠性的缺陷。法兰平面应与管子轴线垂直，平焊法兰内侧角焊缝不得漏焊，且焊后应清除氧化物等杂质。安装阀门与法兰的连接螺栓时，螺栓应露出螺母 2~3 扣，螺母应位于法兰同一侧。

第13章

火电厂SCR系统启动调试

13.1 火电厂 SCR 系统调试的内容

如前文所述，SCR 包括 SCR 系统和氨的制备系统。目前，广泛采用液氨作为脱硝还原剂，其基本的系统构成大同小异，可以触类旁通，不同的是因为具体的对象需要而部分设计参数会有所不同。

一般情况下，氨的制备系统设备集中布置于远离锅炉房和 SCR 系统的氨站区域，液氨槽车经厂区公路进入氨区卸载点。由氨的制备系统提供的气氨经沿厂区综合管架的气氨管道进入 SCR 区域，经过与空气混合稀释后通过氨注射系统（AIG）注入到 SCR 入口烟道中。注入到烟道的氨/空气混合物与烟气充分混合后进入 SCR 反应器，在催化剂的催化作用下进行充分的脱硝反应，脱除烟气中的氮氧化物。

SCR 系统的调试就是使以上设备、系统达到设计最优运行状态，装置各参数、指标达到设计保证值。完整的系统调试一般包括单体调试、分部试运、整体热态调试和整个系统 168h 满负荷试运四个过程。单体调试的许多工作是结合分部试运阶段调试完成的，分部试运是指从脱硝盘柜受电开始到整套启动试运开始为止。单机试运是指单台辅机的试运，分系统试运指按系统对其动力、电力、热控等所有设备进行空载和带负荷的调整试运。调试内容主要包括：

（1）工艺部分。

1）系统吹扫及泄漏性试验。

2）系统氮气置换。

3）卸氨及储存。

4）液氨供给与停止。

5）液氨蒸发。

6）氨压力调节（缓冲罐）。

7）喷淋系统。

8）废水系统。

9）脱硝 CEMS。

10）吹灰器系统。

11）除灰系统。

12）稀释风机组。

13）SCR 系统整体启动。

（2）电气热控。

1）单体的传动、试转。

2）系统逻辑连锁试验。

3）参数整定。

13.2 调试前的准备

调试前，应检查和确认安装施工、氨供应系统和脱硝反应器具备调试运行条件，并确认下列项目已先后完成。

（1）氨站系统土建施工工作均已完成，应有的防腐施工完毕，排水沟畅通，所有地沟盖板应铺盖完毕，齐全平整。

（2）脱硝系统所需照明、通信设施齐全，步道平台安全可靠，符合《电业安全工作规程》中有关规定。

（3）氨区的消防水、喷淋水、生活水、加热蒸汽已经接通，具备投入条件。

（4）氨区系统废水排放系统的地沟、废水池防腐施工完毕，经检验合格，清理干净无杂物、异物。

（5）系统所需的仪用压缩空气及杂用压缩空气系统具备投入条件。

（6）系统各类仪表、安全阀等校验合格，并安装调试完毕，可以投入运行。

（7）系统动力电源、控制电源、照明电源均已施工结束，带电工作完成，可安全投入使用。

（8）系统各个设备、管道、箱、罐、挡板、阀门等标志（名称、标码）齐全。

（9）系统设备、管道、阀门、泵等安装完毕，各类阀门操作灵活。

（10）阀门及测点的调试完成，所有测点显示准确，阀门就地（远方）操作正常，反馈正确。

（11）脱硝系统的检查、设备内部的清扫、管路的冲洗完成，按设计图纸要求完成承压设备及管道的耐压试验。耐压试验有气压和液（水）压两种，对要求不能进行液压的设备需要进行气压试验。耐压试验时安全门必须隔离，试验压力依据图纸或设计说明要求，对没有说明的按下列办法执行。

1）钢和有色金属的固定式压力容器试验压力。液压为 1.25 倍的设计压力，气压为 1.15 倍的设计压力，其中压力容器在出厂时已做过耐压试验并有试验检验报告的，如重做试验可征询厂家意见。

2）管路系统试验压力。液压为 1.5 倍的设计压力，气压为 1.15 倍的设计压力。压力升至试验压力，无泄漏并保压不少于 30min，然后降至设计压力，保压足够时间进行检查，检查期间压力保持不变，视为耐压试验合格。耐压试验合格后完成系统恢复。

（12）卸料压缩机、液氨供应泵、废水泵、稀释风机、吹灰器等设备启动试运结束，可投入运行。由于卸料压缩机不允许空转，因此只进行卸料压缩机电动机的试运。

（13）控制系统已调试完毕，其中硬件检查完毕、内部网络检查完毕、软件安装并运行正常、运行组态逻辑检查、控制系统对驱动设备可操作，以及系统启动所需监视、连锁、报警、保护信号进入控制系统。

（14）准备充足的符合设计要求的液氨。

（15）准备调试期间符合要求的充足氮气。

（16）脱硝系统热态调试时锅炉尽量燃用设计煤种。

（17）调试期间准备所需的试验仪器设备，设备上仪器仪表校验合格。

（18）合格的运行人员上岗，保安人员值班，现场风向标、正压自给式呼吸器、洗眼器和淋浴等防护用品及设施准备齐全。

（19）相关重要设备的制造厂家技术人员到场配合调试工作，并确认设备状态。

（20）有关脱硝系统的各项制度、规程、图纸、资料、措施、报表与记录齐全。

13.3　SCR 系统的分系统调试

SCR 系统分系统的调试内容主要有整体系统吹扫、逻辑连锁试验、系统泄漏性试验、氮气置换及分系统试车。本节就各个分系统调试进行较为详细的介绍。

13.3.1　整体系统的吹扫

耐压试验合格后系统已完成恢复，需对系统进行吹扫，吹扫可以选用厂里的压缩空气或氮气。吹扫从氨储罐依次往下，经主管路、支管路、排放管路依次进行直至各管路端口，其中蒸发器出口的管路应吹扫至反应器区氨气管道与混合器的接口。整个系统可根据设计的排放口分成多段进行，分段吹扫干净后允许进入下一段吹扫。经过反复憋压和吹扫，在排压口不带水和杂物后视为合格。吹扫过程中管路中阀门要求全开，并且注意不能将水带入卸料压缩机中。

13.3.2　控制逻辑连锁

（1）氨区喷淋系统。监测氨区环境内的氨气泄漏，自动打开喷淋水系统，确保各喷淋阀动作准确，喷淋正常，及时吸收泄漏的氨气，并发出报警信号。

（2）污水排放系统。监测污水池的高低液位，自动开启污水泵，及时排走氨区内产生的污水。

（3）稀释水槽氨气吸收。监测系统氨的排放，及时吸收排放的废氨。

（4）液氨卸载及储存连锁。监测液氨储罐内的高低液位报警及卸料压缩机的状态，及时停止卸氨过程，保证液氨储罐内的液氨量不超过安全储存量，同时监测储罐的压力和温度，自动控制降温喷淋水，保证液氨储存的安全稳定。

（5）蒸发器自动控制。监测热媒温度，调节换热量，控制蒸发器安全稳定运行。

（6）稀释风机系统连锁。监测稀释风机空气流量及运行状态，能够自动投入备用风机，保证脱硝系统正常稳定运行。

（7）吹灰系统顺序控制系统。吹灰系统在满足启动允许条件后，能够自动启停催化剂吹灰顺序控制系统，完成吹灰顺序控制。

（8）脱硝系统启停。满足脱硝启动允许条件及发生脱硝退出条件时，脱硝系统能够快速安全启停。

13.3.3　系统泄漏性试验

氨的储存和供应系统在吹扫试验结束后，需要进行泄漏性试验。试验介质宜为空气或氮气，试验压力按图纸或设计说明要求进行。对没有说明的按下面办法执行：

（1）储罐的试验压力为设计压力，其中安全附件装配齐全。如安全附件的动作压力低于储罐的设计压力，试验压力应取最高允许工作压力，以保证试验能够进行。

（2）管路系统由于和设备相连，试验压力取最高工作压力。经过逐步升压和检查处理，压力升至试验压力后，无泄漏并保压足够的时间，一般不少于 30min，压力保持不变视为合格。对采用空气压缩机打压进行的泄漏性试验，试验合格后需要对管路进行吹扫，以排干系统内的冷凝水。

13.3.4　系统氮气置换

系统氮气置换可先完成液氨储罐的置换，置换合格后可用罐内合格的氮气完成氨系统其他管路和设备的置换。氮气置换可采用下面方法之一：

（1）氮气直接对罐内空气进行稀释来进行置换，该方法充氮排放次数多，氮气用量较大。

（2）采用罐体充水置换，氮气用量少，该方法一次充氮可完成，但置换后的氮气里含水分，会对压缩机造成伤害。

置换后的氧含量小于 3% 视为合格。

13.3.5　液氨卸料及存储系统调试

（1）卸料开始前已完成了储罐、管路系统的吹扫、泄漏性试验及氮气置换。

（2）卸载管路及卸料压缩机相关管路上各阀门开、关状态位置正确。

（3）卸载管路与储运槽车相连，用氮气检查卡车和卸料系统连接处的密封性。

（4）确认液氨储罐罐内已保持较低的压力后，缓慢打开储运槽车至储罐的气相管路，利用气氨置换储罐内的氮气，待储罐排放口有氨味时关断气相管路阀门。

（5）缓慢打开储运槽车至储罐的液相管路，利用储运槽车相对储罐的压差对储罐充液氨。

（6）当储罐与槽车的压差变小，卸氨变缓后，打开储罐气相管路阀门，并连通卸氨压缩机准备液氨。

（7）开启压缩机卸氨。

1）检查四通阀位置是否正确（压缩机的气氨出口与储运槽车气氨进口相连，压缩机的气氨进口与储罐气氨出口相连）。

2）启动压缩机，卸料开始。

3）压缩机的原料气来自储罐，氨气经压缩后进入液氨槽车，然后使液氨压入储罐。

（8）停止卸氨。

1）待液氨槽车与储罐的差压降至 0.03～0.07MPa 或槽车液位指示为 0 时，表示槽车内液氨已卸完。按下压缩机的停机按钮，压缩机停止运行。

2）关闭储罐液氨进口气动切断阀、卸氨液相截止阀。

3）闭槽车上的液相阀、槽车上的气相阀。

4）关闭储罐气氨出口气动切断阀，关闭卸氨气相截止阀。

（9）卸载过程中，热控连锁保护投入，观察储罐的液位、温度、压力等信号。

（10）卸载过程中，控制系统监测液氨储罐液位开关报警信号，使卸入储罐的液氨量不超过储罐有效容积的 85%。

（11）卸载过程中，控制系统监测液氨储罐的压力和温度信号，启动储罐降温喷淋保护。

（12）卸载过程中，控制系统监测环境氨气泄漏，启动事故喷淋保护。

13.3.6　液氨蒸发系统调试

（1）蒸发器系统的检查。

1）蒸发器热媒已添加，热媒液位正常，各阀门开关位置正确。

2）采用蒸气加热方式的蒸汽已接通，采用电加热方式的电源已接通。

（2）蒸发器投入运行，蒸发器自动控制投入，热媒温度控制在正常水平。

（3）液氨供给的操作。

1）打开储罐底部的液氨出口阀门，用液氨自身的压力将液氨压入蒸发器。

2）当环境温度较低，液氨自身的压力不足以将液氨压入蒸发器时，可启动液氨输送泵输送。

（4）蒸发器的操作。

1）打开蒸发器出口管道上阀门。

2）缓慢打开蒸发器液氨进口阀门，观察蒸发器热媒温度、出口气氨压力及温度等参数。

（5）蒸发器出口自力式调节阀调节供氨管道上稳定的气氨压力至气氨缓冲罐，为脱硝系统提供状态稳定的气氨。

13.3.7　反应器系统调试

（1）稀释风机调试及喷氨系统冷态调整。启动稀释风机后调节稀释风量及调整流向，两台反应器的稀释风量平衡。对于喷氨格栅式的喷氨系统，需要完成各个喷氨支路的流量调平，并且保证即使在脱硝停运的情况下，稀释风机也要伴随锅炉一起运行，以保证氨气喷嘴不被堵塞；对于涡流混合式的喷氨系统，需要完成各个喷氨支路的流量调平。

（2）在线烟气分析仪的调试，脱硝反应器出口的氮氧化物分析仪、氨气分析仪、氧量分析仪已经完成静态调试，并经标定合格，满足热态试运的条件。

（3）吹灰系统顺控系统完成逻辑试验，满足启动允许条件后，能够自动启停催化剂吹灰顺控系统，满足热态试运条件。

（4）脱硝干除灰系统调试，通过机组带负荷后的试运，能够实现可靠投入。

（5）脱硝系统启动。

1）确认烟气在线监测系统工作正常。

2）确认稀释风机运行状态正确。

3）确认脱硝反应器入口的烟气温度满足要求，且持续 10min 以上，则可以向系统注氨。

4）确认氨区供应系统工作正常及阀门的开关位置。

5）液氨经换热蒸发后已供应至注氨流量控制阀前。

6）上述条件满足后，打开 SCR 系统注氨速关阀，手动缓慢调节脱硝反应器的注氨流量控制阀，进行试喷氨试验。当控制阀打开后，要确认氨气流量计能够准确测量出氨气流量；否则，要暂停喷氨，把氨气流量计处理好后再继续喷氨。

7）根据 SCR 出口氮氧化物的浓度及氨气浓度，缓慢地逐渐开大注氨流量控制阀。如果在喷氨过程中，氨气分析仪的浓度大于 3×10^{-6}，或者反应器出口 NO_x 含量无变化或者明显不准时，就需要暂停喷氨，解决问题后，才能继续喷氨。

8）首次喷氨，脱硝效率稳定在一个相对较低的安全水平后，全面检查各个系统，确保烟气在线分析仪都工作正常，确保氨气制备正常，参数控制稳定，能够稳定地制备出足够的氨气。

（6）脱硝系统的短期停运。

1）关闭蒸发器出口氨气管道控制阀。

2）关闭蒸发器入口液氨管道控制阀。

3）关闭液氨存储罐液氨出口管道控制阀。

4）关闭氨气缓冲罐氨气出口控制阀。

5）关闭 SCR 注氨速关阀。

6）其他系统设备或者阀门等保持原来的运行状态。

（7）脱硝系统的长期停运。

1）关闭液氨存储罐液氨出口管道控制阀。

2）关闭蒸发器液氨入口管道控制阀。

3）继续加热蒸发器数分钟，待蒸发器出口氨气压力几乎降为零后，逐渐关闭蒸发器入口的蒸汽控制阀门，然后关闭其手动阀。

4）缓冲罐压力基本为零后，关闭其出口控制阀门。

5）关闭 SCR 注氨速关阀，氨气流量控制阀。

6）在 SCR 出口温度低于 250℃ 以前，锅炉暂停继续降负荷，对催化剂进行一次全面吹灰。吹灰结束后继续降负荷。

7）如锅炉需要停运，则待锅炉已经完全冷却至环境温度后，停运稀释风机，至此，脱硝系统完全停止运行。

13. 4　SCR 系统的整套启动调试

13. 4. 1　启动前的检查

一、启动前的基本要求

（1）脱硝系统安装、分系统调试验收合格。

（2）现场消防、交通道路畅通，照明充足。

（3）氨区应设置正式围栏，警告标志齐全。

（4）防雷、防静电接地经当地相关部门的测试合格，应有测试记录。

（5）消防系统应验收合格，投入正常。

（6）所有压力容器报当地劳动监督部门备案，并取得压力容器使用许可证。

（7）氨的储存与使用取得当地安全监察部门的危险化学品储存和使用证。

（8）脱硝系统内的所有安全阀均应校验合格。

（9）防护用品、急救药品应准备到位。

（10）通信设施齐全。

（11）上岗人员资质审查合格，证件齐全。

（12）操作票通过审批。

（13）应急预案通过审批，并经过演练。

二、启动前的试验

（1）动力电缆和仪用电缆的绝缘电阻试验（测电缆绝缘时，断开仪表间的电缆）。

（2）氨气、杂用气和仪用气的泄漏试验完成。

（3）转动设备开关电气试验。

（4）电（气）动阀门或挡板远方开、关、传动试验。

（5）各种连锁、保护、程控、报警值设置完成。

（6）仪器仪表校验应合格，投入正常，包括烟气分析仪（NO_x、O_2、NH_3、CO），流量、压力和温度变送器，控制系统的回路指令控制器，就地压力、温度和流量指示器。开始喷氨的前一天，将烟气分析仪投入运行。

三、启动前的系统检查

启动前，应对液氨储存与稀释排放系统、液氨蒸发系统、稀释风系统、循环取样风系统、吹灰器、SCR 烟气系统进行全面检查，保证各系统符合启动相关要求。主要检查内容有以下方面。

（1）液氨储存与稀释排放系统检查。

1）氨区电气系统投入正常。

2）仪表电源正常，特别是双电源切换。

3）仪用空气压力达到系统运行要求。

4）吹扫用氮气准备到位，品质符合要求。

5）消防水系统、消防报警投入正常。

6）氨区液氨存储和氨气制备区域的氨气泄漏检测装置报警值设定完毕，工作正常。

7）氨稀释槽、液氨储存罐内部清洁，废水池清洁。

8）氨稀释系统正常。

9）氨区废液吸收系统具备投入条件。

10）废液排放泵系统具备投入条件。

11）液氨储存罐降温喷淋具备投入条件。

12）卸氨压缩机具备投启动条件。

13）压力、温度、液位、流量等测量装置完好，并投入。

14）在上位机上检查确认系统连锁保护 100% 投入。

15）检查确认防护用品、急救用品准备到位。

16）紧急措施、应急预案稳妥，并经过演练。

17）安全阀一次门及其他阀门应在正确位置。

18）氨系统用氮气置换或抽真空处理完毕，氧含量达到要求。

（2）液氨蒸发系统及其气氨缓冲系统检查。

1）液氨蒸发器、氨缓冲罐内部清洁，人孔封闭完好。

2）氮气置换系统已经置换。

3）压力、温度、液位等测量装置完好，并投入。

4）加热蒸汽应具备投入条件。

5）氨缓冲罐具备供氨条件。

6）安全阀一次阀门及其他阀门处于正确位置。

（3）稀释风系统检查。

1）稀释风管、加热器内部应清洁。

2）氨混合器（喷氨格栅）完好，喷嘴无堵塞。

3）压力、压差、温度、流量等测量装置完好，并投入。

4）稀释风机润滑油应正常，且具备启动条件。

5）系统阀门应处于工作位置。

（4）CEMS 循环取样风系统检查。

1）循环取样风机进出口管道内部应清洁。

2）压力测量装置完好，并投入。

3）烟气在线分析仪、氨逃逸检测仪完好，并具备投入条件。

4）循环取样风机润滑油应正常，且具备启动条件。

5）系统阀门应处于正确位置。

（5）吹灰系统检查。

1）蒸汽吹灰系统的蒸汽管道应吹扫干净，符合规范要求。

2）压力、温度、流量等测量装置应完好，并投入。

3）吹灰器进、退应无卡塞，与支架平台无碰撞，限位开关调整完毕。

4）吹灰器控制系统应完好，并具备投入条件。

5）系统阀门应处于正确位置。

（6）SCR 反应器系统检查。

1）催化剂及密封系统安装检查合格。

2）导流板、整流器、混合器完好。

3）烟道内部、催化剂应清洁、无杂物。

4）烟道应无腐蚀泄漏，膨胀节连接牢固、无破损，人孔门、检查孔关闭严密。

5）压力、温度等热工仪表完好，投入正常。

6）氨泄漏报警系统投入正常。

7）锅炉运行正常，温度应符合脱硝要求。

13.4.2　系统的整套启动

脱硝系统的整套启动包括氨气的制备启动、SCR 区吹灰器的启动、脱硝系统投入/退出试验、脱硝系统运行启动、喷氨格栅调试和脱硝系统的主要运行调整。

一、氨气的制备启动

（1）液氨蒸发器暖机，确定蒸发器各阀门状态，开始对热媒加热，待系统稳定后投入自动。

（2）液氨蒸发器液氨注入。

1）开启液氨储罐出口控制阀，并缓慢打开气化器液氨入口控制阀，使液氨进入蒸发器，待压力表读数稳定后逐步开足。

2）手动缓慢开启气化器氨气出口阀及其后所有相关阀门，使氨气进入缓冲罐。

3）待系统稳定后，检查确认稳压罐压力为 0.2～0.25MPa，温度大于或等于 10℃，并确认系统投自动。

二、脱硝系统运行启动

（1）SCR 区吹灰器的启动。确认吹灰器启动条件满足，所有吹灰器处于热启动状态，根据吹灰要求，可手动启动或投入整套吹灰程序。

（2）脱硝系统投入/退出试验。对每台反应器对应的氨气快速关断阀进行逻辑连锁保护试验，保证脱硝系统能够安全投入/退出。

（3）稀释风机的启动。稀释风机已调试完成，工作正常。另外，针对喷氨格栅式的氨喷射系统，为保证喷射系统不出现堵塞情况，即使没有投入脱硝系统，稀释风机也要求伴随锅炉一起运行。

（4）SCR 的投运。打开 SCR 系统注氨速关阀，手动缓慢调节脱硝反应器的注氨流量控制阀，控制喷氨量，脱硝系统投运。

三、脱硝系统的主要运行调整

SCR 装置启动运行后需进行调整的内容主要包括液氨蒸发器温控参数优化、运行烟气温度优化、氨喷射流量控制参数优化、AIG 喷氨平衡优化、稀释风流量优化、吹灰器吹灰频率优化、氨氮摩尔比变化测试、负荷波动试验等。

（1）液氨蒸发器温控参数优化。热工检查液氨蒸发器的热媒温度自动控制及氨气缓冲罐的压力变化，热源的供应要满足氨气蒸发的需要，进行控制参数的调整，确保上述参数控制准确。

（2）运行烟气温度优化。

1）SCR 喷氨最低连续运行温度通常为 300℃，受锅炉燃煤硫含量及 SCR 入口 NO_x 浓度影响而变化。在最低设计运行烟气温度下，喷入烟道内的 NH_3 易与 NO_x 反应生成硫酸铵盐，铵盐沉积在催化剂中会引起催化剂失活，且大量没反应的氨气会造成空气预热器低温段严重积灰堵塞。

2）在机组低负荷下，当 SCR 入口烟气温度低于最低设计烟气温度时，如果设计了省煤器烟气旁路，可通过调整省煤器烟气旁路与省煤器出口烟道挡板的开度，使 SCR 入口烟气温度高于最低连续喷氨温度，保障 SCR 正常运行。

3）当 SCR 入口烟气温度低于最低设计烟气温度时，如果没有设计省煤器烟气旁路，则需要停止氨喷射。否则，在低温下喷氨短暂运行一段时间后，应根据催化剂供货商的要求，尽快提高机组负荷，通过高温烟气来消除硫酸铵盐的影响。

4）SCR 入口烟气温度高于 450℃ 时，容易引起催化剂烧结，降低脱硝性能。通常，锅炉满负荷运行时的省煤器出口烟气温度低于 400℃，SCR 设计连续运行的最高温度在此基础上增加 30℃。在脱硝系统运行中，还应注意烟气温度过高的问题。

（3）氨喷射流量控制参数优化。

1）注氨流量是通过锅炉负荷、燃料量、炉膛出口 NO_x 浓度及设定的 NO_x 去除率的函数值作为前馈，并通过脱硝效率或出口 NO_x 浓度作为反馈来修正。

2）当氨逃逸浓度超过设定值，而 SCR 出口 NO_x 浓度没有达到设定要求时，不应继续增大氨气的注入量，而应先减少氨气注入量，把氨逃逸浓度降低至允许的范围后，再查找氨逃逸率高的原因。把氨逃逸率高的问题解决后，才能继续增大氨气注入量，以保持 SCR 出口 NO_x 在期望的范围内。

3）投入注氨流量的"自动"控制，增加或者减少反应器出口 NO_x 浓度的控制目标，观察控制阀的自动控制是否正常，热工优化氨气流量控制阀的自动控制参数。

4）喷氨流量调节的前提是 SCR 反应器进出口的氮氧化物分析仪、氨气分析仪、氧量分析仪工作正常，测量准确。如有问题，需及时处理。

（4）AIG 喷氨平衡优化。

1）当脱硝效率较低，而局部氨逃逸浓度过高时，应考虑对喷氨格栅 AIG 的手动流量控制阀门进行调节。

2）机组负荷的变化对 SCR 入口烟气 NO_x 浓度有一定影响，AIG 的优化调节应在机组习惯运行负荷下进行。

3）AIG 喷氨平衡优化调整宜采取循序渐进的方式进行。首先将脱硝效率调整到设计值的 60%左右，根据 SCR 出口截面的 NO_x 浓度分布调节 AIG 阀门；然后，在 SCR 出口 NO_x 浓度分布均匀性改善后，逐渐增加脱硝效率到设计值，并继续调节喷氨支管手动阀，最终使 SCR 出口 NO_x 浓度分布比较均匀。

（5）稀释风流量优化。

1）稀释风流量通常根据设计脱硝效率对应的最大喷氨量设定，以使氨空气混合物中的氨体积浓度小于 5%。

2）在氨/空气混合器内，氨与空气应混合均匀，并维持一定的压力。

3）对于喷嘴型氨喷射系统，当停止氨喷射时，为避免氨喷嘴飞灰堵塞，应一直伴随锅炉运行而投运稀释风机。

（6）吹灰器吹灰频率优化。

1）在 SCR 注氨投运后，要注意监视反应器进出口压差的变化。若反应器的压差增加较快，与注氨前比较增加较多，此时要加强催化剂的吹灰。

2）对于声波式吹灰器，通常每个吹灰器运行 10s 后，间隔 30s 运行下一个吹灰器，所有的吹灰器采取不间断循环运行。

3）对于耙式蒸汽吹灰器，为大幅度改善 SCR 系统阻力，需要检查耙的前进位移是否能够到达指定位置，并适当增加吹灰频率。

4）对于采用耙式蒸汽吹灰器的脱硝装置，应在检修期间注意检查催化剂表面的磨损状况并评估磨损原因。如果磨损是由于吹灰造成的，应调整吹灰器减压阀后的吹灰压力或加大吹灰器喷嘴与催化剂表面的距离。

（7）脱硝系统变负荷运行试验。在设计 NO_x 浓度和脱硝效率下，机组负荷按照一定的速率由满负荷降低至脱硝运行的最低负荷，观察脱硝系统的运行情况，包括氨气的供应情况、氨逃逸率、实际脱硝率、氧量的变化等。

1）变化脱硝率运行试验。在锅炉满负荷条件下，烟气中的 NO_x 浓度符合设计浓度要求，变化脱硝效率由 20%升至设计效率，再由设计效率降低至 20%，分别观察脱硝系统的运行情况，包括氨气的供应情况、氨逃逸率等参数的变化。

2）满负荷试运。在完成有关试验后，各方确认脱硝系统已经具备进入满负荷试运条件，开始脱硝系统的满负荷试运。满负荷试运期间，脱硝效率设定在设计效率条件下。在此期间，要定时详细记录机组负荷、燃料量、总风量、脱硝效率、氨气流量、催化剂的压差、空气预热器压差、反应器出口 NO_x 含量、氨气含量、氧气含量、蒸发器的水位和温度、积压器的压力、液氨存储罐压力和温度、液氨的液位、稀释风机的电流和母管压力。

13.5　SCR 系统的喷氨优化调整

SCR 反应器的设计过程中，为使 SCR 反应器在消除局部大量积灰的同时，烟气系统阻力最小，同时为脱硝反应器提供一个较好的流场，可通过 CFD 数值模拟和物理冷态模型实验，对反应器入口烟道、导流叶片、喷氨格栅、静态混合器和整流装置等进行优化设计，并使顶层催化剂入口烟气分布满足以下条件：

（1）NH_3/NO 分布最大相对偏差小于 $\pm 5\%$。

（2）烟气速度分布最大相对偏差小于 $\pm 15\%$。

（3）烟气温度分布最大绝对偏差小于 $\pm 10℃$。

（4）烟气垂直入射角偏差小于 $\pm 10°$。

气氨与稀释风进入混合器混合后，形成氨气体积浓度小于 5% 的氨/空气混合气，压力约为 $2\sim 4kPa$，经喷射系统喷入 SCR 入口烟道。催化剂入口的 NO 与 NH_3 摩尔比分布程度，决定了反应器出口的 NO 和氨逃逸浓度分布，并影响到整体脱硝效率和硫酸氢铵对下游设备的堵塞等。NO 与 NH_3 在顶层催化剂表面的分布均匀性，取决于喷氨格栅上游的 NO 分布、烟气流速分布、喷氨流量分配、静态混合器的烟气扰动强度及混合距离等。

从国内多个项目投运后的情况来看，SCR 反应器入口 NO_x 分布并不均匀，同时，随着 SCR 的运行，通过喷氨格栅进入反应器内的各支管路的氨气流量也不均匀。此外，催化剂在反应器内部受灰堵等影响，也出现了活性的不均匀性，长期运行会造成反应器出口 NO_x 浓度的不均匀性及氨逃逸浓度偏大的差异性。运行过程中，间隔一段时间调节氨喷射系统各支管的手动调节阀，以便根据实际烟气条件，在运行过程中实现喷氨流量分配的优化调节将尤为重要。喷氨流量分配的优化调节如图 13-1 所示。

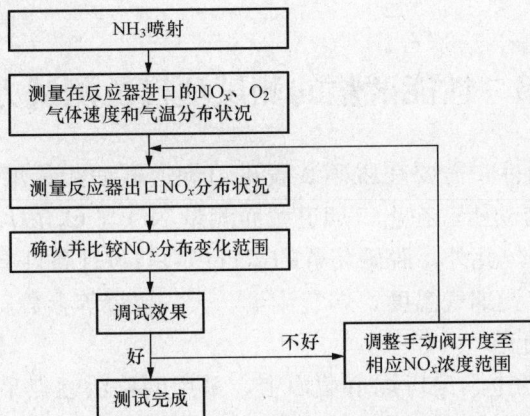

图 13-1　喷氨流量分配的优化调节

第14章

火电厂SCR系统性能验收试验

14.1　性能验收试验的目的

脱硝系统建成投产后，为了检验脱硝系统各性能是否达到合同要求及是否能满足环境保护要求，并为脱硝系统的投运提供指导，由买方、卖方协商确认委托有资质的第三方实施脱硝系统性能验收试验。

14.2　SCR 性能保证指标

为了给脱硝系统的达标投运提供数据依据，通过脱硝系统的性能验收试验确认 SCR 的各项性能保证指标。机组脱硝系统均应在机组正常运行负荷范围内达到性能要求，SCR 性能保证指标至少包括脱硝效率、NO_x 排放浓度、氨逃逸浓度、SO_2/SO_3 转化率、系统阻力、噪声或其他耗量等。

14.3　性能试验的测试项目及测试方法

为了计算上述性能指标，需要在脱硝装置进口烟道截面测量烟气中的 NO 与 O_2 浓度、SO_2 与 SO_3 浓度、静压与动压，在出口烟道截面测量 NO 与 O_2 浓度、氨逃逸浓度、SO_2 与 SO_3 浓度、静压与动压等。此外，脱硝装置的运行参数与设计条件有一定差异，为了进行性能修正，需要测量脱硝装置烟气温度、烟气流量、大气环境等参数。

14.3.1　NO 和 O_2 分布

在每台 SCR 反应器的进、出口烟道截面上，采用网格法逐点采集烟气样品，用多功能烟气分析仪分析各点的 NO 和 O_2，同步获得进/出口的 NO/O_2 浓度分布。用加权平均法计算 SCR 反应器进、出口的 NO_x 平均浓度（干基、标准状态、95％NO、6％O_2），并据此计算 SCR 系统的实际脱硝效率。SCR 进/出口 NO 和 O_2 网格法取样分析系统见图 14-1。

14.3.2　NH_3 逃逸浓度

根据每台反应器出口截面的 NO 与 O_2 浓度分布，选取多个代表点（代表点应涵盖 NO 浓度高、中、低不同区域的测点，且代表点平均 NO 浓度等于断面平均 NO 浓度，每个反应器代表点数量不少于 6 个），作为 NH_3 取样点。NH_3 取样系统见图 14-2。

取样系统采用美国 EPA 的 CTM-027 标准，利用 NH_3 化学取样系统采集烟气样本。采样管路中需要有烟尘过滤器，并且烟尘过滤器温度不低于 300℃；采样管路冲洗点上游烟气管路温度不得低于 300℃，冲洗点下游烟道壁面全部冲洗并收集到样品中。利用离子电极法分析样品溶液中的氨浓度，根据所采集的烟气流量，计算出干烟气中的氨逃逸浓度。

14.3.3　烟气中 SO_2 与 SO_3

依据 EPA method 6 和 ASTM D-3226-73T 标准，在每台脱硝反应器的进/出口烟道同时

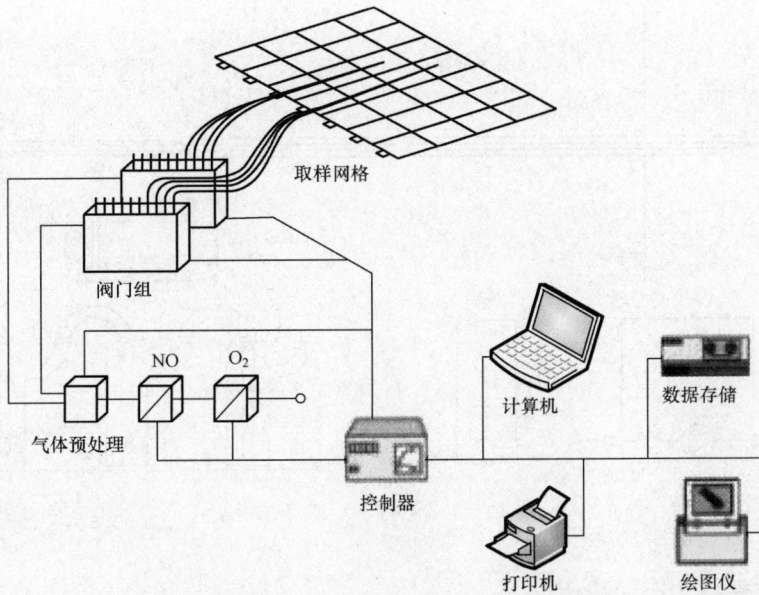

图 14-1　SCR 进/出口 NO 和 O_2 的网格法取样分析系统

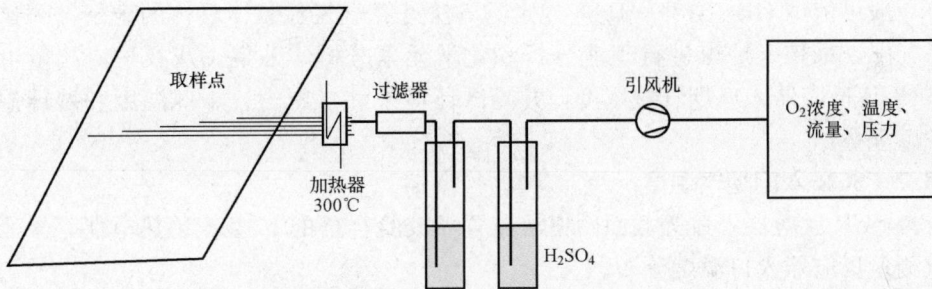

图 14-2　NH_3 取样系统

布置 SO_2 与 SO_3 化学取样系统，采用控制冷凝法采集 SO_2 与 SO_3 烟气样本。采样管路中需要有烟尘过滤器，且烟尘过滤器温度不低于 300℃；在 SO_3 控制冷凝器前管路温度不应低于 300℃。控制冷凝法 SO_3 浓度分离可采用蛇形管或高纯石英棉，两种方法都应保证分离器温度处于 65～85℃。用高氯酸钡标准溶液滴定所采集样品中的硫酸根离子浓度，根据采集的烟气流量与烟气中 O_2 浓度，计算干烟气中的 SO_3 与 SO_2 浓度，进而计算烟气通过 SCR 反应器后的 SO_2/SO_3 转化率。SO_2/SO_3 取样系统见图 14-3。

14.3.4　系统压降

系统阻力按全压计算。试验工况下，在锅炉烟道与 SCR 系统进/出接口处分别布置压力测点，采用电子微压计测量 SCR 装置的进出口静压差，同时进行相关修正后计算得出 SCR 系统阻力。

14.3.5　噪声

以运行设备的外壳作为基准面，测量表面平行于基准面，与基准面距离 $d=1.0$m。测点布置在测量表面上，测点水平高度距设备运行地面 1.2m 处。采用噪声计在现场直接测

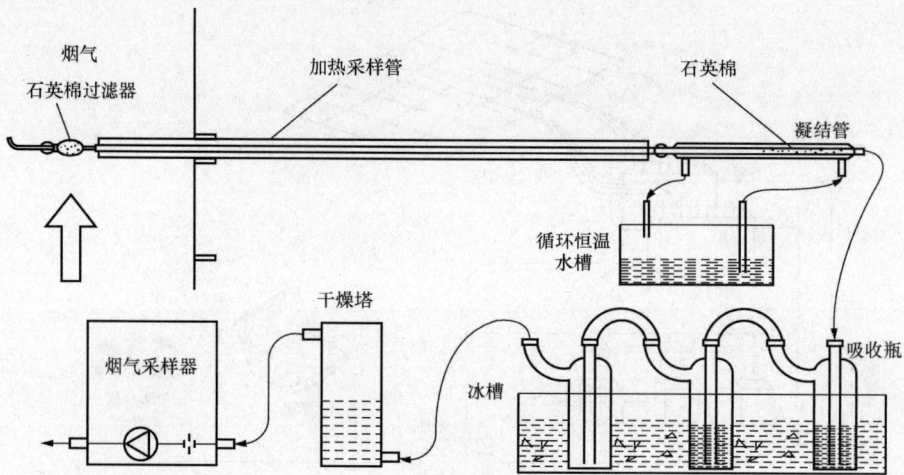

图 14-3　SO_2/SO_3 取样系统

量，测试结果须进行相关修正。

14.3.6　烟气流量

鉴于 SCR 反应器进出口烟道流场均匀性较差，采用毕托管直接测量精确度较低且操作难度大，一般可依据 GB 10184—1988 规定的方法计算烟气流量。具体的记录与测试内容包括试验工况下，采集入炉煤进行工业分析和化学元素分析，采集飞灰及炉渣测量可燃物含量，测试 SCR 反应器入口烟气氧浓度，并测试环境条件（压力、干球温度和湿球温度）和记录入炉燃煤量。

14.3.7　SCR 入口烟气温度

在每台 SCR 反应器入口等截面网格法布置经校验合格的 K 型铠装热电偶，采用单点温度计逐点测量反应器入口温度分布。

14.3.8　环境条件

试验期间，采用膜盒式大气压力计测量环境大气压力。用干湿球温度计测量环境干、湿球温度，经查表得出环境相对湿度。

14.3.9　其他项目

试验期间与脱硝系统相关的主要运行参数，均采用系统配套的 DAS 数据采集系统记录，每 5min 记录一次，取平均值。

14.4　性能试验的条件

（1）锅炉主机组能够正常运行，送风机、引风机、一次风机、磨煤机、给水泵和除渣系统等无故障，各风、烟门挡板操作灵活。

（2）脱硝系统能够正常运行，并已运行超过 4400h，液氨蒸发系统、稀释风机、喷氨系统等无故障。自动控制系统运行可靠，运行参数记录系统投入正常运行。

（3）试验期间应燃用设计煤种，同时煤质应稳定，其工业分析的允许变化范围如下。

1）干燥无灰基挥发分为 ±10%（相对值）。

2）收到基全水分为±4％（绝对值）。

3）收到基灰分为±5％（绝对值）。

4）收到基低位发热量为±10％（相对值）。

5）收到基硫分为±0.4％（绝对值）。

（4）正式考核试验前，应完成喷氨格栅的优化调整试验。

（5）试验期间不得进行较大的干扰运行工况操作，但若遇到危及设备和人身安全的意外情况，运行人员有权按规程进行紧急处理。

（6）所有试验仪器、仪表均需经过法定计量部门或法定计量传递部门校验，并具有在有效期内的合格证书。或者采用标准气体对分析仪进行校准。

14.5　性能验收试验流程

为考核脱硝系统是否在全负荷范围内均达到设计性能要求，性能考核试验一般会选择在锅炉 100％、75％及 50％额定负荷下进行性能测试，其中主要性能参数采取平行工况测试取平均值。试验流程安排如表 14 - 1 所示。

表 14 - 1　　　　　　　　　　　　　SCR 性能考核试验流程安排

项目	机组负荷	测 试 项 目	备 注
预备试验	100％	SCR 进/出口的 NO/O_2 浓度分布	CEMS 校准等
T-01	100％	SCR 进/出口的 NO/O_2 浓度、烟温、氨逃逸浓度、煤灰渣等	平行工况 1，得脱硝效率、氨逃逸、阻力、氨耗量等
T-02	100％	SCR 进/出口的 NO/O_2 浓度、烟温、氨逃逸浓度、煤灰渣等	平行工况 2，得脱硝效率、氨逃逸、阻力、氨耗量等
T-03	75％	SCR 进/出口的 NO/O_2 浓度、烟温、氨逃逸浓度、煤灰渣等	平行工况 1，得脱硝效率、氨逃逸、阻力、氨耗量等
T-04	50％	SCR 进/出口的 NO/O_2 浓度、烟温、氨逃逸浓度、煤灰渣等	平行工况 1，得脱硝效率、氨逃逸、阻力、氨耗量等
T-05	100％	SCR 进/出口的 SO_2/SO_3/O_2 浓度，烟温、煤灰渣及稀释风机噪声等	不喷氨，得 SO_2/SO_3 转化率及噪声

14.6　性能试验结果的修正

SCR 装置的性能考核试验在机组不同负荷下进行，包括预备性试验工况和正式试验工况。

（1）脱硝效率和氨逃逸浓度应同步进行，满负荷下采取平行工况试验方法，即在两天内分别进行独立的试验测试，取平均值作为最终结果。

（2）系统阻力可在脱硝效率测试期间同步进行。

（3）SO_2/SO_3 取样测量时，需停止喷氨，并在反应器装置的进/出口同步取样。

对于实际测量数据进行氧量修正和加权平均取值，当脱硝装置运行参数在允许的偏离范围时，脱硝效率、氨逃逸浓度、SO_2/SO_3 转化率及系统阻力不进行修正。运行参数偏离下列范围时，方需根据性能曲线进行修正。

(1) 烟气流量。$\Delta = \pm 10\%$（相对值）。

(2) 烟气温度。$\Delta = \pm 15℃$（绝对值）。

(3) 脱硝入口 NO_x 浓度。$\Delta = \pm 50mg/m^3$（绝对值，标准状态下）。

第15章

火电厂SCR系统运行与维护

在完成 SCR 系统的调试及性能验收后，就要进行 SCR 系统的正常运行。

15.1 SCR 系统启动前的检查与准备

在整个 SCR 系统启动前，要对所有的设备、烟道、SCR 系统的电控设施进行检查，以确认该类设施处于良好的工作状态。

15.1.1 SCR 反应器检查

（1）确认反应器外形及内部构建没有变形或损坏，反应器内无杂物。

（2）确认催化剂层之间没有堆积物或积灰。

（3）反应器蒸汽吹灰器冷态试运行合格。

（4）反应器出口烟气分析仪及其他相关检测仪器已调式完成，可以正常工作。

15.1.2 液氨卸载及储存系统检查

（1）系统内所有阀门已经送电、送气，开关位置准确，反馈正确。

（2）液氨储存系统已经有足够的液氨，液位不能超过规定的高度。

（3）卸料压缩机各部位润滑良好，安全防护设施齐全，可以随时启动正常卸氨。

（4）氨气泄漏检测装置工作正常，报警值已设置好。

（5）氨气稀释槽已经注好水，水位满足要求。

（6）废水池废水泵试运合格，可以正常投运。

（7）液氨卸料及储存系统相关仪表校验合格，能正常投运，显示准确。

（8）确保蒸发器内部没有被腐蚀或淤泥堵塞，检查管口、液位计处是否有泄漏等。

15.1.3 喷氨系统检查

（1）系统内所有的阀门都已经送电、送气，开关位置正确，反馈正确。

（2）液氨蒸发器内部杂物已经清扫干净，并把人孔门关闭。

（3）氨气缓冲罐内杂物打扫干净，并把人孔门关闭。

（4）喷氨系统的氨气流量计已校验合格，电源已送，工作正常。

（5）喷氨系统相关仪表已校验合格，能够正常投运，显示准确，CRT 相关参数显示正确。

（6）喷氨格栅的手动节流阀在冷态时就已经调节好，开关位置正确。

（7）稀释风机试运合格，转动部分润滑良好，动力电源已送上，可以随锅炉一起启动。

（8）确认 SCR 系统相关热控设备已经送电，工作正常。

15.1.4 烟道检查

确保烟道无变形，无积灰，各检测管没有堵塞，补偿器完好无损。

15.1.5 管道检查

确保法兰及连接处没有松动，每个阀都可以打开和关闭。

15.1.6 仪表检查

校准每台仪器的精准度和安装位置，确认每个设定值及连锁试验已完成，确保每台仪器都在待机工作状态。

15.1.7 NH₃ 和水的供给

确保 NH_3 储存罐存量足，确认补给水、控制仪用空气和蒸汽准备充分，并可随时提供。

15.1.8 电动机相关系统

确保所有电动机都已受电且试运行正常，相关系统防雷接地设备完好。

15.1.9 检查中注意的事项

（1）所有负责操作和维修工作的人员应配备合适的安全设备和工作服装。

（2）在对 SCR 反应器内部检查时禁止在催化剂本体上行走，可借助脚手架和平台，并且要将检查孔遮挡住，以免雨水进入和催化剂接触。

（3）在对反应器、输送管、罐等进行检查或维修工作时，应严格遵守以下条件。

1）事先要彻底使设备内部通风，保证氧浓度始终大于 18%。

2）必须将 NH_3、N_2、易燃气体和其他危险流体与设备分离。

15.2 SCR 系统的启动

15.2.1 SCR 系统启动基本工况条件

锅炉正常运行，机组负荷为 50%~100%，油燃烧器未投入，负压自动已投入，维持锅炉负压稳定在正常工况。

锅炉吹灰期间及启动期间，打开旁路挡板（如有），关闭 SCR 反应器出入口挡板（如有），防止锅炉烧油时有可燃物沉积在催化剂表面上。

15.2.2 SCR 系统启动的基本程序

（1）SCR 系统的电力供应。SCR 系统的受电是整个系统启动的基础，SCR 系统应有分开的独立电源提供。

（2）控制（仪用）空气的引入。在检查空气源的压力正常后，将控制（仪用）的空气引入到每台设备，确保设定压力。

（3）防止各管道及设备结冰。为防止各管道及设备结冰，蒸汽或电拌热应保持在运行状态。

（4）NH_3 蒸发器和氨喷射管路系统。由于 NH_3 蒸发器和喷嘴在检查期间处于打开状态，整个管路中含有空气，因此，通 NH_3 前应用 N_2 置换出空气，整个管道都应充满 N_2，并加压到正常压力，然后通过排放阀将 N_2 吹进 NH_3 稀释罐。重复这些操作 3~4 次，以便管道充满 N_2。打开蒸发器的工业水入口阀，使蒸发器充满水，并通过蒸汽使水温升高到 40℃ 为启动做准备。然后，启动 NH_3 蒸发器入口调节阀，氨水被引入到蒸发器系统。

（5）启动锅炉。在锅炉启动的初期，尤其是锅炉处于冷态时，采用燃油来启动。油的不完全燃烧会产生油雾，而油雾可能被带到 SCR 反应器的催化剂层并粘在催化剂表面，点火操作应充分注意燃烧，应尽量避免不完全燃烧产生的油雾。一旦有油雾产生，按照催化剂供应商提供的要求进行处理。

（6）开启稀释空气阀。随着锅炉的启动（包括冷启动、温启动和热启动），启动稀释风机，所有稀释管线上的阀门应全部打开。

（7）投入 NH_3 喷射。当烟气温度达到指定值时，NH_3 开始喷射。

15.3　SCR 系统的运行

15.3.1　SCR 脱硝系统投运

一、SCR 投运

（1）打开氨区至炉侧手动隔离阀及炉前 SCR 手动隔离阀。

（2）确认炉前氨气压力达 200kPa，稀释空气有一定流量（炉前氨气遮断阀的开启条件）。

（3）开启炉前氨气遮断阀，然后根据 SCR 入口 NO_x 含量及负荷情况手动缓慢调节氨气流量调节阀进行喷氨。喷氨时应缓慢操作，按照 SCR 出口 NO_x 含量小于规定值进行调节。若 SCR 出口 NO_x 显示值无变化或明显不准，则应及时联系处理，暂停喷氨。

二、SCR 系统运行调整应注意的事项

（1）液氨储罐液位正常，罐内压力和温度正常。

（2）氨区应无漏氨，中控氨检知器无报警，就地无刺鼻的氨味。

（3）气化器液位正常。

（4）工业水自动喷淋装置投"自动"，当储罐内部温度达 40℃时，应自动开启喷水降温、降压，以防压力升高，压力至 2MPa 安全阀动作。

（5）废水池液位正常，废水泵投自动，否则手动启泵排水。

（6）氨气分配蝶阀均应在指定开度，不得变动。

（7）稀释空气隔离阀必须在"开"状态，以避免氨气分配管堵灰。

（8）检查 SCR 催化剂出入口差压应在正常范围。

三、炉前 SCR 遮断阀开启和关闭条件

（1）遮断阀开启允许条件。无强关条件；SCR 入口烟气温度为 290～400℃；遮断阀前 NH_3 压力大于 0.1MPa。

（2）遮断阀强关条件。MFT 动作；FDF（A/B）全停；SCR 入口烟气温度超出 280～420℃；稀释空气流量/NH_3 流量小于 14。

15.3.2　供氨系统运行

一、氨气供应系统

氨首先由液氨槽车转入液氨储罐内储存，然后经蒸发槽加热气化呈气态进入缓冲罐，后经氨气输送管道送至氨气/空气混合系统，再通过 AIG 喷射到烟气中。为了保证反应器的运行需要，液氨储存及供应系统应满足 SCR 脱硝装置所有可能的负荷范围。

供氨系统采用 PLC 控制。SCR 脱硝系统的控制均在锅炉集控室完成，另外在供氨区设置供氨系统 PLC 电子设备间，其内布置 PLC 机柜和操作员站 1 台。电子设备间的设计和布置满足现行国家工业标准中的相关规范要求。

氨和空气在混合器和管路内利用流体动力原理将两者充分混合，再将混合物导入氨气分配总管内。氨/空气喷雾系统包括供应箱、喷氨格栅和喷嘴等。每一供应箱安装一个节流阀及节流孔板，可使氨混合物在喷氨格栅达到均匀分布。手动节流阀的设定是靠烟气风管的取样所获得的氨氮的摩尔比来调整。氨喷雾管位于催化剂上游烟气风道内。氨/空气混合物喷

射配合 NO_x 浓度分布靠雾化喷嘴来调整。

二、液氨槽车卸氨操作注意事项

（1）液氨卸料压缩机启动前检查。因压缩机为非经常运转设备，特别是在较长时间停用后的首次启动之前必须进行检查，清理液氨过滤器；确认防护设备，包括全脸型防毒面具、手套、防护鞋、防护衣、安全冲洗器等；液氨槽车需水平停放，加以固定并接地，安全熄火，在车前后约一车身长位置放置安全标示；卸料操作应有专门安全人员现场督导，卸料操作期间，操作人员不得离开现场。

（2）吹管。为安全考虑，长时间停用后的供氨系统在卸氨前，须对相关管路用 N_2 吹扫；吹扫应分段进行，各管路加压至压力 0.7MPa，然后排放，再重复加压、排放，操作 2～3 次，使氧含量降至安全浓度。

（3）管路连接。对储氨罐至槽车相关阀进行检查，以避免管路连接时发生泄漏；检查连接压缩机出口端后段软管至槽车进气接头；连接储罐液氨进口端上段软管至槽车液氨出口接头，两软管连接后，开启两软管及槽车端的隔离阀，检查是否连接妥当；应确认气体及液氨管路无异常，检查顺序如下。

1）气体。液氨储罐→四通阀→卸料压缩机→液氨槽车。

2）液氨：液氨槽车→液氨储罐。

（4）卸氨。联系中控，从 CRT 上打开储氨罐液氨进口遮断阀；启动卸料压缩机；开启压缩机入口隔离阀，待压力建立后，再开启出口隔离阀，利用压差（0.2MPa）将液氨从槽车压入储罐，监视储罐压力（1.0MPa 左右）和温度是否正常；待压差降至 0.035～0.07MPa 或槽车液位指示为 0，表示槽车内液氨已卸完；停压缩机，几分钟后关闭储罐液氨进口遮断阀，关闭软管上端及槽车上隔离阀。

（5）软管拆卸。为操作安全，应先开启卸氨管路上的排放阀，将管内剩余液氨及氨气排放至稀释槽，再拆卸软管，并关闭相应管线上的各手动隔离阀。

15.3.3 SCR 运行应控制的主要参数

SCR 系统在正常运行中，运行人员应按脱硝率、氨消耗量、氨的逃逸率、NH_3/NO_x 摩尔比及 SO_2/SO_3 氧化率来控制 SCR 系统的主要参数。

一、脱硝率

脱硝率表示 SCR 系统能力的大小。脱硝率是由许多因素决定的，诸如 SCR 系统运行的 SV 空间速率（h^{-1}）、NH_3/NO_x 的摩尔比、烟气温度。但是 NO_x 排放标准往往要求烟气中 NO_x 的浓度或总量在任何情况下均不超过规定的控制值。因此，应保证在锅炉的最差工况下，SCR 系统运行的最低脱硝率仍能满足排放标准的要求，同时尽量使 SCR 系统长期经济运行。影响 SCR 脱硝率的主要因素有以下几个方面。

（1）SV 值。SV 即空间速率（h^{-1}），指烟气流量与催化剂体积之比。脱硝率随着 SV 值的增大而降低。

（2）NH_3/NO_x 摩尔比。理论上，1mol NO_x 需要 1mol NH_3 脱除。NH_3 量不足会导致脱硝率降低；但 NH_3 过量，NH_3 的逃逸量就会增加，且会带来 SCR 下游 NH_3 对环境的二次污染。通常喷入的 NH_3 量随着机组负荷的变化而变化。

（3）温度。烟气温度是影响脱硝率的重要因素。一方面，当烟气温度低时，不仅会因催化剂的活性降低而降低脱硝率，而且喷入的 NH_3 还会与烟气中的 SO_x 反应生成硫酸铵附着在催化剂的表面；另一方面，当烟气温度高时，NH_3 会与 O_2 发生反应，导致烟气中的 NO_x 增加，并且温度过高催化剂容易烧结。因此，在锅炉设计和运行时，选择和控制好烟温尤为重要。

二、氨消耗量

SCR 烟气脱硝控制系统依据确定的 NH_3/NO_x 摩尔比来提供所需要的氨气流量，进口 NO_x 浓度和烟气流量的乘积产生 NO_x 流量信号，该信号乘以所需 NH_3/NO_x 摩尔比就是基本氨气流量信号；根据烟气脱硝反应的化学反应式，1mol NH_3 和 1mol NO_x 进行反应。摩尔比是在现场测试的，操作期间决定并记录在氨气流量控制系统的程序上。所计算出的氨气流量需求信号送到控制器并和真实氨气流量的信号相比较，所产生的误差信号经比例加积分动作处理去定位氨气流量控制阀。若氨气因为某些连锁失效造成喷雾动作跳闸，则氨气流量控制阀应关断。

根据设计的脱硝效率，依据入口 NO_x 浓度和设计中要求的最大 3×10^{-6} 的氨逃逸率计算出摩尔比，并输入在氨气流量控制系统的程序上。SCR 控制系统根据计算出的氨气流量需求信号去定位氨气流量控制阀，实现脱硝的自动控制。通过在不同负荷下的对氨气流量的调整，找到最佳的喷氨量。

氨气流量可依据温度和压力修正系数进行修正。从烟气侧获得 NO_x 信号馈入，计算所需氨气流量。控制器利用氨气流量控制所需氨气，使摩尔比维持固定。

三、氨逃逸率

在高尘 SCR 工艺中，氨逃逸率的控制至关重要。因为若控制不好，不仅会使成本增加，而且将导致两个主要问题，即空气预热器管板的腐蚀和飞灰的污染。如前所述，多余的氨与烟气中的 SO_3 反应生成 NH_4HSO_4，当后续烟道烟温降低时，NH_4HSO_4 就会附着在空气预热器表面和飞灰颗粒物表面。这种 NH_4HSO_4 物质在烟温低于约 150℃ 时，会以液态形式存在。它会腐蚀空气预热器管板，通过与飞灰表面物反应而改变飞灰颗粒物的表面形状，最终形成一种大团状黏性腐蚀性物质。这种飞灰颗粒物和在管板表面形成的 NH_4HSO_4 会导致空气预热器的压力损失急剧增大，需要频繁地清洗空气预热器。同时，由于氨过剩导致飞灰的化学性质发生改变，使得飞灰不可能作为建材原料利用，这就意味着电厂必须为飞灰的处置付出额外的代价。

从某种意义上说，SCR 反应器就是氨反应器。由于许多因素的存在，不可避免地将出现氨逃逸的情况。

一般来说，氨逃逸的影响因素为喷氨的不均匀性和催化剂层的活性下降。在实际运行中，这两者均无法及时发现，而通过脱硝率又不能很好地反映氨逃逸率。这时分析飞灰中的含氨量能及时、准确获知氨逃逸率。根据国外火电厂的运行经验，SCR 正常运行下，飞灰中含氨量控制在 50mg/kg 以下时，可有效控制氨逃逸率在安全运行范围之内。

四、NH_3/NO_x

通常喷入的 NH_3 量应随着机组负荷的变化而变化。对 NH_3 输入量的调节必须既保证 NO_x 的脱除效率，又保证较低的氨逃逸率。另外，如果 NH_3 与烟气混合不均，即使氨的输入量不大，氨与 NO_x 也不能充分反应，不仅达不到脱硝的目的还会增加氨逃逸率。

还原剂 NH_3 的用量一般根据期望达到的脱硝率，通过设定 NO_x 与 NH_3 的摩尔比来控制。各种催化剂都有一定的 NH_3/NO_x 摩尔比范围，当其摩尔比较小时，NO_x 与 NH_3 的反应不完全，NO_x 转化率低。当摩尔比超过一定范围时，NO_x 转化率不再增加，造成氨逃逸量的增大。

五、SO_2/SO_3 转化率

SO_2 是锅炉燃烧排放的一种常见气体，也是在燃煤锅炉的 SCR 脱硝反应中常遇到的气体物质。如果 SCR 脱硝反应发生在含有 SO_2 的烟气中，SO_2 会在催化剂的作用下被氧化成 SO_3。这一反应对于 SCR 脱硝反应而言是非常不利的。因为 SO_3 可以和烟气中的水及 NH_3 反应，从而生成硫酸铵和硫酸氢铵。而这些硫酸盐（尤其是硫酸氢铵）可以沉积并积聚在催化剂表面。为防止这一现象的发生，可以从以下两个方面考虑降低 SO_2/SO_3 的转化率。

（1）严格控制 SCR 的反应温度。

（2）合理调整催化剂成分，减少作为 SO_2 氧化的主要催化剂钒的氧化物在催化剂中的含量。SO_2 的低氧化率可以遏制形成空气预热器换热元件堵塞原因的副反应生成物（硫酸铵、硫酸氢铵）的生成，从而延长空气预热器的清扫周期。SO_2 的转化率过高，不仅容易导致空气预热器的堵灰和后续设备的腐蚀，而且会造成催化剂中毒。因此，在 SCR 运行时，一般要求 SO_2/SO_3 的转化率小于 1%。

15.3.4　SCR 运行监测系统

一、运行监测的必要性

计算机技术特别是微型计算机技术的迅速发展，为计算机监测和控制的发展与应用奠定了坚实的基础。利用计算机对工业生产流程进行监视和控制得到了广泛应用，对工业生产运行的安全性和经济性起着非常重要的作用。工业自动化水平的高低是衡量工业生产技术的先进与否和企业现代化的重要标志。现代化工业的生产管理要求包括：现场的生产情况能够及时地再现于远离现场的决策人员和管理人员面前；现场的实时数据能够提供给各级职能部门使用；形成图表，使生产控制和现代化管理融为一体，确保安全、优质、经济运行。

SCR 系统运行监测能保证 SCR 系统的安全经济运行，减少运行人员，提高运行水平。因为计算机监视系统可容易地将分散的、大面积的控制台式的监视变为集中的 CRT 监视，从而缩小了监视面长度，大大减轻了运行人员负担。SCR 运行监测系统主要有以下几种功能：

（1）在线连续监测仪表的标定。SCR 运行监控系统与常规仪表相互备用，可以对在线仪表进行标定，提高 SCR 系统运行的可靠性。

（2）过程控制和操作。SCR 运行监控系统通过对现场数据的采集分析，可以有效地控制和操作 SCR 系统的运行过程。

（3）识别过程故障。SCR 运行监控系统能够对 SCR 系统的运行提供详尽的过程描述，从而易于分析运行过程中的故障，避免发展成为重大事故。

（4）评价和优化系统性能。SCR 运行监控系统通过所积累的大量统计资料，可以为评价和优化 SCR 系统提供依据。

（5）系统性能测试。SCR 运行监控系统利用计算机采集存储的数据进行试验数据记录、数据整理分析及统计报表的自动生成等，可为系统性能测试提供依据，减轻运行人员的工作量。

（6）监测 NO_x 排放量。SCR 运行监控系统严格监测 NO_x 排放量，以满足业主要求，达

到环保排放标准。另外，对 SCR 系统进行监测能实时反映 SCR 系统的运行情况，同时也可使管理人员方便地了解 SCR 系统的运行水平，并根据 SCR 系统运行的经济性对各班组的运行水平作出评价，为管理人员对生产进行科学管理提供客观的依据。

总之，SCR 系统运行监测能提高 SCR 系统安全、可靠和经济运行水平，提高运行管理水平，减少运行人员等，还可通过生动的画面集中显示各种运行参数、曲线、图形，以及运行过程中发现异常情况及时处理等，效果极为显著。

二、监测内容

为了掌握脱硝性能、脱硝反应，以及其他基本处理过程的状态，应定期在相关设备和管路上抽样，分析化学成分，然后参考分析结果来控制流体参数。监测内容一般包括以下方面：

(1) NH_3 分析。

(2) 催化剂的活性监测。

(3) 烟气分析。包括催化反应器进出口烟气温度、SO_2 浓度、NO_x 浓度、As 含量、碱金属含量、水分、烟尘浓度、烟气流量等。

调试时，根据需要随时进行烟气的采样和分析，分析项目根据调试需要确定。运行时，每 2h 通过系统安装的在线监测仪表对反应器进/出口烟气进行一次检测。检测项目为反应器进出口烟气温度、SO_2 浓度、NO_x 浓度、As 含量、碱金属含量、水分、烟尘浓度、烟气流量等。每 3 个月对在线监测仪表进行一次对比试验。

SCR 系统投运后，应周期性地检查烟气系统、SCR 反应器、稀释空气管路、NH_3 蒸发器、管道系统、供水系统、蒸汽管路及控制仪用空气系统。确认上述各部分没有异常，如发现不妥当或可疑点，应采取措施加以解决。在 SCR 系统正常运行时，需要按规定作好确认 SCR 性能的基本数据的过程记录，以便检查故障发生的原因。要记录的 SCR 基本数据如下表 15-1 所示。

表 15-1　　　　　　　　　　　SCR 性能的基本数据

项目	单位	基本数据	项目	单位	基本数据
机组负荷	MW		NH_3 逃逸率	$\times 10^{-6}$	
烟气流量	m³/h（标准状态）		反应器出口 NO_x 设定值	$\times 10^{-6}$	
反应器入口 NO_x 浓度	$\times 10^{-6}$		反应器出入口 O_2 含量	%	
反应器出口 NO_x 浓度	$\times 10^{-6}$		反应器出入口烟气温度	℃	
脱硝率	%		脱硝反应器压差	Pa（mm 水柱）	
NH_3 流量	m³/h（标准状态）		NH_3 喷射的稀释空气量	m³/h（标准状态）	

15.4　SCR 系统的停运

15.4.1　SCR 系统的长期停动（锅炉停运）

在锅炉降负荷至最低允许喷氨温度前，负荷应暂时稳定，等喷氨流量调节阀关闭后再继续降负荷。

（1）关闭液氨储罐液氨出口管道气动阀及其手动阀。

（2）关闭液氨蒸发器液氨入口管道控制阀。

（3）继续加热蒸发器数分钟，待蒸发器出口氨气压力几乎降为零后，逐渐关闭蒸发器入口的蒸汽控制气动阀及调节阀，然后关闭手动阀。

（4）缓冲罐压力基本为零后，关闭蒸发器出口控制阀。

（5）关闭 SCR 喷氨气动阀、氨气流量调节阀。

（6）在 SCR 出口温度低于 250℃前，锅炉暂停继续降负荷，对催化剂进行一次全面吹灰，吹灰结束后继续降负荷。

（7）在锅炉停运后，当锅炉已经完全冷却至环境温度时，停运稀释风机。

（8）冷却 SCR 反应器。

（9）用 N_2 充满 NH_3 管路。如果液氨存储罐还存有液氨，则要按正常情况继续监视和巡视液氨存储罐的运行情况。

（10）停止 SCR 系统的供水。

（11）从蒸发器和 NH_3 稀释罐中排水。

（12）停止供应 SCR 系统控制仪用空气。

（13）停止供电。

（14）检查和维修每个部分。

15.4.2　SCR 系统的短期停运（锅炉不停）

SCR 系统的短期停运（锅炉不停）的基本程序如下：

（1）关闭液氨储罐液氨出口管道气动阀。

（2）关闭蒸发器蒸汽入口气动阀。

（3）关闭蒸发器液氨入口管道气动阀。

（4）关闭氨气缓冲罐入口控制阀。

（5）关闭氨气缓冲罐出口气动阀。

（6）关闭 SCR 喷氨气动阀。

（7）关闭 SCR 喷氨调节阀。

（8）其他系统设备或者阀门等保持原来的运行状态。

15.4.3　紧急关闭 SCR

（1）停止电源供应。将所有运行中的设备的开关切换到"停止"状态，同时确认 NH_3 喷射阀已经关闭。

（2）停止控制（仪器）空气。

（3）其他 SCR 反应系统及氨区系统应根据情况的需要执行下列项目。

1）关断 NH_3 设备。

2）蒸发器排水。

3）用 N_2 吹洗 NH_3 系统（设备和输送管路）。

4）NH_3 稀释罐排水。

需要注意的是，在锅炉运行期间关闭 SCR 系统的设备时，所有稀释空气阀应全开；当稀释风系统停运时，最靠近 NH_3 喷嘴的稀释风关断阀应完全关闭。

15.4.4　启动与停运时应注意的事项

SCR 系统启动与停运时，应注意以下事项：

（1）SCR 系统在操作过程中应主要考虑维护人员和设备的安全。如果有任何威胁安全和安全运行状态的情况出现，操作者应立即采取适当的措施使 SCR 系统回到一个已知的可安全运行的条件，即使会引起 SCR 系统跳闸。

（2）锅炉冷启动时，SCR 反应器入口的烟气温度低于水的露点温度（50～60℃）的时间应越短越好。

（3）锅炉发生管路泄漏事件时，应停机并应尽快进行强制冷却，以避免催化剂变湿。

（4）SCR 反应器不应超过催化剂允许的最高温度运行，否则催化剂将永久失去活性，导致催化剂性能保证期缩短。

（5）尽量避免或降低 SCR 反应器上游的设备产生的对催化剂有毒的物质（尤其是 Na、K、As、Pt、Pd、Rh 等），否则将导致催化剂中毒，降低催化剂使用寿命。

（6）只有在 SCR 系统的连锁试验通过后，才能启动 SCR 系统的运行。当任何连锁系统暂时失去可用性时，为保证运行，这期间应尽量减少关闭次数并且增加监视的频率。这是因为脱硝系统的各种设备都配有不同的连锁系统来保证安全和对设备的保护。

（7）如果发现锅炉烟气或氨气泄漏，应注意以下事项。

1）应立即用警示牌和安全绳索确定危险区。

2）熄灭危险区域内的所有明火。

3）在危险解除前，泄漏区域不要点燃任何火焰。

（8）在任何设备关闭后的第一次运行时应注意以下方面。

1）确保所有仪表和探测器安装正确，仪表管线连接正确，报警器和安全装置设置已完成，然后在运行前使连锁电路回到最初状态。

2）检查相关的部分，保证设备重启运行的安全。

（9）任何时间，当 NH_3 被空气稀释时，NH_3 空气的稀释率应小于 15%（通常的连锁设定值），以避免可能发生的爆炸。

（10）应尽量避免或减少 SCR 系统上游的燃烧设备携带或者产生的油雾、易燃气体、烟灰进入反应器内。切记不要使脱硝装置在 60℃ 以上时被油雾、易燃气体和烟灰堆积，运行人员应对锅炉或其他燃烧设备的燃烧状况和故障充分注意。一旦油雾被带到催化剂层，需要咨询或按照催化剂供应商提供的技术要求进行处理。

15.5　SCR 系 统 的 维 护

由于 SCR 系统的烟道、管道和电气设备与燃煤电站其他系统的设备是一样重要的，所以 SCR 系统在运行和关闭期间，与 SCR 系统紧密相关处的检查维护工作至关重要。

15.5.1　检查和维护工作内容

SCR 系统的维护工作一般都是要在定期关闭系统时进行，维护人员应记录检查和维修的结果。主要的维修工作如下：

（1）催化剂层的检查。

（2）氨喷嘴的检查。

(3) 检查脱硝装置入口和出口的烟道。

(4) 检查催化剂表面的污垢，如有需要用真空吸尘器或者用无油无水的空气进行清洁。

(5) 所有热工仪表设备的校准。

(6) 检查氨的稀释风机。

(7) NH_3 蒸发器的维护工作。

表 15-2 所列为需要检查的内容和检查间隔的时间，仅供参考。

表 15-2 需要检查的内容和检查间隔的时间

需检查的设备	检查内容	Op	Sh	Op/Sh	S	D	W	M	Y	O
烟道的入口和出口	检查每个部件气体的泄漏情况	✓				✓				
	烟道材质的老化情况		✓						✓	
	检查部件的振动情况	✓				✓				
	检查覆盖管子上的颜色变化情况	✓				✓				
烟道上的 NH_3 喷嘴	检查喷嘴内部堵塞的外部原因		✓						✓	
	检查变形或腐蚀		✓						✓	
SCR 反应器	确保每部分没有泄漏	✓				✓				
	检查催化剂层的位移情况		✓						✓	
	检查内部件的腐蚀		✓						✓	
	检查飞灰积聚情况		✓						✓	
NH_3 系统的控制阀、关断阀	功能确认	✓			✓					
	设定压力、温度	✓			✓					
	检查气体泄漏	✓			✓					
	检查任何的异常		✓						✓	
	压盖填料的检查或更换		✓						✓	
指示控制器和计算指示器	控制系统的任何问题	✓	✓							
	交互仪表指示误差测试		✓					✓		
	上紧接线		✓					✓		
	内部的检查、清洁和上油		✓					✓		
	控制系统回路的确认		✓					✓		
变送器	清洗探测器管，清除空气			✓		✓				
	检查内部并清洁		✓						✓	
	上紧接线端		✓						✓	
	确认输入和输出		✓						✓	
	误差检查		✓						✓	

258

续表

需检查的设备	检查内容	检查周期									
		Op	Sh	Op/Sh	时间间隔						
					S	D	W	M	Y	O	
NOₓ 仪表	标准气体的校准			✓		✓					
	取样回路的检查			✓		✓				✓	
	过滤器的检查和替换			✓							
	内部的检查和清洁	✓		✓							
NH₃ 仪表	标准气体的校准			✓		✓					
	检查清洁取样回路			✓						✓	
	过滤器的检查和替换			✓							
	内部的检查和清洁		✓							✓	
	上紧接线端		✓							✓	
热电偶	清除附着物质			✓						✓	
	校准测试		✓							✓	
压力测量和指示器	指示值的确认	✓		✓							
	校准测试	✓		✓							
	检查损坏的情况		✓							✓	
运行记录	SCR 系统压损测量和堵塞情况的判断	✓					✓				
	NOₓ 含量的测量并定期检查脱硝率	✓					✓				

注 Op—运行中；Sh—关闭时；S—每次变化；D—每天；W—每周；M—每月；Y—每年；O—其他。

15.5.2 催化剂性能的检查与测试

催化剂性能的检查与测试要求如下。

（1）正常运行中的记录。在 SCR 系统正常运行时，作好相关数据的记录；分析负荷变化时 SCR 系统性能的改变；如果必要，应进行适当的相对测量并与分析结果作比较。

（2）实际设备的性能测试。在 SCR 系统设备启动运行后的 3 个月、6 个月、1 年，应按照设计的条件分别进行定负荷下的 NH_3/NO_x 摩尔比的变化测试，验证系统的各项性能保证指标和分析催化剂的性能，该测试应每年进行一次。

（3）由催化剂测试块确定催化剂的性能。在实际工程中，SCR 反应器的入口和出口都设置有催化剂测试样本，小块的催化剂测试样本将和主催化剂同时装入。当需要进行上述的性能测试时，应取出小块的催化剂测试样本。然后，应在严格的条件下进行温度变化的测试、NH_3/NO_x 摩尔比变化的测试和物理性质测试，以便由此确定脱硝性能并判断更换催化剂的时间。

具体的试验方法可参照相关的 SCR 催化剂选型规程。由于催化剂的物理特性比较特殊，因此不会发生催化剂性能的快速变化，所以评价催化剂性能应通过长期的数据判断趋势。如果催化效率在一段期间内有下降趋势，例如 3～6 个月，可以推测出催化剂性能已经退化，但催化剂性能的最终判断应咨询催化剂供应商或按催化剂供应商提供的建议执行。

（4）相关的安全事项。为了保证燃煤电站 SCR 系统检查和维护各项工作中的人员和设备的安全性，应做好以下几方面的工作。

1) SCR 反应器的维护工作应遵循下列说明。

a) 必须保证催化剂附近没有明火或火花。

b) 进行维修前，需要进行适当的检查保证没有气体泄漏。

c) 优先从 NH_3 喷射系统开始维护工作，使用 N_2 或新鲜空气对系统减压和净化。

2) 在对已经安装的催化剂进行检查或催化剂在仓库存储等期间，不允许催化剂被雨水淋湿。

3) 当为了检查或除掉附着的灰尘而对催化剂进行送风时，应使用干燥的空气。对反应器内部的检查，避免在催化剂上走动，应使用脚手架或导轨等，以防止负荷直接作用在催化剂上。

4) 锅炉停机时，当用水冲洗空气预热器或冲洗锅炉排管时，应采取合适的措施和物品对催化剂进行密封保护，以避免冲洗空气预热器用过的水或产生的蒸汽进入催化剂层。

5) 电气设备的维护工作应遵循下列说明，以防止电击或导致设备损坏。

a) 完全打开电气设备的断路器绕组，在安全可见的地方放置一个安全指示牌。

b) 用电笔测量确定电气设备的电源供应完全切断。

c) 将地线牢固地接地以防止电击。

6) 在 SCR 反应器内部、烟道或箱罐的维护工作时，应达到下列要求。

a) 打开相关承压部件（如 NH_3 或锅炉系统）前，将其压力降至大气压。

b) 使 SCR 反应器和输送管路的温度降到安全线以下。

c) 在对脱硝反应器、输送管路或箱罐内部进行维修前，确保容器内 O_2 浓度超过 18%，并且在进行维护工作期间，应有风扇连续地对其通入新鲜空气。

d) 在开始维修工作前，用易燃气体探测器探测工作区，以确保工作区域没有易燃气体存在，尤其是使用明火时（如焊接等）。

e) 在维修任何与这些部分相关的其他系统期间，应将相关系统完全隔离。

f) 完成任何维修工作后应进行指定的泄漏测试，然后再移走临时的隔离板（如果有的话）。

7) 对火焰和爆炸的预防应做到以下方面。

a) 在维修设备周围准备好灭火设备。

b) 制订安全措施以预防静电的发生。

第16章

火电厂SCR脱硝装置运行对锅炉的影响

16.1 概　　述

SCR 脱硝装置作为锅炉的一部分（锅炉的一个辅件），与锅炉构成了一个完整的系统，它的运行将对锅炉产生一定的影响，这种影响主要涉及风机、空气预热器等。

16.2 影　　响

16.2.1 对空气预热器的影响

锅炉增设脱硝装置后，由于 SCR 装置在进行脱硝的过程中所产生的硫酸氢铵将对空气预热器的运行带来较大的负面影响，硫酸氢铵牢固黏附在空气预热器传热元件的表面上，使传热元件发生强烈腐蚀、积灰。这些沉积物将减小空气预热器内流通截面积，从而引起空气预热器阻力的增加，同时降低空气预热器传热元件的效率。因此应重新调整空气预热器的设计结构配置，以适应配置 SCR 机组的正常运行，避免或减少因空气预热器堵灰过重而降低锅炉机组的可用率。

一、脱硝过程中硫酸氢铵的产生机理

在 SCR 系统脱硝过程中，烟气在通过 SCR 催化剂时，将进一步强化 $SO_2 \rightarrow SO_3$ 的转化，形成更多的 SO_3。在脱硝过程中，由于 NH_3 的逃逸是客观存在的，它在空气预热器中下层处与 SO_3 形成硫酸氢铵，其反应式为

$$NH_3 + SO_3 + H_2O \longrightarrow NH_4HSO_4$$

硫酸氢铵在不同的温度下分别呈现气态、液态、颗粒状（见图 16 - 1）。对于燃煤机组，烟气中飞灰含量较高，硫酸氢铵在 146～207℃温度范围内为液态；对于燃油、燃气机组，烟气中飞灰含量较低，硫酸氢铵在 146～232℃温度范围内为液态。该区域称为 ABS 区域。

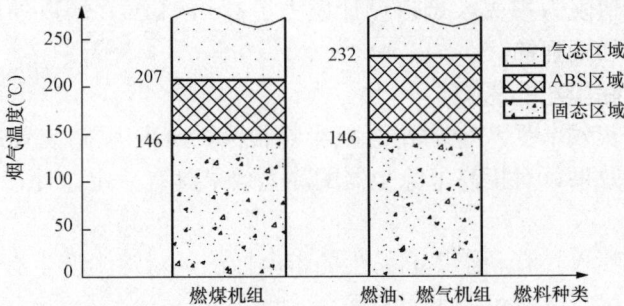

图 16 - 1　硫硝过程中硫酸氢铵的形态

二、硫酸氢铵对空气预热器运行的影响

气态或颗粒状液体状硫酸氢铵会随着烟气流经预热器，不会对预热器产生影响。相反，

261

液态硫酸氢铵捕捉飞灰能力极强，会与烟气中的飞灰粒子相结合，附着于预热器传热元件上形成融盐状的积灰，造成预热器的腐蚀、堵灰等，进而影响预热器的换热及机组的正常运行。硫酸氢铵的反应速率主要与温度、烟气中的 NH_3、SO_3 及 H_2O 浓度有关。为此，在系统的规划设计中，应严格控制 $SO_2 \rightarrow SO_3$ 的转化率及 SCR 出口的 NH_3 的逃逸率。同时，应重新调整空气预热器的设计结构配置，消除硫酸氢铵对空气预热器运行性能的影响。在形成液体状硫酸氢铵的同时，也会产生部分硫酸铵。与硫酸氢铵不同，颗粒状硫酸铵不会与烟气中的飞灰粒子相结合而造成预热器的腐蚀、堵灰等，不会影响预热器的换热及机组的正常运行。

对于燃煤机组，硫酸氢铵的 ABS 区域为距预热器传热元件底部 $381 \sim 813$mm 位置，如图 16-2 所示。

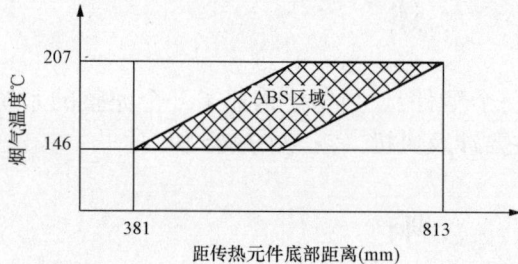

图 16-2　燃煤机组 ABS 的形成区域

相应的改造及预防措施见第 17 章。

16.2.2　对风机的影响

采用 SCR 后，由于脱硝剂的喷入量相对烟气量极微，因而吸风机风量可考虑不变；但因 SCR 部分和进出口烟道的阻力增加较大（约 1000Pa），因此其参数和型号选取应调整。

但锅炉加装烟气脱硝装置会使锅炉烟气系统的阻力增加，脱硝装置的阻力包括烟道的沿程阻力、弯道或变截面处的局部阻力、反应器本体（主要为催化剂）产生的阻力三部分。随着运行时间的增加，催化剂的阻力会逐渐增加，系统阻力也会逐渐增加。

如果氨的逃逸量控制不当，可能造成空气预热器的结构堵灰，额外增加了系统阻力。因此，要将氨的逃逸率控制在合理的范围（一般控制在 3×10^{-6} 以下）。

16.2.3　对烟道的影响

引风机压头增大主要是因为烟道阻力损失、SCR 阻力损失和空预器阻力损失增加所致。在省煤器出口至 SCR 入口范围，烟道压力与炉膛承受压力基本一致，对烟道强度计算没有影响；在 SCR 出口至空气预热器入口范围，烟道压力与省煤器出口相比，应增加空气预热器阻力损失和部分烟道阻力损失，烟道设计压力提高约 1kPa，烟道外形尺寸不变，烟道强度需要重新计算并增加加强筋。

16.2.4　对静电除尘器的影响

静电除尘器的除灰效率受灰尘的比电阻影响很大，SCR 脱硝装置逃逸一定的氨气，有利于提高飞灰的团聚效果，对提高电除尘器的除尘效果具有一定益处，对袋式除尘器和输灰系统几乎没有影响。

总体来说，氨的喷入，有利于提高粉尘的带电性能，对除尘产生有利的影响。实施脱硝工程对除尘器性能和运行影响可以不予考虑。

16.2.5　对锅炉钢架的影响

在现有的火电厂加装高灰段布置方式的 SCR 装置，一般因省煤器与空气预热器之间的空间不足，通常是将 SCR 装置布置在锅炉炉后，由此造成锅炉尾部烟道走向改变。需要将省煤器出口后直接进入空气预热器的原烟道改为穿出炉后钢架进入 SCR 反应器，再从 SCR

反应器穿出，进入炉后钢架连接空气预热器的现烟道。

例如对于 600MW 亚临界参数锅炉，整个 SCR 装置载荷在 1000t 以上，因此，需要在炉后外侧布置单独钢架支撑 SCR 装置。锅炉钢架结构因而发生变化，需要重新计算强度。

16.2.6　对湿法脱硫 FGD 的影响

SCR 装置逃逸的氨气主要被灰尘吸附，大部分被静电除尘器清除，少量灰尘进入 FGD 系统，极少量的氨会随烟气排放。进入 FGD 系统的大部分氨溶解于循环浆液中，长时间运行后，吸收塔循环浆池内氨的含量会微量升高，这对废水系统存在轻微影响，在脱硫系统物料平衡计算时应当考虑。通常，增设 SCR 装置后，会导致脱硫系统废水量略有提高。

16.2.7　对锅炉效率的影响

氨气与空气的混合气喷入锅炉省煤器后的出口的烟气中，会从以下几方面影响烟气的传热及热效率：

（1）影响烟气的辐射特性。

（2）影响烟气的热物理性质。

（3）增加烟气的流量。

（4）吸收烟气的热量。

喷入烟气中的还原剂会吸收一部分烟气的热量。氨气的加入量与烟气中 NO_x 流量呈正比，在采用低 NO_x 燃烧技术后，烟气中 NO_x 的体积浓度一般为 200×10^{-6} 左右，即 0.2‰ 左右，而氨气在烟气中体积浓度与此相当。由于浓度很低，不会显著影响烟气的辐射传热，不会显著改变烟气的热物理性质和增加烟气的流量，因此不会显著影响对流传热。烟气脱硝装置的安装，使锅炉尾部烟道增加，因此会使烟气的散热损失增加。锅炉烟气散热损失的增加，导致锅炉煤耗的增加。

但由于氨气的引入而导致的蒸发会吸收一些烟气热量，从而增加热损失，使锅炉效率有小量的降低。但相对于整个锅炉烟气而言其影响甚微。

由于增加了 SCR 装置，烟气成分发生了微小变化，空气预热器入口烟温比原设计温度下降约 5℃。根据工程经验，加装 SCR 装置以后，对锅炉效率的影响很小，一般不考虑。

16.2.8　对烟气成分的影响

SCR 操作时化学反应生成氮气和水，就对锅炉的影响而言是微量反应。因此，对锅炉烟气参数的成分并无影响。

第17章

现役机组安装SCR装置对锅炉系统的改造

随着国家环保要求的日益提高，大量的现役机组也要进行脱硝工程改造。在对现役机组进行脱硝改造时，相应的锅炉燃烧系统、风机系统及空气预热器也要进行相应的改动，下面分别进行论述。

17.1 低氮燃烧系统的改造

17.1.1 氮氧化物生成的四区理论

大量基础研究认为决定氮氧化物最终排放的有四个关键的区域，分别是热解着火区、主燃烧区、NO_x 还原区和燃尽区，见图 17-1。

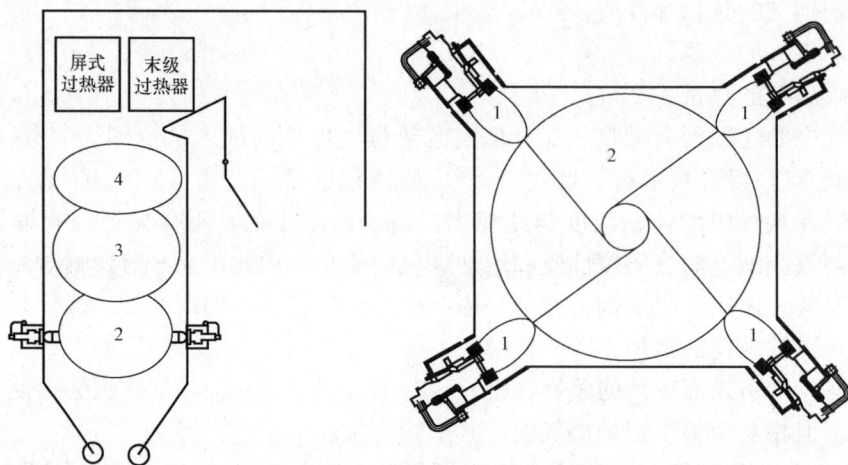

图 17-1 锅炉的四区燃烧

(1) 热解区（第1区）。煤粉在该区域加热脱除挥发分，燃料氮以挥发分氮、焦炭氮、N_2 的形式释放，最多可以有 60% 的燃料氮转化为 N_2。这些 N_2 最终随锅炉烟气无害排放。

(2) 主燃烧区（第2区）。煤粉在热解区脱挥发分后与上游来的氧气接触，挥发分和煤焦开始燃烧，在炉膛中部形成火球，煤粉整体着火后进入燃烧中期。通过合理控制过量空气系数，使得煤粉在主燃烧器区处于低过量空气燃烧状态，降低主燃烧区的温度水平和生成氮氧化物的氧化反应速度，从而控制氮氧化物的生成量。

(3) 还原区（第3区）。由于过量空气系数较低，还原区生成大量的活性基团 NH^+、NH^{2+}、CO 等。这些活性基团具有很强的还原能力，与煤焦表面的活性 C（＋）共同把主燃烧区生成的大量 NO_x 还原为 N_2，降低 NO_x 的最终排放。

(4) 燃尽区（第4区）。通过 SOFA 喷口把约 20%～30% 的二次风送入炉膛上部空间，让剩余煤粉充分燃尽。

17.1.2　煤粉锅炉的 NO_x 排放控制技术

燃煤 NO_x 的控制主要在两个阶段，第一阶段是在燃烧过程中通过燃烧调整、先进的燃烧方式和低 NO_x 燃烧器控制 NO_x 的生成；第二阶段就是对煤燃烧产生的烟气进行处理。本部分主要讨论低氮燃烧技术，烟气处理技术已在前面章节讨论过。如前所述，煤粉锅炉内 NO_x 的生成主要有四个区域，针对这四个区域采取相应的技术措施即可实现降低 NO_x 排放的目的。相应的控制技术有低过量空气燃烧、空气分级燃烧、再燃技术、烟气再循环及低 NO_x 燃烧器。

17.1.3　低氮控制措施

根据不同的煤种和炉型，结合实际运行现状，在炉内燃烧的四个区域采取针对性的措施，降低 NO_x 生成的同时，确保燃烧稳定和锅炉效率。

（1）热解区。常规燃烧时，即便该区较小，也会造成整体的 NO_x 排放浓度降低。例如含氮量为 1% 的煤，理论生成 NO_x 浓度超过 $3000mg/m^3$，而实际锅炉均没有这么高的 NO_x 排放，原因就在于热解区的存在。低氮燃烧就是要扩大该区域的存在。因此，1 区的重点技术措施如下。

1）煤粉浓淡分离，淡侧提前着火，加热浓侧煤粉，使其脱除挥发分生成焦炭，促进 N_2 的生成，同时还原先期着火煤粉气流生成的 NO_x。

2）控制较低的一次风率，控制主燃烧区域供风量，将燃烧所需总风量的 70%～85% 在主燃烧区域送入，达到控制主燃烧器区域煤粉燃烧初期燃烧速率的目的。

3）选择较低的周界风率。

4）炉内烟气再循环，显著降低炉内燃烧温度水平，一次风喷口掺入炉烟，控制真实一次风率。

5）不同煤种掺烧，挥发分析出的时间差扩大了 1 区的存在。

（2）主燃烧区。常规燃烧时，该区域燃烧在氧当量大于 1 的条件下进行，燃烧比较剧烈，温度相对较高，富氧、高温的环境导致大量的 NO_x 生成。需要在该区域形成"贫氧"环境，在不影响煤粉燃尽（燃烧初期煤粉颗粒脱气形成焦炭，燃烧中期如果供氧过分不足，就会在焦炭外表面形成灰壳，最终导致灰壳内部焦炭难以燃尽）的条件下，减小该区域的供氧。"贫氧"条件下煤粉气流的燃烧速率得到了一定程度的扼制，相对于常规燃烧，高温区域也趋于减小，这种设计使得 NO_x 的生成进一步降低。但是由于局部还原性气氛的存在，炉膛结焦和高温腐蚀的风险增加。该区的重点技术措施如下。

1）控制主燃烧区过量空气系数（不超过 0.8）。

2）一、二次风大小切圆设计，在横截面上空气分级。

3）一、二次风反切，一次风煤粉气流燃烧中期接触到的来自上游的补氧是"贫氧"的热烟气，燃烧强度降低。

4）二次风部分偏置，二次风喷口的部分面积向炉墙偏置，进一步加强水平方向的空气分级。

（3）还原区。主燃烧区生成大量 NO_x，同时生成大量的活性基团 NH^+、NH^{2+}、CO 等。这些活性基团与煤焦表面的活性 C（＋）共同在还原区把 NO_x 还原为 N_2。该区重点技术措施如下。

1）确保较低过量空气系数，为 0.9 左右。

2）确保需要的高度。

3）燃尽风（OFA）必须保留，主要考虑汽温调节和结焦。

（4）燃尽区。燃烧进入后期，炉内上升主气流内存在着部分未燃尽碳及部分气体燃料（CO），需要大量的氧气来维持上述可燃物质的燃尽，也就是要在氧当量大于 1 甚至 1.2 条件下进行燃烧。此时，合适的氧浓度及扩散速率是使其燃尽的关键。该区的设计需要综合考虑燃尽、烟温偏差和汽温调节。该区重点技术措施如下。

1）确保需要的过量空气，过量空气系数为 1.1~1.2。

2）确保到屏式低温过热器的燃尽距离。

3）较高的 SOFA 风速，使氧量进入燃烧中心区。

4）SOFA 的水平（烟温偏差）和上下（气温调节）可调。

在上述理论指导下，针对不同的煤种和炉型，根据锅炉实际的燃烧状况，通过差异化分析、个性化设计、精细化实施、系统化调试，可以实现在 NO_x 超低排放的同时，确保锅炉经济、安全、稳定运行。

17.1.4 防结焦技术措施

锅炉的结焦有三个重要的影响因素，即局部高温、局部还原性气氛、火焰刷墙，三者的共同存在造成水冷壁结焦，因此避免结焦就是避免三种状况的同时出现。

首先，要进行防结焦设计；其次，要确保燃烧器安装时的准确性，减少切圆偏差，燃烧器安装结束后要进行冷态空气动力场试验，进一步确认燃烧器安装角度；再次，锅炉启动后要进行热态一次风调平，保证切圆不因流动偏差造成偏斜刷墙，同时需要保证燃烧器调整机构的灵活有效；最后，要进行燃烧调整和运行优化，在降低 NO_x 排放的同时确保运行的安全性和锅炉效率。通过上述设计、安装、冷态和热态调整，即可避免改造后可能存在的结焦问题。主要的技术措施如下。

（1）一次风浓淡分离。通过一、二次风射流调整，在炉膛横截面上形成层次分明的环形区域，其中靠近水冷壁区域为中等氧浓度、极少煤粉颗粒、温度较低的区域。根据煤粉颗粒向水冷壁迁移特性（见图 17-2）可知，在进行水平浓淡分离后，大于 $10\mu m$ 的煤粉颗粒极少存在于贴壁区，也不可能迁移到近水冷壁区域，这样就可同时实现防止结渣及高温腐蚀。

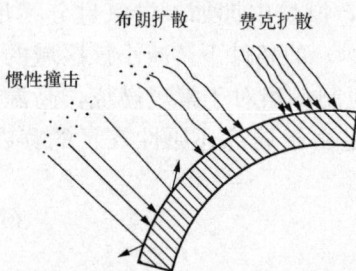

图 17-2　不同尺寸灰的输运机理
小于 $10\mu m$ 颗粒—费克扩散、布朗扩散；
大于 $10\mu m$ 颗粒—惯性撞击

（2）不对称二次风射流。不对称二次风射流是基于"贴壁风"的原理进行设计的，其功效优于"贴壁风"，主要原因在于其偏置二次风量大、动量足、射流远。该技术的使用能有效提高近壁区域的氧化性，提高灰熔点，大大缓解炉膛的结渣。同时，作为水平断面分级燃烧中后期掺混的一部分，不对称二次风射流也可作为控制炉内 NO_x 生成的有效手段。

（3）沿炉膛高度方向上的空气分级。由于实施了沿炉膛高度方向上的空气分级，所以总体炉内燃烧温度有降低，炉内热膨胀减小，同时燃烧过程延长，所以炉内各气流转动惯量的叠加在时序上延长，这两方面的作用使得气流"膨胀"、"外甩"导致贴壁的几率减小，最终有效防止结渣或高温腐蚀现象的发生。

（4）一、二次风反切设计。一次风煤粉气流与二次风气流（炉内主气流）形成反切，一次风首先逆向冲向上游来的热烟气中，然后再随炉内气流旋转，大大减少了未燃尽的煤粉颗粒被卷吸至水冷壁表面的机会，可同时产生稳燃、防结渣、防腐蚀的功能。

17.1.5　低氮燃烧改造原则

由于低氮燃烧改造针对的是锅炉燃烧系统，会对锅炉燃烧稳定性、锅炉效率、炉内结焦状况产生重要影响。因此，在改造的过程中需要遵循以下原则：

（1）立足现场。以锅炉现场条件为改造基础，通过最少的设备改动获得改造效果，节省改造费用和减小改造工期。设计燃烧器和 SOFA 改造方案时，现场空间、管道走向、钢梁布置等都纳入考虑范围。

（2）以试验为基础。以燃烧器冷态对比试验、锅炉系统性能测试作为改造方案设计的基础，增加方案应用的可行性。

（3）低风险原则。改造方案设计时，尽量吸收原燃烧器和行业内现有几种典型低 NO_x 燃烧器的技术特长，回避其短处，并在技术上创新，获得最优化的燃烧器结构和参数设计。

（4）强调实用性。由于锅炉运行条件较为特殊、苛刻，需要关键部件能长期可靠的工作，因此在改造方案设计时，在性能达到要求的前提下，尽量采用简单实用的机械结构和控制方式，以保证设备能够长期稳定运行，并方便检修维护。采用简单实用的设计理念还可以明显降低改造费用。

总体上要求差异化分析、个性化设计、精细化实施、系统化调试，最终实现 NO_x 控制与燃煤特性的耦合、NO_x 控制与预防结焦的耦合，以及 NO_x 控制与锅炉效率的耦合。在 NO_x 超低排放的同时，确保锅炉经济、安全、稳定运行。

17.1.6　燃煤锅炉燃烧系统低氮改造案例

某电厂 2×300MW 锅炉为东方锅炉厂生产制造，亚临界压力，一次中间再热汽包炉，四角切圆燃烧，固态排渣，平衡通风，全钢构架，露天布置，锅炉不投油最低稳燃负荷为 40%BMCR。设计煤种为神木煤，校核煤为晋北烟煤，最近几年的常用煤种为水分较大的烟煤。设计煤种为易着火、易燃尽、结渣严重的煤，而实际入炉煤为易着火、易燃尽、结渣较轻的煤。

该厂 2 号锅炉于 2012 年 1～3 月期间进行低氮燃烧改造工程施工，并于 2012 年 3 月 30 日顺利点火启动。改造后，180～300MW 负荷下 NO_x 排放均在 130～180mg/m³（标准状态下），同时确保排烟温度、飞灰含碳量、烟气 CO 含量满足要求，锅炉效率略有提高，炉膛不结焦。机组连续安全、稳定、经济运行，改造取得圆满成功。

在低氮燃烧改造之前进行了摸底试验。通过试验发现，习惯运行工况下该锅炉的 NO_x 排放为 600～800mg/m³，通过燃烧调整，NO_x 排放最低可以到 450mg/m³。其燃用煤质挥发分含量高、灰分较低，很适合采用炉内空气分级的低 NO_x 燃烧技术。炉膛尺寸较大，适合采用高位 SOFA 燃尽风布置，减少 NO_x 生成与排放的同时煤粉有较长的燃尽时间，确保较高的锅炉效率。

在进行现场收集资料和摸底试验的基础上，对改造方案进行了初步设计。根据"四区燃烧"理论，综合考虑低氮、防结焦、低负荷稳燃、汽温和燃尽五个方面，具体方案如下：

A 层一次风标高不动，A、B 与 B、C 一次风燃烧器之间去掉一层二次风，保留油二次风，A、B 与 B、C 一次风燃烧器间距调整为 1600mm。

C、D 两层一次风之间原设计的燃烧器分组空间取消，C、D 层间距由 3110mm 降低到 1850mm，两层二次风喷口（9、10 层）保留。D、E 一次风及相应的上组二次风（11～16 层）标高降低 1760mm。其中 12、13 层二次风合并为一层。

C、D，D、E 一次风燃烧器间距维持原有的 1850mm。

原有 OFA（16 层，顶二次风）保留作为紧凑燃尽风。

设置 5 层 SOFA 风，第 3 层 SOFA 标高 33 740mm 与 E 层一次风间距 6000mm，到屏底距离 13 260mm。

SOFA 风上下和水平方向都可调，上下摆动四个角"组控"，水平方向单独手动调节，每个 SOFA 风门单独气动控制。

一次风喷嘴进行低 NO_x 改造，A、B 层燃烧器为等离子点火层，不改造。C、D、E 层燃烧器改为水平浓淡布置，向火侧浓，背火侧淡。

重新设计一次风和二次风切圆。其中一次风在内，小切圆设计；二次风在外，保持原设计的逆时针旋转方向不变，二次风与一次风夹角为 10°。

燃烧器喷嘴周界风大角度非对称设计，背火侧周界风向喷嘴向炉墙偏折，预防一次风喷嘴附近结焦。

改造二次风门，两侧增加 SOFA 风箱及 SOFA 风道。

增加 SOFA 风的摆动控制系统和风门控制系统。

改造完成，机组投运 2 个月后，对机组进行调试。在 180、240MW 及 300MW 负荷下锅炉的各项指标测量值均达到或超过了设计要求，其中：

（1）NO_x 排放显著降低，各种负荷都可控制在 130～180mg/m³（标准状态下）。

（2）CO 排放平均值可控制在 30μL/L 以下，远低于设计要求的 100μL/L。

（3）过、再热蒸汽温度可以达到 545℃ 的原设计值，过热器减温水量适中，再热器减温水小于 20t/h，过、再热蒸汽温度无明显偏差。

（4）飞灰可燃物含量 0.5% 以下，各负荷下排烟温度均较原设计值小。

（5）锅炉效率在 93.3%～93.9%，高于原设计值。

（6）锅炉燃烧稳定，炉膛无结渣。

17.2　对空气预热器的改造

前已述及，由于机组配置 SCR 进行脱硝的过程中所产生的硫酸氢铵将对空气预热器的运行带来较大的负面影响，硫酸氢铵牢固黏附在空气预热器传热元件的表面上，使传热元件发生强烈腐蚀、积灰。这些沉积物将减小空气预热器内流通截面积，从而引起空气预热器阻力的增加，降低空气预热器传热元件的效率。因此应重新调整空气预热器的设计结构配置，以适应配置 SCR 机组的正常运行，避免或减少因空气预热器堵灰过重而降低锅炉机组的可用率。

17.2.1　SCR 系统中空气预热器的配置特点

考虑到 ABS 区域的特定位置及相应特性，在空气预热器的结构设计如传热元件的高度选择、材质、板型，以及清灰设施配置上采取相应措施。

由于 ABS 区域位于空气预热器传热元件底部位置，故将空气预热器传热元件设置成上下两层。上层为常规配置；考虑到下层传热元件在烟气入口处易形成颗粒堆积，通常下层传热元件的高度选择 850mm 左右。图 17 - 3 所示为某电厂空气预热器的 ABS 区域。

由于 ABS 区域内液态硫酸氢铵捕捉飞灰能力极强，会与烟气中的飞灰粒子相结合，附着于空气预热器传热元件上形成融盐状的积灰，造成空气预热器的腐蚀、堵灰等。考虑液态硫酸氢铵能轻易进入到普通金属薄板的表面气孔中形成腐蚀，采用搪瓷元件作为空气预热器冷端传热元件是最佳选择。

空气预热器受热面选材应考虑磨损、堵塞及腐蚀的因素，热端钢板厚度不小

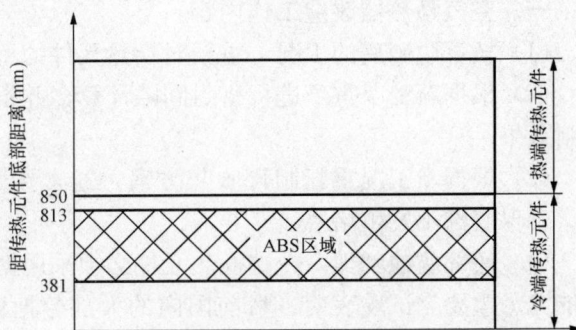

图 17 - 3　某电厂空气预热器的 ABS 区域

于 0.5mm，钢板材料采用 Q215-A. F；为提高冷段换热面的抗黏附特性，冷端需采用搪瓷传热元件，厚度不小于 1mm，不爆瓷，不开裂剥落，不易粘堵灰，不易腐蚀。

17.2.2　SCR 脱硝空气预热器的设计配套原则

基于上述原因，为有效防止脱硝对空气预热器带来的影响，应对脱硝空气预热器的受热面结构作如下调整：

(1) 将空气预热器传热元件由三段布置改为两段，或在热端加防磨层，最主要的是使冷端涵盖液态 NH_4HSO_4 的生成温度范围，这样就避免了在硫酸氢铵沉积区域分段、空气预热器分段处局部堵灰状况的恶化造成的瓶颈。

(2) 空气预热器冷端传热元件采用 DU3E 板型作为 SCR 系统中空气预热器下部元件的专用板型（这种板型常用于 GGH）。由于该板型为封闭式板型，非常有利于飞灰和黏结物的清除。

(3) 提高空气预热器冷段传热元件的抗黏附特性，可采用搪瓷钢板镀搪瓷。搪瓷元件可以防止低温腐蚀，搪瓷表面比较光滑，受热元件不易粘污，即使粘污也易于清除。实际经验证明采用搪瓷镀层换热元件后硫酸氢铵的结垢速率明显降低。氨逃逸率为 3.3×10^{-6} 时，搪瓷层换热元件表面的结垢只有非搪瓷镀层换热元件的 15％；氨逃逸率为 0.7×10^{-6} 时，搪瓷层换热元件表面的结垢只有非搪瓷镀层换热元件的 25％。因此采用镀搪瓷的换热元件是防止空气预热器低温段堵灰的有力措施。

(4) 空气预热器配套的吹灰器，在空气预热器冷、热端配置蒸汽和高压水双介质吹灰器。吹灰压力为 $1.0\sim1.37$MPa，介质为 310℃以上的过热蒸汽，高压水压力为 $15\sim20$MPa，流量为 $10\sim15$t/h，以保持空气预热器传热元件的清洁。

17.2.3　改造实例

某电厂 2×600MW 机组原设计按不设脱硝装置配置空气预热器，单台锅炉配有两台全模式、双密封、三分仓容克式空气预热器，立式布置，烟气与空气以逆流方式换热。空气预

热器型号为 31-VI（T）-1833-QMR，转子名义直径为 ϕ12 450，传热元件总高度为1833mm。其中热端传热元件为 FNC 板型，高度为 1000mm，采用 0.5mm 厚的钢板；中间层为 FNC 板型，高度为 500mm，采用 0.5mm 厚的钢板；冷端采用 NF6 板型，高度为333mm，采用 0.8mm 厚的钢板。转子转向为逆转，即先加热二次风，再加热一次风。空气预热器为 48 隔仓，采用双、三密封和环向密封系统。为了减少 SCR 脱硝装置对空气预热器的影响，需要对空气预热器进行改造。

一、空气预热器改造工作内容

（1）核算脱硝后的工况，重新对换热元件的型号、高度进行选型，重新设计转子结构。

（2）根据新工况重新进行密封间隙计算，并根据要求确定密封改造方案，以保证最佳的密封效果。

（3）根据新工况重新制订吹灰方案。通常在蒸气吹灰的基础上增加一根高压水在线冲洗，确保底部不发生堵塞。

（4）底部腐蚀增加，冷端换热元件必须采用搪瓷元件。由于增加了高压水，搪瓷元件的性能尤为重要。试验表明，目前国内的大部分搪瓷元件由于镀层较厚，在压紧力下容易剥落，在高压水冲击下也易损坏搪瓷。所以搪瓷元件的选择非常重要。

（5）由于增加了冲洗水，对底部烟道需要增加疏水装置。

二、改造方法

利用现有空气预热器结构进行改造，热端层保持不变，将中间层与冷端合并为一层，采用 DU3E 板型搪瓷元件，元件高度为 1000mm，排烟温度在现有基础上上升约 2.8℃。主要工作如下：

（1）原空气预热器中间层传热元件的支撑栅架全部拆除，拆除原冷端及中间层传热元件。

（2）安装冷端 DU3E 板型搪瓷元件，高度为 1000mm。

（3）配置双介质吹灰器及高压水冲洗设备，保持传热元件清洁。空气预热器改造前后如图 17-4 所示。

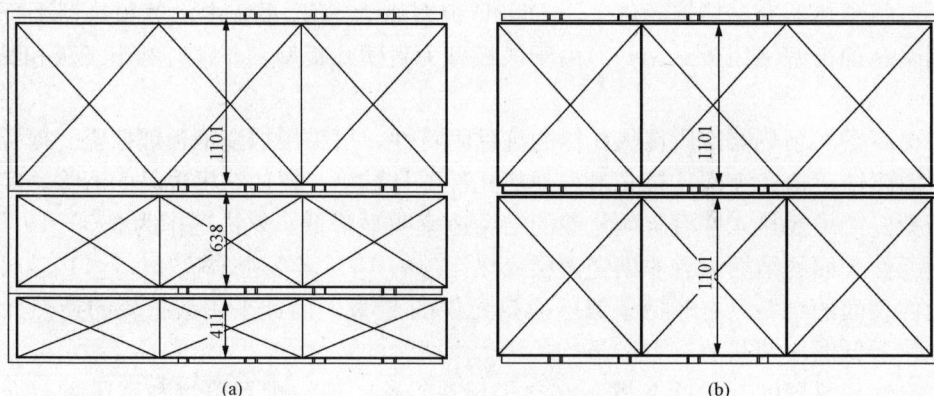

图 17-4　空气预热器改造前及改造后
（a）改造前；（b）改造后

三、改造前后参数对比

（1）改造前后结构对照。改造前后结构对照如表 17-1 所示。

表 17-1　　　　　　　　　改造前后结构对照表（单台炉）　　　　　高度单位：mm

序号	比较项目	改造前	改造方案	说　明
1	型号	31	31	
2	传热元件总高	1833	2000	
	热端传热元件高度	1000	1000（利旧）	
	热端传热元件板型	FNC	FNC（利旧）	
	热端传热元件材质	Q215-A.F	Q215-A.F（利旧）	
	中间层传热元件高度	500	—	
	中间层传热元件板型	FNC	—	
	中间层传热元件材质	Q215-A.F	—	
	冷端传热元件高度	333	1000	
	冷端传热元件板型	NF6	DU3E	
	冷端传热元件材质	CortenA	搪瓷元件	
3	吹灰器本体	蒸汽	双介质	每台空气预热器冷、热端各配一只
4	高压水泵系统（包括管路、阀门、控制）	无	18MPa，10t/h	

（2）改造前后性能参数对照。改造前后性能参数对照见表 17-2。由于空气预热器入口烟气量及风量无法从运行画面读出，因此仍以原设计值为参考，其风温及烟温参数则以实际运行为基准进行核算。

表 17-2　　　　　　　　　改造前后性能参数对照

项　目	单位	改造前	改造方案
预热器型号	—	31	31
空气预热器入口烟温	℃	365.3	365.3
空气预热器入口二次风温	℃	21.7	21.7
空气预热器入口一次风温	℃	32.8	32.8
排烟温度（漏风修后）	℃	149	152.2
热一次风温度	℃	305.9	302.8
热二次风温度	℃	301.1	296.1
一次风阻力	Pa	1745	1780
二次风阻力	Pa	715	735
烟气侧阻力	Pa	1290	1330

17.3 对风机系统的改造

17.3.1 现役机组脱硝改造对锅炉引风机的影响

采用 SCR 技术降低烟气中 NO_x 含量，需在省煤器和空气预热器之间加装脱硝反应器及其连接烟道，烟气流过时将产生阻力，因而引风机入口侧烟气总阻力将增加。烟气经过脱硝装置后温度也略有下降（因加入稀释风和散热）。通常机组满负荷时阻力升高 1200Pa 左右，温度降低约 3℃。导致引风机入口烟气密度略有降低，容积流量略有增加，引风机压力（全压）上升 1200Pa 左右。

17.3.2 脱硝改造后引风机运行参数的确定

（1）改前试验。脱硝改造前需对引风机在机组不同负荷（至少要有高、中、低三个负荷）下进行现场热态性能试验，以确定改前烟气系统阻力特性及风机运行参数。

（2）获取脱硝系统阻力特性设计值。向脱硝系统设计单位索取不同负荷（至少要有高、中、低三个负荷）下脱硝系统的阻力值。

（3）综合改前实测值和脱硝系统设计值，确定脱硝系统投运后烟气系统阻力特性及引风机运行参数。

（4）合理选取引风机选型设计裕量。改造设计参数决定改造成败，选型裕量的选取应考虑多重因素，首先要考虑煤质变化的影响，其次考虑脱硝催化剂投入层数的影响，同时也要兼顾空气预热器阻力变化及漏风率的变化等因素，确保设计参数合理、正确。

通常引风机选型设计裕量是在 BMCR 工况参数基础上，再选取 10% 的风量裕量和 15%～20% 的压力裕量。但根据每个改造工程的实际情况，也可采用下述方法确定裕量。

1）风量裕量。根据试验期间所得空气预热器的漏风率、引风机入口的过量空气系数值，以及今后运行中电厂允许它们达到的最大值来确定。

2）风压裕量。根据试验期间所得的系统总阻力特性值及今后运行中电厂允许脱硝系统、空气预热器、除尘器达到的最大值来确定。

如超过上述允许最大值而运行中无手段降低，则需停运进行检修处理或降负荷运行等待停机处理，以避免所留裕量过大造成长期电耗过高。

17.3.3 改造方案确定原则

改造方案的总原则，对引风机或增压风机进行改造均需考虑所有排放物（灰尘、SO_2、NO_x）的要求，应以长期运行能耗最低并兼顾改造工作量和投资效益确定。

总体改造方案有单独进行引风机或增压风机改造，以及引风机、增压风机合并改造。具体到每个改造方案上，又有对现风机进行局部改造和彻底更换改造两种，需根据可行性分析论证确定。

17.3.4 风机类型的选择与局部改造

首先根据比转速确定是选用动叶调节轴流式、静叶调节轴流式风机，还是离心式风机（CFB 炉）。从节能角度看，动调风机优于静调风机，静调风机又优于离心式风机。选用离心风机加变频调速运行最经济，但投资费用高，需认真论证其可行性。选择风机类型除考虑节电效果和经济性外，还要考虑现场布置条件、资金来源等因素。当采用引风机、增压风机合并改造方案时，由于压力大幅升高，一般多采用二级动叶调节轴流式风机。选型设计时，重点考虑风机性能与合并后的管网阻力特性相匹配。既要考虑高负荷的运行效率，也要考虑中、低负荷的运行效率，还要留够失速裕度，防止运行中风机出现失速现象，最后根据机组负荷系数选取年耗电量最小的风机。

选型设计时，应尽量考虑局部改造的可行性。如只更换叶片或叶轮、改变转速，对于动叶调节轴流式风机，减少一半叶片数；对于双级动叶调节轴流式风机，可采用两级压升不相同的叶轮（如叶型的变化、叶片数量的变化、叶片角度调节范围即安装角的变化等），并应设法利用原风机所配电动机。

17.3.5　引风机与增压风机合并改造

目前 600MW 及以下容量的火力发电机组，基本上是一台锅炉配一台脱硫增压风机和两台引风机。由于新建机组不允许设脱硫系统的旁路烟道，原有的脱硫系统旁路烟道也需封闭。这样，如果增压风机出现故障需停运检修，则整个发电机组将被迫停运。

为提高发电机组运行的安全可靠性和经济性，近年来取消增压风机而用引风机直接克服脱硫系统阻力的设计（习惯称为二合一引风机）受到电厂欢迎。因为两机合并后，如一台引风机故障停运，机组还可带 60% 左右负荷运行，不致停运整个发电机组，提高了机组运行的安全性，也减少了发电量损失。合并后少了一台增压风机，可以降低电厂的设备维护工作量，同时，大型转动设备数目和故障点的减少，势必会提升机组运行的安全可靠性。合并取消增压风机后，还可简化引风机出口到脱硫系统入口的烟道布置，降低烟道阻力，从而获得节能效果。另外由于选型设计原因，引风机和增压风机往往存在与系统不匹配的问题，合并改造时可根据试验数据选取与系统匹配的高效引风机，提高风机的实际运行效率，因而风机运行经济性得到提高。

但是，并不是所有机组都能通过引、增合一取得经济效益。如改前增压风机运行效率较高，引风机运行效率虽不高，但压力裕量大，能满足改造参数要求，且改后的运行效率提高明显者，就无需进行任何改造；若引风机至脱硫系统入口间的烟道无条件优化布置降低其阻力，或需改造或加固的费用过高，无经济效益者也不可改造；早期投运的机组，引、增合一后引风机入口烟道、除尘器直至锅炉炉膛的承压能力无法满足要求者也不可改造。因此，对于具体机组是否采用合并改造，需经可行性论证确定。具体应开展以下工作。

（1）通过风机性能试验确定各工况运行参数和系统阻力特性。

（2）分析改前风机运行性能，提出合理的合并风机选型设计参数和改造方案。

（3）分析确定合并后引风机进、出口可能达到的最高压力，并提出烟道和相关设备的改造方案。

（4）进行经济性分析，计算节电量和预算改造投资。

（5）提出最佳整体改造实施方案和可行性论证结论。

17.3.6　工程改造实例

某电厂一台 300MW 燃煤发电机组的锅炉为东方锅炉厂生产的 DG1025/18.2-Ⅱ 6 型锅炉，为亚临界参数、一次中间再热、自然循环单汽包、单炉膛、平衡通风，摆动燃烧器四角切圆燃烧，固态排渣煤粉炉。配置 2 台东方锅炉厂生产的 LAP10320/3883 型三分仓容克式空气预热器，2 台 YA25236-8Z 型静叶调节轴流式引风机，湿法脱硫系统配置 1 台 AN42e6（V13+40）型静叶调节轴流式增压风机。引风机和增压风机均为成都电力机械厂生产。引风机和增压风机的设计参数见表 17-3 和表 17-4。

表 17-3 引 风 机 性 能 参 数

项　　目	单位	设计煤种				
		TB	BMCR	300MW	250MW	170MW
当地大气压力	Pa	89 600				
风机进口体积流量	m³/s	335	310.7	275	241	175
风机入口介质密度	kg/m³	0.76	0.76	0.76	0.78	0.8
风机全压升	Pa	5705	5187	4350	3420	2470
压缩性修正系数		0.9781	0.9800	0.9831	0.9867	0.9903
风机轴功率	kW	2393	1946	1445	1119	870
风机全压效率	%	78.9	82.0	82.2	73.4	49.7
风机转速	r/min	980				
风机型号		YA25236-8Z 静叶调节轴流式通风机				
叶片调节范围	°	−75～+30				
制造厂家	—	成都电力机械厂				

电动机规范（上海电气集团上海电机厂生产）

型号	—	YKK710-6 鼠笼式异步电动机
额定功率	kW	2400
额定转速	r/min	996
额定电压	V	6000
额定电流	A	268
额定效率	%	96.61
额定功率因数		0.892

表 17-4 增 压 风 机 性 能 参 数

项　　目	单位	设 计 煤 种	
		TB	BMCR
当地大气压力	Pa	89 610	
风机进口体积流量（标准状态）	m³/s	372.38	330.35
风机进口体积流量	m³/s	622.85	552.54
风机入口介质温度	℃	131	131
风机进口介质密度（标准状态）	kg/m³	1.316 77	1.316 77
风机入口介质密度	kg/m³	0.787 25	0.787 25
风机全压升	Pa	3600	3000
风机轴功率	kW	2576	1719
风机全压效率	%	86.7	86.3
风机转速	r/min	485	
风机型号		AN42e6 （U13+40）静叶调节轴流风机	

续表

项　目	单位	设 计 煤 种	
		TB	BMCR
叶片调节范围	°	−75~+30	
制造厂家	—	成都电力机械厂	
电动机规范（湘潭电机股份有限公司生产）			
型号	—	YKK900—12 鼠笼式异步电动机	
额定功率	kW	2900	
额定转速	r/min	496	
额定电压	V	6000	
额定电流	A	353	
额定效率	%	95.25	
额定功率因数		0.83	

一、增设 SCR 脱硝装置前风机运行情况

（1）主要试验结果。表 17-5 所示为引风机和增压风机试验的主要结果，图 17-5 和图 17-6 所示分别为引风机和增压风机性能曲线及运行工况点位置。

表 17-5　　　　　　　　　　引风机和增压风机试验主要结果

项　目	单位	工况 1		工况 2		工况 3	
发电负荷	MW	300.80		230.10		170.0	
引风机							
风机编号	—	A	B	A	B	A	B
风机流量	m³/s	251.08	238.14	230.25	208.37	159.09	181.95
风机压力	Pa	3904	3806	3533	3445	2541	2512
风机入口介质密度	kg/m³	0.7654	0.7742	0.7722	0.7681	0.7898	0.7902
电机输入功率	kW	1421.9	1394.9	1265.0	1246.0	1001.5	1026.6
风机实测叶轮效率	%	74.2	70.0	70.1	62.8	44.7	49.3
增压风机							
风机流量	m³/s	473.92		425.33		333.81	
风机压力	Pa	2266.4		2029.4		1453.3	
风机入口介质密度	kg/m³	0.7945		0.7944		0.8071	
电机输入功率	kW	1641.4		1558.7		1148.8	
风机实测叶轮效率	%	71.04		60.84		47.03	

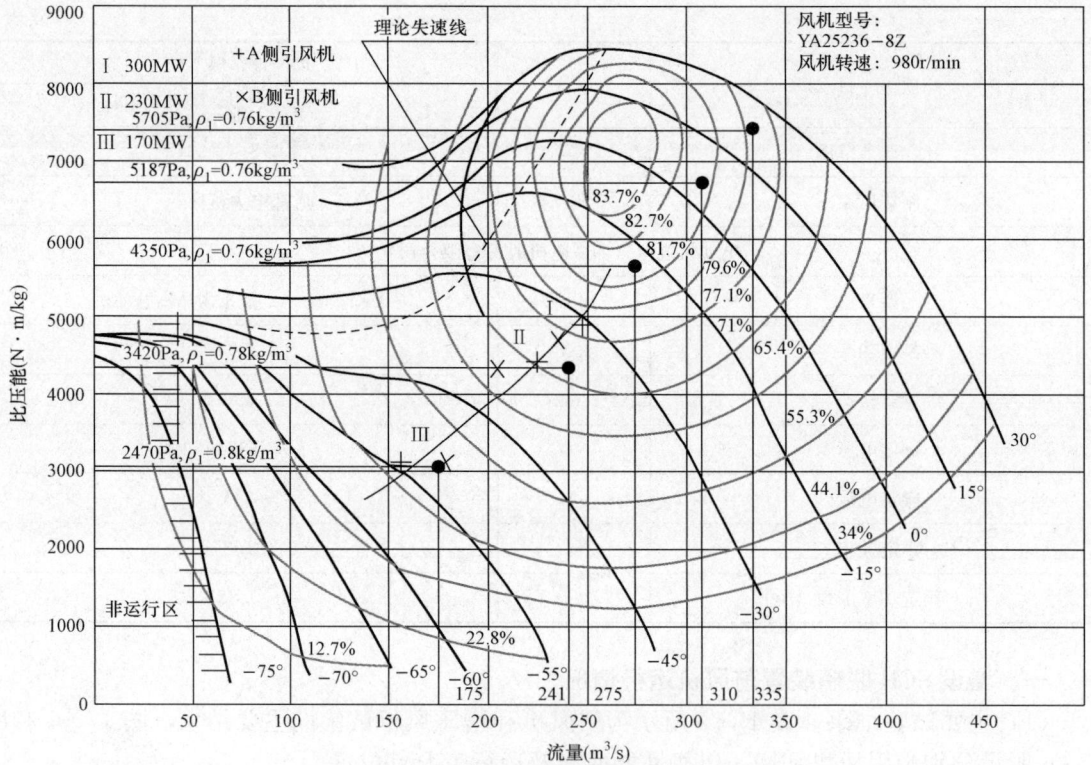

图 17-5　引风机性能曲线及运行工况点位置

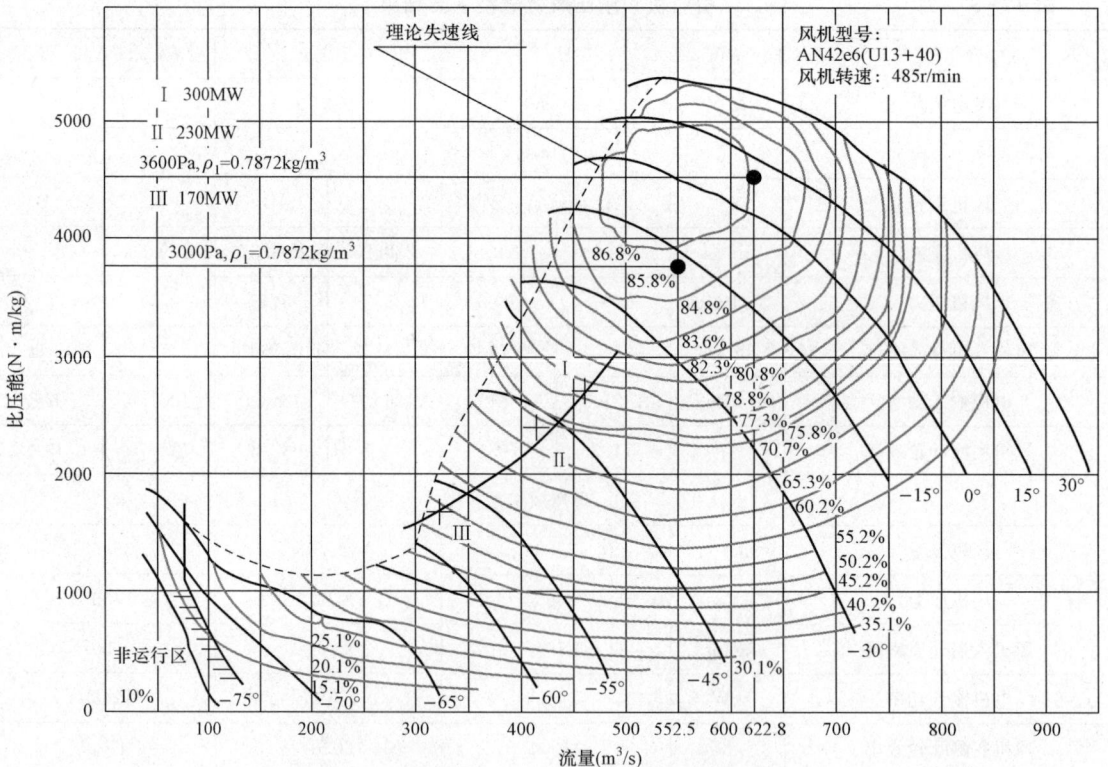

图 17-6　增压风机性能曲线及运行工况点位置

（2）引风机和增压风机与系统匹配性分析。将表 17 - 3 中 300MW（锅炉蒸发量 952.5t/h）工况实测参数换算至 BMCR 工况（锅炉蒸发量 1025.0t/h）下得出如下结论。

1）BMCR 工况的引风机平均流量为 $259.0m^3/s$，平均压力为 4113.8Pa。而 BMCR 工况的引风机设计流量为 $310.7m^3/s$，设计压力为 5187.0Pa。实测风量比设计值偏小 20.0%，实测压力比设计值偏低 26.1%。与 TB 点的对应设计参数比较，风量裕量为 29.3%，风压裕量为 38.7%。引风机的选型裕量偏大。

2）BMCR 工况的增压风机流量为 $498.7m^3/s$，压力为 2386.6Pa。而 BMCR 工况的增压风机设计流量为 $552.5m^3/s$，设计压力为 3000.0Pa。实测风量比设计值偏小 10.8%，实测压力比设计值偏低 25.7%。与 TB 点的对应设计参数比较，风量裕量为 24.9%，风压裕量为 50.8%。增压风机的选型裕量特别是压力裕量过于偏大。

3）由图 17 - 5 可见，系统阻力曲线位于风机性能曲线的中部区域，也说明引风机的出力裕量过大，导致运行效率偏低（高负荷风机效率为 72%，低负荷风机效率仅为 47% 左右），引风机与系统匹配性较差。

4）由图 17 - 6 可见，系统阻力曲线在风机性能曲线的左边，各工况均处于小流量区域，说明增压风机的出力裕量过大，导致各运行工况风机运行效率较低（高负荷风机效率为 71%，低负荷风机效率为 47%），增压风机与系统匹配性差。更严重的是，低负荷时实测运行点已接近失速区，失速安全裕量不足，极易发生失速现象。所以，为降低增压风机耗电及提高其运行安全性，有必要对其进行改造。

（3）引风机和增压风机实际耗电情况见表 17 - 6。

表 17 - 6　　　　　　　　　增设脱硝设备前引风机和增压风机的耗电情况

项　　目	单位	工况 1	工况 2	工况 3
机组负荷	MW	300	230	170
两引风机电动机输入总功率	kW	2816.8	2511	2028.1
增压风机电动机输入功率	kW	1641.4	1558.7	1148.8
年均负荷 198MW，机组年运行小时为 7269h				
各负荷年运行小时数分配	h	500	4769	2000
各负荷引风机耗电量	kW·h	1 408 400	11 974 959	4 056 200
各负荷增压风机耗电量	kW·h	820 700	7 433 440	2 297 600
各负荷年发电量	MW·h	150 000	1 096 870	340 000
年引风机耗电量	kW·h	17 439 559		
年增压风机耗电量	kW·h	10 551 740		
年总发电量	MW·h	158 6870		
引风机耗电率	%	1.099		
增压风机耗电率	%	0.665		
引风机和增压风机总耗电率	%	1.764		

277

二、加装脱硝装置后引风机和增压风机改造方案及耗电情况

（1）脱硝装置阻力预算。BMCR 工况下，SCR 脱硝系统阻力按 1200Pa 计，其他工况脱硝设备阻力按引风机流量对应比例进行预估，表 17-7 所示为不同工况下脱硝设备阻力的预估值。

表 17-7　　　　　　　　　　不同工况下脱硝设备预估阻力

工况	单位	BMCR	高负荷 300MW		中负荷 230MW		低负荷 170MW	
风机编号	—	—	A	B	A	B	A	B
引风机流量	m³/s	259.0	247.0	234.3	226.6	205.0	156.5	179.0
脱硝设备预估阻力	Pa	1200.0	1144.6	1085.6	1049.6	949.9	725.2	829.5

（2）脱硝改造后引风机选型参数预估。

1）风量的确定。锅炉增加 SCR 脱硝装置后，引风机入口质量流量无变化，由于脱硝装置在引风机前，引风机入口烟气温度将降低约 3℃（因加入稀释风），引风机入口负压将增高，烟气密度会有少许变化，影响容积流量将有些许增加。经计算其增加值很小，故选型计算时可忽略。即 BMCR 工况流量为 259.0m³/s，TB 工况点流量为 285.0m³/s。

2）风压的确定。前已说明，由实测换算至 BMCR 工况（蒸发量为 1025t/h）后，两台引风机平均压力为 4113.8Pa。脱硝改造需增加 1200.0Pa 的阻力，则总阻力为 5313.8Pa。考虑试验期间机组的煤质情况较好，而电厂日常煤质较差及将来空气预热器阻力可能增加，故在 BMCR 工况压力的基础上，引风机再取 15% 的风压裕量较合理，则新引风机风压为 5931.0Pa。

3）脱硝后新引风机选型参数。加装脱硝装置后引风机新选型设计参数见表 17-8。

表 17-8　　　　　　　　　　加装脱硝装置后引风机新选型设计参数

项目名称	单位	TB	BMCR	300MW	230MW	170MW
大气压力	Pa	89 968	89 968	89 968	89 968	89 968
进口密度	kg/m³	0.760	0.760	0.760	0.760	0.760
流量	m³/s	285.0	259.0	240.7	215.8	167.8
全压升	Pa	5931.0	5313.8	4800.2	4333.1	3130.4

4）电动机参数的确定。按表 17-6 中 TB 工况的参数计算出改后引风机的最大轴功率为 2061.4kW，电动机裕量取 10%，则电动机功率应为 2061.4×1.1＝2268（kW）。改造后，需新电动机额定功率为 2300kW。现引风机电动机额定功率 2400kW 可以满足。

（3）现引风机能否满足脱硝改造要求分析。为分析现引风机能否满足脱硝改造要求，特将表 17-5 中各运行工况点标到现引风机性能曲线上，如图 17-7 所示。

由图 17-7 可见，现引风机完全能满足锅炉增加脱硝装置的要求，且运行效率还有所提高，无需对引风机及其电动机作任何改动。

（4）增设脱硝装置后引风机耗电情况。据表 17-8 所列引风机运行参数和图 17-7 估出

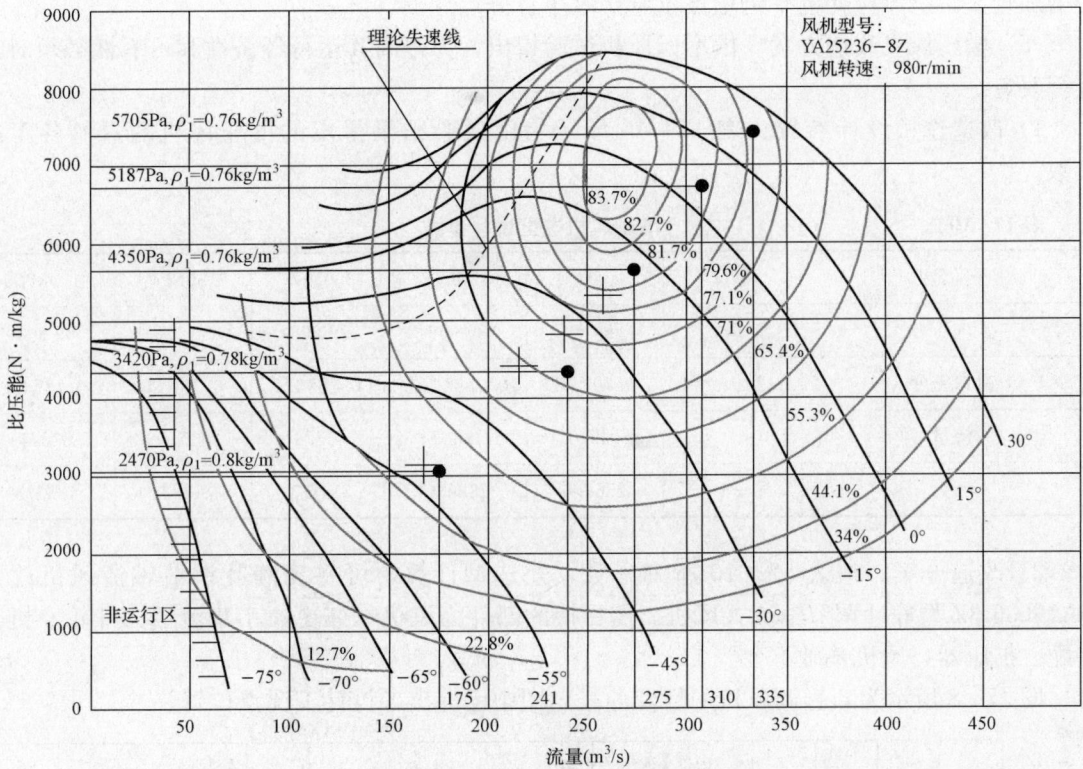

图 17 - 7　脱硝后原引风机性能曲线及新设计参数位置

的运行效率，计算增设脱硝装置后引风机耗电情况见表 17 - 9。

表 17 - 9　　　　　　　　　　增设脱硝装置后引风机耗电情况预估

项　　目	单位	工况 1		工况 2		工况 3	
机组负荷	MW	300		230		170	
风机编号	—	A	B	A	B	A	B
引风机运行效率	%	77.1	77.1	71.0	71.0	49.4	49.4
引风机电机输入功率	kW	1611.4	1611.4	1431.6	1431.6	1168.5	1168.5
各负荷下两引风机耗功	kW	3222.8		2863.2		2337	
各负荷年运行小时	h	500		4769		2000	
各负荷引风机年耗电量	kW · h	1 611 400		13 654 601		4 674 000	
引风机年耗电量	kW · h	19 940 001					
机组年发电量	MW · h	1 586 870					
引风机耗电率	%	1.257					

与表 17 - 6 进行比较可得出，增加脱硝装置后，引风机运行效率虽有提高，但因系统阻

力增加较大，引风机耗电率仍增加了 0.158 个百分点。

（5）增压风机改造方案。由增压风机试验得出，为提高其运行经济性和可靠性必须对其进行改造。

1）改造选型设计参数。表 17 - 10 所示为由试验结果得出的增压风机的选型各工况参数。

表 17 - 10　　　　　　　　　　　　增压风机选型设计参数

项目名称	单位	TB	BMCR	300MW	230MW	170MW
大气压力	Pa	89 968	89 968	89 968	89 968	89 968
进口密度	kg/m³	0.787 25	0.787 25	0.787 25	0.787 25	0.787 25
流量	m³/s	549.0	498.7	463.4	415.9	326.4
压力	Pa	2864.0	2386.6	2147.1	1923	1355.3

2）改造方案。按表 17 - 10 所列参数，经选型计算，可将现静叶调节轴流风机改为 TA18036-8Z 型静叶调节轴流式风机。需更换的部件为风机本体更换小集流器、叶轮、机壳装配、扩压器，风机基础不变。

图 17 - 8 所示为新静调风机的性能曲线，图中已标出各设计工况点位置。

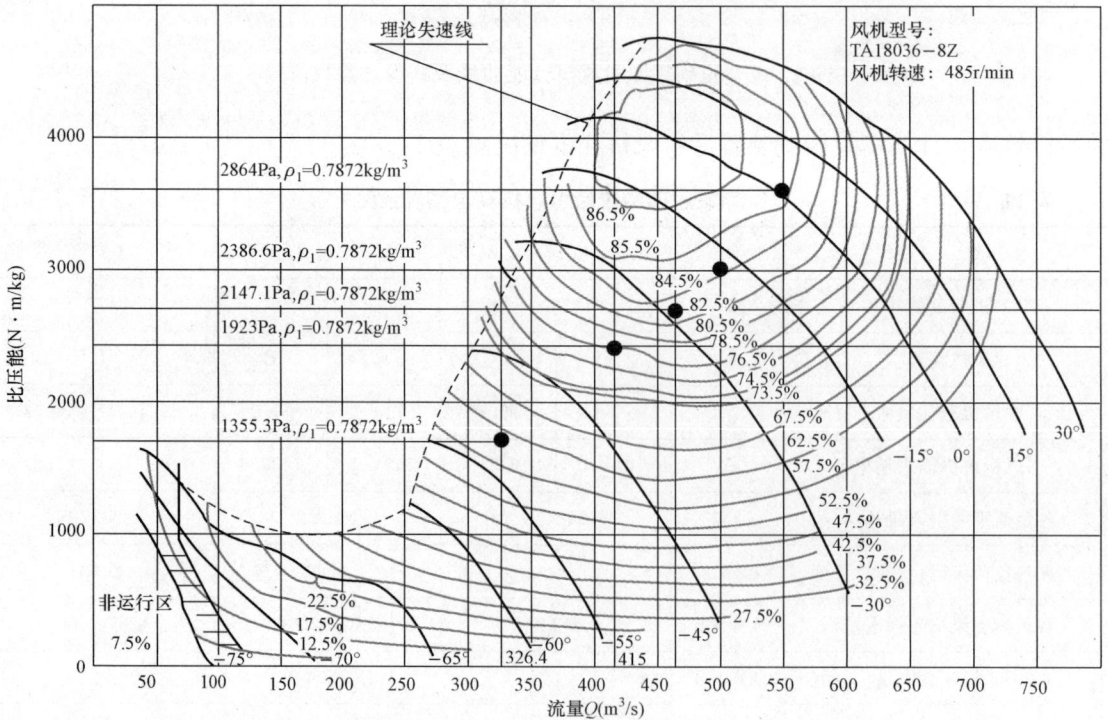

图 17 - 8　脱硝后增压风机性能曲线及新设计参数位置

由图 17 - 8 可见，该型风机很好地满足了脱硫系统需求，同时显著提高了各个运行工况的运行效率。

3）改后节电量预算见表 17 - 11。

表 17 - 11　　　　　　　　增压风机本体改造后的节电量预算

项　　目	单位	工况 1	工况 2	工况 2
机组负荷	MW	300	230	170
原有增压风机实际运行情况				
原增压风机实测叶轮效率	%	71.04	60.84	47.03
原增压风机空气功率	kW	1062.7	855.0	481.9
原增压风机电机输入功率	kW	1641.4	1558.7	1148.8
本体改造后新增压风机运行的预估情况				
改后性能曲线对应效率①	%	83.2	78.5	61
改后风机预估效率②	%	79.2	73.5	54
电动机效率	%	93.0	92.0	91.0
改后电动机输入功率	kW	1442.8	1264.4	980.6
改后风机耗功减少量	kW	198.5	294.4	168.2
每小时节电量	kW·h	198.5	294.4	168.2
年均负荷 198MW，机组年运行小时为 7269h				
各负荷年运行小时数分配	h	500	4769	2000
改后各负荷耗电量	kW·h	721 400	6 029 923.6	196 1200
各负荷年节电量	kW·h	99 265	1 403 767	336 470
改后风机年节电量	kW·h	1 839 502		
厂用电率下降	%	0.128		
改后增压风机年总耗电量	kW·h	8 712 523.6		
改后增压风机耗电率	%	0.549		

① 该值为实测运行点在风机性能曲线上的对应值，见图 17 - 12。

② 根据经验动调风机的实际效率与其性能曲线效率存在偏差，在高、中、低开度预估效率分别在曲线效率的基础上作 4%、5%、7% 的修正。

由表 17 - 11 可以看出，对增压风机本体进行改造后，按机组年均负荷 198MW，年运行小时 7269h 计算，每年节电约 183.9 万 kW·h，厂用电率约下降 0.128 个百分点，节电效果显著。

（6）增加脱硝装置并对增压风机进行改造后引风机和增压风机的耗电情况。综上所述，增加脱硝装置后，引风机和增压风机总耗电率达 1.806%（1.257＋0.546），比未增加脱硝装置增加了 0.042 个百分点。

三、增加脱硝装置后引风机和增压风机合并可行性分析

（1）合并的必要性。电厂目前引风机和增压风机运行效率都不高，通过引风机和增压风机合并改造，可较大幅度提高风机运行效率，达到较好的节电效果。同时可解决增压风机存在的失速风险，提升机组运行安全性。

（2）合并后新引风机选型参数的确定。引风机与增压风机合并不影响引风机入口参数，因而合并后的风机流量不变，压力为合并前引风机和增压风机压力之和。由此得出合并后的引风机选型参数见表 17-12。

表 17-12　　　　　　　　　加装脱硝装置后新引风机选型参数

项目名称	单位	TB	BMCR	300MW	230MW	170MW
进口密度	kg/m³	0.760	0.760	0.760	0.760	0.760
流量	m³/s	285.0	259.0	240.7	215.8	167.8
全压升	Pa	8696.0	7617.8	6873.0	6189.6	4438.8

（3）改造方案。按表 17-12 所列参数，经选型计算，可将现有静叶调节轴流式风机改为 HU25040-22 型双级动叶调节轴流式风机，其性能曲线如图 17-9 所示。

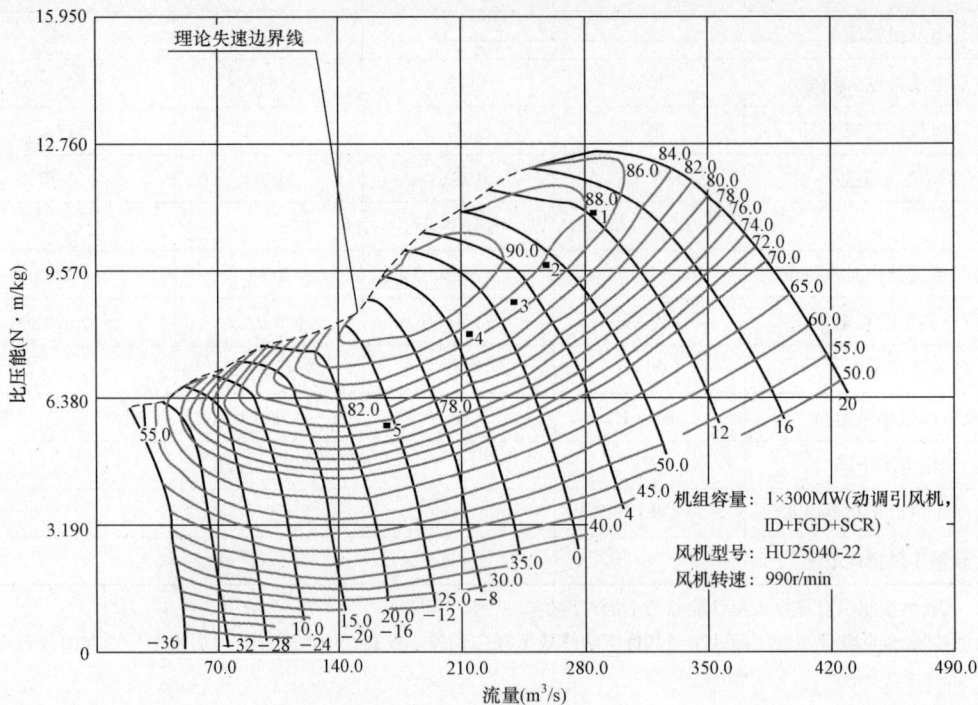

图 17-9　合并后引风机性能曲线及设计工况位置

该方案需要对叶轮进行更换，冷却密封风机、油站、仪表箱和机壳部分需要重新制作；机壳基础需变更；进气箱、扩压器和机壳的部分基础使用原有基础，无需变动。电动机需进行更换，新电动机的转速为 990r/min，额定功率为 3400kW。同时还要对引风机出口到脱硫系统进口的烟道进行改造，工作量较大。

（4）改造后运行效果。图 17-9 中已标出改造后各设计工况点位置。该型风机性能很好地满足了改造后各运行工况的需要，同时显著提高了各个运行工况的效率。表 17-13 所示为引风机和增压风机合并改造后的节电量计算。

表 17 - 13　　　　　　　　　　引风机和增压风机合并改造后的节电量计算

项　　目	单位	工况 1		工况 2		工况 3	
机组负荷	MW	300		230		170	
风机编号	—	A	B	A	B	A	B
风机空气功率	kW	3443.4		2786.9		1592.4	
改后性能曲线对应效率	%	87.2		86.8		79.2	
改后风机预估效率	%	83.2		82.8		75.2	
电动机效率	%	93.0		92.0		91.0	
改后电动机输入功率	kW	4450.2		3658.5		2327.0	
年均负荷 198MW，机组年运行小时为 7269h							
各负荷年运行小时数分配	h	500		4769		2000	
各负荷年节耗电量	kW·h	2 225 100		17 447 387		4 654 000	
风机年耗电量	kW·h	2 432 6487					
机组年发电量	MW·h	1 586 870					
耗电率	%	1.533					

由表 17 - 13 可知，在锅炉增设脱硝装置后，采用双级动叶调节轴流式风机实施引风机和增压风机合并改造，其耗电率为 1.533%。与仅对增压风机进行改造，引风机和增压风机不合并方案相比，厂用电率下降了 0.273 个百分点，比未进行脱硝改造前还下降了 0.231 个百分点，节电效果显著。

经估算，实施合并改造的总费用约 820 万元，仅对增压风机进行改造的费用约 200 万元，投资费用多 620 万元。但合并后每年可省 432.6 万 kW·h 电量，按 0.2849 元/kW·h 计，每年可节省运行费用约 123.2 万元，多投资费用约需 5 年可得到回收，经济上可行。

四、合并后引风机入口可达最大压力

由表 17 - 12 可知，合并后的最大设计压力在为 8696Pa，烟气密度为 $0.76kg/m^3$。若此时因某种原因锅炉 MFT 动作，一次风机和送风机跳停而引风机连锁保护失效不能跳闸，且其调节机构也失效不能关小时，由于送风机、一次风机的惰走和从炉膛到引风机入口容积很大，引风机流量不可能瞬时为零。由图 17 - 9 可看出，引风机运行工况点将沿动叶 12° 压力线向小流量移动，压力升高。但当流量减小到约 $230m^3/s$，压力达到最高约 9250Pa 时，风机失速，压力突然降低。即引风机瞬时最高全压升可达 9.3kPa 左右。但此时脱硫系统仍有阻力，按 $460m^3/s$ 流量估算，引风机出口全压还有 1.9kPa。则风机入口全压约 7.4kPa，再考虑从炉膛到引风机入口烟气系统的阻力，炉膛负压不会超过 6.5kPa，满足炉膛瞬时承压能力不超过 ±8.7kPa 要求。

在冷态情况下，如机组启动期间送风机、一次风机出口门突然全关而引风机不能解列，则炉膛负压也存在较高情况，但同样因引风机失速，压力升高有限。从图 17 - 6 可知，只有当引风机流量为零时，炉膛负压才有可能超过 -8.7kPa。通常锅炉风烟系统不可能十分严密，漏风总是存在的，即引风机通常不会出现零流量运行。但为保险起见，除尽可能完善和优化连锁保护措施外，建议除停炉检修，送风机出口门设为常开状态，以避免炉膛密闭、引风机出现零流量运行。

综上所述，为提升机组运行的安全可靠性和经济性，在锅炉增设 SCR 脱硝装置的同时实施引风机和增压风机合并改造是必要和可行的。

17.4　现役机组安装 SCR 装置对锅炉系统的改造的一般原则

国家环境保护部制定了《火电厂氮氧化物防治技术政策》，并于 2010 年 1 月 27 日正式颁布实施。其主要条款对氮氧化物防治的技术路线提议如下。

（1）第 2.1 条。倡导合理使用燃料与污染控制技术相结合、燃烧控制技术和烟气脱硝技术相结合的综合防治措施，以减少燃煤电厂氮氧化物的排放。

（2）第 2.2 条。燃煤电厂氮氧化物控制技术的选择应因地制宜、因煤制宜、因炉制宜，依据技术上成熟、经济上合理及便于操作来确定。

（3）第 2.3 条。低氮燃烧技术应作为燃煤电厂氮氧化物控制的首选技术。当采用低氮燃烧技术后，氮氧化物排放浓度不达标或不满足总量控制要求时，应建设烟气脱硝设施。

低氮燃烧器改造后，可以降低脱硝设施的建设和运行的成本。

目前，国内三大锅炉厂都拥有了低 NO_x 燃烧技术，此外，哈尔滨工业大学、烟台龙源公司、西安热工研究院、大唐节能公司等单位也具有自主知识产权的低 NO_x 燃烧技术。国内已有多台锅炉成功实施了低 NO_x 燃烧技术的改造，NO_x 排放可减少 30%～50%。低氮燃烧改造效果随煤种和锅炉结构（主要是燃烧和制粉系统）的不同而有差异，对无烟煤和贫煤锅炉，由于燃尽难度大于烟煤，NO_x 控制相对难一些。

然而，有一个现实问题不能忽略，就是日常使用的煤种变化，对低 NO_x 燃烧技术稳定控制 NO_x 的生成带来一定难度。目前我国的煤炭市场还存在着严重的供需矛盾，电厂很难购买到设计煤种或接近设计煤种的煤炭，这就会影响低 NO_x 燃烧技术的改造效果，日常运行往往达不到性能保证值，有些改造后还使锅炉的燃烧经济性大大下降。解决该类问题的主要途径是煤炭市场供需关系的正常化，或者在机组的控制系统安装一些智能化控制软件和设备。

17.4.1　安装 SCR 后空气预热器改造的一般原则

（1）防止空气预热器堵塞的对策。

1）严格控制 SCR 出口 NH_3 逃逸率，尽量控制在 $3×10^{-6}$ 以下，这是保证预热器不堵灰的重要前提。

2）设定脱硝设施停止喷氨运行的温度，一般应控制在 300℃ 以上。

3）运行中严格监控空气预热器的压差，加强吹灰的管理。

4）加强维护省煤器底部灰斗运行，提高灰斗对烟气中灰分的预处理能力，减轻灰分对空气预热器的影响。

5）加强煤质控制、燃用低硫煤减少 SO_3 转换率，高硫煤应控制在 2% 以下。

6）控制氨逃逸，严格按照设计参数确定喷氨量，制订氨逃逸的管理办法，确保氨逃逸仪表的测量准确。

7）重新进行密封间隙计算，并根据要求确定密封改造方案，以保证最佳的密封效果。

8）由于脱硝环保标准的提高，从 $450mg/m^3$ 提高到 $100mg/m^3$，已经安装完成的脱硝装置应进行相应的改造或进行低氮燃烧器的改造，不能采用增加喷氨量的办法提高脱硝效率。

（2）加强空气预热器的运行管理。保证空气预热器传热元件的清洁，定期除灰是最有效的手段。此外利用机组停运时对预热器受热面进行清洗也是保持其传热元件清洁的有效方式。空气预热器配置有水冲洗装置，该装置也兼有消防功能。空气预热器配套的吹灰器，在空气预热器冷、热端配置蒸汽和高压水双介质吹灰器。吹灰压力为 1.0～1.37MPa，介质为 310℃ 以上的过热蒸汽，高压水参数为压力 20MPa，流量为 20t/h，以保持空气预热器传热元件的清洁。

空气预热器在正常条件下运行且定期吹灰，则无需进行水洗。长期运行实践表明，吹灰是控制积灰形成速度的有效方法。当定期吹灰无法去除换热元件的积灰而保持换热元件的洁净，则应分析原因。当空气预热器的阻力超过设计值且小于设计值的 130% 时，应采用低压水冲洗。低压水洗装置与蒸汽吹灰设计为一体，即为电动半伸缩式双枪结构。水洗管上有足够的喷嘴可以覆盖整个转子表面，用以清除热端和冷端元件上的沉积物。

水洗时要尽量一次将换热元件表面清洗干净，否则会缩短空气预热器换热元件的使用寿命。水洗后部分遗留下来的沉积物在空气预热器重新投用后结成硬块，下次水洗就无法将其彻底清除。因此，水洗后必须检查换热元件表面，确定是否需要进一步水洗，在机组带负荷之前一定要确保换热元件表面干净。为减少水洗时间，避免由此产生的腐蚀，建议将冲洗水的温度提高至 50～60℃ 为宜。一般不考虑采用碱水冲洗。

水洗通常是在低转速条件下进行，在烟气侧和空气侧都装设疏排水斗。在空气预热器减负荷前应作好水洗准备，以便在换热元件温热状态时（比环境温度高出约 30～40℃）进行水洗，此时水洗效果较好。应特别注意，空气预热器进行水洗完毕后需用热风干燥，以防空气预热器和其他设备锈蚀；当空气预热器阻力超过设计值的 30% 且换热元件堵灰严重时，应尽早进行高压水冲洗。

17.4.2　引风机改造一般原则

引风机改造是加装脱硝装置的必要改造部分，主要用于克服加装脱硝装置后产生的阻力，一般近年建设的电厂，引风机基础都按照加装脱硝装置，预留了基础载荷以满足加装脱硝装置要求。引风机的选型按预留脱硝装置选型，在加装脱硝装置后，引风机需提升压头（一般提升 1kPa 压头考虑，保守考虑则可提升 1.2kPa 压头），流量基本保持不变，核算压头后由引风机厂家完成引风机叶片及其附件的改造和更换，并由其提出引风机电动机的选型，更换电动机及其附件、高压电缆等。

目前常用的改造方案有电动机增容、叶轮更换，以及全部更换风机等。引风机与脱硫增压风机合并可简化系统、减少占地、降低运行成本。

第18章

SCR技术在我国火电厂机组锅炉上应用需注意的问题

SCR技术在国外已属相对成熟的技术，但在我国火电厂中应用时间较短，尤其是我国燃煤发电中存在有锅炉类型、燃烧方式、燃用煤种等方面的多变性，导致烟气中成分及灰成分复杂，直接影响了SCR装置的运行效果。因此，本章结合我国燃煤锅炉的特点，阐述SCR技术在中国燃煤机组中应用时需注意的问题。

18.1　高灰条件下燃煤机组SCR设计需考虑的问题

我国领土广阔，煤质来源丰富。同国外稳定、优质的电力用煤相比，我国电厂用煤灰分含量相对较高，煤质来源不稳定。因而在SCR的设计中，需充分考虑由此造成的催化剂选取、吹灰器选取、烟道布置、灰分特征等问题。

18.1.1　SCR催化剂的选取

目前SCR商用催化剂基本都是以TiO_2为基材，以V_2O_5为主要活性成分，以WO_3、MoO_3为抗氧化、抗毒化辅助成分。催化剂可分为板式、蜂窝式和波纹板式三种。三种催化剂在火电厂锅炉SCR上都拥有业绩，其中板式和蜂窝式应用较多，波纹板式较少。

催化剂的设计就是要选取一定反应面积的催化剂以满足在省煤器出口的烟气流量、温度、压力、成分条件下达到脱硝效率、SO_2/SO_3转化率、氨逃逸率等SCR的基本性能设计要求。催化剂在高灰设计条件下，其防堵和防磨损性能是保证SCR设备长期安全和稳定运行的关键。

在防堵灰方面，对于一定的反应器截面，在相同的催化剂节距下，板式催化剂的通流面积最大，一般在85%以上；蜂窝式催化剂次之，流通面积一般在80%左右；波纹板式催化剂的流通面积与蜂窝式催化剂相近。在相同的设计条件下，适当选取大节距的蜂窝式催化剂，其防堵效果可接近板式催化剂。

有关研究表明，催化剂的磨损主要发生在催化剂迎灰面的端部，其磨损程度与SCR反应器入口速度分布的均匀性、灰分成分和颗粒大小形状有关。

板式催化剂在端部被磨损后，其不锈钢基材曝露在迎灰面，可阻止烟气的进一步磨损，因此防磨损性能良好，见图18-1。

蜂窝式催化剂，可将其催化剂的端部经特殊处理，增加其硬度，以抵御迎灰面的磨损，见图18-2。

波纹板式催化剂通过将SiO_2溶液浸润到催化剂端部，硬化催化剂端部；或者将催化剂陶瓷材料经过硅藻土加固，以加强其抗磨损性能。

除了迎灰面的磨损外，催化剂的内壁面也会发生一定程度的磨损。虽然这样的磨损一般不会造成催化剂整体结构的破损，但是会导致有些类型催化剂的活性降低。燃煤SCR在高灰分的设计条件下，使用均质的催化剂结构比使用表面涂层的催化剂结构有利于防止在高灰条件下，催化剂内壁表面的活性成分被磨损后，催化剂活性发生大幅度降低。

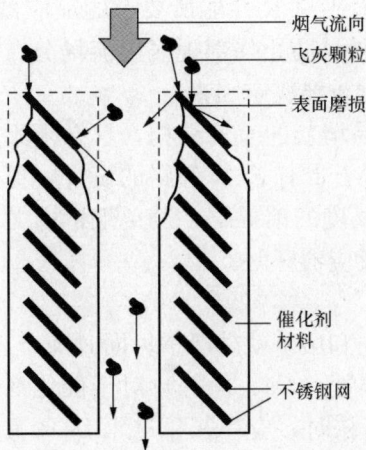

图 18-1　板式催化剂防磨损机理

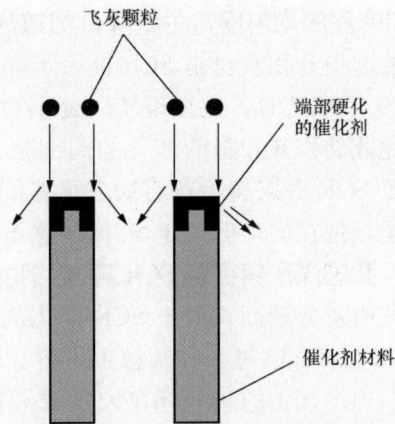

图 18-2　端部硬化的蜂窝式催化剂

　　总之，对于催化剂，通过选取合适的催化剂节距、壁厚等，可以满足烟气高灰条件下的防堵和防磨损的要求。

18.1.2　SCR 吹灰装置

　　SCR 脱硝工程高尘布置中常用的吹灰器有声波吹灰器（sonic horn）和耙式蒸汽吹灰器（rake type steam soot blower）两种。

　　声波吹灰器在工程实践中是用一个或几个发声器每隔一段时间就运行一次，并持续不断地重复这一循环来达到目的。在恶劣的工况下需频密地发声，而在积灰不太严重的场合可适当延长停止段的时间。耙式蒸汽式吹灰器为一种适用于 SCR 催化剂的强力半伸缩式吹灰设备，过热蒸汽自喷射孔沿烟气流动的方向吹扫催化剂表面堆积的积灰，吹灰器移动一个行程后蒸汽吹扫就覆盖了反应器内的整个催化剂表面。

　　根据应用经验，声波吹灰器在灰分较低的烟气条件下，可有效防止烟气在催化剂表面的积灰，但对于已经形成超过一半以上积灰的清除效果不佳。耙式蒸汽吹灰器对于催化剂表面已形成的积灰清除效果良好。对于灰分较大项目，优先考虑使用耙式蒸汽吹灰器。

　　蒸汽吹灰对于不同类型的催化剂的吹灰效果略有差别。板式催化剂的一个模块中一般布置两层催化剂元件，两层催化剂元件的板元件交叉布置。在高灰分的烟气条件下，催化剂模块内部，两层催化剂元件的间隙会在一定程度上改变烟气在催化剂内的流场，造成局部的堵灰问题。因此一般要求催化剂元件的间隙大于 3 倍的催化剂孔净间隙，避免此处形成涡流。此间隙对于耙式蒸汽吹灰器的效果有减弱的作用，而对声波吹灰器则几乎没有影响。因此在使用板式催化剂时，和声波吹灰器相比，耙式蒸汽吹灰器在吹灰强度上的优势不如在蜂窝式催化剂那么明显，在吹灰方式的选取过程中要加以考虑。

　　对于灰分含量大、黏度高、细灰多的项目，也可考虑蒸汽吹灰和声波吹灰联合使用。

18.1.3　SCR 布置的考虑

　　SCR 布置方式可分为布置在锅炉省煤器和空气预热器之间的高灰段和布置在除尘装置之后的低尘段。其中高灰段布置方式在电厂脱硝中应用最为广泛。

　　国外电厂锅炉煤质较好且其煤源较为稳定，而我国煤质来源广泛且多变，对于 SCR 烟道的布置是一个考验。

287

在 SCR 整体布置时，除了合理地布置烟道以达到 SCR 性能所要求的反应器入口 NH₃/NO 摩尔比和速度的均匀度，尽量降低烟道的压降外，防止局部地区因流场分布的不均而引起部分烟道的磨损和积灰也是 SCR 能否可靠运行的重要决定因素。

在布置 SCR 烟道时，在烟道转向处不宜使用易堵灰的直角结构，且必须添加针对性的导流板以避免此处积灰和降低烟气的局部阻力。对于带有 SCR 旁路的设计，更加需要反复验证，在满足 SCR 旁路起始点后烟道足够的混合长度的前提下，避免烟道内尤其是挡板处的积灰。但是，现在的环保规定 SCR 装置不设置反应器旁路。

18.1.4 我国煤灰特征及 SCR 高灰的脱除

燃煤烟气中灰分越高，对于 SCR 催化剂的磨损和堵塞就越严重；同时随着灰分的增加，碱土金属（CaO、MgO 等）和灰粒中可溶性碱金属盐（Na、K 等）对于催化剂活性的劣化也同时增加。当烟气中的灰分存在大量的大颗粒灰粒时，应在灰粒进入 SCR 反应器之前除去，防止催化剂的堵塞。当灰分较大时，建议在锅炉省煤器出口布置省煤器灰斗，以除去烟气中颗粒较大的灰粒。SCR 反应器出口可不必布置灰斗，通过合理设定反应器出口烟道中烟气的流速和导流板的布置，完全可以避免 SCR 出口烟道积灰的发生。

在美国的 SCR 发展过程中，燃用部分煤质时出现了爆米花状飞灰（popcorn ash）堵塞催化剂的情况。爆米花状飞灰是一种结构蓬松、尺寸较大的飞灰颗粒，其直径最大可达 10mm 以上，当粒径大于 4～5mm 时就可造成催化剂的严重阻塞。爆米花状飞灰的出现主要与煤质有关，其形成原因很多，其中一种原理为由锅炉受热面管子上的积灰变硬和被打碎后形成的。爆米花状飞灰的形成还和燃烧器的调整等燃烧条件有关。

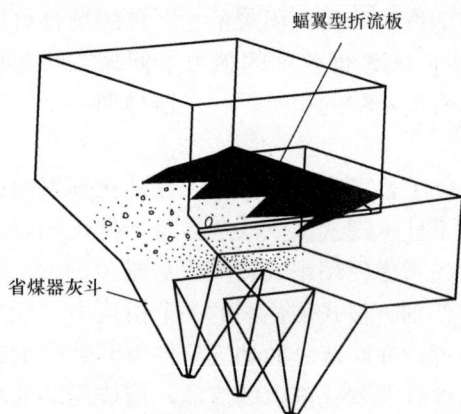

图 18-3 巴威公司蝙蝠翼折流板

随着国内 SCR 装置运行数量的增多，有个别火电厂也出现了爆米花状飞灰。对于爆米花状飞灰，由于其颗粒直径特别大，因此在催化剂设计上来防止堵灰是不现实的，必须在烟气进入催化剂前将其去除。对于常规炉型，采用在省煤器出口灰斗处设置偏流板或滤网的方法来收集爆米花状飞灰。图 18-3 所示为美国巴威公司用于脱除爆米花状飞灰的省煤器灰斗蝙蝠翼折流板专利技术。经实际工程经验验证，爆米花状飞灰的脱除率可从 73.3% 增大到 98.9%，可有效保证 SCR 催化剂不发生爆米花状飞灰造成的堵灰。

另外，在 SCR 设计前期，应充分考虑以后煤质的变化及运行负荷，特别是灰分及其特征的变化。该部分内容将在 18.3 节通过正反两方面的工程实例加以说明。

18.1.5 流场模拟及实体模型试验

SCR 反应器、烟气通道、喷氨和混合系统的正确合理设计，是实现脱硝装置最佳性能的必要前提。在高尘脱硝装置中，特别要采取措施确保理想烟气流动条件，以避免催化剂堵塞、磨损等造成的损失。尤其在验证高尘 SCR 系统设计合理性时，烟气流场模拟是一个必要工具。流场模拟有 CFD 模拟和实体模型试验两种形式。在设计阶段应用 CFD 模拟及实体模型试验相结合，可以验证烟气流速分布均匀性、烟气流动调节装置的布置和评估飞灰沉积和分布状况。

18.2　液态排渣条件下燃煤机组 SCR 设计需考虑的问题

与固态排渣炉相比，液态排渣炉的燃烧中心区维持 1650℃ 以上的高温，使处于熔化状态的灰粒在自重的作用下，能沿炉膛下部四壁流向炉底的液态排渣池中。由于高的燃烧温度，其飞灰特性较固态排渣炉在灰的细度、黏性、表面电荷及灰中微量元素成分等方面具有较大的区别。另外，液态排渣炉若采用飞灰再循环，烟气中氧化砷（As_2O_3）的浓度会更大，造成催化剂的活性降低。因此，在液态排渣炉上实施 SCR 技术时，对关键工艺的选择要特别引起重视。

18.2.1　工艺设计方面的考虑

液态排渣炉由于其自身飞灰的特征，建议 SCR 设计中的空间速度（SV）取值比固态排渣炉稍大。

氨逃逸量随着 NH_3/NO_x 比的增大和催化剂活性的降低而增大。它是影响催化剂设计的一个重要指标。要达到较高的脱硝率，可选择大的催化剂体积和小的氨逃逸量，或者选择小的催化剂体积和大的氨逃逸量；但是，氨的逃逸量在设计规范中有严格限制。大的催化剂体积意味着高投资、高压损、高能耗及建造体积大。氨的逃逸量还受到 NO_x 和 NH_3 分布，以及烟气流速分布等因素的影响。可能 NO_x 含量很低的地方，NH_3 的逃逸较大。

另外，NO_x 进口浓度可能会有一定的波动，这是因为燃用煤种的变化及受多种运行参数的影响，因此，建议 SCR 装置的设计必须有充足的余量。

18.2.2　液态排渣炉 SCR 高灰段布置砷中毒的问题

在 SCR 系统中，催化剂活性降低主要是受冲蚀（高含尘烟气段布置）、积灰和微量元素（如砷）的影响。冲蚀是由于烟气中飞灰分布不均匀造成的，在设计中可采取一系列措施，如加装导板或网格等解决。积灰的消除可采用定期吹灰，根据情况吹灰次数可每天一次或每周两次不等。

砷中毒是采用飞灰再循环的液态排渣炉的一个常见问题。天然煤中含有砷，砷在温度高于 1400℃ 时会发生氧化，生成气态三氧化二砷（As_2O_3）。在液态排渣炉中，除尘器后的飞灰被送到炉内回熔。这样，As_2O_3 会蒸发到烟气中，使砷的总浓度升高，比未采取飞灰再循环的液态排渣炉高出 10～15 倍，约为 1～10mg/m³，会引起一定程度的砷中毒。可从设计上改进催化剂成分及结构特性，要求催化剂增强抗中毒能力。

液态排渣炉 SCR 高灰段布置在国外，特别是德国有较多的业绩。

但是，如果电厂的飞灰中氧化钙（CaO）含量较高，飞灰中游离的 CaO 就可与 As_2O_3 反应生成砷酸钙 $[Ca_3(AsO_4)_2]$，即

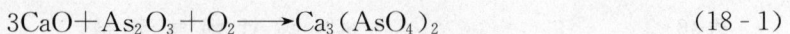

$$3CaO + As_2O_3 + O_2 \longrightarrow Ca_3(AsO_4)_2 \tag{18-1}$$

与镁（Mg）、钡（Ba）、铁（Fe）等的氧化物也能发生类似反应。

因此，飞灰特征对催化剂的微量元素中毒风险具有较大的消除作用，在飞灰中氧化钙含量较高的电厂，液态排渣炉砷中毒的问题可以消除。

18.2.3　催化剂类型及排列布置方式的选择

对于目前主要用于 SCR 工程中的三种类型催化剂，考虑到液态排渣锅炉灰的特征，防

止堵塞、粘污及重金属中毒的问题，应引起在催化剂选择问题上的高度重视。

18.2.4 吹灰方式的选择

国内外 SCR 系统运行表明，当催化剂表面沉积灰尘量较少时，蒸汽吹灰器和声波吹扫的效果是等同的。当催化剂表面大量沉积灰尘时，根据经验，蒸汽吹灰具有更高效率。当锅炉长期减负荷运行（此时灰尘积聚在反应器上游）后进入满负荷运行（此时大量灰被携带向反应器方向）时，大量灰尘会突然沉积在催化剂上，声波吹扫运行较难。

因此对于具体的液态排渣炉，应根据实际灰的特点选择吹灰方式，也可考虑采用两种方式联合使用。

18.3 工程实例

随着国内众多 SCR 脱硝机组的投运，个别投运机组相继暴露出脱硝性能不达标、氨逃逸浓度高、系统阻力过高、空气预热器硫酸氢铵堵塞等问题。催化剂被高温烧结、吹灰器蒸汽吹损、飞灰冲蚀磨损或堵塞等是造成其性能降低的主要影响因素，但根源在于设计时没有充分考虑锅炉的烟气参数对脱硝工程的影响。下面从正反两方面的案例说明基本烟气参数选取合适与否对于 SCR 设计的重要性，并指出了设计中应注意的问题。

18.3.1 失败案例

一、脱硝工艺概况

某厂新建 600MW 机组配套下冲火焰 W 型锅炉、燃烧无烟煤，煤质分析见表 18-1，省煤器出口的 SCR 设计烟气参数见表 18-2。

表 18-1 燃 煤 收 到 基 分 析

项目	内容	设计煤种	校核煤种
工业分析（％）	M_{ar}	8.90	8.00
	A_a	19.09	24.7
	V_{daf}	7.14	7.91
元素分析（％）	C_{ar}	66.96	62.00
	H_{ar}	2.71	2.07
	O_{ar}	1.54	1.93
	N_{ar}	0.89	0.91
	S_{ar}	0.45	0.39
$Q_{net,ar}/(MJ/kg)$		24 210	22 380

表 18-2 SCR 设 计 烟 气 参 数

项 目	单 位	工况（设计煤）		
		BMCR	100％THA	50％THA
湿烟气量（标准状态）	m³/h	2 042 077	1 859 714	1 039 437
烟气温度	℃	393	382	325

续表

项　目		单　位	工况（设计煤）		
			BMCR	100%THA	50%THA
烟气压力		Pa	−1015		
烟气成分	O_2	体积百分数	4.9	4.9	5.5
	CO_2	体积百分数	14.99	14.99	14.43
	N_2	体积百分数	80.07	80.07	80.03
	H_2O	体积百分数	5.52	5.52	5.38
污染物	NO_x	mg/m³（标准状态下）	1300		
	SO_2	mg/m³（标准状态下）	1046		
	飞灰	g/m³（标准状态下）	≤21		

脱硝装置以机组 BMCR 工况作为设计基准，烟气流量为 2 042 077m³/h，飞灰浓度小于 21g/m³（标准状态下）。SCR 设计入口 NO_x 浓度为 1300mg/m³，脱硝效率为 80%，每炉设 2 台 SCR 反应器，配反应器烟气旁路（见图 18-4）。催化剂按"2+1"布置，采用 DNX-464 波纹形，当量节距为 7.2mm，体积量为 632.4m³。每层催化剂模块数为 7×13=91 块，模块尺寸为 1880mm×946mm×1356mm（长×宽×高）。两层催化剂阻力不大于 430Pa。

反应器采用小喷嘴格栅式 AIG 氨喷射系统，设半伸缩式耙式蒸汽吹灰器。顶层催化剂上方设烟气导流板和整流器。

二、脱硝装置运行现状

2008 年后半年开始，电厂燃煤品质发生较大变化。2011 年入炉煤月平均统计显示，煤中灰含量约为 31%，干燥无灰基挥发分约为 15%，硫含量约为 2.0%（见图 18-5）。省煤器出口的运行氧量比设计值低，600MW 负荷下约为 1.5%，450MW 负荷下约为 2.5%，360MW 负荷下约为 3.6%～4.0%。

脱硝装置运行过程中发现催化剂层阻力较大，为提高蒸汽吹灰器的吹扫效果，蒸汽压力由 0.6MPa 提高到 0.9～1.2MPa，但效果有限。2010 年先后两次将催化剂模块取出用水进行清洗，清洁后的催化剂层阻力约为 200Pa。但经历仅 1 个月低负荷运行后，催化剂层阻力达到约 1000Pa。利用旁路烟道将 SCR 反应器隔离，现场检查发现以下问题。

（1）喷氨格栅的气氨喷嘴周围被飞灰包裹，部分喷嘴被飞灰堵塞。

（2）反应器顶部入口水平烟道和整流器上方的导流板上积灰严重。

（3）安装在侧墙上的催化剂样品测试盒完全被飞灰堵塞，工字钢形催化剂支承梁的侧面积满飞灰，部分蒸汽吹灰器的蒸汽母管上堆积着大块飞灰。

（4）部分催化剂上表面完全被飞灰堵塞，甚至存在飞灰泥块，催化剂模块下方局部区域有大块湿灰，催化剂底部及模块下方的格栅板上悬挂着大量冰棱形飞灰挂体。

（5）几乎每个催化剂模块都存在催化剂破损现象，破损基本以凹槽的形式存在，大部分凹槽深度小于 200mm，但也有少量催化剂完全破损通透。整体上看，这些破损凹槽与其上方的蒸汽吹灰器喷嘴相对应，沿蒸汽吹灰器行程方向成扁长形，且近似串联成直线。

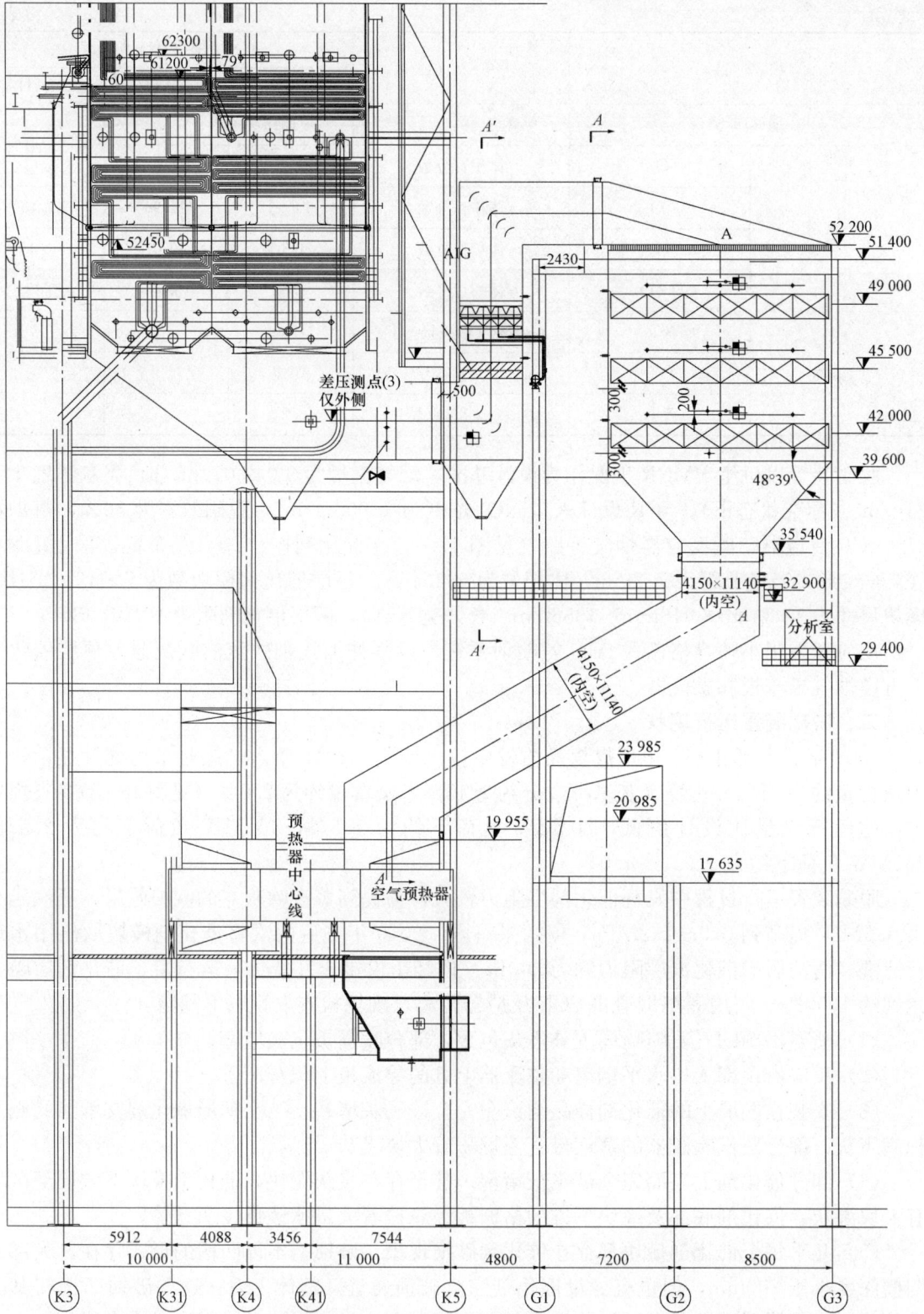

图 18-4　SCR 装置侧面布置图

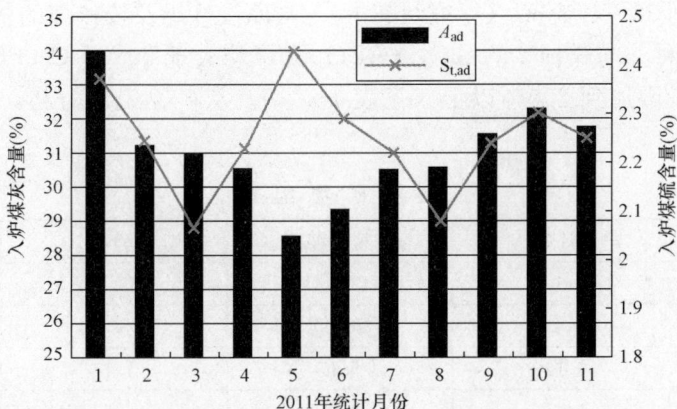

图 18-5　入炉煤灰与硫含量月统计

三、运行问题根源分析

在蒸汽吹灰器喷嘴与催化剂间距为 600mm 的情况下，催化剂破损主要与吹灰蒸汽压力过高、蒸汽疏水不充分、吹灰器卡涩及催化剂本身强度弱等有关。而运行过程出现的催化剂被飞灰严重堵塞现象则可能是 SCR 装置的工艺设计选型与烟气参数（烟气流量、飞灰特性及运行负荷等）特性不匹配所致。

机组设计 BMCR、600、300MW 负荷下的湿烟气流量分别为 2 042 077、1 859 714、1 039 437m³/h（标准状态下），对应的省煤器出口氧量分别为 4.9%、4.9%、5.5%。BMCR 工况下，SCR 反应器内的空塔烟气流速约为 3.78m/s，催化剂通道内的烟气流速约为 5.7m/s。

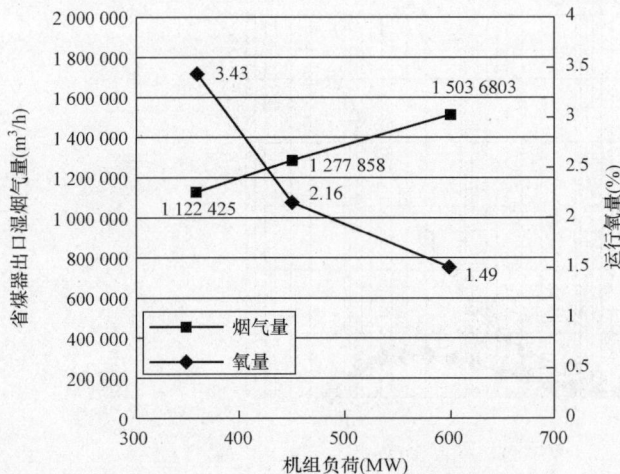

图 18-6　不同负荷下的湿基烟气流量

机组实际采取低氧运行方式，在 350~600MW 负荷内，省煤器出口的湿基烟气流量约为 1 500 000~1 030 000 m³/h（见图18-6）。机组满负荷下的烟气流量比 SCR 设计基准下的烟气流量低 26.5%，反应器空塔流速约为 2.96m/s，催化剂通道内约为4.4m/s。而在 350MW 负荷下，反应器内空塔流速约为 1.88m/s，催化剂通道内约为 2.82m/s。与 SCR 装置的设计基准 BMCR 工况相比，机组在 350MW 负荷时，烟道、反应器及催化剂通道内的烟气流速仅达到设计值的 49.5%。即以较大烟气流量作为基准设计出的烟道和反应器截面偏大，导致在实际运行过程中，脱硝装置各截面的烟气流速偏低，这可能是造成飞灰沉积形成大范围积灰的一个重要原因，尤其在长期连续低负荷运行时，积灰的风险进一步加大。

与设计煤相比，日常入炉煤中的灰含量达到 27%~33%，烟气中的飞灰含量由设计值

$21\sim30g/m^3$ 增加到 $33\sim47g/m^3$（标准状态下）。与原设计煤及校核煤的灰中矿物组成相比，日常燃用的典型煤种 1 与煤种 2 的 $SiO_2+Al_2O_3$ 含量均大于 80%，$CaO+MgO$ 含量降低到 4% 以下，SO_3 含量增加到 2.0% 以上（见表 18-3）。从矿物组成分析，飞灰的黏性较弱，流动性较好。

表 18-3   飞 灰 矿 物 组 成

项目	设计煤	校核煤	试验煤 1	试验煤 2
SiO_2	51.03	52.14	55.50	53.78
Al_2O_3	30.29	26.65	28.45	27.69
Fe_2O_3	6.16	5.15	7.13	8.32
CaO	4.96	9.07	2.77	3.81
MgO	0.86	1.03	0.60	0.70
Na_2O	1.70	1.34	0.40	0.60
K_2O			1.09	1.13
TiO_2	2.82	2.73	1.19	1.19
SO_3	0.84	0.76	2.25	2.02
MnO_2	1.34	1.13	0.013	0.012

静电除尘器第一电场采集的飞灰样品粒度分析（见图 18-7）显示，峰值粒径约为 $20\mu m$，粒度小于 $10\mu m$ 的颗粒含量约占 40%，小于 $100\mu m$ 的颗粒约占 95%。与常规煤粉锅炉的飞灰相比，该案例飞灰粒度很细，堆积角大，具有较强的黏性，尤其在烟气流速较低的情况下，易于黏附形成堆积体。

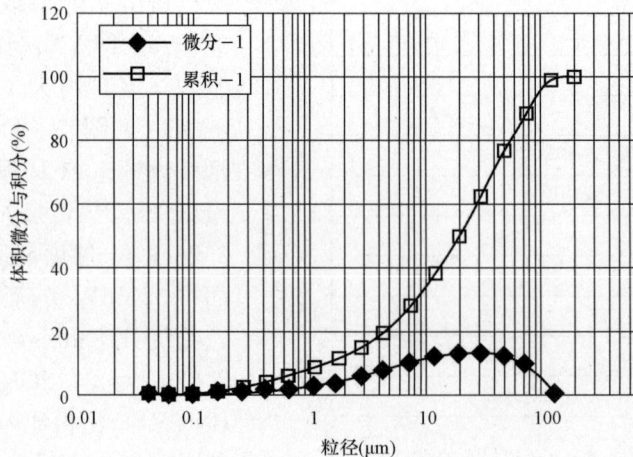

图 18-7 飞灰粒度分布

新建机组按较大烟气流量和较低飞灰含量设计烟气脱硝烟道、反应器及催化剂，没有考虑到实际运行过程所遭遇飞灰的高黏附特性，尤其在长期低负荷低烟气流速下运行时，脱硝装置出现严重飞灰堵塞现象就不难理解了。照搬国外经验，导致工艺设计选型与实际运行条件的严重不匹配是该案例出现重大问题的关键，这也给当前某些老机组的脱硝改造，在没有考虑飞灰特性的情况下，人为提高基准烟气流量谋求放大设计裕量的做法提供了经验教训。

18.3.2　成功的细灰案例

一、设计条件

国内某 830t/h 下冲火焰塔式锅炉采用液态排渣方式燃用高钙神华烟煤，煤中灰含量约 11%。在进行烟气脱硝改造前，重点对飞灰特性等进行了分析。

（1）液态排渣燃烧方式使约 50% 的灰变成炉渣，烟气中飞灰含量约为 $2.7\sim9.8g/m^3$（标准状态下），且受炉膛不同位置投运的吹灰器影响较大。

（2）飞灰矿物组成中，CaO 与 MgO 含量和大于 28%，SiO_2 与 Al_2O_3 含量合计为 51%（见图 18-8）。与其他案例相比，飞灰颗粒硬度较小，且含量低，其冲蚀磨损性能较弱。

（3）静电除尘器第一电场飞灰粒度分析（见图 18-9）显示，平均粒径为 $18.9\mu m$，小于 $10\mu m$ 的颗粒累积体积约占 60%，小于 $100\mu m$ 的颗粒大于 95%。细颗粒飞灰的比表面积大，且硬度小，飞灰具有较强的黏附特性，这可解释锅炉横向受热面飞灰搭桥和空气预热器热端飞灰堵塞严重的现象。

（4）为了评估该案例中对脱硝催化剂活性影响的主要因素，用板式催化剂样品在省煤器出口烟道中进行了小样活性试验。催化剂暴露在烟气中 7 天后，活性降低了 7%，主要原因是表面被高钙细小颗粒飞灰物理覆盖。

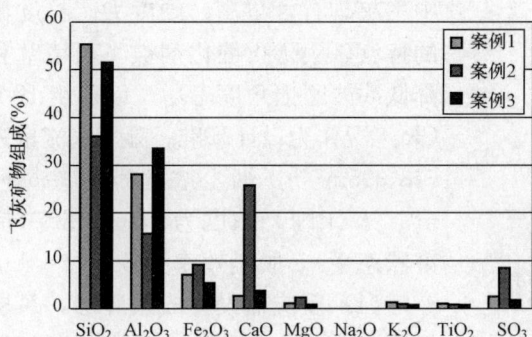

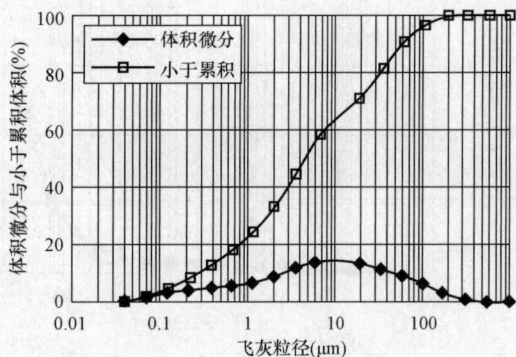

图 18-8　飞灰矿物组成　　　　图 18-9　静电除尘器第一电场飞灰粒度分布

二、设计方案

基于机组年均运行负荷较高，以机组额定负荷烟气参数为基准进行 SCR 装置设计。湿烟气流量为 720 000m^3/h，飞灰浓度不大于 $10g/m^3$，NO_x 浓度为 $500mg/m^3$（标准状态下），脱硝效率为 90%。针对反应器入口烟道较短和飞灰高黏性特点，脱硝装置采取了针对性的设计方案：

（1）反应器设计成瘦长型，每层催化剂矩阵为 $4\times7=28$ 块，空塔速度与催化剂通道内烟气速度分别为 5.0m/s 与 8.2m/s。

（2）采用节距为 7.0mm 的板式催化剂，按"3+1"模式布置，配置耙式蒸汽吹灰器与声波吹灰器。

（3）反应器内部各类横向的加强板、支架、密封、钢架等全部采用方形或者长方形（内空）钢梁，设计成不易积灰的形式。

（4）采用双方向分区调节的小喷嘴密布的格栅式氨喷射系统（18 个喷嘴/m^2），下游设静态混合器。

针对高钙黏性飞灰，耦合性地采取缩小烟气通流面积、选用抗堵灰性能好的大节距板式催化剂、降低单层催化剂高度及配置高性能吹灰器，并借助CFD数值模拟和物理模型试验优化系统设计，主要目的是从整体上提高催化剂的防飞灰污堵能力。

脱硝改造自2008年投运至今，脱硝催化剂表面异常清洁，整体脱硝性能良好。

18.3.3 成功的粗灰案例

一、设计条件

国内某670t/h锅炉采用四角切圆方式燃烧高灰烟煤，煤中灰含量约为25%～40%。脱硝改造前着重对飞灰特性进行了分析。

（1）飞灰含量较高，约为36.6g/m³，甚至达到50g/m³（标准状态下）。

（2）飞灰矿物组成分析见图18-5，SiO_2与Al_2O_3含量合计84.9%，CaO与MgO含量较低，Na_2O与K_2O含量和小于1.5%。飞灰颗粒硬度较大。

（3）静电除尘器第一电场飞灰样品粒度分布（见图18-10）显示，粒径超过$100\mu m$的颗粒所占体积比例接近80%，其中含量最高的是粒度约为$200\mu m$的粗颗粒。

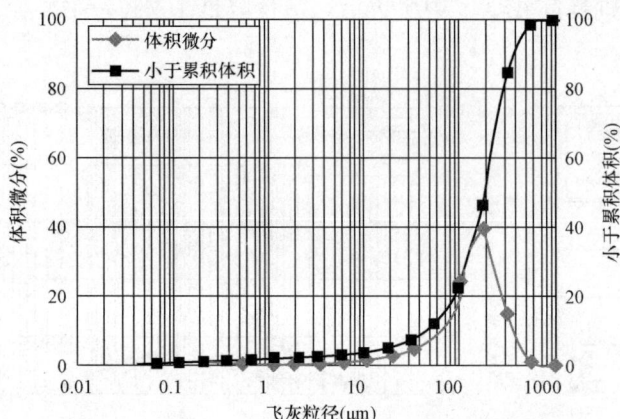

图18-10 静电除尘器第一电场飞灰粒度分布

二、设计方案

考虑到机组负荷率较高，且烟气中飞灰具有含量高、硬度大、粒度粗的特点，从防止催化剂被飞灰堵塞和降低冲蚀磨损角度考虑，以机组BM-CR工况作为设计基准。湿烟气流量为773 395m³/h，烟尘浓度为36～50g/m³，入口NO_x浓度为600mg/m³（标准状态下），脱硝效率为83%。

（1）反应器设计成粗胖形，每层矩阵为3×11＝33块，空塔速度与催化剂通道内烟气速度分别为3.9m/s与5.26m/s。

（2）采用抗堵塞与冲蚀磨损性强的大节距7.0mm板式催化剂，按"2+1"模式布置，配置声波吹灰器。

（3）采用CFD模拟与物理模型试验优化SCR入口烟道结构、灰斗、喷氨格栅、导流与整流装置等，着重于强化入口灰斗的除灰效果和减小顶层催化剂上方的烟气入射角度。

脱硝装置自2008年底投运以来，机组负荷主要运行在70%～90%，多次停机检查没有发现催化剂堵塞或磨损问题，脱硝装置运行性能良好。

18.3.4 结语

基于上述一个新建和两个改造的典型烟气脱硝案例，对工程边界参数、工艺设计、装置性能的耦合性进行了探索性分析，初步得出如下结论与建议：

（1）对脱硝工程的边界参数进行测试，准确获得烟气流量、烟气温度、飞灰含量、粒度分布及矿物组成等特性参数，这是实现工程合理设计的基础。

（2）催化剂通道内的烟气流速常规范围为5～7m/s。对于高黏性飞灰，易适当降低基准设计烟气流量，提高运行过程中的实际烟气流速；对于高冲蚀磨损飞灰，易适当提高基准设计烟气流量，降低运行过程中的实际烟气流速。

（3）对于高灰含量或高黏性飞灰，可适当采用大节距的板式催化剂，提高抗磨损或堵塞能力。

（4）对于高黏性细颗粒飞灰，需采用蒸汽吹灰器；对于粗灰颗粒，可考虑声波吹灰器。无论哪种情况，都可采用蒸汽吹灰器。

（5）对于不同的脱硝改造工程，在进行 CFD 数值模拟和物理模型试验优化设计时，需根据飞灰特性，着重于优化除灰、防堆积或者防冲蚀磨损中的某个方面。

18.4　SCR 运行时需注意的问题

18.4.1　需注意的问题

有些问题如果运行过程中不注意，也会对 SCR 设备或催化剂产生不良的影响，甚至破坏催化剂。

某厂 4×300MW 机组的 SCR 烟气脱硝装置，单炉双 SCR 结构体，催化剂按"2+1"模式布置，催化剂型式采用平板式，节距为 7mm。

运行 1 年多后停炉进入反应器检查发现，板式催化剂有部分损坏或塌陷现象（见图 18-11～图 18-14）。对发生损伤的催化剂单元中的催化剂元件，以及相邻单元外观上没问题的催化剂

图 18-11　催化剂瘫软

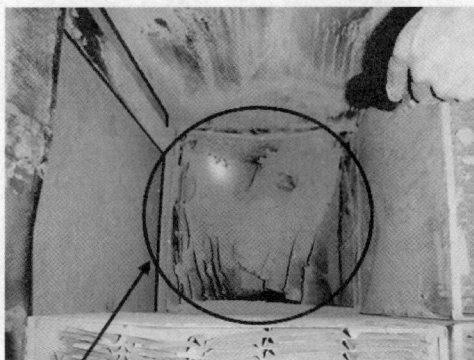

图 18-12　催化剂塌陷

图 18-13　催化剂下部

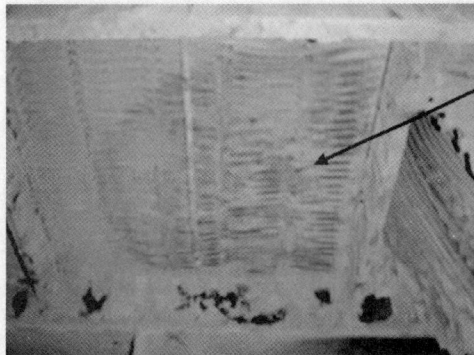

图 18-14　催化剂周边颜色变化

元件进行了抽样（并将新催化剂元件重新填补进原位），并对催化剂的脱硝效率、比表面积及受热经过进行了分析。从分析结果来看，发生损伤的催化剂单元中的催化剂元件，确认其脱硝效率及比表面积等机能已经丧失。另外，从结晶子径的实验结果可以判断，其温度可能上升到了 1000℃左右。

同时调取机组历史数据后分析结果如下：在主燃烧器停止时转换为油燃烧器，大约使用了 8h，才停运燃油燃烧器。停止大约 2h 后，在空气预热器入口（与脱硝装置出口基本相同）发现氧浓度下降的现象。之后，虽然脱硝装置入口温度下降，但是出口温度却从 200℃上升到 300℃。从这些现象中可以看出，脱硝装置内部出现了由于发生氧化反应（未燃尽成分燃烧反应）而产生的发热现象。之后，由于二次风的供给，温度开始下降。

参考脱硝反应器内部检测时取出的催化剂元件样品进行的受热历史分析结果，并结合机组运行数据来综合判断，催化剂损伤的原因为停炉作业时，在 300℃以下的低温状态下长时间使用燃油燃烧器，未燃尽成分附着在催化剂上，燃烧后对催化剂造成了热损伤。

18.4.2 建议

机组停机时如果使用燃油燃烧器，要特别留意未燃尽成分。最重要的是，要防止油雾附着在催化剂上。一旦未燃尽成分附着在催化剂上，去除未燃物的方法尤为重要，应按照以下方法进行操作：

（1）在脱硝装置出口烟温为 300℃以上时停用燃油燃烧器的情况下，应使用 25% 以上的风量至少连续吹扫 5min。

（2）在脱硝装置出口烟温为 300℃以下时停用燃油燃烧器的情况下，应使用 25% 以上的风量持续吹扫直到出口烟温降至 110℃以下（最好降到 50℃以下）。

（3）在热封炉状态下供给风门关闭时，不要补给空气。

第19章

火电厂SCR工程实例

19.1 概　　述

　　某电厂现有 $4 \times 600MW$ 超超临界燃煤发电机组，三期 $2 \times 1000MW$ 超超临界机组正在扩建。为减少锅炉 NO_x 排放对大气的污染，改善区域生态环境，在三期机组同期建设 SCR 烟气脱硝装置的同时对二期 4 号机组实施 SCR 烟气脱硝改造。

19.2 设　计　条　件

19.2.1　燃料特性

一、燃煤及灰渣特性

（1）设计及实际煤质成分。设计及实际煤质成分见表 19 - 1。

表 19 - 1　　　　　　　　　　　设计及实际煤质成分

名　称		符号	单位	锅炉设计煤种	锅炉校核煤种	脱硝设计煤种
工业分析	收到基低位发热量	$Q_{net,ar}$	kJ/kg	23 055	22 000	20 100
	全水分	M_t	%	6.9	5.6	6.8
	空气干燥基水分	M_{ad}	%	1.38	0.66	1.48
	收到灰分	A_{ar}	%	24.40	28.52	32.15
	干燥无灰基挥发分	V_{daf}	%	10.84	18.19	13.56
元素分析	收到基碳	C_{ar}	%	63.78	57.93	53.62
	收到基氢	H_{ar}	%	2.77	3.27	2.26
	收到基氧	O_{ar}	%	3.26	2.67	2.47
	收到基氮	N_{ar}	%	1.07	1.01	0.7
	收到全硫	$S_{t,ar}$	%	0.72	1.00	2.0
煤灰成分	二氧化硅	SiO_2	%	45.55	53.02	52.85
	三氧化二铝	Al_2O_3	%	35.41	31.12	26.87
	三氧化二铁	Fe_2O_3	%	4.65	4.36	8.86
	氧化钙	CaO	%	6.10	3.56	4.77
	氧化镁	MgO	%	1.96	1.20	0.46
	二氧化钛	TiO_2	%	0.21	0.96	0.85
	五氧化二磷	P_2O_5	%	0.15	0.008	
	氧化钾	K_2O	%	1.12	1.72	1.30
	三氧化硫	SO_3	%	3.05	1.75	2.65
	氧化钠	Na_2O	%	0.44	0.61	0.53
	二氧化锰	MnO_2	%			0.015

名　　称		符号	单位	锅炉设计煤种	锅炉校核煤种	脱硝设计煤种
可磨性系数		HGI		60	87	
灰变形温度		DT（T_1）	℃	＞1450	1400	
灰软化温度		ST（T_2）	℃	＞1500	＞1500	
灰熔化温度		FT（T_3）	℃	＞1500	＞1500	
冲刷煤损指数		Ke		13.77		
煤中微量元素	氟	F_{ar}	μg/g			98
	氯	Cl_{ar}	%			0.010
	砷	As_{ar}	%			0.0009
	镉	Cd_{ar}	μg/g			＜1
	铬	Cr_{ar}	μg/g			1
	铅	Pb_{ar}	μg/g			5
	铜	Cu_{ar}	μg/g			16
	镍	Ni_{ar}	μg/g			8
	锌	Zn_{ar}	μg/g			38
	汞	Hg_{ar}	μg/g			0.17

注　脱硝设计煤质选为 4 号锅炉实际燃用煤质，该煤质数据为脱硝改造基础数据测试期间煤质取样分析结果并结合电厂实际燃用煤质硫含量确定的。

（2）实际煤质飞灰粒度分布。飞灰平均粒径为 68.60μm，峰值粒度出现在 55.13μm 处。粒径小于 57μm 的颗粒约占 63%，小于 100μm 的约占 81%，总体来看飞灰粒度比较细。粒度分布见表 19-2。

表 19-2　　　　　　　　　　　　飞 灰 粒 度 分 布

粒度范围（μm）	微粉体积（%）	累积体积（%）
0.375～0.656	0.95	—
0.656～1.149	2.06	3.01
1.149～2.011	2.27	5.28
2.011～3.519	2.83	8.11
3.519～6.518	4.49	12.6
6.518～10.78	6.90	19.5
10.78～18.86	11.10	30.6
18.86～33.01	13.60	44.2
33.01～57.77	18.80	63
57.77～101.1	18.60	81.6
101.1～176.9	11.10	92.7
176.9～309.6	4.20	96.9
309.6～541.9	2.00	98.9
541.9～948.3	1.08	99.98
948.3～1660	0.02	100
合　　计	100	

二、燃油

(1) 油种为 0 号轻柴油。

(2) 运动黏度（20℃时）为 $3.0 \sim 8.0 mm^2/s$。

(3) 实际胶质为小于 70mg/100mL。

(4) 酸度为小于 10mg KOH/100mL。

(5) 硫含量为小于 10%。

(6) 水分为痕迹。

(7) 机械杂质为无。

(8) 凝固点为不高于 0℃

(9) 闭口闪点为不低于 55℃

(10) 低位发热值 $Q_{net,ar}$ 为 41 870kJ/kg。

19.2.2　主机及相关辅机型号及参数

一、锅炉

该期工程装设 2 台 600MW 超临界参数燃煤汽轮发电机组，锅炉为东方锅炉（集团）股份有限公司生产的超超临界参数变压直流炉，为一次再热、平衡通风、露天布置、固态排渣、全钢构架、全悬吊结构 II 型锅炉，锅炉型号为 DG-1900/25.4-II2。锅炉主要参数见表19-3。

表 19-3　　　　　　　　　　　主　要　参　数

项　　目	单位	BMCR	ECR
过热器出口蒸汽流量	t/h	1900	1807.9
过热器出口蒸汽压力	MPa（a）	25.5	25.38
过热器出口蒸汽温度	℃	571	571
再热器出口蒸汽流量	t/h	1607.6	1525.5
再热器出口蒸汽温度	℃	569	569
再热器出口蒸汽压力	MPa（a）	4.52	4.30
再热器进口蒸汽温度	℃	328	322
再热器进口蒸汽压力	MPa（a）	4.714	4.469
给水温度	℃	282	279
热风温度（一次风/二次风）	℃	336/348	333/345
空预器进风温度（一次风/二次风）	℃	26/18	25/19
排烟温度（修正后）	℃	113	112
锅炉计算热效率	%	91.89	91.94
锅炉保证热效率	%		91.5

注　锅炉 B-MCR 对应于汽轮机的 VWO 工况；锅炉 ECR 对应于汽轮机的 TRL 工况。

二、锅炉钢架

锅炉钢架在原设计时已考虑再上脱硝系统的可行性，脱硝改造不引起锅炉钢架（包括空气预热器部分的）、锅炉基础等的变化，锅炉钢架已考虑 300t 脱硝烟道垂直荷载，锅炉钢架不承受脱硝装置的水平力。

19.2.3　还原剂参数

工程采用液氨法制备脱硝还原剂，液氨品质符合 GB 536—1988《液体无水氨》合格品的要求。具体参数见表 19-4。

表 19-4　　　　　　　　　　　液 氨 品 质 参 数

指标名称	单　　位	合 格 品	备　　注
氨含量	%	99.6	—
残留物含量	%	0.4	重量法
水分	%	—	—
油含量	mg/kg		重量法
铁含量	mg/kg		红外光谱法
密度	kg/L	0.5	25℃时
沸点	℃	—	标准大气压

19.2.4　电源、压缩空气及蒸汽系统

烟气脱硝系统涉及的电源、压缩空气及蒸汽系统要求如下：

（1）脱硝设备的用电设置独立 MCC 段，电源引自机组的厂用电系统，氨区用电引自三期氨区电气公用系统。

（2）脱硝装置所用压缩空气。脱硝装置仪用压缩空气由电厂提供，反应器区气源从主厂房现有管道就近接入，气源参数为 0.4～0.6MPa（g）；氨区所用气源取自 3 号或 4 号机组的仪用压缩空气，互为备用，自动切换；动力气源至过滤减压器处气源压力不小于 0.45MPa（g），选择气动头按 0.45MPa（g）考虑；杂用压缩空气由西安热工研究院设计并供货（脱硝输灰及声波吹灰等用）。

（3）蒸发器采用蒸汽加热，与三期氨区共用厂区蒸汽管道，蒸汽参数见表 19-5。

表 19-5　　　　　　　　　　　蒸 汽 参 数

设计压力	MPa（a）	1.3
设计温度	℃	382
工作压力	MPa（a）	0.8～1.3
工作温度	℃	320～370

（4）蒸汽吹灰器汽源取自空气预热器吹灰器汽源接口。二期锅炉吹灰蒸汽参数（减压站后）为 2.5MPa、350℃。

19.2.5　锅炉辅机（空气预热器、引风机）

4 号锅炉风烟系统配有两台空气预热器、两台一次风机、两台送风机，以及两台引风机。空气预热器及引风机的主要设计技术参数见表 19-6 和表 19-7。

表 19 - 6 空气预热器主要设计参数

空气预热器型号				LAP13494/3883		
主驱动电动机型号	Y180L-6B3		辅助电动机型号		Y180L-6B3	
项目	单位	数据	项目	单位	数据	
功率	kW	15	功率	kW	15	
电动机转速	r/min	970	电动机转速	r/min	970	
空气预热器转速	r/min	0.99	空气预热器转速	r/min	0.99	
气动马达型号	TMYJ7-13（A）		减速机型号		JKF570E（DGZX600）	
项目	单位	数据	项目	单位	数据	
功率	kW	7	传动形式		五级减速，直角传动	
转速	r/min	215	传动比	—	979.8/447.9	
耗气量	m³/min	9.1	用油牌号		N220-320 齿轮油	

增加脱硝系统后，暂不考虑对空气预热器进行相应改造。

表 19 - 7 引 风 机 设 计 规 范

引风机型号	AN35e6（V19＋4）		引风机电动机型号		YKK900-10	
项目	单位	数据	项目	单位	数据	
风机入口流量（TB 工况）	m³/s	495.4	电压	V	6000	
全压升（TB 工况）	Pa	5340	功率	kW	3400	
全压效率	%	83.5%	转速	r/min	597	
用油牌号	3 号锂基润滑脂		绝缘等级	—	F 级	

增加脱硝装置后，现有引风机的阻力曲线会向失速线偏移，低负荷工况点的失速裕量为 1.295，不能满足 DL/T 468—2004《电站锅炉风机选型和使用导则》所要求的最低失速裕度。如果系统阻力明显增加，风机运行点会更加靠近失速线。特别是在低负荷工况时，系统阻力若明显增加，则现有风机存在失速的安全隐患。因此该次脱硝改造同时对现有引风机进行了扩压改造。

19.3　主 要 设 计 原 则

（1）SCR 烟气脱硝系统采用高灰段布置方式，即 SCR 反应器布置在锅炉省煤器出口和空气预热器之间，采用一炉两反应器结构。

（2）未设置省煤器烟气旁路。初期暂保留省煤器至空气预热器原有烟道，为减少泄漏，对现有挡板进行了改造，采用了带密封风的双百叶形式。

（3）SCR 反应器布置在炉后除尘器进口烟道支架上方，脱硝装置处理 100％额定工况烟气量。

（4）SCR 反应器以蜂窝式催化剂进行设计，层高为 3.8m。

（5）SCR 烟气脱硝系统的还原剂采用液氨。全厂一、二期与三期的还原剂储存与供应系统按单元设置，并相互联络。三期 2×1000MW 机组已建有一套液氨的储存、制备及输送系统，该次对已有系统进行了扩建，使液氨储存的量可满足 $2\times1000MW+4\times600MW$ 机组液氨 5～7 天的耗量。液氨的蒸发按 $4\times600MW$ 机组统一设计，一次建成，液氨蒸发采用蒸汽加热方式。4 号机组氨区布置在三期氨区内的东南侧，液氨管道充分利用二、三期综合管架敷设，并新建了必要的管架。

（6）反应器安装飞灰吹扫装置，采用蒸汽和声波吹灰两种模式。

（7）在实际煤种、锅炉额定出力工况（BRL）、处理 100％烟气量、整个系统按照 SCR 入口 NO_x 为 $650mg/m^3$（6％含氧量、干基）、出口 NO_x 为 $97.5mg/m^3$（6％含氧量、干基，标准状态下）设计，设计脱硝效率不低于 85％。反应器按"2+1"模式设计布置催化剂，初装 2 层。

（8）NH_3 逃逸浓度控制在 $3\mu L/L$ 以下，SO_2 向 SO_3 的氧化率小于 1％。

（9）脱硝装置可用率不小于 98％，服务寿命为 30 年。

（10）锅炉额定出力（BRL）工况，脱硝装置系统，包括进口烟道、出口烟道及反应器本体在附加层投运以前总阻力小于 400Pa（不包括催化剂阻力）。

（11）SCR 反应器入口烟道设置灰斗，收集的飞灰经气力输送至 4 号锅炉左侧渣仓。气力输灰系统所需压缩空气由二期除灰压缩空气系统进行扩容改造后提供，同时考虑声波吹灰器所用气量。

（12）机组侧烟气脱硝装置和脱硝吹灰器的控制，采用远程 I/O 站纳入了机组 DCS，在机组集中控制室监视和控制。蒸汽吹灰疏水温度、吹灰压力、温度等参数采用硬接线方式进入DCS。三期 $2\times1000MW$ 机组已建有一套液氨的储存、制备及输送系统的 PLC 控制系统。一、二期 $4\times600MW$ 机组氨区独立设置一套 PLC 控制系统，并与三期建立必要的通信联络。

（13）SCR 装置置于烟道钢支架顶部。西安热工研究院负责了风机检修支架整体结构（包括 SCR 钢架及下部的烟道钢支架）的设计，以及相关的钢结构改造加固设计（包括节点加固设计、倾斜柱加固设计）。同时也负责了锅炉钢结构的校核和加固设计、脱硝进出口接口烟道及楼梯平台的改造设计等，并负责进行风机检修支架基础的核算及其加固设计。

19.4　工　程　设　计　及　特　点

19.4.1　SCR 区设计及特点

一、工艺设计

根据该工程特点和总体设计原则，SCR 装置反应器区的工艺系统组成主要包括：

（1）烟道系统。

（2）SCR 反应器本体。

（3）催化剂。

（4）氨/空气混合系统。

（5）氨喷射/混合系统。

（6）蒸汽吹灰系统。

（7）声波吹灰系统。

（8）SCR 灰斗及输灰系统。

（9）压缩空气系统。

SCR 主体工艺系统流程见图 19-1。主要的物料流动环节和方向如下：

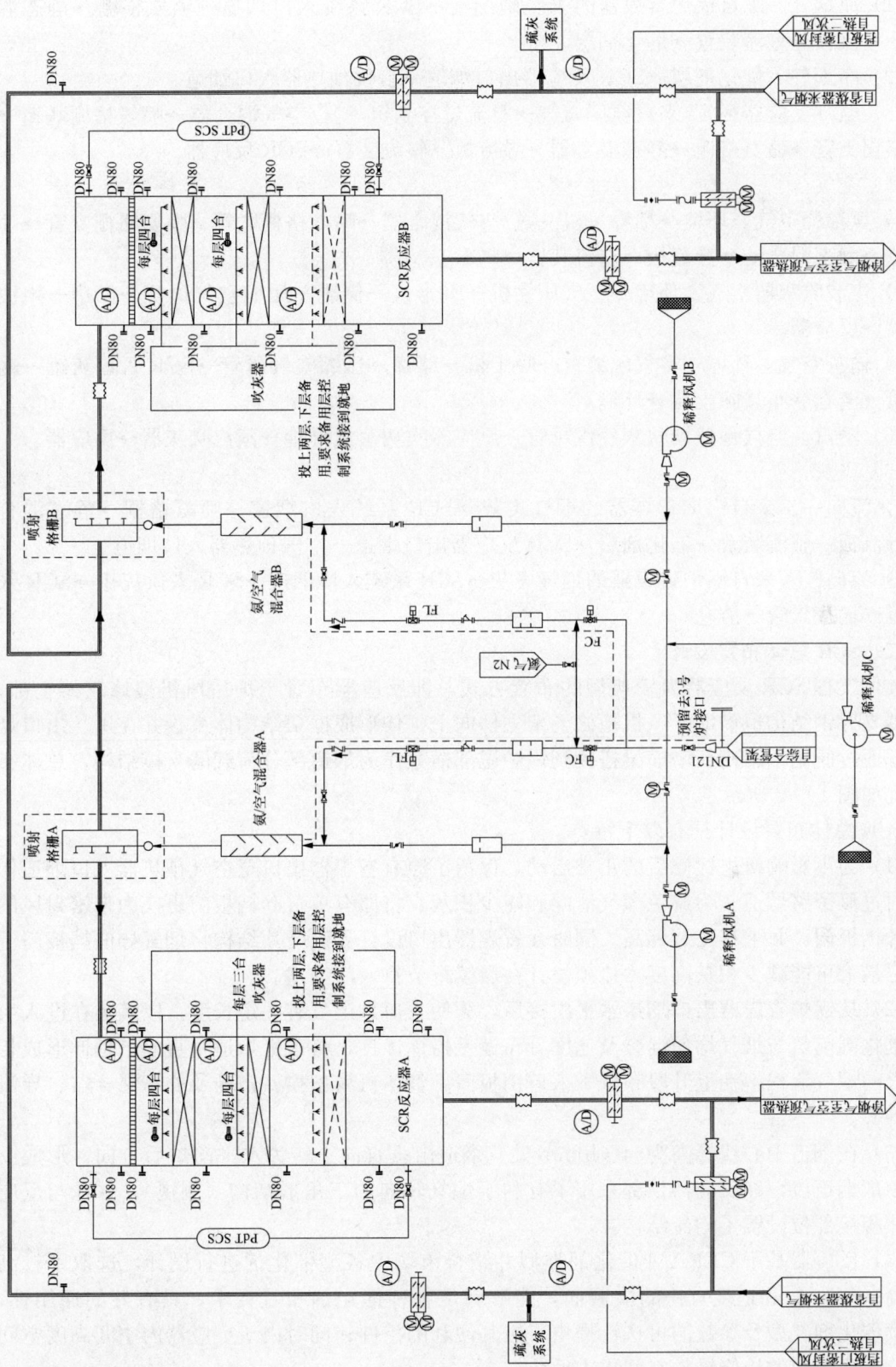

图 19-1　SCR 系统流程图

（1）原烟气。来自锅炉省煤器的未脱硝烟气→SCR系统入口烟道→喷氨格栅→静态混合器→导流板→整流装置→催化剂层。

（2）净烟气。催化剂层→SCR反应器出口烟道→空气预热器入口烟道。

（3）氨（反应器区）。来自氨区氨气→氨流量控制组→氨/空气混合器→喷氨格栅联箱→喷氨格栅支管→喷氨格栅→静态混合器→导流板→整流装置→SCR反应器。

（4）空气。

1）氨稀释空气。环境→稀释风机→氨/空气混合器→喷氨格栅联箱→喷氨格栅支管→喷氨格栅→静态混合器→导流板→整流装置→SCR反应器。

2）声波吹灰器空气。环境→空气压缩机→吸干机→储罐→压缩空气母管→储罐→声波吹灰器→反应器。

3）输灰空气：环境→空气压缩机→吸干机→储罐→压缩空气母管→SCR入口灰罐→输灰母管→渣仓→布袋除尘器→环境。

（5）蒸汽。空气预热器吹灰蒸汽母管→反应器吹灰蒸汽母管→蒸汽吹灰器→反应器。

（6）飞灰。

1）流向一。来自锅炉省煤器的烟气飞灰→SCR系统入口烟道→喷氨格栅→静态混合器→导流板→整流装置→催化剂层→SCR反应器出口烟道→空气预热器入口烟道。

2）流向二。来自锅炉省煤器的烟气飞灰→SCR系统入口烟道→SCR入口灰斗→SCR入口灰罐→输灰母管→渣仓。

二、SCR总体布置设计

该期工程SCR反应器为较典型的布置方式，即反应器布置于炉后风机检修支架上部，反应器支撑钢结构也借助于风机检修支架立柱向上延伸形成框架结构体系，并在进、出口烟道底部通过脱硝钢结构新增横梁搭接到锅炉尾部横梁作为烟道部分荷载的支撑结构。总体布置情况如图19-2所示。

SCR总体布置设计具有以下特点：

（1）为不影响机组检修后的正常启动，保留了原有省煤器出口至空气预热器入口烟道作为临时过渡旁路烟道。为避免烟气泄漏和减少积灰，将原有单百叶挡板门更换为带密封风的双百叶挡板门，并上移安装标高。同时在省煤器出口设计导流叶片结构将烟气导向挡板门上部，尽最大可能减少积灰高度，该项设计在后续章节将专门描述。

（2）从锅炉省煤器出口烟道水平引接后，为使入口烟道具有一定长度，以满足在进入第一层催化剂前氨与烟气均匀混合及速度分布偏差指标优良，将水平烟道垂直向上延伸形成相对较长的烟气流程，在上升段布置了入口挡板门、整体机翼型喷氨格栅及静态混合器、导流结构件等。

（3）在烟道中心线标高为54 440mm处，烟道由垂直向上转为水平向炉后方向，形成反应器顶部烟道段，在反应器顶部采用了有利于烟气转向的三角形结构（侧视），并在与反应器壳体相接部位设置了均流结构。

（4）反应器基于CERAM催化剂类型并结合市场中各型催化剂进行设计，选取了较高的层高（3.8m）和适度宽松的横截面，能够满足各种催化剂布置要求，具有好的通用性，为后续催化剂类型及参数的可选性提供了极其便利的条件；同时由于反应器内空间高度空间充足，反应器内的检修维护空间更人性化。

图 19-2　SCR 装置布置情况

（5）在入口烟道水平段下方设计有灰斗，可去除部分大颗粒飞灰，有利于保护催化剂，延长其机械使用寿命。

（6）在切换到临时旁路运行时，反应器入口烟道挡板门将处于关闭状态，如将其布置于水平烟道段必然会造成挡板门上游堆积飞灰较多，影响到挡板门的正常开启。为避免该情况出现，将入口挡板门布置于垂直烟道段，则无论反应器是否投用，反应器入口烟道灰斗输灰系统均需处于运行状态。

（7）出口烟道采用倾斜布置方案，最大倾斜角度为 27°，可较好避免低负荷下出口烟道内积灰。

（8）反应器出口挡板门布置于尽量靠近锅炉侧，在 SCR 停运时，可有效减少热烟气回流至出口烟道内冷凝形成腐蚀性液体和湿灰。

（9）在 24 900mm 标高利用反应器下部空间设置了电子间，作为脱硝配电、监测和控制中心，并通过光缆与主机 DCS 实现通信。

（10）催化剂起吊孔位置选择合理，利用了风机检修支架无阻碍空间。

（11）催化剂模块纵横布置矩阵合理，有利于蒸汽吹灰器的合理布置，借助风机检修支架边跨新起结构即可作为其检修平台。

（12）为了实现出口烟道挡板门的水平布置，同时避免采用中间支撑结构带来的检修维护不便，采用了大跨度的双百叶结构挡板门，跨度达到 13 258mm。

（13）临时旁路挡板门设计为带密封风的双百叶结构，可有效避免烟气泄漏。考虑到节能和减少系统复杂性，未设计专门的密封风机和加热装置，而是采用了热二次风作为挡板门密封风使用，简单可靠。

三、SCR 反应器设计特点

反应器是 SCR 烟气脱硝工艺系统中的关键部件，是承载催化剂的场所，也是烟气中 NO_x 发生还原反应的场所，是将原烟气转化为净烟气的设备。

如图 19-2 所示，该工程反应器设计为每台锅炉配置两个，烟气竖直向下流动，反应器尺寸为 12 040mm×13 300mm×12 400mm（长×宽×高），横截面净空尺寸为 11 650mm×12 840mm（长×宽），截面积为 150m²，层高 3.8m。催化剂按"2+1"布置模式设计，模块按 6×13 矩阵型式布置；初装两层在上，最下层为备用层。

反应器结构具有以下特点：

（1）结构符合堵灰下安全承重和抵御强风能力。

（2）反应器壳体及内部支撑结构材质采用 Q345，满足高温烟气环境下对强度的要求。

（3）为避免催化剂支撑梁积灰，塌落堵塞催化剂通道，催化剂支撑梁设计为内空箱型结构；反应器内部各类加强板、支架、密封等也设计成不易积灰的形式。

（4）为避免运行中催化剂积灰，反应器同时设置了蒸汽吹灰器和声波吹灰器。每个反应器内每层催化剂上部设置 3 只蒸汽吹灰器和 4 只声波吹灰器，初装两层，并预留备用层安装位置。

（5）反应器的支撑结构采用了四角底部支撑形式，相比较顶部悬吊结构，可减少钢材耗量。四角支座设计为可水平滑动结构，以便于热态下反应器的水平方向自由热位移。在反应器的前后、左右中心线与反应器壁面相交处设导向支架。前后导向支架限制反应器向左右侧的位移，但不限制其前后方向的位移；左右导向支架限制反应器向前后方向的位移，但不限制其左右方向的位移。在四个限位支架确保了反应器中心点在冷、热态工况下保持不发生位移，总体表现为热态下反应器以中心为原点向四周膨胀移动。

（6）设计还考虑了反应器内部催化剂维修及更换所必需的吊装及运送装置。其中催化剂吊装轨道布置于靠近锅炉中心线侧，可有效避开与耙式蒸汽吹灰器耙管的干涉（吊装催化剂时，耙式吹灰器退出到位即可），不必在催化剂模块就位时对吹灰器耙管进行临时割管处理。该吊轨与催化剂支撑梁呈垂直关系，实现催化剂在反应器内沿前后方向的运动；催化剂沿反应器左右方向的移动靠液压推车实现。

（7）为便于了解和掌握每层催化剂更多的运行情况，在每层催化剂下部设置了足够数量的烟气取样格栅钢管。

四、SCR 流场设计特点

在该工程中，流场的优化设计由西安热工研究院独立完成（物理实验台见图 19-3），具有以下特点。

（1）省煤器出口烟道导流装置设计。通常在 SCR 工程中，完整的流场优化设计模型范围应起于省煤器受热面出口截面，止于空气预热器入口受热面截面，包括烟道结构、导流结构、喷氨及混合结构、催化剂层等对模拟会产生影响的结构部件。

针对该工程项目建立的 SCR 装置三维数模如图 19-4 所示。

图 19-3　流场优化设计物理模型实验台

布袋式除尘器

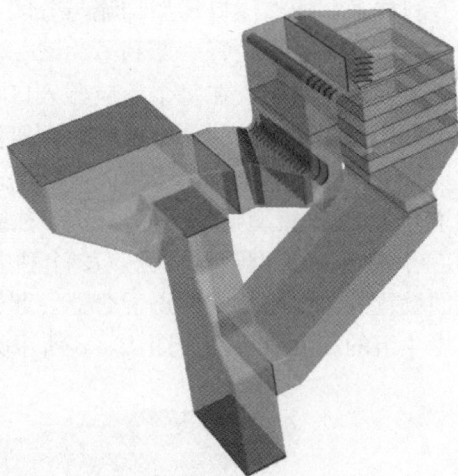

图 19-4　SCR 装置三维数模

受到烟道内桁架结构的限制，临时旁路挡板门按尽可能高的高度安装后，其中心线距离省煤器出口水平烟道和反应器入口烟道底部仍然有约 750mm 的高度，这会在临时旁路挡板门关闭时形成一个积灰坑，需考虑措施解决积灰问题。

通过对该模型结构数值模拟结果进行分析，即使在 600MW 负荷，临时旁路挡板门上部截面大部分速度在 1～5m/s，低于 8m/s 的不积灰速度，也即意味着在临时旁路关闭、SCR 投入运行时，挡板门叶片上部仍然会存在较多的积灰。

为了减少挡板门上部的积灰量，需考虑提高流经挡板门上部空间的烟气流速。为此，研究设置了图 19-5 所示的导流装置，将部分烟气导向挡板门上部空间区域，进而提高该区域的烟气流速，避免飞灰的沉积。

经 CFD 模拟计算，即使在 35% BMCR 负荷下，挡板门上部绝大部分区域烟气流速都可以达到 8m/s，满足不积灰的流速要求，而仅在靠近挡板门叶片 200～300mm 的距离内存在部分区域速度低于 8m/s 的情况，也即在低负荷下，有可能会存在 200～300mm 高度的局部积灰，但积灰高度不会进一步增加。

通过设置省煤器出口烟道导流装置，可有效减少临时旁路挡板门上部的

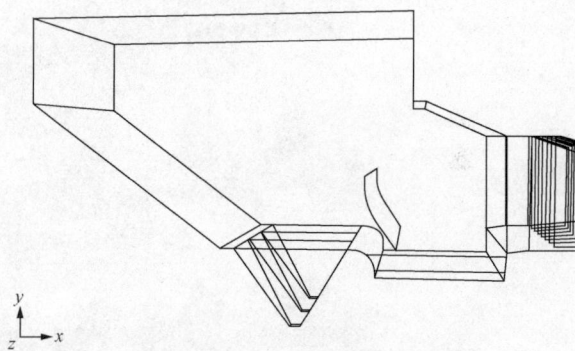

图 19-5　省煤器出口烟气导流装置

积灰量，有利于挡板门叶片的正常开启，并减少进入空气预热器的飞灰量。

由此可知，在高负荷下进行临时旁路的开启操作将更有利于减少挡板门上部积灰垂直落入空气预热器的量，且开启过程应缓慢进行，以使有可能存在的积灰缓慢下落并均匀分散到烟气中。

在临时旁路需要取消时，直接在挡板门上部省煤器出口烟道平齐标高处将开口封闭即可，无需真正拆除现有烟道，也是解决该处存在积灰隐患最彻底的方法。

（2）机翼型喷氨格栅和静态混合器（AIG&Mixer）。在该工程中应用了西安热工研究院

309

两项专利技术，即整体机翼型均流与分区可调喷氨装置（专利号为 ZL 200810236417.2）和鳍片式钝体静态混合装置（专利号为 ZL 200810236418.7）。

　　具体到该次应用，在每个反应器入口烟道沿宽度方向布置有 12 组机翼型喷氨格栅装置，每组由沿烟道深度方向的 3 个独立可调氨流量单元构成，图 19-6 所示为其中 3 组的三维效果图。每个独立的可调氨流量单元对应两两分布于机翼两侧的 4 个氨喷嘴，即一个反应器入口烟道有 12 组机翼型喷氨格栅，36 个独立可调单元，144 个氨喷嘴。1 台机组 2 个反应器则对应有 24 组机翼型喷氨格栅，72 个独立可调单元，288 个氨喷嘴。在 2 组机翼型喷氨格栅之间设置有 1 组鳍片式静态混合器，起到进一步强化氨与烟气的混合作用，图 19-7 所示为其中 4 组的三维效果图。图 19-8 所示为上述两项专利技术的工程应用布置图。

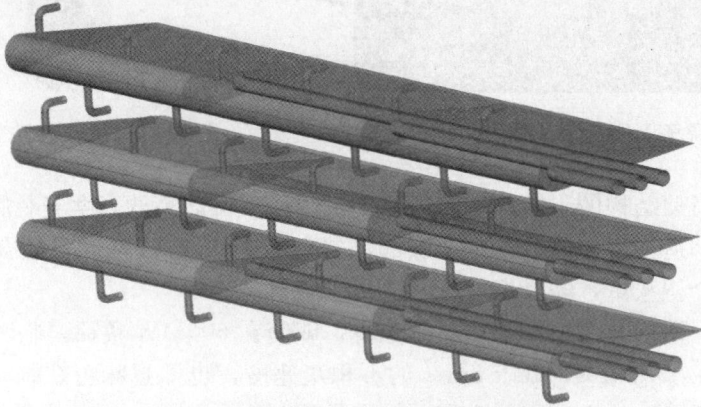

图 19-6　整体机翼型 3 组喷氨格栅三维效果

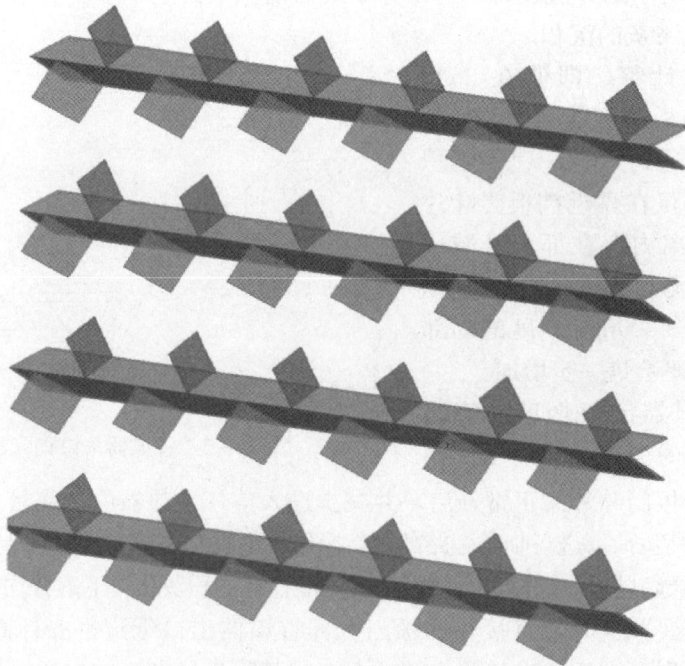

图 19-7　4 组鳍片式静态混合器三维效果

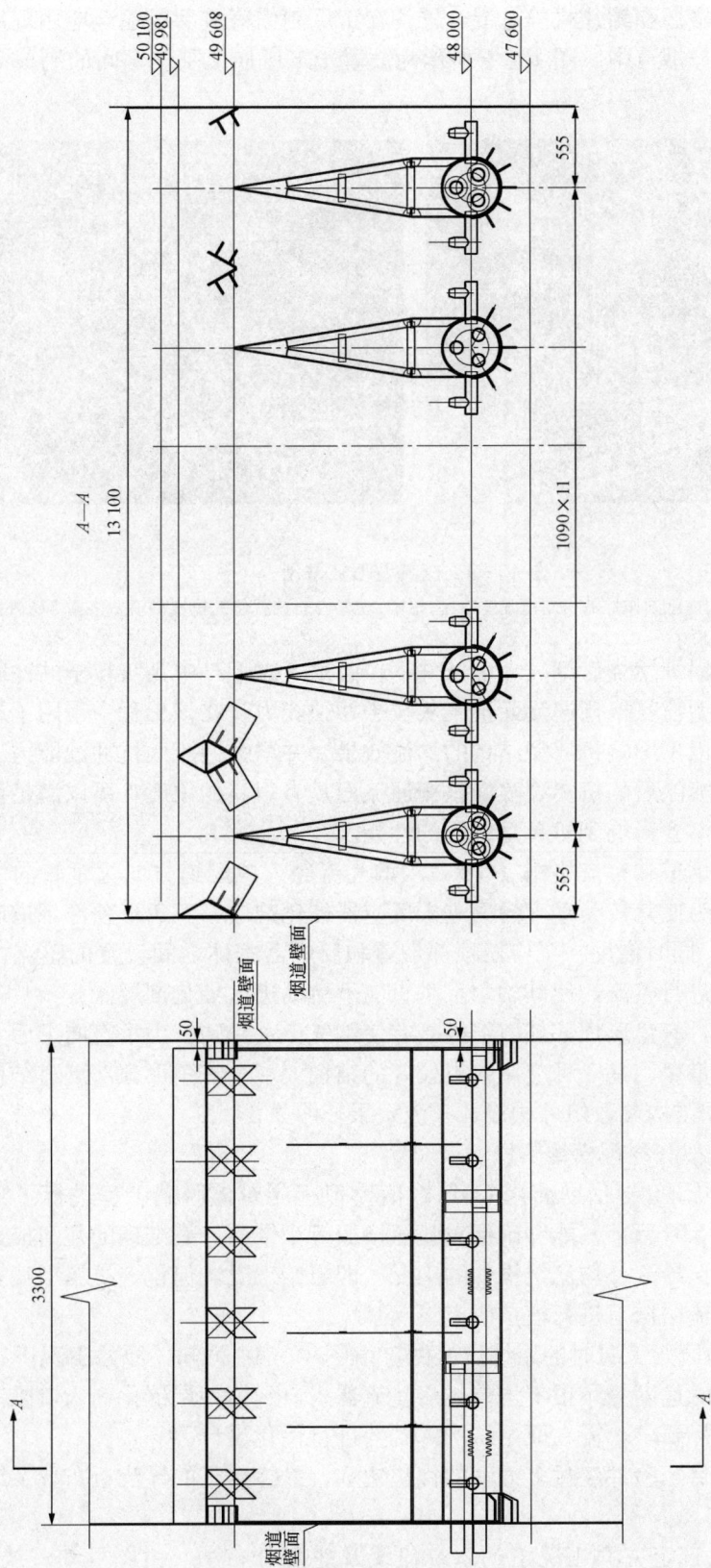

图 19-8　机翼型喷氨格栅和鳍片式静态混合器工程布置图

整体机翼型喷氨格栅和鳍片式静态混合器均在工厂制作完成后运输至应用现场，由施工单位安装到反应器入口烟道中。图 19 - 9 所示为放置于工厂加工制作车间的制成品及现场安装就位后的情况。

(a)　　　　　　　　　　　　　　　　(b)

图 19 - 9　机翼型喷氨格栅
（a）工厂加工车间内已制作好的机翼型喷氨格栅；（b）现场已安装就位的机翼型喷氨格栅烟道外照片

众所周知，处于锅炉燃烧后烟气环境条件下，必须考虑烟气中飞灰粒子的冲刷引起的负面作用。为提高机翼型喷氨格栅迎流面抗飞灰粒子冲蚀能力，在该工程中采用了超音速电弧喷涂耐磨材料技术，以不影响机翼型结构的均流效果，并增强迎流面抗冲蚀能力。

采用超音速电弧喷涂后的机翼型喷氨格栅迎流面具有很高的硬度，可以满足抵抗飞灰粒子冲蚀的要求，并且不会影响到机翼型结构的性能。

（3）三角形顶部烟道和整流格栅（GSG）。烟气流经入口烟道方向为垂直向上，经水平段后转为水平方向。为使其转为垂直向下进入反应器催化剂层，三角形顶部烟道起到了使烟气转折 90°角的作用，同时借助在反应器顶部烟道和反应器本体之间设置的整流格栅可以进一步对转向后的烟气进行整流，使其均匀且垂直向下流动进入催化剂层。

在该工程应用中，三角形顶部烟道结构具有使烟气由水平转折为垂直向下后大致均匀分布的效果，且钢材耗量少，是一种应用效果较好的结构。配合三角形顶部烟道结构设置的整流格栅共由 10 种不同结构参数组件构成，整流效果较明显。

（4）CFD 数值模拟和物理模型实验。

1）CFD 数值模拟研究。借助商用 CFD 数值模拟程序对该脱硝工程进行了数值模拟研究，模拟网格数选取 510 万个，能够确保对喷氨格栅等小结构件有准确的几何描述。

首先对不添加任何导流、均流结构件的工况（即原始工况，但包含机翼型喷氨格栅、鳍片式静态混合器和整流格栅）进行模拟研究。

图 19 - 10 所示为原始工况时的系统流线图。由图 19 - 14 可知，原始工况下，烟气在经过喷氨格栅前转向段时速度分布很不均匀，从整流器入口到第一层催化剂入口段流线偏斜严重，无法满足技术指标要求，需在原始结构基础上进行优化设计。

依照以往工程项目经验并经过多方案的优化比选，最终选定的导流板布置及结构形式如图 19 - 11 所示。

图 19 - 12 所示为选定方案工况下的系统流线及速度分布图，由图可知流线分布均匀，

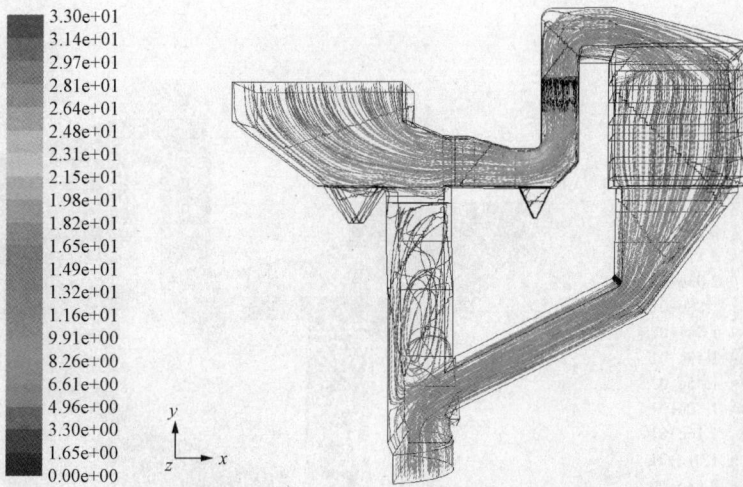

图 19 - 10　原始工况下系统流线图

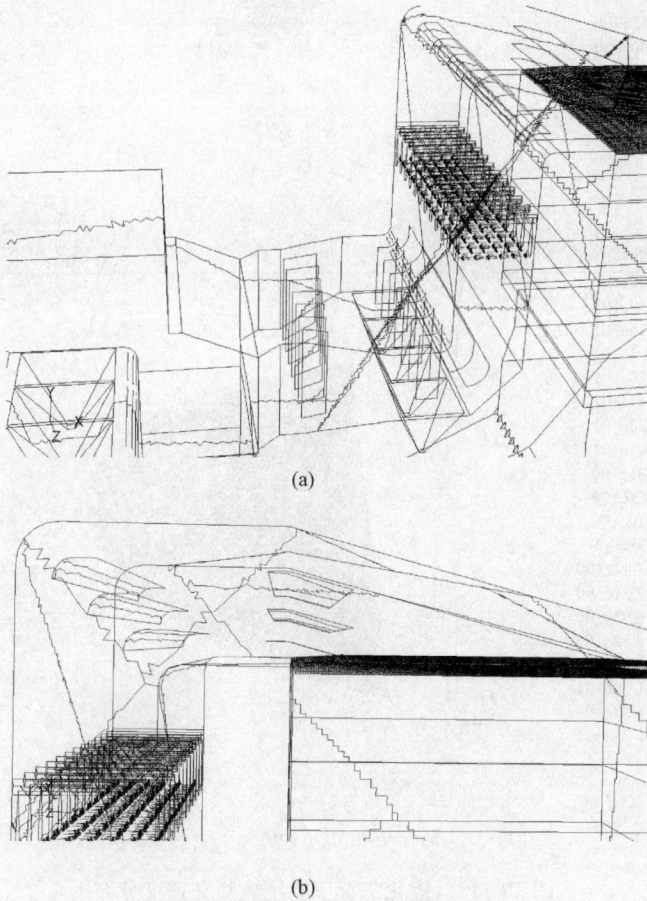

(a)

(b)

图 19 - 11　优化工况下烟道导流板布置
（a）水平烟道；（b）垂直及顶部烟道

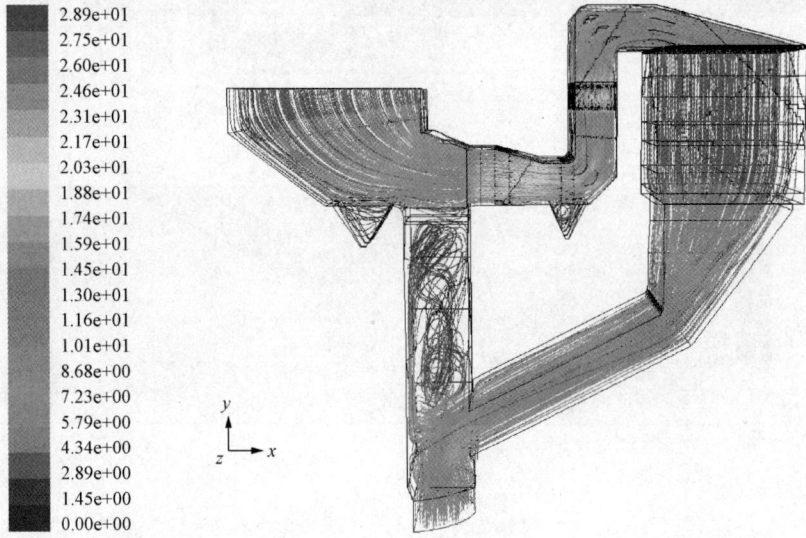

2.89e+01	
2.75e+01	
2.60e+01	
2.46e+01	
2.31e+01	
2.17e+01	
2.03e+01	
1.88e+01	
1.74e+01	
1.59e+01	
1.45e+01	
1.30e+01	
1.16e+01	
1.01e+01	
8.68e+00	
7.23e+00	
5.79e+00	
4.34e+00	
2.89e+00	
1.45e+00	
0.00e+00	

(a)

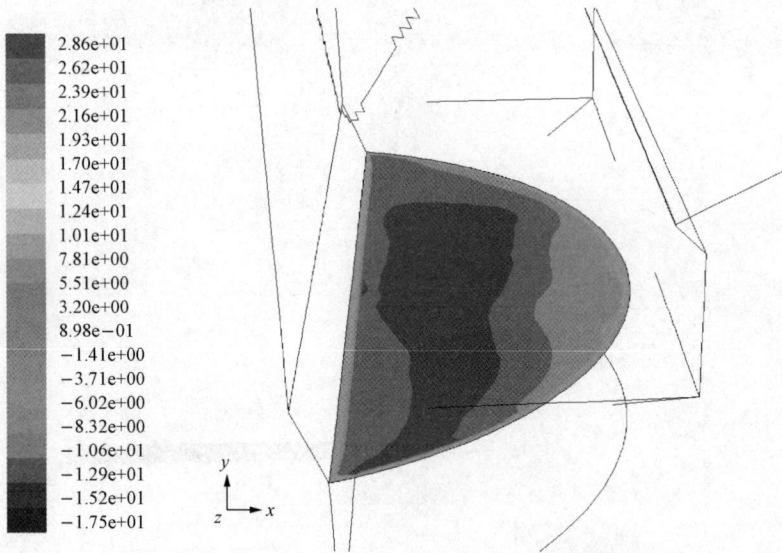

2.86e+01	
2.62e+01	
2.39e+01	
2.16e+01	
1.93e+01	
1.70e+01	
1.47e+01	
1.24e+01	
1.01e+01	
7.81e+00	
5.51e+00	
3.20e+00	
8.98e−01	
−1.41e+00	
−3.71e+00	
−6.02e+00	
−8.32e+00	
−1.06e+01	
−1.29e+01	
−1.52e+01	
−1.75e+01	

(b)

图 19-12　优化工况下系统流线和速度分布图
（a）系统流线；（b）速度分布

仅有少量烟气进入省煤器与空气预热器之间的原有烟道。统计结果表明：

a）喷氨格栅前速度分布相对标准偏差为 8.98％，满足常规的技术指标要求。

b）第一层催化剂入口截面速度分布相对标准偏差为 3％，满足小于 10％的技术指标要求。

c）第一层催化剂入口 NH_3 摩尔浓度相对标准偏差为 2.37％，满足小于 5％的技术指标要求。

d）第一层催化剂来流速度与竖直方向夹角小于 10°。

e）从省煤器入口到空气预热器入口之间的系统阻力为 596Pa（当两层催化剂阻力为 319Pa 时），满足不高于 400Pa 的技术指标要求。

f）空气预热器入口截面速度分布相对标准偏差为 9.89％，满足空气预热器运行要求。

2）物理模型实验研究。对该项目烟气脱硝系统按 1∶15 的比例制作了物理模型，并搭建了试验台，模型按照 CFD 研究的最优方案结构设计，由有机玻璃加工制作而成。在测试截面位置的壁面上预先按等面积法开试验测孔。喷氨格栅按同样比例缩小制作，通入适当替代气体，模拟实际工程中氨喷入烟气后的混合效果。通过加灰装置模拟实际系统中不同负荷下积灰情况。图 19 - 13 所示为物理模型实验台。

物理模型实验研究结果表明：

a）喷氨格栅前截面速度分布相对标准偏差为 9.48％，满足技术指标要求。

b）第一层催化剂入口速度分布相对标准偏差为 8.53％，满足技术指标要求。

c）第一层催化剂入口 NH_3 浓度分布最大偏差为 4.8％，满足技术指标要求。

d）根据模型不同测试截面位置静压值计算得到各截面动压值，进而计算得到整个反应器系统的阻力系数，推算得到实际运行工况下，整个脱硝装置系统阻力约为 622Pa，满足技术指标的要求。

除进行上述流动参数分布指标的测试外，还进行了模拟积灰实验。在 BRL 工况下，水平烟道、静态混合器上部和烟道转向处等部位基本没有积灰；但在临时旁路挡板门上部有较多的积灰，如图 19 - 14（a）所示，这和数值模拟的速度分布情况相吻合。

图 19 - 14（b）所示为在 35％BMCR 负荷下挡板门上部和水平烟道处的积灰情况照片。从照片中可以看到，在低负荷下，临时旁路挡板门上部会有更多积灰，水平烟道上仅存在有少量挂灰，不影响正常运行。

基于物理模型试验结果可知，临时旁路挡板门上部的积灰会带来不良影响，因此应研究设置省煤器出口烟道导流结构的设计方案，但因模型已加工完成，不宜置入该导流结构，故仅进行了 CFD 的模拟研究，未进行实物模型的试验工作。以 8m/s 的流速来判断积灰程度是偏保守的，实际的积灰情况稍好一些。

五、基础加固设计特点

该工程所在地场地条件较好，采用天然地基即可满足承载要求，持力层为卵石层，地基承载力特征值为 $f_{ak} \geqslant 500kPa$。风机检修支架下部基础在机组设计时就考虑过再上脱硝系统时增加荷载情况。经初步核算，单个基础最小的承载能力为 10 125kN，能够满足脱硝新增荷载需要。

(a)

(b)

(c)

图 19-13　物理模型实验台

（a）总实验台；（b）水平烟道导流叶片；（c）反应器入口导流叶片

图 19-14　挡板门上部和水平烟道处积灰情况
(a) BRL 工况；(b) 35％BMCR 工况

　　然而，随着设计的逐步深入，经西北电力设计院核算，发现受到除尘器入口水平烟道阻挡柱头的影响，新增脱硝装置所能借用的基础情况如图 19-15 中标识区域所示，即利用的柱脚位置只能有 E3、E5、E7、F2、F3、F5、F7、F8、G2、G3、G5、G7、G8。而且受脱硝传递荷载的不均匀分布影响，部分双柱联合基础两个柱脚作用力相差很大，致使联合基础抗剪切能力无法满足要求，需对其进行加固处理。同时考虑到前后排支架的均匀沉降和抗震等问题，又新增加了两道剪力墙。总体思路是加大部分原有基础底面积和（或）基础高度，并新增两道前后方向的剪力墙。施工现场见图 9-16 和图 9-17。

　　需进行底面积和（或）高度加大的基础，采用了植入和绑扎钢筋相结合的加固方式，受力钢筋的锚固长度不小于 550mm，构造钢筋的锚固长度不小于 150mm，采用改性环氧类和改性乙烯基脂类（包括改性氨基甲酸酯）的胶粘剂。

六、钢结构设计特点

（一）脱硝新增钢结构设计特点

　　脱硝新增支撑构架全部采用钢支架形式，并全部基于原有风机检修支架主柱向上延伸形成支撑体系，不从地面新起立柱。

　　脱硝反应器的支撑主要借助了风机检修支架的 F3、F5、F7、G3、G5、G7 柱向上延伸形成支撑主结构，并借用 F2、F8、G2、G8 作为辅助结构；进出口烟道的支撑构架则主要借用了 E3、E5、E7 和 F3、F5、F7 形成的框架体系。

　　锅炉构架在原设计时预留有 300t 的脱硝垂直荷载，可以借助锅炉构架承担部分进出口烟道垂直荷载，因此在 20 308mm 和 39 700mm 标高的脱硝框架梁层，每层设计有 4 根延伸并搭接到锅炉 K5 轴炉后水平横梁的烟道支撑梁，搭接处采用滑动连接形式，以避免水平荷载传递到锅炉构架。

　　在 39 700mm 标高设计有适合反应器结构尺寸的支撑平台梁 BH1600mm×500mm×20mm×25mm，反应器的荷载即通过四角支座作用于该支撑梁上。

　　在脱硝构架靠近除尘器侧起牛腿形成催化剂装卸平台。

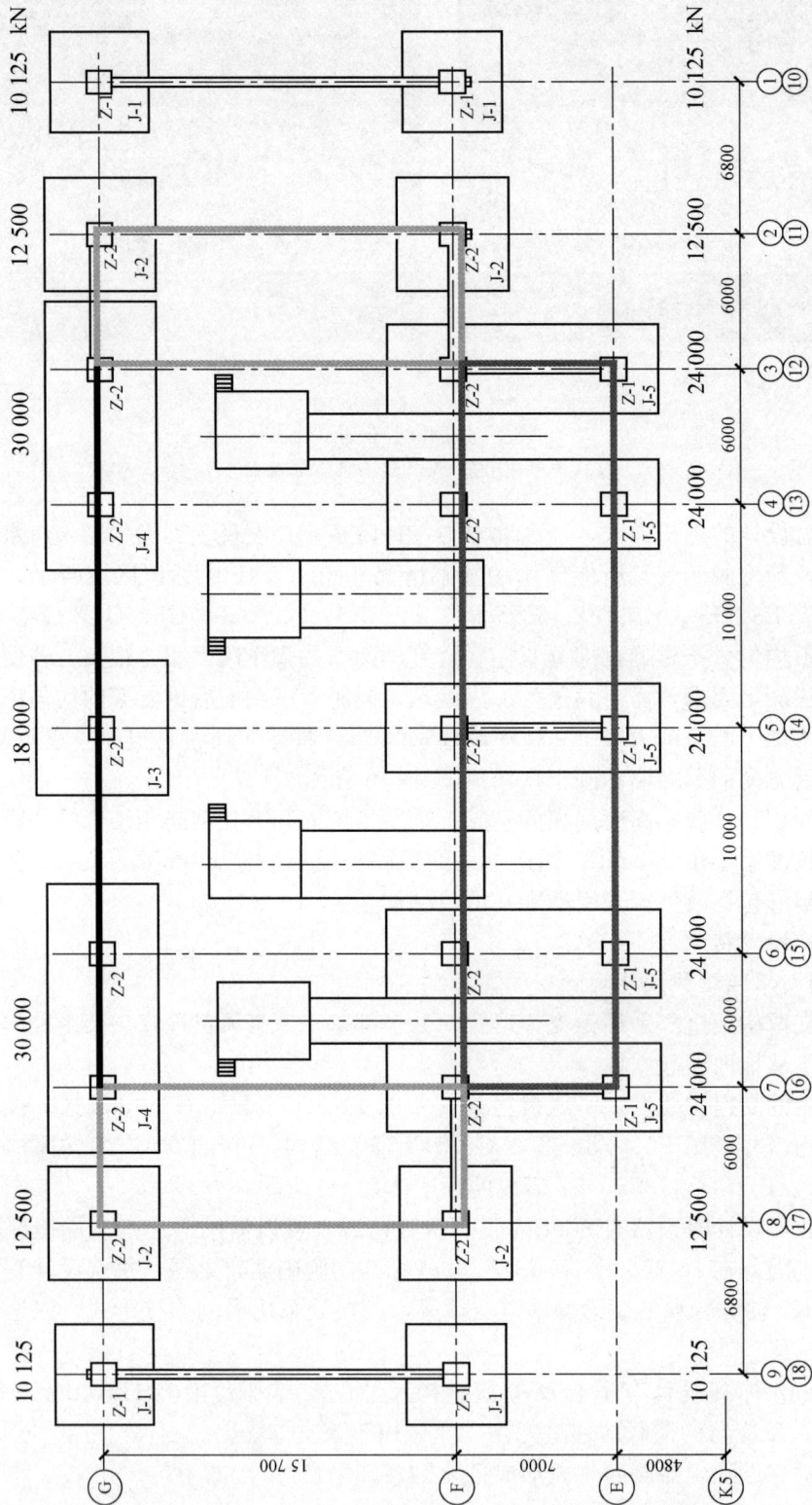

图 19-15 原有风机检修支架基础和脱硝利用柱脚情况

图 19 - 16　双柱联合基础加固施工现场

图 19 - 17　新增剪力墙施工现场

图 19-18　新增脱硝构架三维模型

借助商用结构分析软件 STAAD Pro 建模分析时，需将原有风机检修支架与新增脱硝构架共同建模为一个整体进行分析，并经过不断的优化后完成脱硝钢结构设计。新增部分三维模型结构如图 19-18 所示。

（二）风机检修支架整体加固设计特点

按照最终的脱硝工艺布置和新增钢结构形式确定的整体结构模型校核结果表明，原有风机检修支架存在局部强度不满足规范要求的情况，需采取整体加固措施。

依据核算情况，分析了薄弱环节并针对性制订了最简洁的加固方案，加固方案的主要特点如下：

（1）现有梁、柱断面可以满足荷载要求，无需采取贴板等方式进行梁、柱断面加大处理。

（2）11 400、16 850mm 标高处，在 E3、F2 和 E7、F8 之间新增 $\phi245\times10$mm 水平支撑，以提高构架的整体稳定性。

（3）在部分框架内新增 H 型钢作为水平支撑和垂直支撑，以弥补局部区域强度不足的问题。

上述加固方案钢材耗量较少，仅约 30t。

（三）节点及变形杆件加固

脱硝钢结构设计前，在对风机检修支架按照竣工图进行复核时，发现绝大部分连接节点未能按照竣工图要求施工，节点强度较薄弱，且存在较严重的施工质量问题；同时发现 16 850mm 层存在部分水平杆件变形较严重情况，需采取措施实施加固。

鉴于节点缺陷和变形杆件存在较大的安全隐患，为确保新增脱硝装置后构架整体安全，西安热工研究院派专人对所有节点进行了仔细的勘测记录，并委托有资质且经验丰富的单位专题研究并制订了节点加固方案。

（四）锅炉钢结构加固设计特点

锅炉钢架在原设计时已考虑再上脱硝系统的可行性，除在 K5 轴预留有 300t 的垂直荷载外，在 SCR 进、出口烟道与锅炉省煤器至空气预热器烟道衔接部位框架内也未布置斜支撑（标高 13 400～27 200mm 和标高 38 400～50 000mm），如图 19-19 所示，从而避免了对锅炉原有钢结构受力体系的破坏。

新增脱硝装置后，炉后部分平台及支撑梁需拆除，炉侧部分楼梯平台为与脱硝楼梯平台相衔接也需进行部分改造，但该部分改造不会影响锅炉构架受力体系的完整性，也不必考虑新增荷载的影响。

但如前所述，脱硝在标高 20 308mm（对应锅炉侧梁顶标高为 19 800mm）和 39 700mm（对应锅炉侧梁顶标高为 38 980mm）处将有每层各 4 根烟道支撑梁需搭接到锅炉 K5 轴。其中 20 308mm 标高垂直总荷载 720kN，39 700mm 标高垂直总荷载为 920kN，脱硝装置传递到锅炉侧的总垂直荷载约为 164t，远小于预留的 300t 垂直荷载，锅炉 K5 排立柱可以满足

图 19 - 19　炉后构架预留情况

要求，不需进行加固处理。但锅炉侧 38 400mm 的 K5 轴横梁并未考虑预留，需进行加固处理，此外，为支撑脱硝出口烟道，在锅炉 K5 轴标高 19 800mm 位置需新增横梁。

　　锅炉构架的加固核算和方案制订由西安热工研究院委托原锅炉厂设计完成。方案表明，标高 38 400mm 的锅炉横梁加固采用了叠梁的方法处理，即在原有横梁上部叠加了 H580 型钢，要求现场焊接叠梁时，须用小电流慢慢堆焊，焊缝高度不大于 8mm；标高 19 800mm 处则新增加了 H800 的型钢；脱硝烟道支撑横梁与 K5 排横梁的连接设为滑动支座，从而使锅炉构架免受水平力的影响。

　　由于锅炉构架预先考虑了预留脱硝接口烟道空间和荷载传递，该工程锅炉构架的核算和加固工作量都很少。

　　（五）烟道支撑结构设计特点

　　在该项目设计过程中，鉴于烟道内真实的积灰荷载变化范围比较广，烟道的垂直荷载实际上与锅炉运行工况息息相关，且很难准确定量，给弹簧吊架的选择带来了困难。因此在该项目中全部采用烟道底部支撑形式。

　　为限定烟道的热膨胀位移方向，同时又需允许烟道热膨胀不受限，故个别支座设计为固定结构形式，大部分则设计为滑动支座形式，图 19 - 20 所示为其中一组支座。

19.4.2　氨区设计及特点

　　该期工程氨区与三期氨区紧邻，布置于三

图 19 - 20　烟道底部支座

期氨区的南侧，按电厂一、二期 4×600MW 机组进行设计并一次建成，同时考虑与三期氨区的融合及设备共用性。

　　主要设计特点如下：

（1）卸料压缩机和废液池、废液泵与三期共用。

（2）设置了 2 台 170m³ 的大容积液氨储罐。

（3）一、二期 4 台机组液氨蒸发器按两运一备配置，1 台蒸发器即可满足 2 台机组氨气用量。

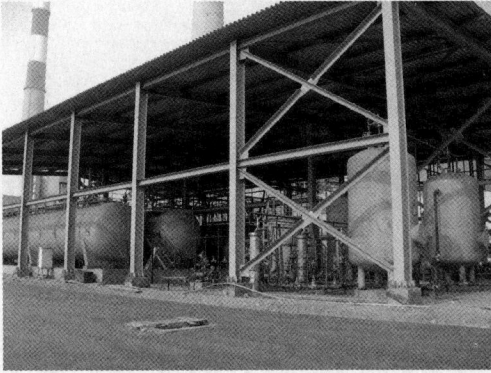

图 19-21　氨区现场

（4）采用列管式液氨蒸发器，具有加热速度快、体积小的优点。

（5）为便于液氨蒸发器的流量调节，与氨气缓冲罐设计为单元式运行，而非母管式运行。

（6）新建厂区综合管架按一、二期 2 根氨气母管设计，预留一期管道布置空间。

（7）二期氨气母管至 4 号炉脱硝反应器附近预留 3 号炉氨气母管接口。

图 19-21 所示为已建好的氨区现场。

附录 A 国内火电机组脱硝情况统计

根据国家环保部有关统计资料，截至 2011 年底全国脱硝设施通过环保验收的燃煤机组共 218 台，其中中国华能集团公司 40 台，中国大唐集团公司 31 台，中国华电集团公司 12 台，中国国电集团公司 15 台，中国电力投资集团公司 12 台，其他电力公司及地方企业 108 台。218 台机组中 300MW 容量以上机组 182 台。

国内火电机组脱硝情况详见附表 1。

附表 1   全国投运燃煤机组脱硝情况清单

序号	电厂名称	机组号	机组容量(MW)	所属集团	机组投产日期	脱硝投产日期	脱硝方法	脱硝公司	备注
1	华能北京热电厂	1	165	中国华能集团公司	1998/1/21	2007/12/26	SCR	清华同方	改造
2	华能北京热电厂	2	165	中国华能集团公司	1998/1/21	2007/12/26	SCR	清华同方	改造
3	华能北京热电厂	3	220	中国华能集团公司	1998/12/5	2007/12/26	SCR	清华同方	改造
4	华能北京热电厂	4	220	中国华能集团公司	1999/6/26	2007/12/26	SCR	清华同方	改造
5	华能福州电厂	1	350	中国华能集团公司	1988/9/30	2011/1/1	SCR	清华同方	改造
6	华能福州电厂	2	350	中国华能集团公司	1988/12/26	2011/1/1	SCR	清华同方	改造
7	内蒙古华能伊敏煤电公司海拉尔热电厂	1	200	中国华能集团公司	2009/12/2	2010/9/23	SNCR	浙江百能	同步建设
8	内蒙古华能伊敏煤电公司海拉尔热电厂	2	200	中国华能集团公司	2009/12/13	2010/9/23	SNCR	浙江百能	同步建设
9	内蒙古华能伊敏煤电有限责任公司	5	600	中国华能集团公司	2011/1/13	2011/1/13	SNCR	大唐科技	同步建设
10	内蒙古华能伊敏煤电有限责任公司	6	600	中国华能集团公司	2010/1/3	2010/1/3	SNCR	大唐科技	同步建设
11	华能营口热电有限责任公司	1	330	中国华能集团公司	2009/11/26	2011/1/26	SCR	哈尔滨锅炉厂	同步建设
12	华能营口热电有限责任公司	2	330	中国华能集团公司	2009/12/6	2011/1/26	SCR	哈尔滨锅炉厂	同步建设
13	华能长春热电厂	1	350	中国华能集团公司	2009/12/20	2010/8/25	SCR	哈尔滨锅炉厂	同步建设
14	华能长春热电厂	2	350	中国华能集团公司	2010/4/19	2010/8/25	SCR	哈尔滨锅炉厂	同步建设
15	华能石洞口发电公司(二电厂二期)	3	660	中国华能集团公司	2009/11/16	2009/11/16	SCR	上海石川岛	同步建设

续表

序号	电厂名称	机组号	机组容量（MW）	所属集团	机组投产日期	脱硝投产日期	脱硝方法	脱硝公司	备注
16	华能石洞口发电公司（二电厂二期）	4	660	中国华能集团公司	2009/12/15	2009/12/15	SCR	上海石川岛	同步建设
17	华能金陵发电有限公司	3	1030	中国华能集团公司	2009/12/1	2010/3/1	SCR	哈尔滨锅炉厂	同步建设
18	华能金陵发电有限公司	4	1030	中国华能集团公司	2009/12/1	2010/3/1	SCR	哈尔滨锅炉厂	同步建设
19	华能玉环电厂	1	1000	中国华能集团公司	2006/11/28	2006/11/28	SCR	国电龙源	同步建设
20	华能玉环电厂	2	1000	中国华能集团公司	2006/12/30	2006/12/30	SCR	国电龙源	同步建设
21	华能玉环电厂	3	1000	中国华能集团公司	2007/11/11	2007/11/11	SCR	国电龙源	同步建设
22	华能玉环电厂	4	1000	中国华能集团公司	2007/11/25	2011/3/29	SCR	国电龙源	同步建设
23	华能福州电厂	5	600	中国华能集团公司	2010/7/27	2011/1/1	SCR	哈尔滨锅炉厂	同步建设
24	华能福州电厂	6	600	中国华能集团公司	2010/11/15	2011/1/1	SCR	哈尔滨锅炉厂	同步建设
25	华能井冈山电厂	3	660	中国华能集团公司	2009/11/19	2010/12/29	SCR	东方锅炉	同步建设
26	华能井冈山电厂	4	660	中国华能集团公司	2009/12/25	2010/12/29	SCR	东方锅炉	同步建设
27	华能济南黄台发电有限公司	9	300	中国华能集团公司	2011/1/1	2011/1/5	SCR	哈尔滨锅炉厂	同步建设
28	华能济南黄台发电有限公司	10	300	中国华能集团公司	2011/1/5	2011/1/5	SCR	哈尔滨锅炉厂	同步建设
29	华能淄博白杨河发电有限公司	6	300	中国华能集团公司	2009/12/31	2009/12/31	SCR	东方锅炉	同步建设
30	华能淄博白杨河发电有限公司	7	300	中国华能集团公司	2009/12/31	2009/12/31	SCR	东方锅炉	同步建设
31	华能济宁电厂	1	350	中国华能集团公司	2009/11/27	2009/11/27	SCR	东方锅炉	同步建设
32	华能济宁电厂	2	350	中国华能集团公司	2009/12/27	2009/12/27	SCR	东方锅炉	同步建设
33	华能威海发电有限责任公司	5	680	中国华能集团公司	2010/12/1	2009/12/27	SCR	哈尔滨锅炉厂	同步建设
34	华能威海发电有限责任公司	6	680	中国华能集团公司	2011/1/1	2011/1/1	SCR	哈尔滨锅炉厂	同步建设
35	华能岳阳电厂	5	600	中国华能集团公司	2011/1/7	2011/1/7	SCR	东方锅炉	同步建设
36	华能汕头海门电厂	1	1036	中国华能集团公司	2010/2/16	2010/2/16	SCR	东方锅炉	同步建设
37	华能汕头海门电厂	2	1036	中国华能集团公司	2010/2/16	2010/2/16	SCR	东方锅炉	同步建设
38	华能东方电厂	1	350	中国华能集团公司	2009/6/13	2009/12/6	SCR	北京博奇	同步建设

续表

序号	电厂名称	机组号	机组容量（MW）	所属集团	机组投产日期	脱硝投产日期	脱硝方法	脱硝公司	备注
39	华能东方电厂	2	350	中国华能集团公司	2009/11/28	2009/12/6	SCR	北京博奇	同步建设
40	云南滇东雨旺能源有限公司	2	600	中国华能集团公司	2010/2/28	2010/2/28	SCR	北京博奇	同步建设
41	天津军粮城发电有限公司	9	350	中国华电集团公司	2010/7/22	2011/2/10	SCR	美国八威	同步建设
42	天津军粮城发电有限公司	10	350	中国华电集团公司	2010/9/6	2011/2/10	SCR	美国八威	同步建设
43	华电望亭发电厂	3	660	中国华电集团公司	2009/6/27	2009/6/27	SCR	华电工程有限公司	同步建设
44	华电望亭发电厂	4	660	中国华电集团公司	2009/6/27	2009/6/27	SCR	华电工程有限公司	同步建设
45	福建华电可门发电有限公司	3	600	中国华电集团公司	2008/8/23	2011/1/1	SCR	上海龙净	同步建设
46	福建华电可门发电有限公司	4	600	中国华电集团公司	2008/11/20	2011/1/1	SCR	上海龙净	同步建设
47	华电湖北发电有限公司黄石热电厂	2	330	中国华电集团公司	2010/6/7	2010/6/7	SCR	华电工程有限公司	同步建设
48	湖南华电长沙发电有限公司	1	600	中国华电集团公司	2007/10/23	2007/10/23	SCR	东方锅炉	同步建设
49	湖南华电长沙发电有限公司	2	600	中国华电集团公司	2007/12/25	2007/12/25	SCR	东方锅炉	同步建设
50	四川华电珙县发电有限公司	1	600	中国华电集团公司	2011/2/20	2011/2/20	SCR	华电工程有限公司	同步建设
51	宁夏灵武电厂	3	1000	中国华电集团公司	2010/12/28	2010/12/28	SCR	华电工程有限公司	同步建设
52	宁夏灵武电厂	4	1000	中国华电集团公司	2011/3/1	2011/3/1	SCR	华电工程有限公司	同步建设
53	天津国电津能热电有限公司	1	330	中国国电集团公司	2009/8/12	2009/11/18	SCR	国电龙源	同步建设
54	天津国电津能热电有限公司	2	330	中国国电集团公司	2009/11/30	2010/3/30	SCR	国电龙源	同步建设
55	吉林江南热电	1	300	中国国电集团公司	2011/1/30	2011/1/30	SCR	国电龙源	同步建设
56	吉林江南热电	2	300	中国国电集团公司	2011/1/30	2011/1/30	SCR	国电龙源	同步建设
57	上海外高桥第三发电有限责任公司	8	1000	中国国电集团公司	2008/7/17	2009/1/1	SCR	中电投远达	同步建设
58	国电北仑第三电厂	6	1000	中国国电集团公司	2008/12/20	2008/12/20	SCR	北京博奇	同步建设
59	国电北仑第三电厂	7	1000	中国国电集团公司	2009/6/2	2009/6/2	SCR	北京博奇	同步建设
60	国电铜陵发电有限公司	2	635	中国国电集团公司	2008/9/28	2008/9/28	SCR	国电龙源	同步建设
61	国电驻马店热电有限公司	1	330	中国国电集团公司	2011/1/25	2011/1/25	SCR	国电龙源	同步建设

续表

序号	电厂名称	机组号	机组容量（MW）	所属集团	机组投产日期	脱硝投产日期	脱硝方法	脱硝公司	备注
62	国电驻马店马店热电有限公司	2	330	中国国电集团公司	2011/1/25	2011/1/25	SCR	国电龙源	同步建设
63	国电长源荆州热电有限公司	1	300	中国国电集团公司	2009/8/2	2009/8/2	SCR	国电龙源	同步建设
64	国电长源荆州热电有限公司	2	300	中国国电集团公司	2009/12/30	2009/12/30	SCR	国电龙源	同步建设
65	国电宝鸡发电有限责任公司	5	660	中国国电集团公司	2010/12/30	2010/12/30	SCR	国电龙源	同步建设
66	国电兰州热电有限公司	1	330	中国国电集团公司	2011/1/13	2011/1/13	SCR	国电龙源	同步建设
67	国电兰州热电有限公司	2	330	中国国电集团公司	2011/1/31	2011/1/31	SCR	国电龙源	同步建设
68	中电投抚顺热电有限责任公司	1	300	中国电力投资公司	2008/12/1	2008/12/1	SCR	苏州格林	同步建设
69	中电投抚顺热电有限责任公司	2	300	中国电力投资公司	2008/12/1	2008/12/1	SCR	苏州格林	同步建设
70	大连甘井子热电项目	1	300	中国电力投资公司	2010/12/2	2010/12/2	SCR	哈尔滨锅炉厂	同步建设
71	大连甘井子热电项目	2	300	中国电力投资公司	2010/12/30	2010/12/30	SCR	哈尔滨锅炉厂	同步建设
72	吉林松花江第一热电分公司	4	300	中国电力投资公司	2010/12/1	2010/12/1	SCR	中电投远达	同步建设
73	江西中电投新昌发电有限公司	1	660	中国电力投资公司	2009/12/15	2010/6/1	SCR	自营	同步建设
74	江西中电投新昌发电有限公司	2	660	中国电力投资公司	2009/12/15	2010/6/1	SCR	自营	同步建设
75	江西景德镇发电有限责任公司	6	660	中国电力投资公司	2010/12/15	2010/12/15	SCR	中电投远达	同步建设
76	平顶山鲁阳发电有限责任公司	1	1000	中国电力投资公司	2010/11/17	2010/11/17	SCR	东方锅炉	同步建设
77	平顶山鲁阳发电有限责任公司	2	1000	中国电力投资公司	2010/12/8	2010/12/8	SCR	东方锅炉	同步建设
78	佛山市顺德五沙热电有限公司	1	300	中国电力投资公司	2008/9/13	2009/3/1	SCR	哈尔滨锅炉厂	同步建设
79	佛山市顺德五沙热电有限公司	2	300	中国电力投资公司	2008/12/4	2009/3/1	SCR	哈尔滨锅炉厂	同步建设
80	大唐高井热电厂	1	100	中国大唐集团公司	1961/4/28	2007/12/31	SCR	国电龙源	改造
81	大唐高井热电厂	2	100	中国大唐集团公司	1964/5/31	2007/12/31	SCR	国电龙源	改造
82	大唐高井热电厂	3	100	中国大唐集团公司	1967/2/17	2007/12/31	SCR	国电龙源	改造
83	大唐高井热电厂	4	100	中国大唐集团公司	1970/12/31	2007/12/31	SCR	国电龙源	改造
84	大唐高井热电厂	5	100	中国大唐集团公司	1973/3/26	2007/12/31	SCR	科林环保	改造

续表

序号	电厂名称	机组号	机组容量 (MW)	所属集团	机组投产日期	脱硝投产日期	脱硝方法	脱硝公司	备注
85	大唐高井热电厂	6	100	中国大唐集团公司	1974/10/22	2007/12/31	SCR	科林环保	改造
86	大唐国际张家口热电有限责任公司	1	300	中国大唐集团公司	2009/12/11	2009/12/20	SCR	大唐科技	同步建设
87	大唐国际张家口热电有限责任公司	2	300	中国大唐集团公司	2010/2/12	2010/2/20	SCR	大唐科技	同步建设
88	大唐国际临汾热电有限责任公司	1	300	中国大唐集团公司	2010/12/15	2010/12/15	SCR	大唐科技	同步建设
89	大唐国际临汾热电有限责任公司	2	300	中国大唐集团公司	2011/1/4	2011/1/4	SCR	大唐科技	同步建设
90	大唐阳城发电有限责任公司	8	600	中国大唐集团公司	2007/8/30	2007/8/30	SCR	大唐科技	同步建设
91	辽宁大唐国际锦州热电有限公司	1	300	中国大唐集团公司	2009/4/30	2009/7/19	SCR	哈尔滨锅炉厂	同步建设
92	辽宁大唐国际锦州热电有限公司	2	300	中国大唐集团公司	2009/5/20	2009/7/19	SCR	哈尔滨锅炉厂	同步建设
93	大唐长春第三热电厂	1	350	中国大唐集团公司	2009/3/13	2009/3/13	SCR	大唐科技	同步建设
94	大唐长春第三热电厂	2	350	中国大唐集团公司	2009/3/2	2009/3/2	SCR	大唐科技	同步建设
95	大唐哈尔滨第一热电厂	1	300	中国大唐集团公司	2010/1/11	2010/5/4	SCR	大唐科技	同步建设
96	大唐哈尔滨第一热电厂	2	300	中国大唐集团公司	2010/1/18	2010/5/4	SCR	大唐科技	同步建设
97	大唐南京发电厂	3	600	中国大唐集团公司	2010/8/4	2010/8/4	SCR	大唐科技	同步建设
98	大唐南京发电厂	4	600	中国大唐集团公司	2010/12/5	2010/12/5	SCR	大唐科技	同步建设
99	大唐乌沙山电厂	4	600	中国大唐集团公司	2006/11/8	2006/11/8	SCR	清华同方	同步建设
100	大唐黄岛发电有限公司	5	670	中国大唐集团公司	2006/11/18	2009/4/1	SCR	大唐科技	同步建设
101	大唐黄岛发电有限公司	6	670	中国大唐集团公司	2007/11/18	2009/4/1	SCR	大唐科技	同步建设
102	许昌禹龙发电有限责任公司	3	660	中国大唐集团公司	2009/6/24	2010/12/20	SCR	上海石川岛	同步建设
103	许昌禹龙发电有限责任公司	4	660	中国大唐集团公司	2009/12/23	2010/12/20	SCR	上海石川岛	同步建设
104	华银电力金竹山火力发电分公司	3	600	中国大唐集团公司	2009/7/2	2010/8/3	SCR	大唐科技	同步建设
105	大唐渭河热电厂	1	300	中国大唐集团公司	2009/4/25	2009/4/25	SCR	东方锅炉	同步建设
106	大唐渭河热电厂	2	300	中国大唐集团公司	2009/5/7	2009/5/7	SCR	东方锅炉	同步建设
107	大唐宝鸡热电厂	1	330	中国大唐集团公司	2009/6/25	2009/7/2	SCR	大唐科技	同步建设

序号	电厂名称	机组号	机组容量(MW)	所属集团	机组投产日期	脱硝投产日期	脱硝方法	脱硝公司	备注
108	大唐宝鸡热电厂	2	330	中国大唐集团公司	2009/8/21	2009/11/21	SCR	大唐科技	同步建设
109	兰州西固热电有限责任公司	1	330	中国大唐集团公司	2009/2/3	2009/2/3	SCR	大唐科技	同步建设
110	兰州西固热电有限责任公司	2	330	中国大唐集团公司	2009/3/23	2009/3/23	SCR	大唐科技	同步建设
111	国华北京热电分公司	1	200	其他	1999/11/14	2006/5/1	SNCR+SCR	哈尔滨锅炉厂/浙大能源	改造
112	国华北京热电分公司	2	200	其他	1999/12/28	2007/5/1	SNCR+SCR	哈尔滨锅炉厂/浙大能源	改造
113	北京京能热电股份有限公司	1	220	其他	1988/1/1	2008/6/1	SCR	清华同方	改造
114	北京京能热电股份有限公司	2	220	其他	1989/1/1	2007/9/1	SCR	清华同方	改造
115	北京京能热电股份有限公司	3	220	其他	1991/1/1	2008/6/1	SCR	清华同方	改造
116	北京京能热电股份有限公司	4	220	其他	1995/1/1	2007/5/1	SCR	清华同方	改造
117	中国石化燕山石化公司热力厂	9	25	其他	2002/12/1	2008/6/1	SCR	中电联	改造
118	厦门华夏国际电力发展有限公司	1	300	其他	1995/12/26	2007/1/31	SCR	上海电气	改造
119	厦门华夏国际电力发展有限公司	2	300	其他	1996/12/15	2007/1/31	SCR	上海电气	改造
120	广州珠江电厂	1	300	其他	1993/4/12	2010/3/25	SCR	福建龙净	改造
121	广州珠江电厂	2	300	其他	1993/11/15	2010/3/25	SCR	福建龙净	改造
122	广州珠江电厂	3	300	其他	1996/4/12	2010/6/30	SCR	福建龙净	改造
123	广州珠江电厂	4	300	其他	1997/5/15	2010/6/30	SCR	福建龙净	改造
124	广东粤华发电有限责任公司	5	300	其他	1989/12/1	2010/6/25	SNCR	浙大能源/东方锅炉	改造
125	广东粤华发电有限责任公司	6	300	其他	1990/10/1	2010/6/25	SNCR	浙大能源/东方锅炉	改造
126	广州恒运热电C厂有限责任公司	6	210	其他	2003/1/30	2010/6/18	SCR	南京中环	改造
127	广州恒运热电C厂有限责任公司	7	210	其他	2002/7/20	2010/6/18	SCR	南京中环	改造
128	旺隆热电有限公司	1	100	其他	2006/1/25	2010/5/13	SCR	中环工程国际	改造
129	旺隆热电有限公司	2	100	其他	2006/1/25	2010/5/13	SCR	中环工程国际	改造
130	中国石化广州分公司	1	12	其他	1990/9/9	2010/9/1	SNCR	美国燃料公司	改造

续表

序号	电厂名称	机组号	机组容量（MW）	所属集团	机组投产日期	脱硝投产日期	脱硝方法	脱硝公司	备注
131	中国石化广州分公司	2	12	其他	1990/12/1	2010/9/1	SNCR	美国燃料公司	改造
132	广州市海山热电厂有限公司	1	12	其他	1994/10/18	2010/3/12	SNCR	广州怡地环保/浙江大学	改造
133	广州市海山热电厂有限公司	2	25	其他	1987/8/28	2010/3/12	SNCR	广州怡地环保/浙江大学	改造
134	广州市海山热电厂有限公司	3	60	其他	1994/10/30	2010/3/12	SNCR	广州怡地环保/浙江大学	改造
135	广州发电厂有限公司	1	55	其他	1989/5/24	2010/9/1	SCR	清华同方	改造
136	广州发电厂有限公司	2	55	其他	1989/5/24	2010/9/1	SCR	清华同方	改造
137	广州发电厂有限公司	3	55	其他	1997/3/30	2010/9/1	SCR	清华同方	改造
138	广州发电厂有限公司	4	55	其他	1997/3/30	2010/9/1	SCR	清华同方	改造
139	广州发电厂有限公司	5	55	其他	1997/3/30	2010/9/1	SCR	清华同方	改造
140	广州威达高实业有限公司	1	6	其他	1990/10/19	2010/9/1	SNCR	广州怡地环保	改造
141	广州威达高实业有限公司	2	6	其他	1990/10/19	2010/9/1	SNCR	广州怡地环保	改造
142	广州威达高实业有限公司	3	6	其他	1990/10/19	2010/9/1	SNCR	广州怡地环保	改造
143	南海江南发电厂有限公司	8	25	其他	1991/8/1	2011/1/1	SNCR	浙江百能	改造
144	南海江南发电厂有限公司	9	25	其他	1991/8/1	2011/1/1	SNCR	浙江百能	改造
145	南海江南发电厂有限公司	10	25	其他	1993/5/16	2011/1/1	SNCR	浙江百能	改造
146	南海江南发电厂有限公司	11	25	其他	1998/12/1	2011/1/1	SNCR	浙江百能	改造
147	南海江南发电厂有限公司	1	50	其他	1996/2/1	2011/1/1	SNCR	浙江百能	改造
148	河北国华定洲发电有限责任公司	3	600	其他	2009/9/3	2009/9/3	SCR	浙江融智	同步建设
149	河北国华沧东发电有限责任公司	3	660	其他	2009/3/27	2009/3/27	SCR	浙江融智	同步建设
150	河北国华三河发电有限责任公司	3	300	其他	2007/8/1	2007/8/31	SCR	国华佳源	同步建设
151	河北国华三河发电有限责任公司	4	300	其他	2007/11/1	2007/11/10	SCR	国华佳源	同步建设
152	华润电力（唐山曹妃甸）有限公司	1	300	其他	2009/7/13	2009/7/13	SCR	上海石川岛	同步建设
153	华润电力（唐山曹妃甸）有限公司	2	300	其他	2009/6/29	2009/6/29	SCR	上海石川岛	同步建设

续表

序号	电厂名称	机组号	机组容量(MW)	所属集团	机组投产日期	脱硝投产日期	脱硝方法	脱硝公司	备注
154	山西太钢不锈钢公司能源动力总厂	1	300	其他	2010/12/25	2010/12/25	SCR	天赐三和	同步建设
155	山西太钢不锈钢公司能源动力总厂	2	300	其他	2010/12/31	2010/12/31	SCR	天赐三和	同步建设
156	山西临汾热电有限公司	1	300	其他	2010/12/31	2010/12/31	SCR	山东三融	同步建设
157	山西鲁晋王曲发电有限责任公司	1	600	其他	2006/8/9	2010/6/1	SCR	巴布科克	同步建设
158	山西鲁晋王曲发电有限责任公司	2	600	其他	2006/8/31	2010/6/1	SCR	巴布科克	同步建设
159	山西漳山发电有限责任公司	4	600	其他	2008/4/21	2008/4/21	SCR	北京紫泉	同步建设
160	绥中发电有限责任公司	4	1000	其他	2010/5/18	2011/1/27	SCR	杭州荣志	同步建设
161	四平第一热电公司	4	300	其他	2011/1/13	2011/1/13	SCR	中电投远达	同步建设
162	上海电力股份有限公司吴泾热电厂	8	300	其他	2010/3/19	2010/3/19	SCR	上海石川岛	同步建设
163	上海电力股份有限公司吴泾热电厂	9	300	其他	2010/12/6	2010/12/6	SCR	上海石川岛	同步建设
164	上海上电漕泾发电有限公司	1	1000	其他	2009/11/27	2010/1/27	SCR	上海石川岛	同步建设
165	上海上电漕泾发电有限公司	2	1000	其他	2010/6/4	2010/6/4	SCR	上海石川岛	同步建设
166	江苏南热发电有限公司	1	600	其他	2010/1/21	2010/1/21	SCR	哈尔滨锅炉厂	同步建设
167	江苏南热发电有限公司	2	600	其他	2010/1/21	2010/1/21	SCR	哈尔滨锅炉厂	同步建设
168	江苏阚山发电有限公司	1	600	其他	2007/10/22	2007/10/22	SNCR	科林环保	同步建设
169	江苏阚山发电有限公司	2	600	其他	2008/1/23	2008/1/23	SNCR	科林环保	同步建设
170	南京化工园热电有限公司	4	300	其他	2009/8/1	2009/8/1	SNCR	上海锅炉厂	同步建设
171	江苏利港电力有限公司	5	600	其他	2006/12/9	2007/6/2	SNCR	美国 Fueltec/南京龙源	同步建设
172	江苏利港电力有限公司	6	600	其他	2006/12/9	2007/6/3	SNCR	美国 Fueltec/南京龙源	同步建设
173	江苏利港电力有限公司	7	600	其他	2007/7/12	2008/1/1	SNCR	美国 Fueltec/南京龙源	同步建设
174	江苏利港电力有限公司	8	600	其他	2007/12/1	2008/1/1	SNCR	美国 Fueltec/南京龙源	同步建设
175	国华太仓发电有限公司	7	630	其他	2006/1/20	2006/1/20	SCR	苏源环保	同步建设
176	国华太仓发电有限公司	8	630	其他	2005/11/8	2007/2/9	SCR	苏源环保	同步建设

序号	电厂名称	机组号	机组容量(MW)	所属集团	机组投产日期	脱硝投产日期	脱硝方法	脱硝公司	备注
177	铜山华润电力有限公司	5	1000	其他	2010/6/22	2010/6/22	SCR	上海石川岛	同步建设
178	铜山华润电力有限公司	6	1000	其他	2010/7/6	2010/7/6	SCR	上海石川岛	同步建设
179	国华宁海电厂	4	600	其他	2006/11/20	2006/11/20	SCR	浙大能源	同步建设
180	国华宁海电厂	5	1000	其他	2009/10/14	2009/10/14	SCR	浙大能源	同步建设
181	国华宁海电厂	6	1000	其他	2009/9/21	2009/9/21	SCR	浙大能源	同步建设
182	台塑热电	3	149	其他	2006/11/3	2006/11/3	SCR	瑞士安博臣	同步建设
183	乐清电厂	3	660	其他	2010/3/30	2010/3/30	SCR	浙江天地环保	同步建设
184	乐清电厂	4	660	其他	2010/7/25	2010/7/25	SCR	浙江天地环保	同步建设
185	浙能嘉华电厂	5	600	其他	2005/5/13	2005/5/13	SCR	浙江天地环保	同步建设
186	皖能合肥发电有限公司	5	600	其他	2009/1/8	2009/1/8	SCR	大唐科技	同步建设
187	国投宣城发电有限责任公司	1	600	其他	2008/8/22	2010/12/1	SCR	大唐科技	同步建设
188	厦门华夏国际电力发展有限公司	3	300	其他	2006/1/24	2006/11/1	SCR	上海电气	同步建设
189	厦门华夏国际电力发展有限公司	4	300	其他	2006/7/24	2006/11/2	SCR	上海电气	同步建设
190	华阳电业有限公司漳州后石电厂	1	600	其他	1999/11/28	1999/11/28	SCR	日本BHK	同步建设
191	华阳电业有限公司漳州后石电厂	2	600	其他	2000/6/13	2000/6/13	SCR	日本BHK	同步建设
192	华阳电业有限公司漳州后石电厂	3	600	其他	2001/9/20	2001/9/20	SCR	日本BHK	同步建设
193	华阳电业有限公司漳州后石电厂	4	600	其他	2002/11/29	2002/11/29	SCR	日本BHK	同步建设
194	华阳电业有限公司漳州后石电厂	5	600	其他	2003/12/18	2003/12/18	SCR	日本BHK	同步建设
195	华阳电业有限公司漳州后石电厂	6	600	其他	2004/7/2	2004/7/2	SCR	日本BHK	同步建设
196	华阳电业有限公司漳州后石电厂	7	600	其他	2008/7/14	2008/7/14	SCR	日本BHK	同步建设
197	石狮鸿山热电厂	1	600	其他	2011/1/10	2011/1/10	SCR	上海龙净	同步建设
198	石狮鸿山热电厂	2	600	其他	2011/1/31	2011/1/31	SCR	上海龙净	同步建设
199	河南孟电集团热力有限公司	1	300	其他	2010/4/14	2010/5/1	SCR	四川东方电气	同步建设

续表

序号	电厂名称	机组号	机组容量（MW）	所属集团	机组投产日期	脱硝投产日期	脱硝方法	脱硝公司	备注
200	华阳（洛阳）电业有限公司	1	600	其他	2011/3/1	2011/3/1	SCR	东方锅炉	同步建设
201	华阳（洛阳）电业有限公司	2	600	其他	2011/3/1	2011/3/1	SCR	东方锅炉	同步建设
202	洛阳万基发电有限公司	5	300	其他	2011/1/1	2011/1/1	SCR	上海凯赢达	同步建设
203	洛阳万基发电有限公司	6	300	其他	2011/1/1	2011/1/1	SCR	上海凯赢达	同步建设
204	华润电力（涟源）有限公司	1	600	其他	2009/5/22	2009/5/22	SCR	东方锅炉	同步建设
205	华润电力（涟源）有限公司	2	600	其他	2009/10/13	2009/10/13	SCR	东方锅炉	同步建设
206	广州恒运热电D厂有限责任公司	8	300	其他	2007/5/14	2007/5/14	SCR	东方锅炉	同步建设
207	广州恒运热电D厂有限责任公司	9	300	其他	2008/3/12	2008/3/12	SCR	东方锅炉	同步建设
208	广州华润热电有限公司	1	300	其他	2009/10/9	2009/10/9	SCR	上海石川岛	同步建设
209	广州华润热电有限公司	2	300	其他	2009/10/9	2009/10/9	SCR	上海石川岛	同步建设
210	南海发电一厂有限公司	3	300	其他	2010/1/7	2010/1/7	SCR	广西电力设计院	同步建设
211	南海发电一厂有限公司	4	300	其他	2010/4/12	2010/4/12	SCR	广西电力设计院	同步建设
212	神华惠州热电分公司	1	330	其他	2010/4/16	2010/4/16	SCR	浙江融智	同步建设
213	神华惠州热电分公司	2	330	其他	2010/4/18	2010/4/18	SCR	浙江融智	同步建设
214	惠东平海电厂	1	1000	其他	2010/12/28	2010/12/28	SCR	上海石川岛	同步建设
215	惠东平海电厂	2	1000	其他	2010/12/28	2010/12/28	SCR	上海石川岛	同步建设
216	台山电厂	5	600	其他	2006/11/28	2007/5/20	SCR	韩国凯西	同步建设
217	阳西海滨电力发展有限公司	1	600	其他	2009/9/30	2010/3/24	SCR	上海石川岛	同步建设
218	阳西海滨电力发展有限公司	2	600	其他	2009/12/24	2010/3/15	SCR	上海石川岛	同步建设

参 考 文 献

[1] 张强. 燃煤电站 SCR 烟气脱硝技术及工程应用［M］. 北京：化学工业出版社，2007.

[2] 陶文铨. 数值传热学［M］. 2 版. 西安：西安交通大学出版社，2001.

[3] 中国大唐集团科技工程有限公司. 燃煤电站 SCR 烟气脱硝工程技术［M］. 北京：中国电力出版
社，2009.

[5] 孙克勤，韩祥. 燃煤电厂烟气脱硝设备及运行［M］. 北京：机械工业出版社，2011.